건축환경설비계획

건축환경설비계획

伊藤 眞人 지음 / 정광섭 옮김

BM 성안당

日本옴사 · 성안당공동출간

건축환경설비계획

Original Japanese edition
Kenchikuka no tame no Kenchiku Kankyou Design
by Masatou Itou
Copyright ©2007 by Masatou Itou
Published by Ohmsha, Ltd.
This Korean Language edition co-published by Ohmsha, Ltd.
and SEONG AN DANG
Publishing Co.
Copyright ©(2011)

추천의 말

　지구온난화, 에너지 자원의 고갈이라는 전 지구적인 환경문제는 인류가 조속히 해결해야 할 문제로 대두되고 있다. 이는 건축뿐 아니라 그 외의 분야에서도 환경문제, 즉 에너지 절약, 시크 하우스(sick house, 실내공기오염, 통칭 새집증후군 – 옮긴이) 등이 문제가 되고 있다고 할 수 있다.

　건설을 하고자 할 때 중요하고 기본적인 세 가지는 건축계획, 구조계획 및 설비계획이라는 것은 주지의 사실이다. 특히 설비계획은 앞서 말한 지구환경에서부터 실내 환경까지 광범위한 과제를 다루고 있어서 그 중대성이 꾸준히 주목을 받고 있다. 따라서 앞으로는 건축 환경이나 건축설비의 전문가는 물론이고, 디자인이나 구조의 전문가에게 있어서도 설비계획은 매우 중요한 분야가 될 것이다.

　저자인 이토 마사토(伊藤眞人)씨는 오랫동안 다케나카 공무점(竹中工務店)에서 수많은 대형 프로젝트에 참가하였을 뿐만 아니라, 공기조화, 급수와 배수의 위생, 전기 등 여러 분야에 정통한 실력자로서 건축설계 계획에 관한 최강의 인재라고 할 수 있다.

　본서는 저자의 풍부한 실무경험에 기초하였고, 그동안 열심히 기술개발에 의욕을 불태워 왔던 성과가 집약된 역작이라고 할 수 있다. 독자는 부디 이 책을 숙독하여서 넓은 시야를 가진다면 건축설비 계획의 기초와 응용능력을 배양할 수 있을 것이다.

니혼대학(日本大學) 생산 공학부 건축공학과
교수　이타모토 모리마사(板本守正)

추천의 말

이번에 이토 마사토 교수가 「건축환경설비계획」이라는 저서를 집필·출판하심을 경하드린다. 이토 마사토 교수의 전문 분야인 건축환경공학과 건축설비공학에 관한 서적은 여러 종류가 간행되었지만 본서는 이 분야의 전문서로서는 최초의 시도가 아닐까 라는 생각이 든다. 필자는 이런 점에서 본서의 집필에 임하는 이토 마사토 교수의 강한 의지를 느낄 수 있었다.

건축설비는 그 별명인 부대설비라는 말에서 느낄 수 있듯이 종래의 건축설계나 시공 시스템 속에서 주체적인 역할을 맡은 적이 그다지 많지 않았다. 건축가가 설계한 내용대로, 건축가의 지시를 따라서 설비 시스템을 정비하는 것이 이 업계의 일반적인 업무 추진방식이었다.

최근에는 지구의 환경 문제가 심각해졌고, 건축분야에서도 이 문제에 대한 대책을 마련해서 추진하는 일이 가장 시급한 문제가 되었다. 이 문제에 대한 대책의 첫 번째 단계는 자원 절약과 에너지 절약의 추진이라고 할 수 있는데, 이토 마사토씨의 전문 분야인 설비분야나 환경분야의 전문가들이 주역이 되어서 활약하기를 기대하는 바이다. 지구 환경 시대를 맞이하여 건축설비나 건축환경의 설계 시공 시스템이 짊어지게 될 역할은 이전과는 비교되지 않을 정도로 중요해졌다. 앞으로는 설계와 시공의 모든 면에서 건축가와 설비전문가의 밀접한 협력 관계가 필요하다고 생각한다. 특히 자원절약과 에너지 절약에 있어서는 설비전문가가 리더십을 발휘하기를 요구받고 있다.

이런 상황에서 이토 마사토씨가 건축가들에게 지구 환경 시대의 설비 전문지식을 전수하기 위해서 '건축환경설비계획'이라는 제목의 책을 간행한 것은 정말로 시대의 요구에 부응하는 일이라고 생각한다.

본서에 포함된 광범위하면서도 구체적인 내용은 건축가가 자원 절약과 에너지 절약을 비롯한 지구 환경 시대의 설계과제를 극복하고 소화하기 위해서 상당히 적합하다고 말할 수 있을 것이다.

본서가 건축가와 설비전문가의 동등한 파트너십을 건전하게 육성하는 데 크게 공헌하기를 바라는 바이다.

게이오대학 이공학부 시스템디자인공학과

교수 무라카미 슈조(村上周三)

•••
머리말

　이번에 「건축환경설비계획」을 출판하게 된 것은, 그동안 종합건설회사와 설계사무소에서의 경험을 통해서 볼 때, 건축가와 건축시공 담당자들에게 건축설비에 관한 다음과 같은 문제들이 현저히 많다고 느꼈기 때문이다. 구체적으로 말하자면, "건축설비를 잘 모르겠다", "구조기술자나 설비기술자들과 조정을 하는 능력이 부족하다", "장인정신과 설비기능을 융합하기가 힘들다", "건축가로서 배우고 싶은 실무적인 건축설비 도서가 필요하다" 등등이다.

　이는 많은 건축가들이나 건축시공 담당자들과의 협동 작업을 통해서 느낀 것으로 건축가와 건축시공 담당자는 학창시절에는 물론 실제 사회에 나와서도 실무적인 건축설비를 배울 기회가 적다는 점과 건축설계 계획은 설비기술자에게 맡기면 된다는 인식 등에 기인한다고 생각한다.

　또한 종합건설회사, 설비설계사무소, 설비공사회사의 설비기술자들의 현 상황과 문제점을 말하자면, 전기설비 업무·기계설비 업무와는 분리되어 있기 때문에 다른 설비에 대해서는 알지 못한다는 점, 건축에 관한 기초적인 지식이 부족하다는 점, 건축가나 건축시공 담당자에게 호소하는 건축설비에 관한 기술적인 제안에 설득력이 없다는 점 등을 들 수가 있다.

　요즘은 세계적인 규모로 지구온난화, 인구의 증가, 식량과 물 부족 문제가 일어나고 있다. 일본에서도 소자녀 고령화, 에너지 자원의 대량 소비, 경계가 없는 고도의 정보화에 관한 문제가 생겼고, 건축물은 주거성(실내 환경)의 향상과 지구환경 부하의 절감에 대한 압력을 상당히 많이 받고 있다. 또한 IT기술이 발달하였고, 그 결과 365일 24시간 지속적인 사업과 업무를 가능하게 해주는 건축설비 시스템의 신뢰성, 기능성, 확장성 등에 관한 요구가 강력하게 생겨나고 있다.

　건축설비 기술자는 이들 기술을 빠르게 흡수하여 건축설비 계획과 설계에 반영할 수 있는 기술력을 보유하는 것이 필요 불가결하게 되었다.

　한편 건축공사비 중 건축설비 공사비의 비율은 업무설비의 약 30%, 생산시설의 약 50%까지 증가하고 있어 공사기간의 단축과 낮은 비용 요구에 대응할 수 있는 우수한 인재의 확보가 너무나도 절실하다.

　본서의 구성은 제1장은 지구환경과 건물 에너지, 제2장은 건축설비계획의 기초 지식, 제3장은 각종 건축물의 설비계획(공동주택, 업무시설, 정보시설, 의료와 복지시설, 스포츠 시설, 미술관 시설), 제4장은 건축업계에 대한 소개로 이루어져 있다.

　본서가 지속 가능한 도시계획과 건축물의 구축을 실현하는 데 참고가 되기를 바라는 바이다.

이토 마사토(伊藤 眞人)

●●● 감사의 말

이 책을 출판하는 데에 많은 분들의 도움이 있었다. 특히 주식회사 다케나카(竹中) 공무점(工務店)의 히로세 켄조(広瀬 兼三)씨, 카지 노우지(鍛冶 農治)씨, 하시모토 준(橋本 淳)씨, 키타자와 히로시(北澤 宏)씨, 이토 타카라(伊藤 寶)씨, 콘노 히토시(今野 仁)씨, 이마이 토시오(今井 敏夫)씨, 오카모토 타다노부(岡基 忠信)씨, 오자와 히로아키(小澤 弘明)씨, 마키 히로시(牧 宏)씨, 히가시 켄지(東 健次)씨, 오노츠카 잇포(小野塚 一寶)씨, 나가자와 요시아키(長澤 佳明)씨, 한자와 히사시(半澤 久)씨, 히로마츠 타케시(広松 猛)씨, 콘도 노부히코(近藤 信彦)씨, 와다 요시테루(和田 義照)씨, 메구로 히로유키(目黒 弘幸)씨, 와카바야시 유우지(若林 裕治)씨, 히라노 노리아키(平野 範彰)씨, 하야시 마코토(林 誠)씨, 우시바 고로(牛場 五郎)씨, 시타마사 준(下正 純)씨, 스기 테츠야(杉 鉄也)씨, 토미타 히데오(富田 秀雄)씨, 주식회사 야나기자와 타카히코(柳澤 孝彦)+TAK 건축연구소의 야나기자와 타카히코(柳澤 孝彦)씨, 일본토지종합설계 주식회사의 이시이 토모히코(石井 友彦)씨, 마쯔시타(松下) 전공(電工) 주식회사의 나카야 키요시(中矢 清司)씨, 마루미쯔(丸光)산업 주식회사의 시카쿠라 키코우(鹿倉 喜公)씨, 아라카와 요시미쯔(荒川 芳三)씨, 미쯔비시(三菱) 창고 주식회사의 카와이 히로(河合 浩)씨, 야스노부 테루오(安信 昭男)씨, 이리에 켄지(入江 賢次), 미키 요시아키(三木 吉明)씨에게는 실로 유익한 가르침과 조언을 받았다. 이 장을 빌려서 깊은 감사의 말씀을 드린다.

이토 마사토(伊藤 眞人)

차례

• **제1장 지구 환경과 건물 에너지**

1.1 기본 과제 / 3
1.2 지구환경 / 5
 1.2.1 현재의 지구환경 / 5
 1.2.2 지구온난화와 에너지의 관계 / 8
 1.2.3 에너지 소비량의 경년 추이 / 9
1.3 지진피해 / 11
 1.3.1 기본적인 태도 / 11
 1.3.2 지진의 기초 지식 / 12
 1.3.3 건축설비의 내진설계와 시공계획 / 13
 1.3.4 내진대책을 추진하는 방법 / 15
 1.3.5 건축설비의 내진 실시의 예 / 16
 1.3.6 지하공간 개발의 현 상황과 앞으로의 동향 예측 / 17
1.4 쾌적함이 지속되는 사회 / 19
 1.4.1 인구 / 19
 1.4.2 물·식량 / 21
 1.4.3 주거·집무환경 / 26

• **제2장 건축설비계획의 기초 지식**

2.1 기본 과제 / 29
2.2 효율적이고 과학적인 기법 / 30
 2.2.1 기기의 대략적인 용량계산(업무시설) / 30
 2.2.2 건축설비 시스템 / 31
2.3 경제적인 기법 / 32
 2.3.1 전기설비 / 32
 2.3.2 공조설비 / 33
2.4 프레젠테이션 기법 / 34
 2.4.1 기획과 구상 / 34

2.4.2 건축설비계획 / 34

2.4.3 건축·구조·설비 간의 조정 / 35

2.4.4 결과 / 35

2.5 건축 환경 디자인 계획 / 36

2.5.1 유의사항 / 36

2.5.2 건축과 설비의 융합화 계획 / 37

2.5.3 건축설비의 종류 / 45

2.5.4 건축설비의 기초 / 48

2.5.5 건축규모별 건축설비 시스템 / 49

2.5.6 환경·에너지 계획 / 50

2.5.7 전기설비계획 / 64

2.5.8 위생설비계획 / 75

2.5.9 공조설비계획 / 86

2.5.10 승강기설비계획 / 131

2.5.11 빌딩 관리설비계획 / 143

2.5.12 건축물의 종합건축설비 계획 / 146

3.4.3 설비계획 / 215

3.4.4 방 용도별 바닥면적 및 여러 가지 설비실 (원단위) / 216

3.4.5 건축설비계획 / 217

3.4.6 백업 시스템 계획 / 218

3.4.7 안전방재계획 / 219

3.5 의료·복지시설의 건축설비계획 / 220

3.5.1 기본 과제 / 220

3.5.2 동선계획 / 221

3.5.3 건축설비계획 / 222

3.5.4 수변전설비계획 / 223

3.5.5 위생설비계획 / 224

3.5.6 공조설비계획 / 225

3.5.7 병실의 건축설비계획 / 228

3.5.8 BCR 계획 / 229

3.6 스포츠 시설의 건축설비계획 / 232

3.6.1 기본 과제 / 232

3.6.2 건축계획 / 232

3.6.3 경기장 계획 / 233

3.6.4 풀장 계획 / 234

3.6.5 재해시 피난시설 적용계획 / 236

3.6.6 환경·에너지 계획 / 237

3.7 미술관 시설의 건축설비계획 / 239

3.7.1 기본 과제 / 239

3.7.2 전시실의 조명계획 / 240

3.7.3 전시실, 수장고의 공간설비계획 / 246

3.7.4 실시 예 / 247

제4장 건축업계

4.1 현재 상황과 앞으로의 동향 / 251

4.2 건설업계의 구조 / 253

4.3 건축물을 신축하는 경우의 순서 / 254

참고문헌 / 255

찾아보기 / 256

지구 환경과 건물 에너지

1.1 기본 과제
1.2 지구환경
1.3 지진피해
1.4 쾌적함이 지속되는 사회

인류는 과거로부터 현재에 이르기까지 물·식량·목재·화석 에너지를 대량으로 소비하고, 유해물질을 배출하여 지구의 자연 순환 사이클에 커다란 영향을 끼쳤다. 그 결과, 지구온난화·자연재해(태풍·쓰나미·홍수 등)가 세계 각지에서 발생하여 인류에게 커다란 피해를 끼치고 있는 실정이다. 따라서 현재, 지속 가능한 사회를 구축하기

환경공생주택[1)]

자원 재이용 빌딩[2)]

② 설계·개발
●환경부하의 억제
(지역생태계보전, 도시기후의 완화, 지하수 관양(灌養), 주위환경의 오염방지), 에너지 절약(① 부하의 억제, ② 에너지 자원의 효과적인 이용, ③ 자연 에너지 이용), 장수명 건축물(S&I)

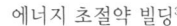
에너지 초절약 빌딩[3)]

옥상녹화[4)]

① 생산(재생산)
●자원(재생)의 효과적인 이용
콘크리트·아스팔트의 폐재·폐목재, 오니(「건설 리사이클법」 2000년 5월 공포), 환경부하의 억제·3R 운동(쓰레기 감소와 자원 재이용)
① 리듀스(reduce) : 쓰레기가 될 만한 것을 만들지 않고, 쓰지 않는다.
② 리유스(reuse) : 하나의 물건을 아껴 쓰고, 반복해서 사용한다.
③ 리사이클(recycle) : 자원으로 재이용한다.

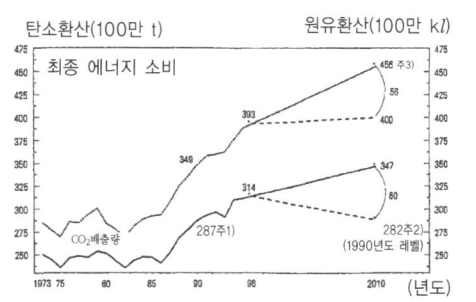
최종 에너지 소비와 CO_2 배출량의 실적과 예측(1973~2010년)[6)]

③ 시공
●환경부하의 억제
(저환경 부하재료, 열생산재료의 사용합리화, 해체가 용이한 재료·공법), 장수명 건축물(S&I), 건축·설비재료의 합리적인 내구성)

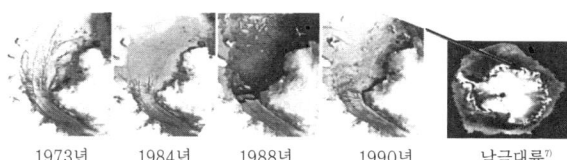
1973년   1984년   1988년   1990년   남극대륙[7)]
남극 빙하의 이동거리의 매년변화(1년간 약 3km 이동이 관측됨)[5)]

LNG 액화 플랜트

LNG 선박[10)]

⑤ 해체
●환경부하의 억제
쓰레기 감량, 자원 재이용 해체 에너지 억제 적정처분(소각, 매립)

지구 온도의 경년추이 분포(1880~1890년)[9)]

세계 오존층의 경년 변화[8)]

④ 운용
●BMS(빌딩 관리 시스템)
에너지의 효율적인 이용, 부하의 평준화, 클린 에너지 사용, 자연 에너지의 이용, 장기보전계획, 유해물질의 억제(CO_2, 프론, 할론, 메탄, 다이옥신 등), 쓰레기 분리수거

쓰레기매립장

공조 옥외기기

태양광 발전장치

풍력 발전장치

위해서 자원의 효과적인 이용·에너지 절약·유해물질의 억제에 대한 요구가 강하게 생겨나고 있다.

서스테이너블(sustainable) 건축(지속 가능한 환경보전 건축)이란 지역 레벨, 지구 레벨에서 생태계의 수용력을 유지할 수 있는 범위 내에서

① 건축의 라이프 사이클(life cycle)을 통해서 에너지 절약·자원절약·리사이클·유해물질의 배출억제를 도모하고,

② 그 지역의 기후·전통·문화 및 주변 환경과 조화를 이루면서,

③ 미래의 인간 생활의 질을 적정하게 유지 또는 상승시킬 수 있는 건축물을 말한다.

출전 : 1) 「大阪가스(株)」. 2) 「(株)竹中工務店」. 3) 「시오노기製藥(株)」. 4) 「三菱地所(株)」. 5) 「CRL/TRIC/NIPR」. 6) 「經濟産業省」.
7) 「NAPL/JPL」. 8) 「WMO/UNEP科學패널報告書」2002. 9) 「氣候變動監視리포트」. 10) 「東京가스(株)」.

주 : 1) 원자력 2,020억 kWh, 신에너지 679만 kℓ. 2) 원자력 4,800억 kWh, 신에너지 1,910만 kℓ.
3) 2001~2010년도의 평균경제성장률을 2% 정도로 하여 산출.

1.2.1 ─● 현재의 지구환경

● 세계의 인구는 약 66억 인(2007년), 약 89억 인(2050년 유엔 추정)이고, 세계 인구의 25%는 선진국, 75%는 개발도상국이다. 또한 20세기 100년 동안 10억 인에서 60억 인으로 인구가 증가했다. 1999년 시점에서 일본의 인구는 1억 3,000만 인이다.

● 태양 에너지의 30%는 구름이나 대기에 반사되어 우주공간으로 돌아가고, 나머지 70%는 지표와 대기 속으로 흡수되어 지구 표면을 덥혀 준다. 야간에는 적외선 형태로 우주공간으로 방출되는 자연계의 열 사이클을 반복하여 지표의 평균 기온이 15℃로 유지된다.

● **지구온난화**는 지표에서 우주공간으로 방출되는 열이 감소하는 것으로, 그 원인은 이산화탄소·메탄·프론·할론·아산화질소·오존으로 인해서 적외선이 지상에서 50km까지인 성층권에서 흡수되기 때문이다. 그 결과 농산물과 과실의 수확량에 영향을 미치고, 무더위·한파·폭설·가뭄·태풍·대홍수를 유발하게 되었다.

① 스위스 알프스의 모르테레치 빙하는 1900~1950년의 약 50년간 약 250m, 1960~1970년의 약 10년간 약 300m 후퇴했다.

② 100년간 해면이 10~25cm 상승, 앞으로 온난화방지 대책을 세우지 않을 경우 2100년에는 남극과 북극의 얼음이 녹아서 해면이 15~95cm나 상승하여 전 세계의 약 90%의 해변 모래사장이 없어질 것이다.

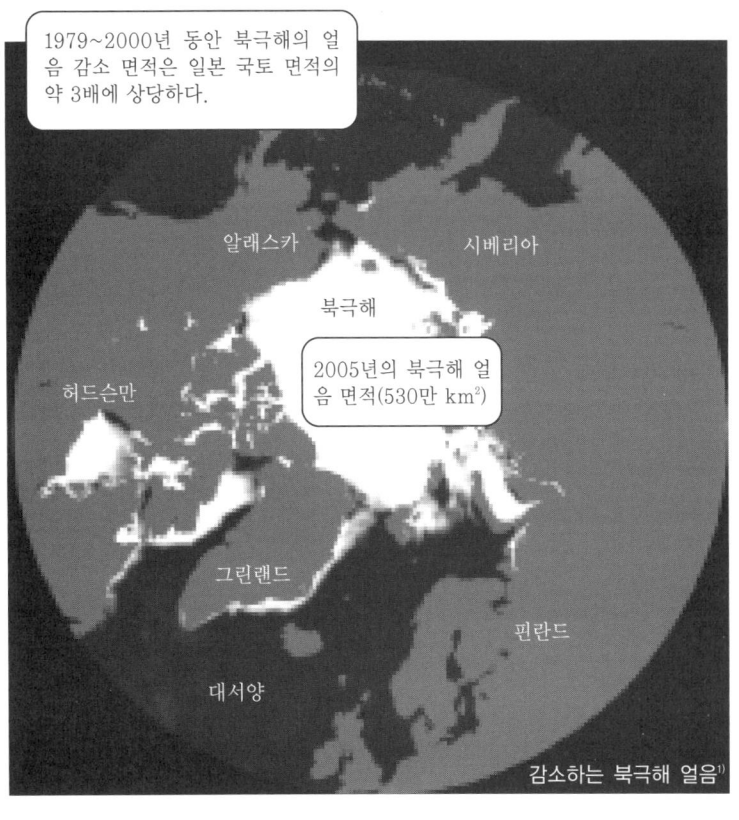

1979~2000년 동안 북극해의 얼음 감소 면적은 일본 국토 면적의 약 3배에 상당하다.

2005년의 북극해 얼음 면적(530만 km²)

감소하는 북극해 얼음[1]

사막[2]

홍수[3]

출전 : 1)「宇宙航空研究開發機構(JAXA)」. 2)「地球環境報告」(岩波新書). 3)「自然火災 知識과 防災」(古今書院).

- **오존층 파괴**는 대기 중으로 방출된 프론이 그 원인으로, 태양에서 내리쬐는 자외선에 의해 오존이 분해되는 것이다. 그 결과 다음과 같은 문제점이 생긴다.
  ① 남극과 북극의 상공에 오존 홀 발생
  ② 피부암과 백내장의 발생

- 1997년 기후변화협약 제3차 당사국총회(COP3) 교토의정서에 1990년을 기준 연도로 삼아 2008~2012년 5년 동안 온실 가스를 삭감할 것이 2005년 2월에 발효되었다.

≪삭감의 내용(안)≫
① 클린 개발 메커니즘 : 여러 나라가 공동으로 삭감 사업에 참가한다.
② 배출권 거래 : 삭감목표 이상으로 삭감을 달성한 국가는 그 과잉분을 배출권으로 하여 목표 미달성국에게 매각한다.
③ 공동 실시 : 개발도상국에 대해서 여러 나라가 온난화 대책을 공동으로 세운다.
④ 네트 방식 : 총 배출량에서 삼림 등의 탄산가스 흡수원의 효과를 삭감한다.

【지구환경의 과제】
● 대기 중 이산화탄소량은 18세기에는 280ppm
  이었는데, 현재는 358ppm으로 증가하였다.
● 다이옥신(플라스틱 소각으로 발생하는 유해가
  스, 청산가리의 약 10^3~10^4배인 급성 독성)이
  대기 중으로 배출(타고 남은 재에도 잔류)되어
  서 호르몬(정보 전달 물질) 기능을 마비시킨다.
● 산성비의 경우, 대기 중의 이산화탄소가 비에
  녹은 pH5.6이 국제적인 기준치이며, 그 이하
  의 값이 산성비다. 일본은 pH4.5~5.3 정도이
  다. 주요 원인은 화석연료의 연소에 따른 이산
  화탄소, 질소산화물, 황산화물 등이 원인이다.

【물】
● 지구상에는 약 14억 km^3의 방대한 양의 물이
  있는데, 그 97.5%가 바닷물, 2.5%가 담수이
  다. 담수는 주로 남극과 북극의 얼음이고, 그
  중 약 2%는 강, 호수, 지하수이다.
● 지구상의 연간 강수량은 약 1,000mm이다.
● 생활 이용수는 전 수량의 0.01%이다.
● 생명유지용 수량은 2.5l/(인·일)
● 중국은 100만 t/2010년까지 해수여과장치로
  제조할 계획

【과제】
● 가정배수 5.5%, 공업배수 32%, 그 외 13%(일
  본의 합성세제 사용량은 단위면적당 세계 1위)
  (미나마타병은 유기수은, 이타이이타이병은 카
  드뮴 배수를 통해 지역주민의 건강에 악영향을
  끼쳤다.)

【식량】
● 일본의 식량 생산량은 118kg/(인·연)이다.
● 약 61%를 수입에 의존하고 있다.
● 사막화가 지구상의 전 육지면적의 약 25%로
  발전하여 약 9억 인이 식량부족의 고통을 겪고
  있다.

【열섬】[1]
● 주요 원인은 이산화탄소의 배출로 인해 대도시
  의 건축물이나 포장된 도로에 열이 축적되고
  야간에 공기 중으로 방출되는 것
● 자동차나 공조기기 등의 배출(도쿄의 평균기온
  은 2.4℃ 상승/100년간)

대책

● 에너지 절약
● 자연 에너지의 이용(태양광
  선, 풍력 등)
● 클린 에너지 사용(천연가스,
  수소 등)
● 식림화(열대우림, 사막, 건물
  옥상 등)
● 이산화탄소 회수
● 클린가스 회수
● 프론가스 회수
● 순환형 사회 구축(자원과 에
  너지의 효과적인 이용)
● 우수 재이용(침투식 포장, 우
  수저류 등)

【토양】
● 흙은 작은 입자의 집합체인데 미생물의 활동으로
  물이나 공기를 저장하고, 또 여과작용을 한다.
● 지반침하는 지각변동이나 화산활동, 지하수 퍼
  올리기, 석유천연가스의 채집으로 인해 발생한
  다.

【문제】
● 농약배수로 인해 흙 속의 미생물이 죽어 없어
  지고, 흙의 입자가 분해되어 비가 내리면 오수
  로 유실된다.
● 자연계에서는 흙의 양분으로 성장한 식물을 인
  간이 섭취해서 배설을 하고, 그 배설물을 흙 속
  의 미생물이 분해하여 영양분으로 바꾸는 물질
  사이클을 가진다. 그런데 수입한 식량이 섭취
  되고 배설물로서 흙에 버려지면서 물질순환이
  붕괴되어 미생물의 분해 작용이 한계에 달하고
  있다.

【쓰레기】
● 일반폐기물의 90%를 소각하고 재로 만들어서
  양을 줄인 후, 약 1,201만 t을 매립하고 10%를
  자원이나 퇴비로 재이용

【문제】[2]
● 일반폐기물은 약 5,120만 t, 산업폐기물은 약
  4억 1,500만 t으로 도쿄 돔의 1,260배 분량에
  해당한다.
● 일반폐기물량 1위는 미국, 2위는 일본이다.
● 독일 121l/(월·인), 일본 421l/(월·인) (인구 20
  만 도시)

【삼림】[3]
● 식물의 광합성 활동으로 인해 산소로 바뀌고,
  지구의 기후를 조정하고, 비를 저장한다.
● 과제
  ① 토양의 유실과 사막화(2000년 시점의 세계
    의 삼림면적은 38억 7,000만 ha이고, 전
    육지면적의 약 30%를 점유하고 있는데,
    1990년부터 2000년까지의 약 10년 동안 연
    평균 939ha의 삼림이 감소하였다.)
  ② 목축에 사용
  ③ CO_2 흡수량은 6,000t/삼림 1,000km^2당

【생물】
● 지구상에는 500만~1,000만 종의 생물이 서식
● 1975년대는 1년간 1,000종이 멸종하였다.
● 1975~2000년 동안 연평균 40,000종이 멸종
  하였다.

1
·
2

지구환경

7

출전 : 1) 1991년 東京都環境科學硏究所. 2) 1997년 日本環境省. 3) UN食糧農業機關.

이산화탄소, 메탄과 같은 기체는 열이 지표에서 우주공간으로 달아나 버리는 것을 방지하는 역할을 하여 온실효과 가스라고 불리고 있다. 인위적인 온실효과 가스 배출의 대부분은 에너지에 기인한다. 일본에서의 온실효과 가스의 약 90%는 에너지로 인해 만들어진 이산화탄소이다.

1999년도 일본의 이산화탄소 배출량은 약 12억 2,500만 톤이다. 다만, 공업 프로세스, 폐기물, 기타를 제외한 것이 에너지로 인해 만들어진 이산화탄소이다. 각 수치는 전기사업자의 발전에 동반된 이산화탄소 배출량을 전력 소비량에 따라서 배분한 후의 비율을 나타낸 것이다.

【표】 일본의 부문별 이산화탄소 배출량 비율(1999년도)[1]

종류	이산화탄소 배출량(t)	구성 비율(%)
산업부문	4,936,750,000	40.3
운송부문(자동차, 선박, 항공기 등)	2,597,000,000	21.2
민생(가정)부문	1,592,500,000	13.0
민생(업무)부문	1,494,500,000	12.2
에너지 전환부문(발전소 등)	857,500,000	7.0
공업 프로세스(석회석 소비 등)	526,750,000	4.3
폐기물(플라스틱, 폐유의 소각)	245,000,000	2.0
합계	12,250,000,000	100.0

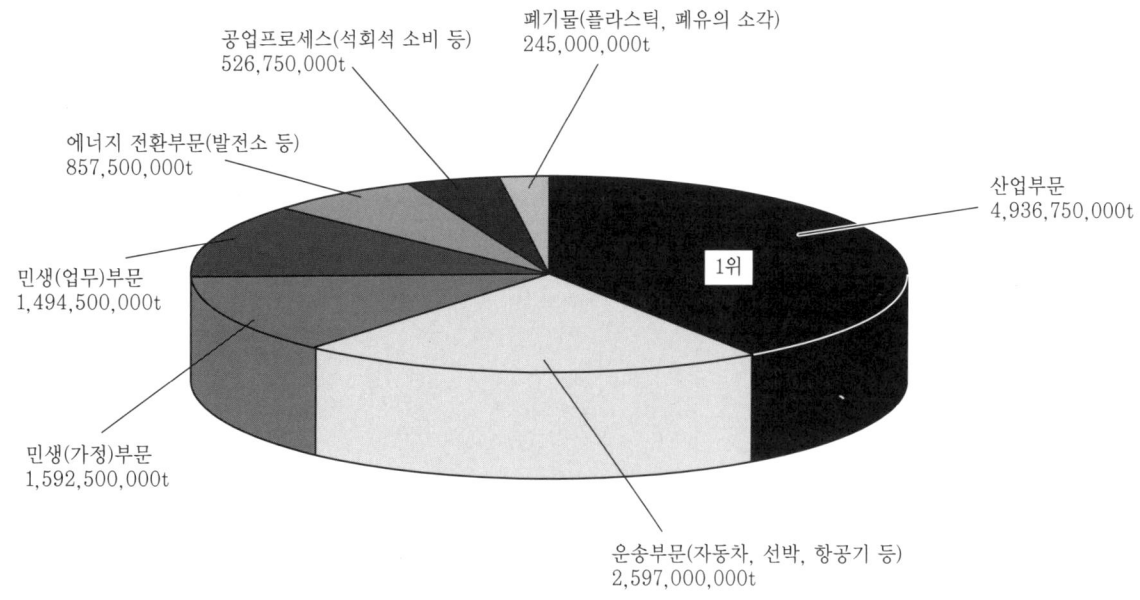

출전 : 1) 「地球環境保全에 關한 閣僚會議資料」(2001년 7월 10일 개최).

─•에너지 소비량의 경년 추이

1970년 이래 에너지 소비량은 과거 두 번의 석유위기 전후를 제외하고는 매년 증가하고 있다. 그 중 부문별 소비량에서 1위는 운송·여객 부문이고, 2위는 민생·가정 부문이다. 앞으로는 민간의 의욕적인 설비투자와 다양해진 라이프 스타일, 생활의 질 향상과 더불어 에너지 소비량은 계속 증가할 것이라고 예상이 된다. 따라서 지구온난화를 억제하기 위해서 에너지 자원을 효과적으로 이용할 것과, 환경부하의 삭감을 도모하는 일이 건축가와 설비투자가들에게 강하게 요구되고 있다.

【표】1차 에너지 공급량의 경년 추이

(단위 : 원유환산 백만 kl)

연도		1990년	1991년	1992년	1993년	1994년	1995년
1차 에너지 공급		20,145	20,436	20,931	21,220	22,402	22,768
화석 에너지	석유	11,521	11,364	11,963	11,808	12,663	12,487
	석탄	3,317	3,460	3,373	3,403	3,658	3,763
	천연가스	2,063	2,180	2,216	2,267	2,406	2,467
	합계	16,901	17,004	17,552	17,478	18,727	18,717
비화석 에너지	원자력	1,905	2,010	2,103	2,348	2,535	2,743
	수력·지열	858	935	794	917	653	803
	신(新)에너지	481	487	482	477	487	505
	합계	3,244	3,432	3,379	3,742	3,675	4,051

연도		1996년	1997년	1998년	1999년	2000년	2001년
1차 에너지 공급		23,079	23,176	22,809	22,998	23,532	22,783
화석 에너지	석유	12,056	12,250	11,702	11,718	12,004	11,250
	석탄	3,793	3,926	3,740	3,989	4,196	4,347
	천연가스	2,622	2,573	2,804	2,920	3,072	2,987
	합계	18,921	18,749	18,246	18,627	19,272	18,584
비화석 에너지	원자력	2,846	3,006	3,130	2,982	2,898	2,879
	수력·지열	793	881	905	846	815	788
	신(新)에너지	519	540	528	543	547	532
	합계	4,158	4,427	4,563	4,371	4,260	4,199

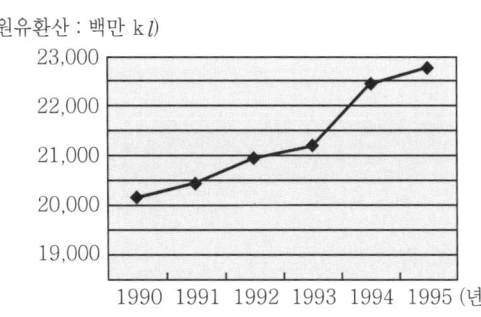

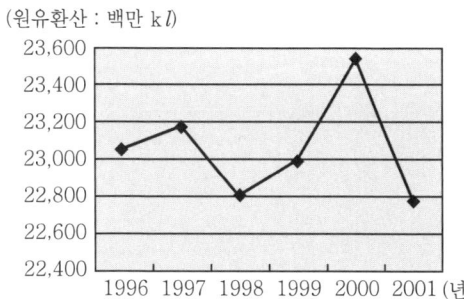

에너지 소비량이 증가함에 따라서 1차 에너지 공급량도 증가하고 있다. 현 상태에서는 1차 에너지 공급량이 에너지 소비량에 대해서 약간의 여유를 가지고 있다.

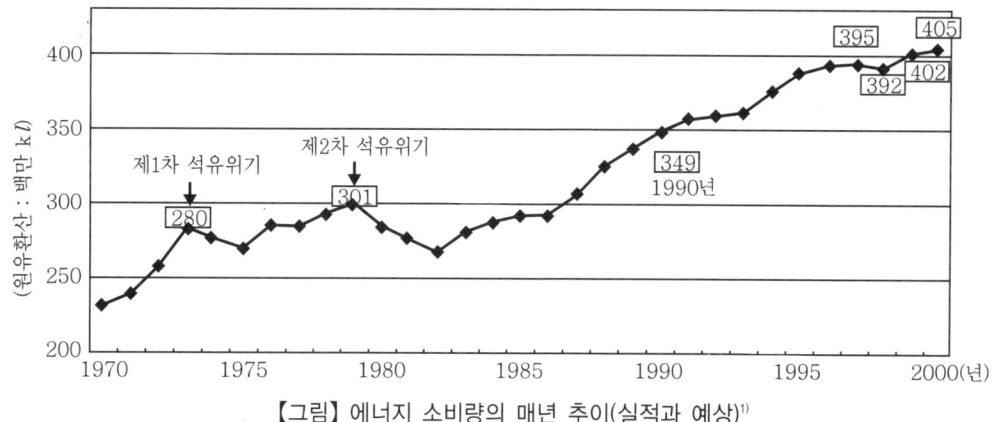

【그림】에너지 소비량의 매년 추이(실적과 예상)[1]

제①장 지구 환경과 건물 에너지

출전 : 1) 「종합 에너지 통계」(2000년도는 속보치).

1.3.1 • 기본 과제

글로벌사회, IT사회인 오늘날에는 정부와 사회가 합동하여 지속 가능한 사업과 사무를 실현(BCP)시키고자 노력한다. 그 일환으로 1995년의 한신·아와지(阪神, 淡路) 대지진, 2004년의 니가타현 주에쓰(中越) 지진, 2005년의 수도직하(首都直下) 지진이라는 대지진을 교훈 삼아 건설시설에 대해서 내진조사나 보강대책이 마련되어야 한다는 강력한 요구가 생겨났다. 공공기관이나 건설업계는 대규모 내진 실험시설을 건설하였고, 컴퓨터 시뮬레이션을 연구 개발하였다.

그뿐 아니라, 경험과 지식을 기초로 하여 구조체, 이차부재(천장, 벽, 바닥), 건설설비, 생산설비의 내진진단과 보강계획 등을 단기간에 그것도 경제적인 방법으로 이루어냈다. 그러므로 건축가는 건축용도를 충분히 이해한 후에, 적절한 자연재해대책을 설계에 반영하여야 한다.

```
구조계획과 관련된 기술의 현 상황
① 예측 해석
  • 구조해석(정적, 동적), 진동해석
② 실험
  • 정적 가력실험(실물대, 축소, 부재 모델)
  • 동적 가력실험(실물대, 축소, 부재 모델) 등
③ 내진성능의 강화
  • 내진보강
  • 면진구조(전체의 면진, 부분 면진 : 도쿄다이야 빌딩, 국립서
    양미술관, 국립국회도서관, 국립아동도서관)
  • 제진구조(전체의 면진, 부분 면진)
④ 진단
  • 건물 내진 진단(건축, 구조, 건축설비(눈으로 살핌, 시험, 계
    산))
```

```
건축과 건축설비계획과 관련된 기술의 현 상황
① 컴퓨터 시뮬레이션, 가진(加振)실험에서 실내
  의 천장·칸막이·이중바닥·가구기기, 또 여러
  설비실의 기기·기구·배관·케이블 래크·덕트
  등의 이동, 전도, 낙하의 유무를 쉽게 판단할
  수 있다.
② 내진대책 후의 신뢰성 예측을 가능하게 한다.
③ 기타
```

도쿄다이아 빌딩 5호관[1]

집무실

정보장치

마루노우치 빌딩[2]

덴츠(電通)본사 빌딩[3]

NEC 브로드밴드 솔루션 센터[4]

출전 : 1) 三菱倉庫(株), 2) 三菱地所(株), 3) 電通(株), (株)大林組, 4) NEC, BCP : Business Continuity Planning.

과제
- 위기의식과 영향인식이 매우 낮다.
- 내진대책 비용과 효과에 대하여 조사기관이나 전문가가 적다.
- 열람할 수 있는 준공설계도서가 제한되어 있다(생산시설, 정보 시설 등).
- 건축주는 구조 계산서를 보관하고 있지 않다.
- 내진 조사장소 및 촬영장소가 제한되어 있다(공공시설·생산시설·정보시설 등).
- 내진대책 사례의 정보공개가 적다.
- 생산시스템이나 정보시스템 변경이 단기간(2~3년 정도로 이루어지고 있다.)
- 기타

내진대책을 실시한 경우의 성과
- 집무자와 작업자의 안전한 피난이 가능
- 제삼자의 안전성을 확보하는 일이 가능
- 365일 24시간 사업과 업무의 지속이 가능
- 자산가치의 향상화
- 기타

1.3.2 지진의 기초 지식

〔1〕 매그니튜드(magnitude : M)

매그니튜드란 지진 에너지의 크기를 나타내는 척도를 가리킨다. 지진의 규모를 나타내는 지수(指數)로 기호는 M이다. 진앙지(震央地)에서 100km 떨어진 지점에서 특정 지진계의 최대 진폭을 미크론(μ) 단위로 나타낸 숫자의 대수치(對數值)이다.

【표】 지진별 매그니튜드(M)

분류	매그니튜드
대지진	7 이상
중지진	5 이상~7 이하
소지진	3 이상~5 이하
미소지진	1 이상~3 이하
극미소지진	1 이하

〔2〕 진도(震度)

진도란 관측지에서 측정한 흔들림의 강도를 나타내는 척도로서, 진도계급 또는 진도계(震度階)라고 불리는데, 0~7까지의 8계급으로 구분한 기상청이 만든 진도계를 사용하고 있다. 지진의 강도를 수치로 나타내는 (Gal)은 가속도의 단위로 1Gal=1cm/s^{2}이고, 중력 가속도는 $1g$=980cm/s^{2}이므로, 980Gal이다. 또 단순히 중력의 가속도 비를 구해서, 예를 들면 $0.1g$로 나타내는 경우는 $0.1g$=0.1×980Gal=98Gal이 된다. 2005년 현재, 지진계는 기상청, 지방자치체, 연구기관 등 약 3,800여 곳에 설치되어 있어 지진 발생 시에는 각지의 지진 데이터가 기상청으로 보내져서 발생한지 약 2분 후에 진도정보가 텔레비전이나 라디오에서 공개되고 있다.

【표】 진도계급

진도	호칭	흔들리는 방식	중력가속도(Gal)
0	무감	지진계는 기록하긴 하지만, 인체에는 느낌이 없다.	–
1	미진	정지하고 있는 사람이나 지진에 민감한 사람만이 느낀다.	0.8~2.5
2	경진	창문이 약간 움직이고, 많은 사람들이 느낀다.	2.5~0.8
3	약진	집이 흔들리고, 문이나 창문이 덜컹덜컹거린다. 매달린 전등이 흔들리고, 괘종시계는 멈춘다.	8.0~25
4	중진	집이 격렬하게 흔들리고, 꽃병 등이 깨지며, 보행자도 느끼고, 많은 사람이 밖으로 뛰어 나온다.	25~80
5	강진	벽에 균열이 발생하고, 묘석·석등롱이 떨어지고, 돌로 만든 벽은 무너진다.	80~250
6	열진	집이 쓰러지고, 산사태와 땅에 균열이 발생하고, 많은 사람들이 제대로 서 있을 수가 없다.	250~400
7	격진	집이 30% 이상 무너지고, 심각한 산사태와 땅의 균열, 단층 등이 발생한다.	400 이상

【표】 국내외 주요 지진피해 상황

명칭	지진발생 연월일	매그니튜드	피해상황		
			사망(전체)	사망(지진에 의한)	붕괴 건물
간토 대지진	1923년 9월 1일	7.9	105,000인		
니가타 지진	1964년 6월 16일	7.5	26인		
한신·아와지 대지진	1995년 1월 17일	7.3	6,433인	4,831인	104,906동
니가타현 주에쓰 지진	2004년 10월 23일	6.8	46인		2,827동
수마트라섬 지진	2004년 12월 26일	9.0	약 300,000인		
파키스탄 지진	2005년 10월 8일	7.7	약 20,000인		
자바섬 지진	2006년 5월 27일	6.3		약 4,300인	
수도직하 지진	상정	(7.3)	(13,000인)		(85,000동)

【표】 국내 대지진의 피해 상정[1]

항목/명칭	도카이(東海) 지진	도난카이·난카이 지진	수도직하 지진
피해상정(사망자 수)	약 9,200인	약 17,800인	약 12,900인
내부 흔들림으로 인한 사망자 수	약 6,700인	약 6,600인	약 3,300인
그 밖의 이유로 인한 사망자 수	약 2,500인	약 11,200인	약 9,600인

1.3.3 ● 건축설비의 내진설계와 시공계획

〔1〕 내진시공 기준

지상 3층 이상, 높이 60m 이하인 건축물에 설치된 건축설비(기기, 기구, 배관, 배선, 덕트 등)의 설치와 부착에 관한 내진시공 기준은 재단법인 일본건축센터(건축설비 내진설계와 시공)에 의해 정해진다. 특히 정보설비의 안전을 확보하기 위해서 구 통산성(우리나라의 기획재정부－옮긴이)이 마련한 전자계산기 시스템 안전대책기준(지침)은 ① 설비기준, ② 기술기준, ③ 운용기준으로 나눠져 있는데, 이들 등급으로는 A(바람직한 기준), B(표준적인 기준), C(최소한의 기준)가 있다.

그리고 전자계산기 시스템 안전대책실시사업소 인정제도는 ① 설비기준, ② 운용기준으로 나누어져 있고, 그들 등급은 A등급(바람직한 기준), B등급(표준적인 기준)이 있으며, 검사기관은 재단법인 기계전자 검사검정협회(약칭 기전검)가 맡고 있다.

출전 : 1) 中央防災會議

〔2〕 **지진력의 기준**

중요도가 높은 건축물이란 의료와 복지시설, 방송시설, 공공운송기관 등을 말한다. 다음은 건축설비기기에 관한 설치장소와 진도의 관계이다. 이때 ( ) 안의 수치는 방진지지를 위한 기기에 적용한다.

【표】 건축설비기기의 설치 층과 진도관계[1]

위치	중요도가 높은 건축설비 기기의 표준 진도(Gal)	통상적인 건축설비기기의 표준 진도(Gal)
① 최상층, 옥상 및 옥탑방	1.5(2.0)	1.0(1.5)
② 최상층의 바로 아래층 이하 2층 이상	1.0(1.5)	0.6(1.0)
③ 지하층 및 1층	0.6(1.0)	0.4(0.6)

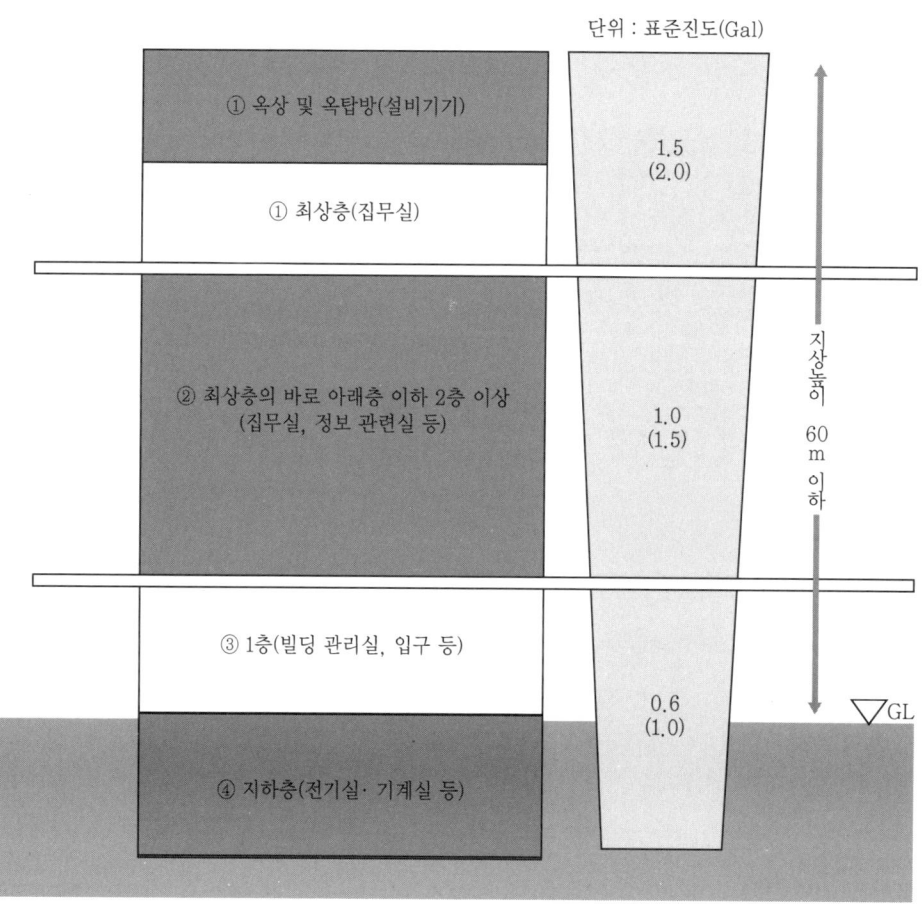

【그림】 중요도가 높은 건축물의 층별 진도

출전 : 1) (財)일본건축센터

1.3.4 • 내진대책을 추진하는 방법

근래에 대지진 발생의 시기, 지진력, 피해정도에 대해서 사전예측이 어느 정도 가능하게 되었다. 이를 계기로 정부와 사회 모두 ① 인명의 안전 확보, ② 365일, 24시간 사업과 업무의 지속 가능화, ③ 복구시간의 단축화와 복구비용의 억제를 실현하고 싶다는 요청이 강력하게 고조되었다. 그래서 적절한 내진대책을 추진하는 방법을 아래에 제시하고자 한다. 여기서 ①, ②, ③은 중요도의 순서를 가리킨다.

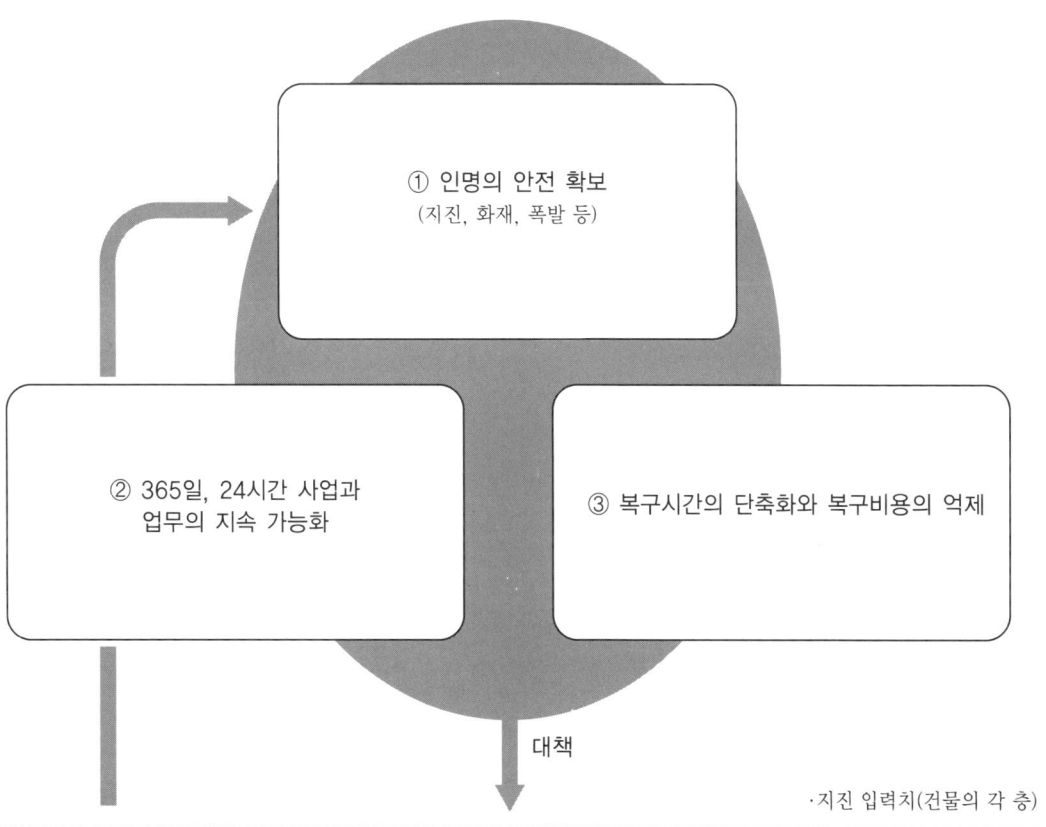

① 인명의 안전 확보
(지진, 화재, 폭발 등)

② 365일, 24시간 사업과 업무의 지속 가능화

③ 복구시간의 단축화와 복구비용의 억제

대책

·지진 입력치(건물의 각 층)

중요도별 대책내용(생산시설의 경우)			
A(매우 중요)		B(중요)	C(보통)
인명의 안전확보	사업과 업무의 지속화	대책비용·복구시간	수리로 기능회복
① 항상 다수의 집무자가 있는 방	① 전원공급설비	① 고가의 생산장치	
② 특수 가스 사용실	② 급수공급설비	② 고가의 생산장치용 관련 설비	
③ 특수 약품 사용실	③ 배수처리설비	③ 고가의 건축설비	
④ 특수 배기 덕트 설치실	④ 청정공기공급설비	④ 조정이 필요한 생산장치	
⑤ 클린 룸 천장벽	⑤ 기능정지가 불가능한 생산장치	⑤ 납기가 필요한 생산장치	
⑥ 방재설비	⑥ 기능정지가 불가능한 생산설비	⑥ 천장 안의 공조배기설비	

시공

검증·개선

건축설비(기기, 자재)의 내진설계는 설치 층과 기기, 자재의 특성 : ① 중요기기, ② 진동기기, ③ 수조류, ④ 이차부재(배선, 배관, 덕트 등)로 분류한다. 아래는 일반적인 내진대책의 예이다.

비상용 발전기   고압수변전설비   고가수조   옥상

지진(가로와 세로로 흔들린다.)

UPS   케이블 래크   천장 안   지상층

자가용 발전기의 기초   수수조(受水槽)   기계실의 배관, 덕트   지하

[실시 예] ◯ : 내진대책을 한 곳

특고수변전설비   자가용 발전기   UPS   EPS

수수조   PS   스프링클러 펌프   주방기기   냉동기

제1장 지구환경과 건물에너지

16

| 냉수 펌프 | 냉각탑 | 공조실외기 | 제기구 | 정보장치 | 공조 기기 |

1.3.6 ● 지하공간 개발의 현 상황과 앞으로의 동향 예측

암반에 기초한 구조물이나 암반을 이용한 지하구조물 건설은 지리적, 지질적인 조건으로 인해 유럽과 미국, 캐나다, 특히 북유럽에서 일찍부터 진행되었다. 그러나 일본에서는 지하공간 이용에 대한 요구가 한정되어 있었다. 이것은 지하구조물의 계획이나 설계에 있어 구조계산을 주로 하였을 뿐이고, 지하의 특징인 항온·항습성, 차음성, 격리성, 안정성, 대공간 설계의 가능성을 가지고 종합적으로 지하공간을 이용하려는 계획이나 설계가 드물었기 때문이었다. 그러나 아오타테(青函) 터널, 도쿄만해 호타루, 세토대교를 비롯한 많은 터널과 지하발전소, LNG 기지, 원자력폐기물처리장 등이 건설되었고, 최근에는 일본에서도 사회, 경제적인 발전과 더불어 생활, 교통, 통신 공간 등으로서 지하공간의 중요성이 주목받고 있어 이제는 우주, 해양에 이어 제삼의 이용공간으로서 의미를 가지게 되었다.

암반을 이용한 건설은 건설비용을 절약해 주고, 도시경관과 환경보호에 도움을 준다. 그뿐 아니라 반드시 지상에 건설할 필요가 없는 구조물에 대해서 안전성과 경제성을 가져온다. 따라서 지하공간을 개발하려는 계획을 가지고 있는 사람이나 기술자는 흙이나 암반의 역학적인 성질뿐만 아니라 앞에서 언급한, 지하공간이 가지는 특수성이나 다양한 가능성, 인간의 심리적 특성 등에 대해서도 지식을 가져야만 한다.

앞으로 지하공간 개발에 대한 계획을 세울 때는 토목전문가뿐만 아니라 건축가, 환경공학자나 심리학자 등과 공동으로 작업을 할 필요가 있다. 21세기는 전 세계적으로 도시화나 환경보전 면에서 지하공간 이용에 대한 요구가 급속하게 진전될 것이다.

〔1〕 지하공간 개발

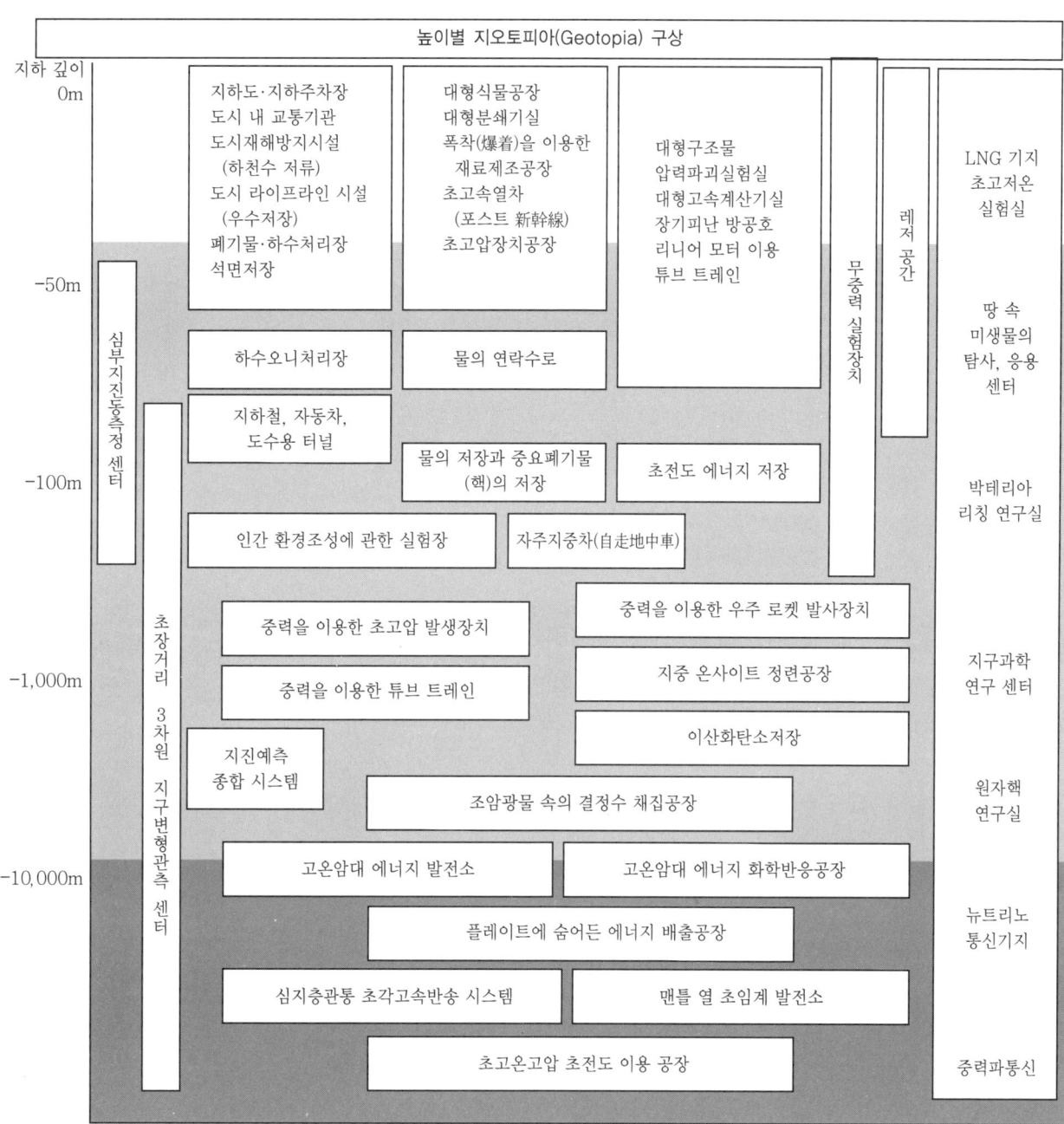

높이별 지오토피아(Geotopia) 구상

지하 깊이						
0m		지하도·지하주차장 도시 내 교통기관 도시재해방지시설 (하천수 저류) 도시 라이프라인 시설 (우수저장) 폐기물·하수처리장 석면저장	대형식물공장 대형분쇄기실 폭착(爆着)을 이용한 재료제조공장 초고속열차 (포스트 新幹線) 초고압장치공장	대형구조물 압력파괴실험실 대형고속계산기실 장기피난 방공호 리니어 모터 이용 튜브 트레인		LNG 기지 초고저온 실험실

제 ① 장
지구 환경과 건물 에너지

18

심부지진동측정 센터

초장거리 3차원 지구변형관측 센터

하수오니처리장

물의 연락수로

지하철, 자동차, 도수용 터널

물의 저장과 중요폐기물 (핵)의 저장

초전도 에너지 저장

인간 환경조성에 관한 실험장

자주지중차(自走地中車)

중력을 이용한 초고압 발생장치

중력을 이용한 우주 로켓 발사장치

중력을 이용한 튜브 트레인

지중 온사이트 정련공장

지진예측 종합 시스템

이산화탄소저장

조암광물 속의 결정수 채집공장

고온암대 에너지 발전소

고온암대 에너지 화학반응공장

플레이트에 숨어든 에너지 배출공장

심지층관통 초각고속반송 시스템

맨틀 열 초임계 발전소

초고온고압 초전도 이용 공장

무중력 실험장치

레저 공간

땅 속 미생물의 탐사, 응용 센터

박테리아 리칭 연구실

지구과학 연구 센터

원자핵 연구실

뉴트리노 통신기지

중력파통신

-50m
-100m
-1,000m
-10,000m

1.4 쾌적함이 지속되는 사회

일본에서는 2005년에 소자녀 고령화 사회로 접어들었다. 또 세계 제1의 고령자 사회가 되었으므로 향후 소자녀 고령화 사회의 문제점과 대책(안)을 제시하고 건축가가 무엇을 할 수 있을지 생각하는 계기로 삼아야 한다.

1.4.1 → ● 인 구

1945년 제2차 세계대전이 끝난 후 인구는 급속도로 감소했지만 전후에 일어난 한국전쟁에 의해서 군수산업이 발전했고, 1964년의 도쿄 올림픽 개최 이후 눈부신 성장을 통해 인구는 우상향(右上向)하는 방향으로 증가했다. 1997년의 총 인구는 1억 2,600만 인(세계 총 인구의 2%에 해당)이 되었고, 2005년에는 127,756,815인으로 증가했지만 출생자 수(1,062,530인)보다도 사망자 수(1,083,796인)가 웃돌아 2050년에는 약 1억 인, 2100년에는 약 6,700만 인으로 감소할 전망이다. 한편 65세 이상 고령자의 총인구에 대한 비율은 1996년에는 15.1%인 것에 비해서 2005년에는 20%(2,556만 인, 그 중 남성 1,081만 인, 여성 1,475만 인)로 증가함으로써 소자녀 고령화 사회로의 이동이 앞으로의 사회, 경제에 큰 영향을 끼치리라고 예측할 수 있다. 그로 인해서 근본적인 인구증가대책을 세워야 한다는 강한 요구가 생겨났다.

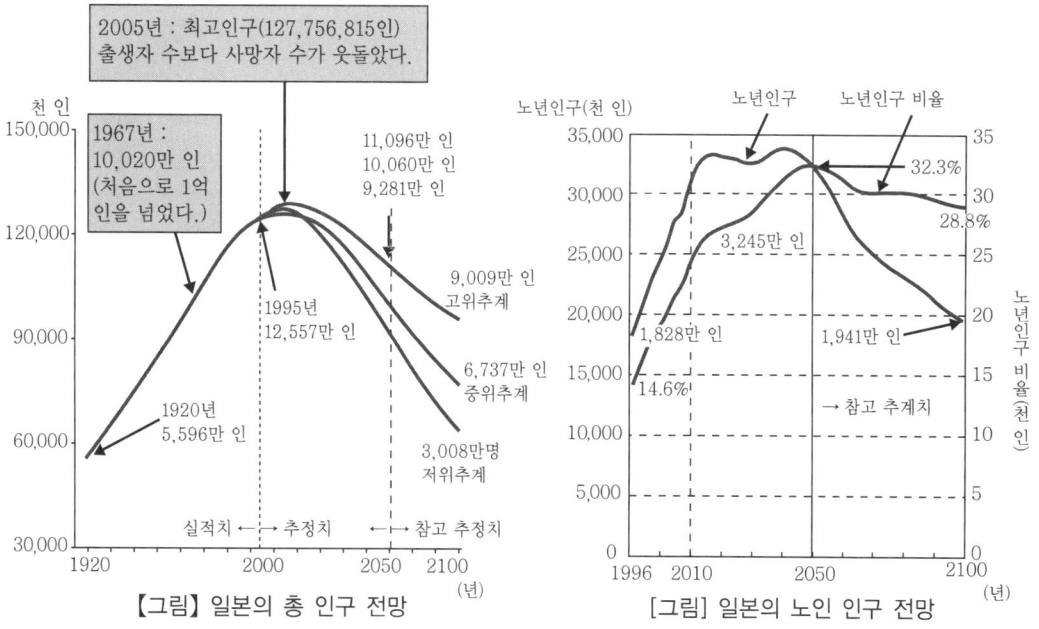

【그림】일본의 총 인구 전망   [그림] 일본의 노인 인구 전망

참고로 일본과 여러 선진 국가의 총 인구 중 65세 이상의 고령자들의 점유율을 나타내면 다음과 같다.
① 일본(20.2%, 2005년 9월 현재 세계 1위)
② 이탈리아(19.2%, 2004년 1월)
③ 독일(18.0%, 2003년 12월)
④ 프랑스(16.2%, 2005년 1월)
⑤ 영국(16.0%, 2003년 6월)
그리고 2006년 2월, 세계 인구는 65억 인이 되었다.

출전 : 출생자 수·사망자 수는 厚生勞動省管轄, 총 인구수는 總務省統計局管轄.
자료 : 일본의 장래 추정 인구, 1997년 1월 추정(國立社會保障·人口問題研究所).

2005년 일본은 사망자 수가 출생자 수를 상회하였을 뿐만 아니라 고령자(65세 이상)가 총인구의 약 20%를 넘는 상황에서 소자녀 고령자 시대로 돌입하였다. 앞으로 안정된 생활환경을 지속적으로 실현하기 위해서는 경제적인 면, 가정과 일의 양립, 지역의 지원이 상당히 중요하다. 정부는 안심할 수 있고 안전한 지속사회(사회보장제도 : 의료, 간호, 연금 등과 차세대육성 등)를 가능하게 하는 항구적 정부를 구축하는 것과, 이에 대한 지속적인 보증을 하도록 강한 요구를 받고 있다.

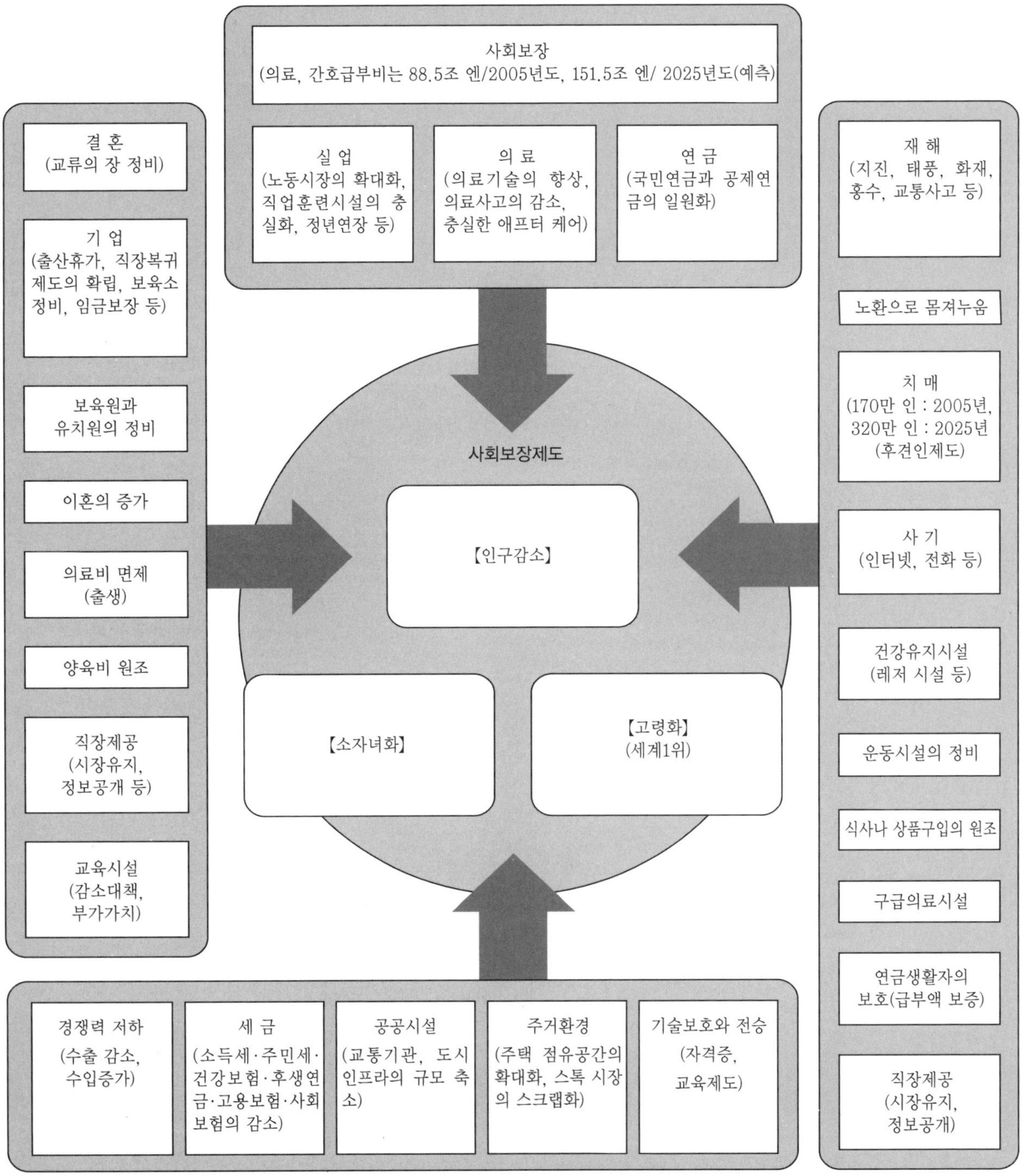

제1장 지구 환경과 건물 에너지

20

사회보장
(의료, 간호급부비는 88.5조 엔/2005년도, 151.5조 엔/ 2025년도(예측)

| 실 업 (노동시장의 확대화, 직업훈련시설의 충실화, 정년연장 등) | 의 료 (의료기술의 향상, 의료사고의 감소, 충실한 애프터 케어) | 연 금 (국민연금과 공제연금의 일원화) |

결 혼 (교류의 장 정비)

기 업 (출산휴가, 직장복귀제도의 확립, 보육소 정비, 임금보장 등)

보육원과 유치원의 정비

이혼의 증가

의료비 면제 (출생)

양육비 원조

직장제공 (시장유지, 정보공개 등)

교육시설 (감소대책, 부가가치)

사회보장제도

【인구감소】

【소자녀화】

【고령화】 (세계1위)

재 해 (지진, 태풍, 화재, 홍수, 교통사고 등)

노환으로 몸져누움

치 매 (170만 인 : 2005년, 320만 인 : 2025년 (후견인제도)

사 기 (인터넷, 전화 등)

건강유지시설 (레저 시설 등)

운동시설의 정비

식사나 상품구입의 원조

구급의료시설

연금생활자의 보호(급부액 보증)

직장제공 (시장유지, 정보공개)

경쟁력 저하 (수출 감소, 수입증가)

세 금 (소득세·주민세·건강보험·후생연금·고용보험·사회보험의 감소)

공공시설 (교통기관, 도시 인프라의 규모 축소)

주거환경 (주택 점유공간의 확대화, 스톡 시장의 스크랩화)

기술보호와 전승 (자격증, 교육제도)

【그림】소자녀 고령화 사회의 문제와 대책

〔1〕 물

　제2차 세계대전 후 일본은 공업국가와 경제 우선국이라는 국가의 계획 아래 제조업이 활성화되어 대량의 지하수를 지속적으로 사용하게 되었다. 이것이 원인이 되어 일부 지역에서는 지반침하가 발생하였다. 그리고 생활용수의 하나인 우물은 하천과 토양 등으로 위험한 화학물질을 포함한 대량의 물질과 폐수를 방출하여 오염된 우물물을 음료수로 사용한 지역주민들의 건강상태를 위험하게 만들었다. 지역주민들의 건강문제가 사회문제화 되기 시작하자 우물물의 사용을 제한하기에 이르렀다. 그리고 도쿄에서는 미소노(三園) 정수장(다마카와(玉川)정수장 경유)에서 공업용수를 제공받았다.

　1955년대 후반 이후 주요 도시의 인구증가, 산업집중, 수원의 이상고갈에 따른 단수문제가 계기가 되어서 수도시설(수원림 (약 220km²)·댐·취수언·저수지·도수로·정수장·송수관·급수소·배수관·급수관)의 확장사업이 국내 각지에서 끊임없이 이어져 수돗물을 안정적으로 공급받게 되었다.

　아래에 세계 유수의 규모로 불리고 있는 도쿄의 수도사업을 소개해 놓았다. 도쿄도(東京都 : 23구를 포함하는 도쿄시와 다마지구, 이즈제도, 오가사와라제도를 포함하는 지방자치단체－옮긴이, 인구 12,134,459인/2004년도)의 수도사업의 기본적인 방침인 "안심할 수 있고 안전하며 맛있는 수돗물의 안정적인 공급을 실현"하기 위해 현재 다마가와(多摩川)·도네가와(利根川)·아라카와(荒川)·사가미가와(相模川)(이 중 지하수 비율은 0.2%)에서 시작되는 수원을 11곳의 정수장에 도입하여 인구증가 등에 대한 적절한 대책을 마련하였다. 그리고 급수시설능력의 기준치는 도쿄도민 1인당 244l/일(2004년 현재)이다.

고속응집 침전지[1]

도쿄도 가나마치 정수장[1]
(하루 최대급수량 150만 m³, 그 중 고도정수분 52만 m³)

고도정수장치[1]

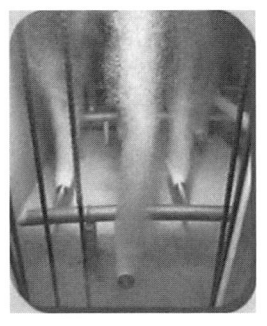

오존 접촉지[1]

급속 여과지[1]

출전 : 1) 東京都水道局金町淨水場.

또 근래에는 안전하고 맛있는 수돗물에 대한 요구를 고려해서 원수 속의 '곰팡이 냄새를 나게 하는 원인 생물', '미생유기물질' 등을 감소하게 만드는 고도정수장치(오존 처리, 생물활성탄 흡착처리)를 아사카스미(85만 m³/일), 산고(55만m³/일), 가나마치(52만m³/일)(도쿄도 전체 처리능력의 약 28%에 달한다)에 설치해서 맛있는 수돗물을 실현하였다. 그리고 자연재해 발생시에도 단수하는 것을 최소한으로 억제하면서 음료·식료수(도쿄도민 1,200만 인을 대상으로 약 4주일간, 3l/(사람·일))를 가능한 한 확보할 수 있도록 도쿄도 내 198곳(2005년 4월 1일 현재)의 급수거점(지진대책용 응급 급수조(1500m³/조), 소규모 응급 급수조(100m³/조), 정수장·급수소)의 시설을 정비했다.

지구상의 전체 물의 양은 14억 km³(그 중 97.5%는 바닷물, 약 2.5%는 담수(淡水 : 眞水))이고, 우리들이 이용할 수 있는 물은 지구상의 전체량의 겨우 0.01%이다. 앞으로 귀중한 수자원의 효과적인 이용방법(절수, 순환형 재생수 이용 시스템)을 보급하고 촉진하기 위해서 건축가·구조기술자·설비기술자의 지혜와 행동이 강력하게 요구된다. 그리고 이를 기회로 정수장을 한번 견학해 보는 걸 추천하고 싶다.

〔2〕 물 제조시설 계획

세계적인 규모로 화석 에너지를 대량으로 소비하여 지구온난화가 발생하였고, 인구증가에 따른 식량생산의 증가는 화전과 삼림벌채 등을 촉진시켜서 사막화가 한층 진행되었다.

그런데 일본의 음료수의 수원은 댐·하천·호수·우물인데 지구온난화로 이상기온(가뭄)이 생기고, 대기중으로 이산화탄소, 황산화물질 등이 대량으로 배기되어 산성비가 만들어졌다. 그 영향으로 해마다 수원이 부족하고 수질악화가 진행되고 있다. 그리고 건축물의 외피·아스팔트 도로·도로포장·자동차와 냉방장치에서 배열방출, 고층 빌딩군에 의한 자연통풍의 방해 등으로 인해 도심부에서의 열섬(heat island)이 커다란 사회문제가 되었다. 따라서 앞으로는 수자원을 확보하는 것과 이를 유효하게 이용하는 것을 적극적으로 도모하도록 강력한 요구를 받고 있다.

(a) 현 상황의 과제

【일본】
(인구 1억 2,769만 인/ 2008년 5월 1일 현재)
• 음료수의 수원(댐·하천·호수·우물)
• 일본의 물 문제(아스팔트 포장은 우수의 지하침투가 곤란, 음료수 수입, 산성비로 댐·하천·호수·우물의 수질악화, 삼림벌채로 인한 수해발생, 인체에 미치는 영향 등)

(b) 사막지대에서의 진수(眞水) 제조계획

진수는 해수의 담수화 제조장치와 재생가능 전원설비에 의해 제조되며, 토양 속의 물 저장 시스템을 구축 운영함으로써 사막지대에서도 식림(植林)이나 식량의 생산이 충분히 가능하다.

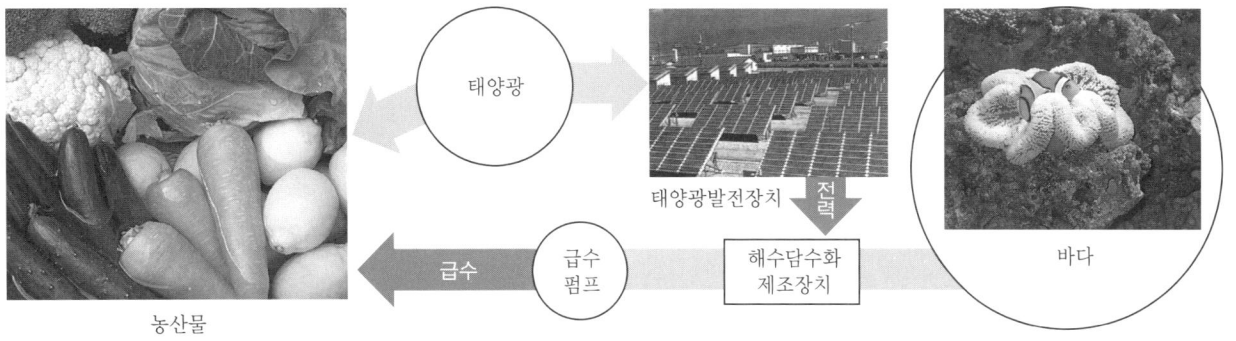

농산물

(c) 자연 에너지·자원의 유효한 이용계획

우수의 배수는 우수 저류조에서 정화장치를 통해 화장실 세정수나 식물에게 주는 물로 재이용한다. 그리고 생활배수는 오수처리장치를 통해서 영양이 풍부한 잡용수로서 농업용수로 사용할 수가 있다. 전력은 태양광발전장치에 의해서 재해시에 지역주민들에게 공급된다.

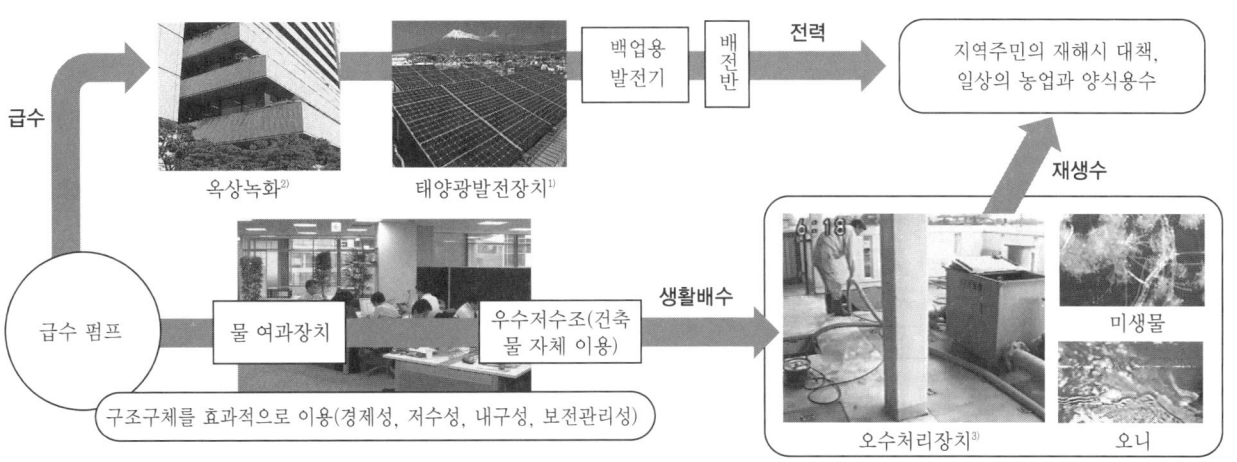

【그림】 자연 에너지·자원의 유효한 이용 시스템

〔3〕식량

전후의 식량난을 겪던 시대에는 산림, 개펄, 늪지 같은 개척지에서 식량생산이 지속적이고도 적극적으로 이루어졌고, 그뿐 아니라 홋카이도에서도 벼농사를 가능하게 만드는 벼농사 개량이 이루어져 식량생산량이 안정적으로 유지·확보되어 식량위기를 벗어날 수가 있었다.

그러나 1956년 5월에 공식적으로 인정된 구마모토현(熊本縣) 미나마타시 질소 미나마타 공장의 유기 수은 폐수로 인해 미나마타만과 시라누이(不知火)해역에서 물고기를 섭취한 주민들에게 미나마타병이 발생하였다. 그리고 1965년 5월에 공식적으로 인정된 니가타현 쇼와덴코(昭和電工)공장의 유기 수은 폐수로 인해 아카노(阿賀野)강 유역 주민에게 건강피해가 일어나는 등 오수문제가 국내 각지에서 발생하여 커다란 사회문제가 되었다.

1965년 이후 고도경제성장 시대가 되자 제1차 산업에서 제2차 산업으로 크게 변모하였다. 그 결과 농업종사자가 급격하게 감소하였고 식량의 비축량확보와 가격안정화정책에 따른 논밭의 휴경조치가 전국적으로 전개되어서 쌀과 야채의 수확량의 확대가 멈추게 되었다.

근래에는 식량생산량의 지속적인 안정화를 위해서 화학약품에 의존한 농업활동이 이루어졌으나, 결과적으로

출전 : 1) 東京電力(株). 2) 朝日新聞社. 3) 유니컨 엔지니어링(주).

건강에 악영향을 끼치는 위험 식량을 낳게 되었다. 그래서 건강에 대한 관심이 높은 사람들은 농약을 사용하지 않은 식량의 생산을 강력하게 요구하게 되었다. 그리고 다양한 라이프 스타일과 생활의 질 향상에 따라 외식이 증가하였고, 경제우선의 기치 아래 야채, 어패류·육류의 대부분의 식량을 해외에 의존(약 60%)하기에 이르렀다. 그러던 중 2004년 이후 광우병(BES)이나 조류를 매개로 한 인플루엔자 등이 발생하여 건강피해가 세계적인 규모로 늘어나 크나큰 사회문제가 되었다. 안심할 수 있고 안전한 식량을 자급 생산하려는 움직임이 일부 민간 기업에서 시행되기 시작하였다.

향후에는 100% 식량자급을 이루는 것을 목표로 해서 경작 토지를 효과적으로 이용하며, 식량생산 시스템이나 식량생산시설을 창조하고 구축해야 하는데, 이제 이 작업은 건축가의 분야로서 인식되기에 이르렀다.

구마모토현 미나마타병의 발생원[1]

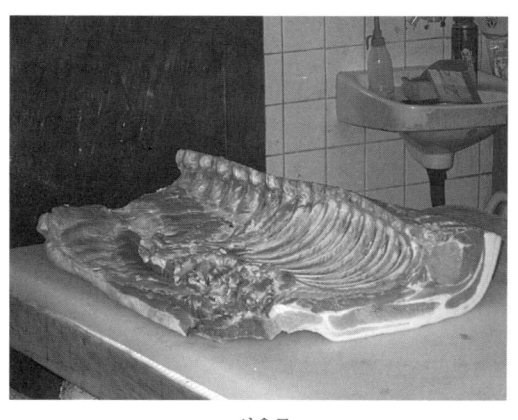

식육류

곡 류

〔4〕 식량생산시설 계획

세계의 인구(약 65억 인/2006년 현재)가 경이적으로 증가하고 있는 현 상황에서 후진국이나 개발도상국에서는 식량이나 물 부족으로 인해 아사, 질병, 분쟁이 발생하고 있다. 그러나 전 지구적인 규모로 지구온난화와 삼림벌채 등이 이루어지고 그 영향으로 사막화가 확대되고 있기 때문에 매년 식량생산량은 감소하고 있다.

그런데 일본은 식량의 약 60%를 수입에 의존하고 있기 때문에 자연재해·식량의 수입정지·가격폭등이 일어날 경우 국민 생활에 커다란 영향을 줄 것이다. 그리고 일본 각지의 농가는 후계자가 부족하고 생활을 유지하기가 곤란하여 농가가 감소하고 휴업을 하고 있는 실정이다. 따라서 현재 농업시험소와 민간 기업이 협동해서 새로운 식량생산시설을 사업화하는 일이 추진되고 있다. 또한 식량생산량을 안정화시키기 위해서는 종(種)의 보존, 식량 비축 창고 등의 정비 문제가 아주 중요해졌다. 2005년도의 일본의 쌀 생산량은 911만 t(예상), (그 중 853만t

출전 : 1) 手俣病(岩波書店).

(주식용), 13만 t(가공용), 45만 t(나머지))이다. 참고로 미국은 선구적으로 세계의 원종(原種)들을 보존하고 있다.

(a) 현 상황의 문제

지구 온난화·삼림벌채 등이 진행되어 식량생산량이 감소하고 있다.

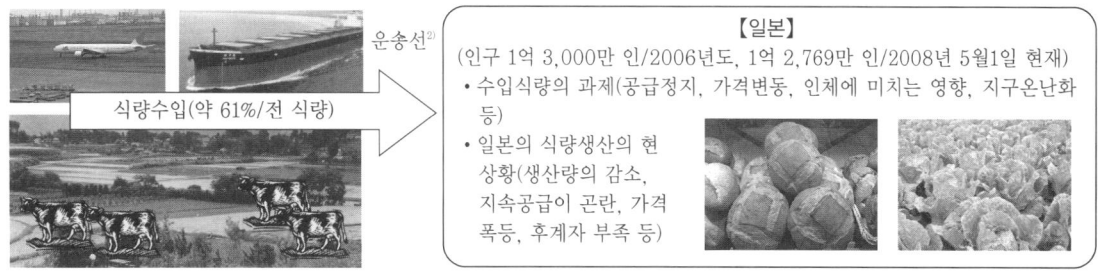

(b) 현 상황과 앞으로의 전개

현 상황은 전업농가가 경지재배를 하며 수입식량에 의존하는 사회라고 할 수 있는데, 앞으로는 100% 식량자급을 목표로 하여 이를 실현하기 위해서 자원재생이용 시스템에 의한 안심할 수 있고 안전한 식량, 생인화(省人化 : 자동화를 통한 인력 감소-옮긴이), 경제적인 농작물과 양식시설이 필요 불가결하게 되었다. 이들의 건축·설비계획 개요는 다음과 같다. 그리고 도심부 업무시설 지하에서 이루어지고 있는 선진적인 야채, 쌀 하우스 재배시설도 같이 소개한다.

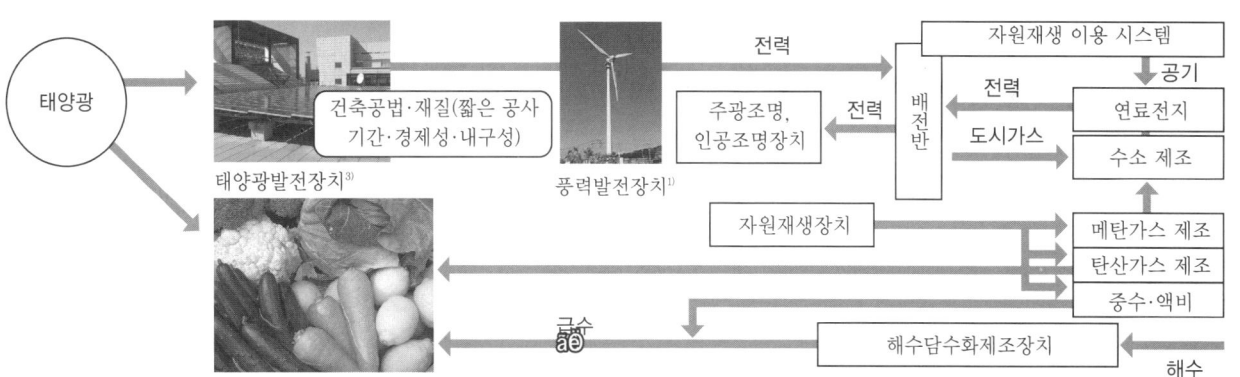

【그림】자원재생이용 시스템에 의한 교외형 대규모 농장

오오테마치 노무라 빌딩[4]

야채, 쌀 하우스 재배시설[5]

[도심형 농장의 실제 예]

출전 : 1) 東京電力(株). 2) 日本郵船(株). 3) (株)킨덴. 4) 大手町野村빌딩. 5) (株)퍼스널.

인간은 일생의 약 80%를 건축환경 속에서 보낸다. 그렇기 때문에 건강과 쾌적성을 확보하기 위해서 건축물은 고기밀·고단열화 되어 냉난방과 환기설비가 설치되었다. 그러나 아래 그림과 같이 ① 급기구의 위치와 구조에 따라서 자동차의 소음과 배기의 실내 침입, ② 겨울철 실내의 창과 북쪽 벽에서 콜드 드래프트의 발생과 상대습도의 이상저하, ③ 실내에서 애완동물 사육으로 인한 악취, 털의 날림, 병원균 등의 발생, ④ 사람의 움직임으로 인한 바닥 충격음 발생, 그리고 자동차와 지하철 때문에 생긴 지반 진동 전달음의 실내 침입, ⑤ 옥외에서 들어오는 소음이 배기구(排氣口)·레인지 후드·덕트에 의해서, 또 위생기구와 배관을 통해 실내로 침입, ⑥ 대화 소리 등이 다른 실내로 흘러 들어가는 문제 등이 일어나고 있다. 그리고 근래에는 ⑦ 석면 제조소, 건축물의 단열재(석면)에 의한 지역주민과 집무자들의 건강피해(중피종·폐암 등)가 커다란 사회문제가 되었다. 아래는 현 상황의 문제점과 대책의 예를 나타낸다.

안심 안전·쾌적한 실내 환경·건강유지를 가능하게 만드는 건축·설비 시스템

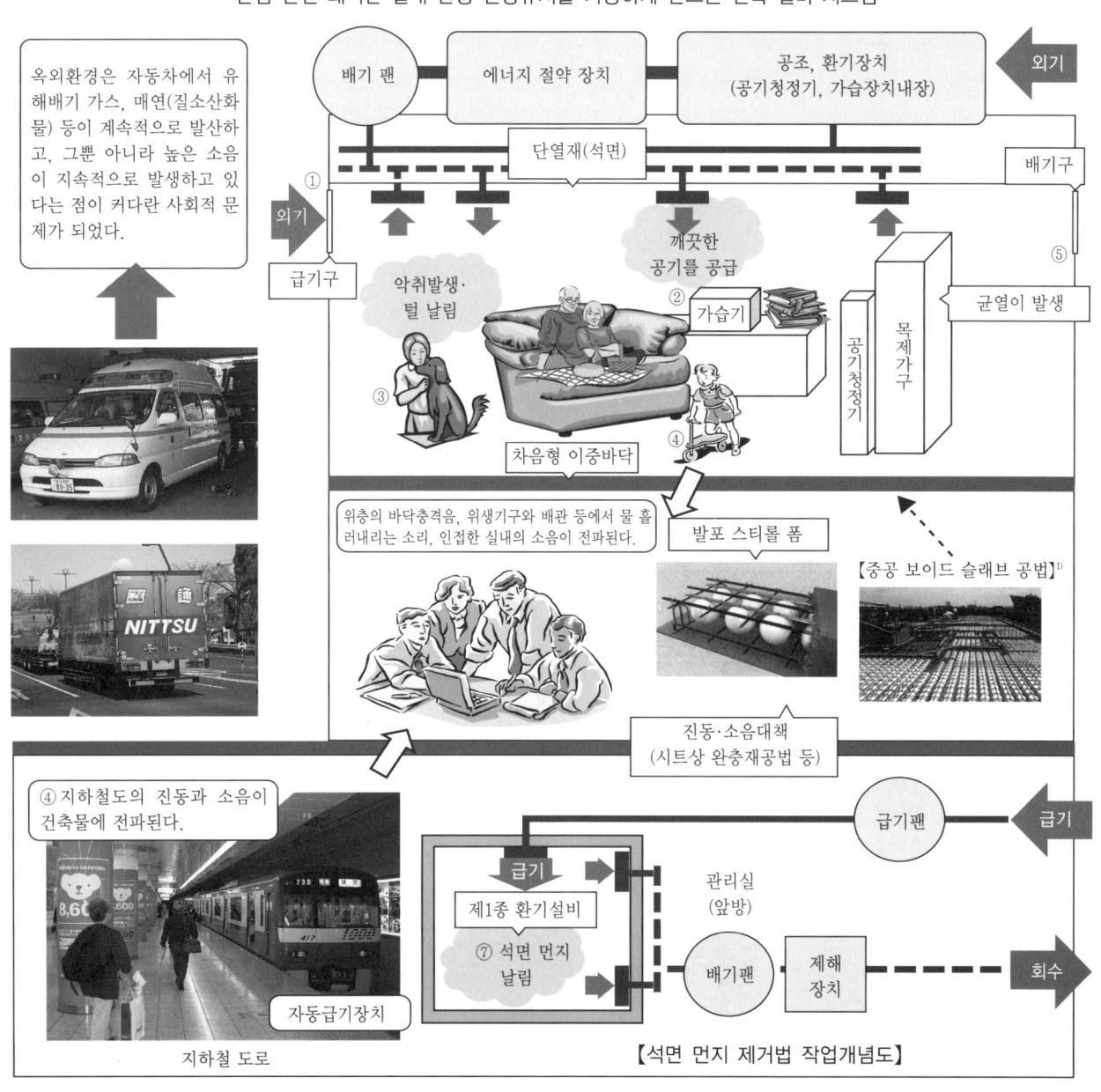

제1장 지구 환경과 건물 에너지

26

출전 : 1) 몬보이드(株). 吉野石膏(株).

제2장

건축설비계획의
기초 지식

2.1 기본 과제
2.2 효율적이고 과학적인 기법
2.3 경제적인 기법
2.4 프레젠테이션 기법
2.5 건축 환경 디자인 계획

2.1 기본 과제

건축가가 각종 건축물을 설계할 때 건축설비계획의 기초 지식의 학습과 적용정도에 따른 문제점과 기대 효과를 아래에 소개하고자 한다. 건축물의 안전성(내진·방재 등), 쾌적성(온열·기류·공기질·조도·소음·진동 등), 기능성(에너지·정보 등), 편리성(전기·열), 확장성 등은 건축설비(① 전기설비, ② 위생설비, ③ 공조설비, ④ 반송설비, ⑤방재설비 등)로 보완해 줄 수가 있다.

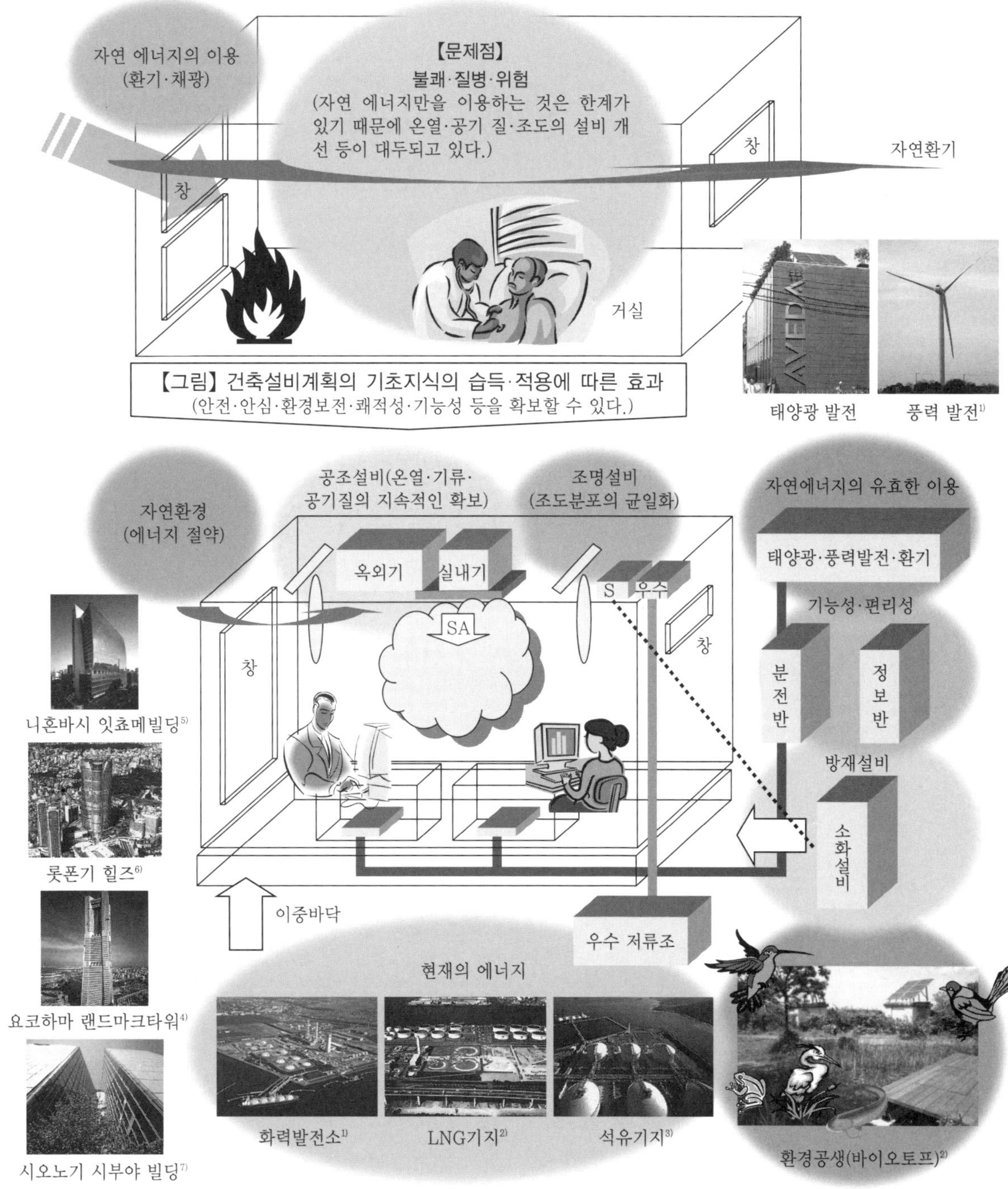

자연 에너지의 이용
(환기·채광)

【문제점】
불쾌·질병·위험
(자연 에너지만을 이용하는 것은 한계가 있기 때문에 온열·공기 질·조도의 설비 개선 등이 대두되고 있다.)

창

창

자연환기

거실

【그림】건축설비계획의 기초지식의 습득·적용에 따른 효과
(안전·안심·환경보전·쾌적성·기능성 등을 확보할 수 있다.)

태양광 발전   풍력 발전[1]

자연환경
(에너지 절약)

공조설비(온열·기류·
공기질의 지속적인 확보)

조명설비
(조도분포의 균일화)

자연에너지의 유효한 이용

태양광·풍력발전·환기

기능성·편리성

옥외기   실내기

S   우수

SA

창

창

분전반   정보반

방재설비

소화설비

니혼바시 잇쵸메빌딩[5]

롯폰기 힐즈[6]

이중바닥

우수 저류조

요코하마 랜드마크타워[4]

현재의 에너지

시오노기 시부야 빌딩[7]

화력발전소[1]   LNG기지[2]   석유기지[3]

환경공생(바이오토프)[2]

출전 : 1) 東京電力(株). 2) 東京가스(株). 3) 新日本石油(株). 4) 三菱地所(株). 5) 三井不動産(株), 東急不動産(株)
6) 森빌딩(株). (株)建築畵報社. 7) 시오노기製藥(株).

2.2 효율적이고 과학적인 기법

건축주가 건축물에 기대하는 요소는 ① 외관 디자인, ② 경제성(LCC), ③ 쾌적한 실내 환경, ④ 기능성(에너지 나 정보 등), ⑤ 안전성(내진·방재) 등을 들 수 있다. 따라서 건축가와 건축설비기술자는 앞서 말한 사항들을 만족시키기 위해서 건축 디자인과 설비기능의 융합화를 도모하면서 건축설비 시스템, 다양한 설비실(설비 샤프트 EPS, PS, DS 등)을 구축하는 것이 매우 중요하다. 아래는 건축설비설계를 진행하는 방식이다.

2.2.1 ● 기기의 대략적인 용량계산(업무시설)

	전기설비 (수변전설비)	위생설비 (급수설비)	공조설비 (냉열원설비)
① 연면적(m^2)	3,000	3,000	3,000
② 사용인수(인/m^2)		0.2	
③ 원단위(W/m^2, l/인, kcal/($m^2 \cdot$h))	100	100	100
④ 설비용량(①×②×③)	300,000	60,000	300,000
⑤ 동시사용률(%)	0.5	0.5	1
⑥ 기기용량(④×⑤×여유율(%))	150,000	30,000	300,000

• 건축설비 시스템

   건축설비 시스템이 단순한 것이든 복잡한 것이든 Q·C·P·E·S를 기준으로 삼은 종합평가와 중요도를 고려한 설계기법을 활용한다면 보다 확실하고 효율적으로 건축설비 시스템을 결정할 수 있다. 아래는 공조 시스템의 선정에 대한 예이다.

【표】 공조 시스템의 설정

항목/방식	중앙방식(열원기기(냉각기), 펌프 및 배관을 전관에 공통으로 설치)	개별방식(열원기기(공조기기), 냉매배관을 단독 설치)

【공조 시스템 개념도】
중앙방식 :
  열원기기(냉각기), 펌프 및 배관을 전관에 공통으로 설치
개별방식 :
  열원기기(공조 기기), 냉매배관을 단독설치
	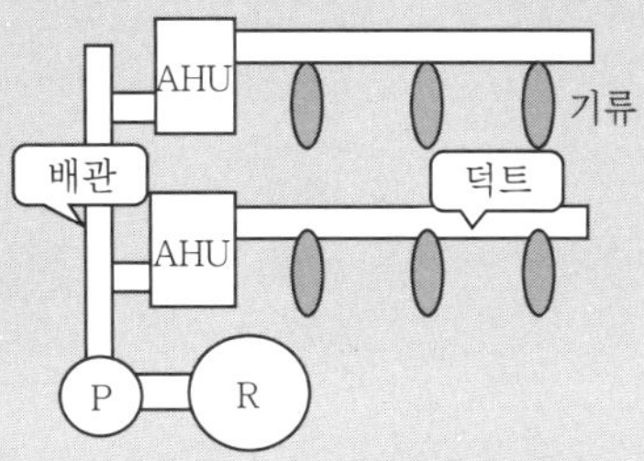	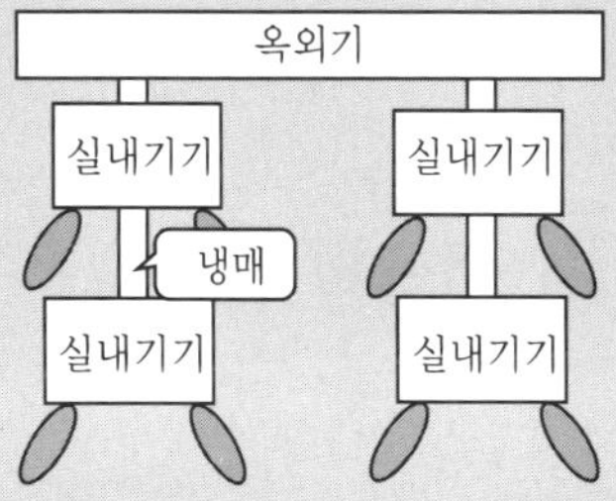

Q(Quality) 쾌적한 실내 환경(온열) 사용상황(부하대응) 갱신대응 보수 관리성 공간의 유효한 이용	○ △ △ △ △	◎ ◎ ◎ ◎ ○
C(Cost) 초기투자비용 유지비용	△ △	◎ ○
P(Production) 시공성 실적	△ 중용	◎ 많다.
E(Environment) 환경보전	○	○
S(Safety) 지진, 화재	○	○
종합평가		중앙방식에 비해서 종합적으로 뛰어나다.

[보기] ◎ : 우, ○ : 양, △ : 가(可), P : 펌프, R : 냉동기, AHU : 공조기기

기능성·쾌적성·안전성을 만족시킬 것을 전제로 해서 건축설비 공사비와 유지비를 대폭으로 감소시킬 수 있다. 구체적인 예로서, 전기설비에서는 동력설비의 배전전압을 일반적인 3상(相) 200V에서 3상(相) 400V로 했을 경우 전류 값이 50%나 감소하기 때문에 반(盤), 보호개폐기, 배선 사이즈 등이 대폭적으로 줄어든다.

그리고, 공조설비에는 공조기기로 들어가는 냉수온도차를 일반적인 온도인 6℃에서 9℃로 했을 경우 냉수량이 약 40% 이상 감소하기 때문에 공조기기·배관 사이즈·축열조·냉동기 용량이 큰 폭으로 감소하고, 건축비, 건축설비공사비와 유지관리비도 큰 폭으로 줄일 수가 있다. 따라서 설비기술자는 높은 기술력과 풍부한 경험 등을 실무에 살려서 전개할 필요가 있다. 아래는 경제적인 이용기법의 예이다.

2.3.1 ─● 전기설비

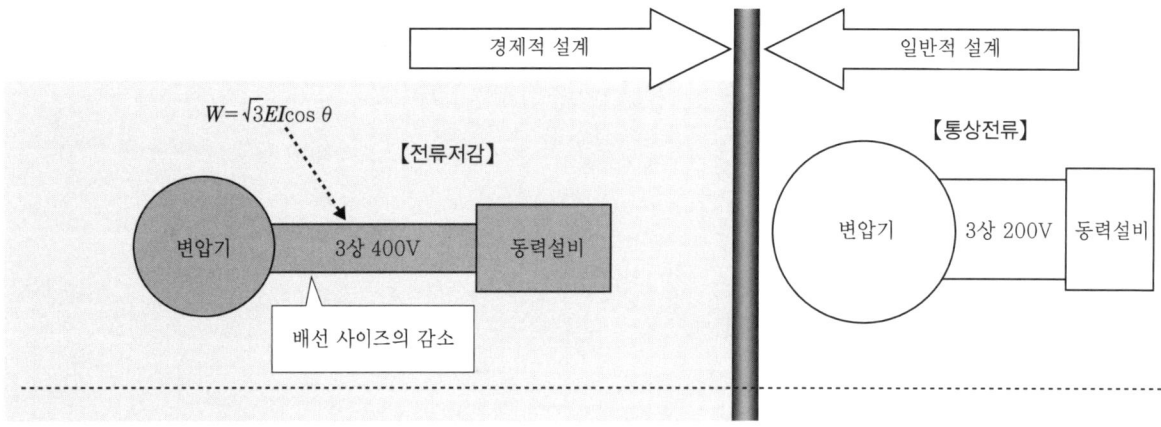

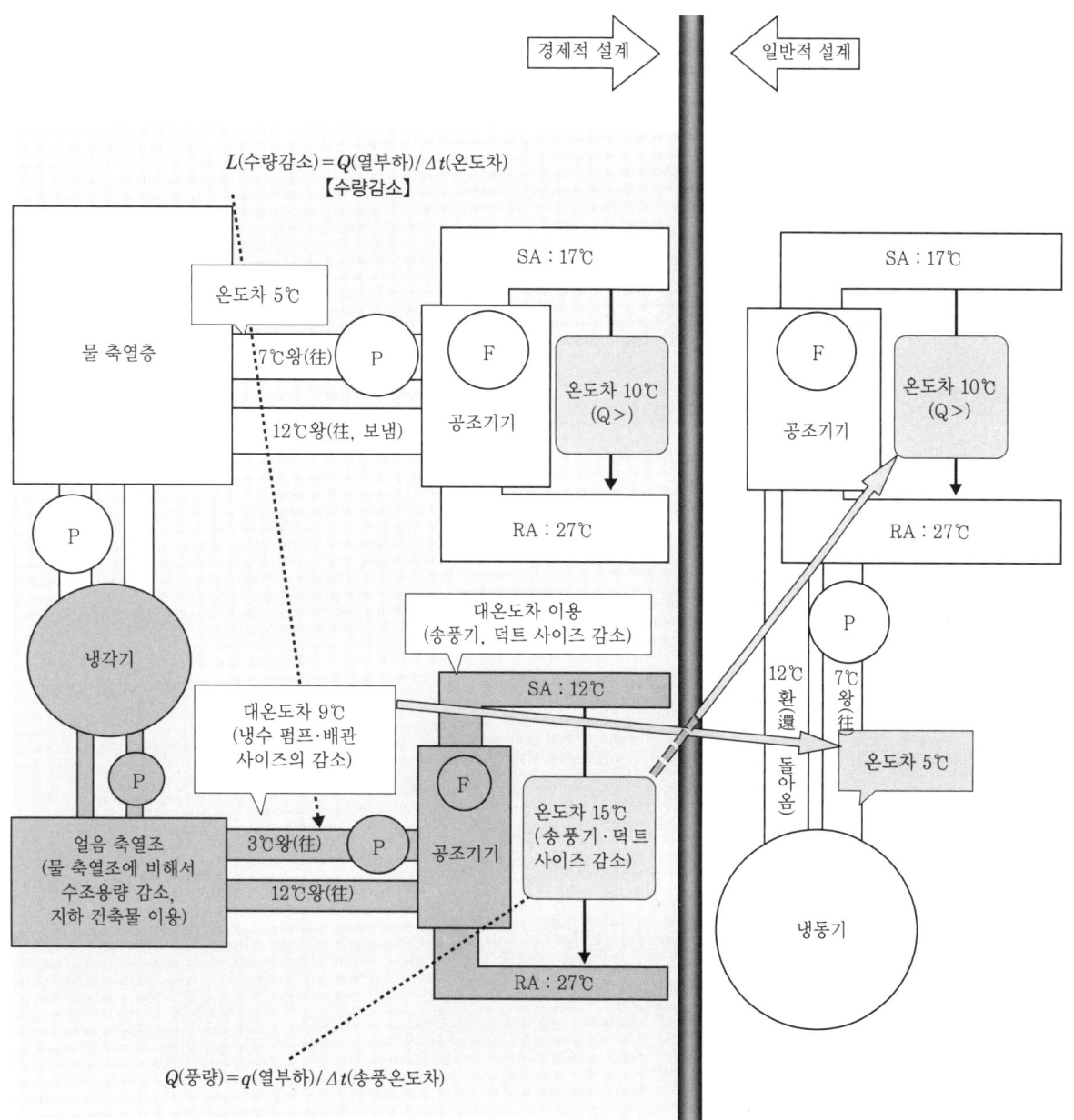

L(수량감소)＝Q(열부하)/$\varDelta t$(온도차)
【수량감소】

경제적 설계 ▶ ◀ 일반적 설계

물 축열층

온도차 5℃

7℃왕(往)   P   F   SA : 17℃

12℃왕(往, 보냄)   공조기기   온도차 10℃ (Q >)

RA : 27℃

P

냉각기

대온도차 9℃ (냉수 펌프·배관 사이즈의 감소)

대온도차 이용 (송풍기, 덕트 사이즈 감소)

SA : 12℃

P

얼음 축열조 (물 축열조에 비해서 수조용량 감소, 지하 건축물 이용)   3℃왕(往)   P   공조기기   온도차 15℃ (송풍기·덕트 사이즈 감소)

12℃왕(往)   F

RA : 27℃

Q(풍량)＝q(열부하)/$\varDelta t$(송풍온도차)

SA : 17℃

F   공조기기   온도차 10℃ (Q >)

RA : 27℃

P

12℃ 환(還) 돌아옴   7℃ 왕(往)

온도차 5℃

냉동기

정보시설을 예로 들어 ① 기획·구상, ② 건축설비 계획, ③ 건축·구조·설비 간 조정, ④ 결과를 아래에 나타낸다.

2.4.1 ● 기획과 구상

건축주의 요구, 설비계획의 주요 취지 등이다.

쾌적한 집무 공간

기류실험

기본 개념
- 기능의 충실화
- 편리성
- 쾌적한 실내 환경(온열, 기류, 공기질, 소음),
- 확장성(용도변경, 에너지 증설 등)
- 보수 관리의 용이성
- 경제성
- 환경보전

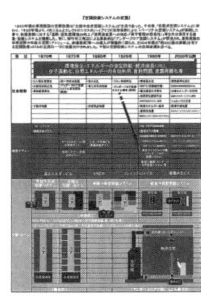

기술변천

2.4.2 ● 건축설비계획

건축과 설비와의 융합을 도모한 공조설비 시스템이다.

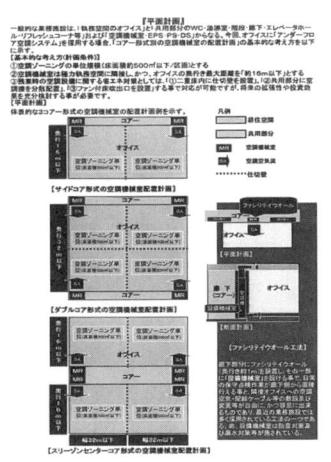

평면계획

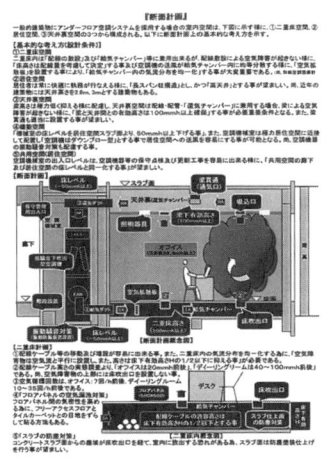

단면계획

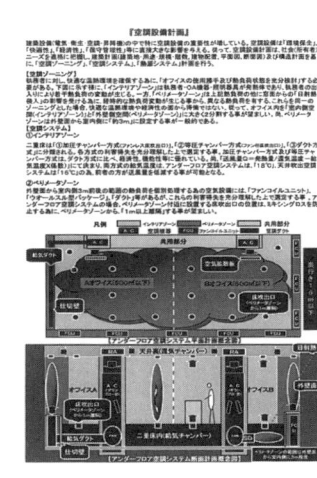

공조설비계획

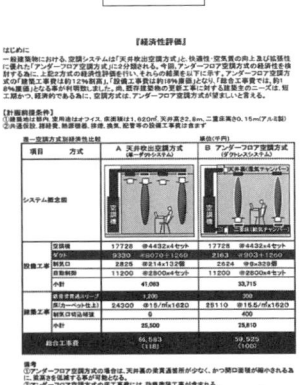

공조식별 경제성 평가

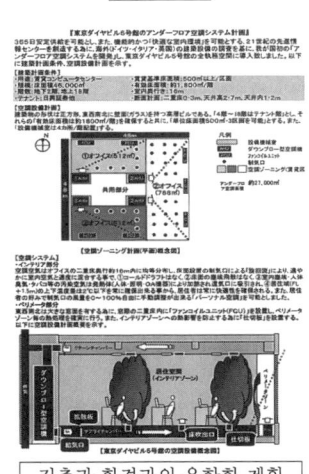

건축과 환경과의 융합화 계획

2.4.3 ● 건축·구조·설비 간의 조정

천장 안쪽(양하공간(梁下空間), 양관통(梁貫通) 등), 실내(천장고, 공조기계실의 위치와 공간), 이중바닥(높이·바닥적재하중)

천장 안의 유효 공간

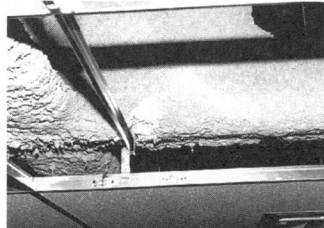
천장 안 환기체임버

조명과 제기구 일체형 기구

슬래브면 방진도장

이중바닥 안(급기구)

공조기계실

이중바닥 속 급기구

제기구

2.4.4 ● 결 과

기준층 집무실

도쿄다이아 빌딩 5호관

집무실

딜링룸(dealing room)

건축주의 대행역할을 해야 하는 건축가가 건축계획·설계·공사감리 등을 진행할 때 기본적이지만 반드시 준수해야만 하는 주요 유의사항을 아래에 소개해 놓았다. 이는 각종 건축물의 계획과 공사감리를 통해 쌓은 필자의 경험을 토대로 한 것이다. 부디 건축계획과 설계를 할 때에 반영해 주었으면 한다. 그리고 중요사항은 굵은 글씨로 표시하였다.

제②장
건축설비계획의 기초 지식

36

〔1〕건축주의 요구를 정확하게 파악한다
(그레이드·환경보전·에너지 절약·자산가치·실내환경·안전성·건축비·재산구분·갱신대응·BMS 등)

설계 →

〔2〕계획단계(plan)
① 설비 컨셉(Q·C·P·E·S)
② 환경보전계획(온실효과 가스 배출량의 감소)
③ 에너지 절약 계획(외벽디자인)
④ 안심할 수 있고 안전한 계획(지진, 화재, 홍수)
⑤ 개략도 작성(평면도 : 지하층·피난층·기준층·옥탑방·단면도)
⑥ 커뮤니케이션(시기와 참가자)
⑦ 여러 가지 설비실의 배치계획(위치·공간·높이·바닥적재하중·보수점검 루트)
⑧ 방 용도별 층고 계획(이중바닥 높이, 천장고·천장 안 높이)
⑨ 설비기기의 반출입 계획(루트, 통로 폭·높이치수, 바닥적재하중)

← 전개

〔3〕설계단계
① 설계도 작성
　평면와 단면도의 전용부분, 공용부분에 여러 가지 설비실, 설비 샤프트 : EPS·PS·DS를 배치하고 수치를 명기한다. 마감재, 양관통은 슬리브의 사이즈와 설치간격을 명기
② 천장 복도(伏圖–물체를 위에서 내려다본 모양을 나타낸 도면–옮긴이)(건축과 기능의 복합화)
　여러 설비의 기기와 기구를 배치하고 치수와 마감재를 명기
③ 복합화(안정성과 보수점검의 용이성 등)
　대형 회전기기를 실내에 배치하는 경우는 진동과 소음에 관한 데이터를 가지고 구조에 대해서 충분히 협의하고 적당한 장소에 배치한다. 그와 동시에 기능성·시공성·보수 관리성을 확보한다. 그리고 구조벽 같은 개구부는 위치와 치수를 명기한다.
④ 건축·구조·설비에서 위의 내용을 협의·승인

계약 ↑

〔5〕운용단계(action·check)
① 준공도
　• 평면도 : 각 층 설비실의 유효바닥면적, 바닥적재하중, 설비 샤프트 EPS·PS·DS의 배치와 치수를 명기
　• 단면도(각 층의 층고를 명기, 여러 설비실·MR·EPS·PS·DS를 명기)
② 시공도(갱신 공사시에 이용)
③ 긴급시 연락처(회사명칭, 담당자, 전화번호)
④ 유지관리계획(평면도의 갱신)

← 검증

〔4〕공사단계(do)
① 시공도작성
　• 외벽 : 급기구·배기구, 공조기기 등의 배치와 치수를 명기
　• 실내 : 다양한 설비기구들(조명기구 등)의 위치와 치수를 명기
　• 이중바닥 : 재질(SUS·알루미늄·유리·나무), 유효높이, 마감재, 치수, 내진유무 등을 명기
　• 여러 가지 설비실, MR·EPS·PS·DS의 위치와 치수를 명기(건축, 구조, 설비에서 확인. 승인기간은 원칙적으로 1주일 이내)
② 승인도작성(정식발주)
③ 검사 : 시크 하우스 대책(환기 풍량, 실내 화학물질 농도 측정)
　(설계품질과 시공품질의 확인, 시공회사, 설계사무소, 확인검사기관 등)

2.5.2 ● 건축과 설비의 융합화 계획

사람들이 안심할 수 있고 안전하며 쾌적한 실내환경, 기능성, 보수 관리성, 지구온난화, 열섬 방지를 실현하기 위해서는 건축가, 구조와 설비에 관한 기술자 등과 커뮤니케이션을 하는 것이 중요하다. 아래는 건축과 설비의 융합화 계획에 관한 예다.

〔1〕 건축과 설비의 융합화 계획

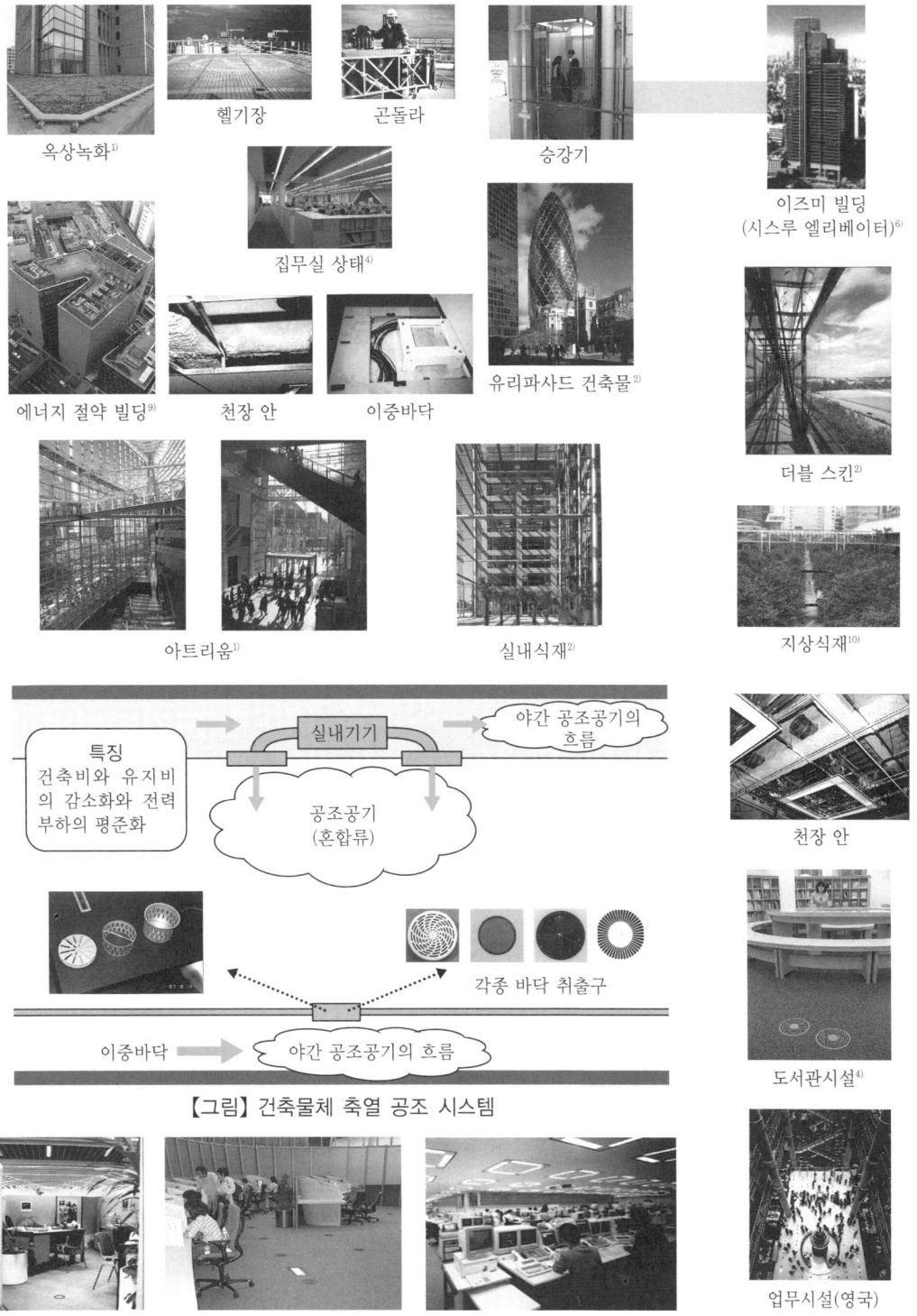

옥상녹화[1]
헬기장
곤돌라
승강기
이즈미 빌딩 (시스루 엘리베이터)[6]

집무실 상태[4]
유리파사드 건축물[2]
더블 스킨[2]

에너지 절약 빌딩[9]
천장 안
이중바닥

아트리움[1]
실내식재[2]
지상식재[10]

특징 건축비와 유지비의 감소화와 전력 부하의 평준화
실내기기
야간 공조공기의 흐름
공조공기 (혼합류)

각종 바닥 취출구

이중바닥 → 야간 공조공기의 흐름

천장 안

도서관시설[4]

【그림】건축물체 축열 공조 시스템

언더플로어 공조 시스템(축열)

업무시설(영국)

태양열이용, 태양광도입설비[4]

항공장해등[7]

옥상설비기기

집무실 천장 안의 상태

일광제어 도장유리[8]

각종 천장설비[4]

공조설비

PS

EPS

콘서트 홀

태양광발전 천장창 설비[3]

공조설비

여러 가지 설비실	진동, 소음, 높은 파도 대책	수조류

특고수변전설비　　　발전기설비　　　지하철　　　수수조　　　냉동기설비

【그림】 여러 가지 설비실

〔2〕 배연설비계획

부속실을 가압배연방식으로 할 경우, 부속실 내의 가압공기가 복도 쪽으로 유입하여 집무자 등의 피난활동에 영향을 끼치지 않도록 하기 위해서 복도 쪽에도 기계식 배연설비를 설치한다.

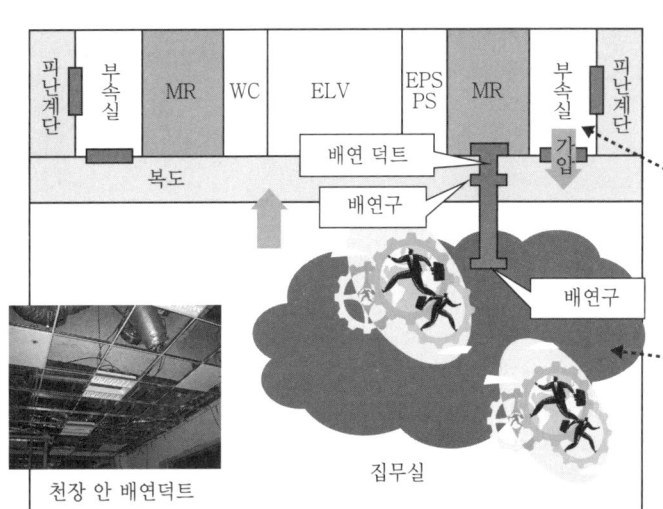

피난계단 | 부속실 | MR | WC | ELV | EPS PS | MR | 부속실 | 피난계단

배연 덕트

배연구

배연구

복도

가압

집무실

천장 안 배연덕트

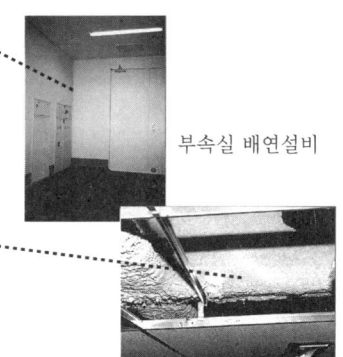

부속실 배연설비

천장 안 배연 체임버

【그림】 부속실 가압배연 시스템(평면)

〔3〕 건축 구조체와 건축설비의 융합화 계획

(a) 우수 저수조 계획

아래는 국내 유수의 규모와 내용을 자랑하는 도쿄 돔의 자원 재순환형 시스템 계획 개요이다.

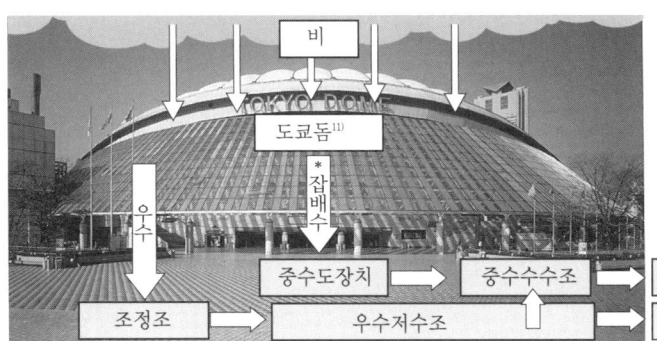

평상시(중수수조, 우수저수조)
• 화장실 세정수로 사용
• 조정조에 의해 하수도로 우수 방류량을 완화
자연재해 발생시(우수저수조)
• 소화용수(1,000m³ 확보)로 사용
절수에 대하여
도쿄 돔에서 사용되는 물의 약 1/3을 대주고 있다.
(＊돔 안에서 사용한 잡배수)

(b) 축열수조

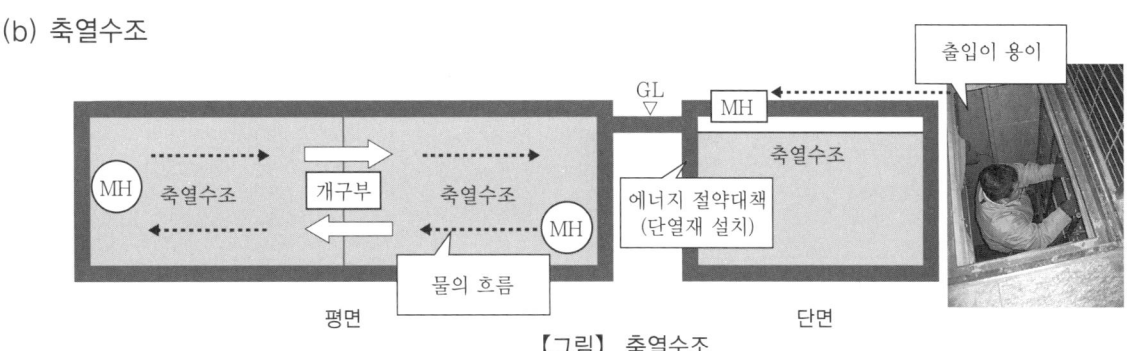

【그림】 축열수조

(c) 오수조와 잡배수조 계획

오수조와 잡배수조는 단독으로 설치하는 것이 바람직하지만 적당한 구조나 설비가 마련된 경우에는 일체형도 가능하다. 아래는 일체형 구조와 설비계획의 개요이다.

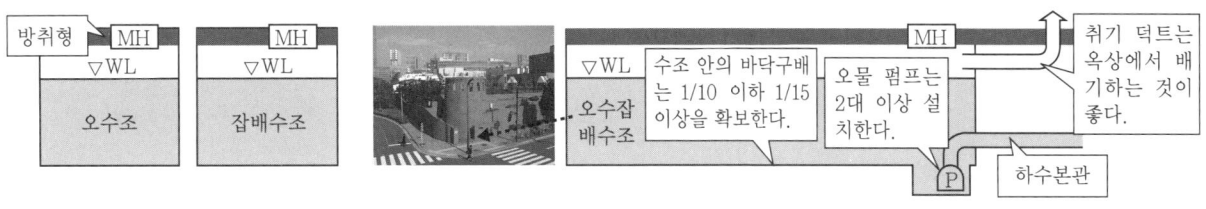

【그림】 일체형(단면)

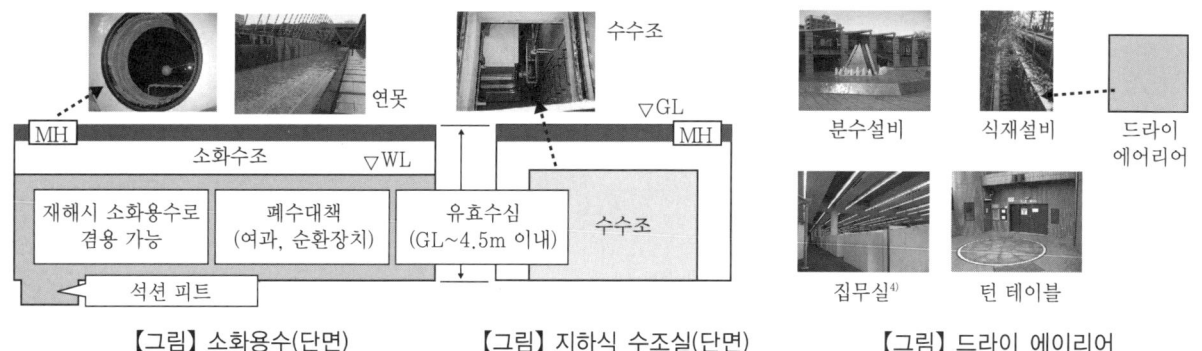

수수조

연못

▽GL

MH				MH
소화수조		▽WL		
재해시 소화용수로 겸용 가능	폐수대책 (여과, 순환장치)	유효수심 (GL~4.5m 이내)	수수조	
석션 피트				

【그림】 소화용수(단면)   【그림】 지하식 수조실(단면)

분수설비   식재설비   드라이 에어리어

집무실[4]   턴 테이블

【그림】 드라이 에어리어

〔4〕 천장, 바닥과 설비의 융합화 계획

정보화 사회의 집무실에는 정보기기가 다수 설치되어 배선 케이블과 발열처리뿐만 아니라 집무자에게 퍼스널 공조도 가능하게 해주는 신기술이 개발되어 왔다. 아래는 건축 디자인과 설비기능을 융합화한 천장과 바닥 모듈계획에 관한 예다.

① 모듈 치수는 3.6m×3.6m를 기본으로 한다.

② 1모듈에는 공조실내기·제기구·조도기구·스피커·스프링클러 헤드 등이 배치된다.

③ 집무실의 바닥 전체에 플로어 패널(100mm$H$)이 설치되어 공조공기 체임버로 겸용한다.

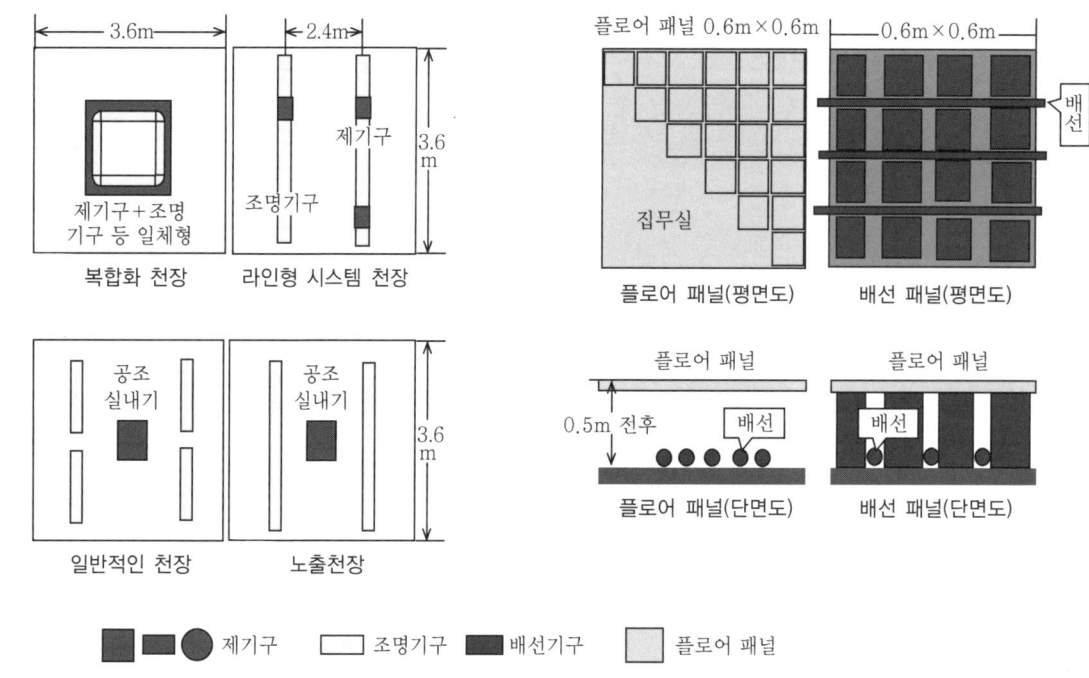

복합화 천장   라인형 시스템 천장

일반적인 천장   노출천장

플로어 패널(평면도)   배선 패널(평면도)

플로어 패널(단면도)   배선 패널(단면도)

제기구   조명기구   배선기구   플로어 패널

출전 : 1) 三菱地所(株). 2) OFFICE DESIGN 2005 daab gmbh. 3) 太陽工業(株). 4) (株)竹中工務店.
5) 國立國會圖書館國際子어린이圖書館. 6) 日建設計(株). 7) 日本텔레비전 放送網(株). 8) (株)電通.. 9) 시오노기製藥(株).
10) 品川인터시티 매니즈먼트(株). 11) (株)東京돔.

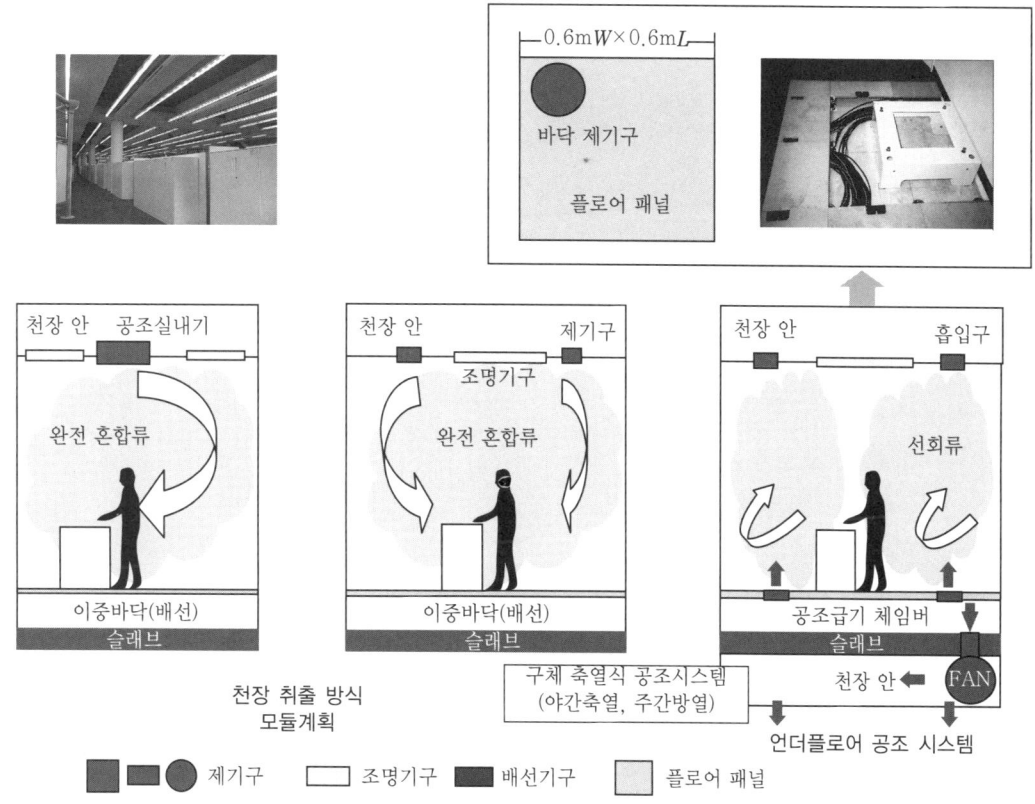

바닥 모듈계획

$0.6\mathrm{m}W \times 0.6\mathrm{m}L$

바닥 제기구

플로어 패널

천장 안　공조실내기

완전 혼합류

이중바닥(배선)

슬래브

천장 안　제기구

조명기구

완전 혼합류

이중바닥(배선)

슬래브

천장 취출 방식
모듈계획

천장 안　흡입구

선회류

공조급기 체임버

슬래브

구체 축열식 공조시스템
(야간축열, 주간방열)

천장 안 ←　FAN

언더플로어 공조 시스템

제기구　　조명기구　　배선기구　　플로어 패널

〔5〕 **건축규모별 설비실들의 배치계획**

아래는 일반적인 업무시설의 건축규모별 설비실들의 배치계획이다. 여기서 MR은 설비실을 가리킨다.

(a) **소규모 건축물**(연바닥면적 3,000㎡ 이하/층수는 6층 전후) : 집무실 공간을 확보하기 위해 여러 설비를 옥상에 설치

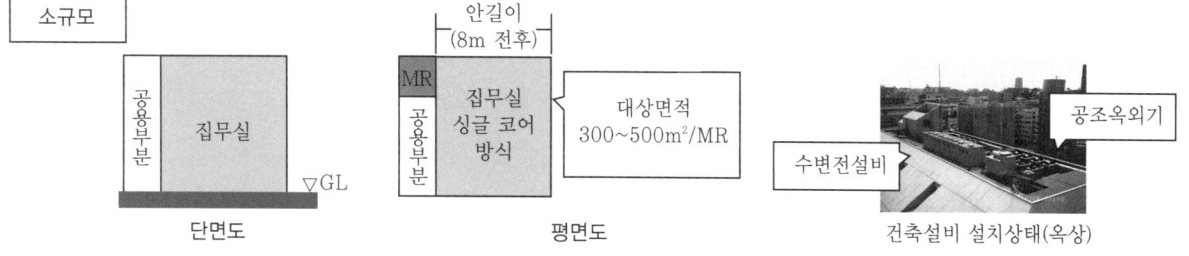

소규모

공용부분　집무실

▽GL

단면도

안길이
(8m 전후)

MR　공용부분　집무실
싱글 코어
방식

대상면적
300~500㎡/MR

평면도

수변전설비

공조옥외기

건축설비 설치상태(옥상)

(b) **중간규모 건축물**(연면적 3,000㎡ 이상 10,000㎡ 이하/20층 이하) : 설비실들을 지하나 옥상에 분산 설치

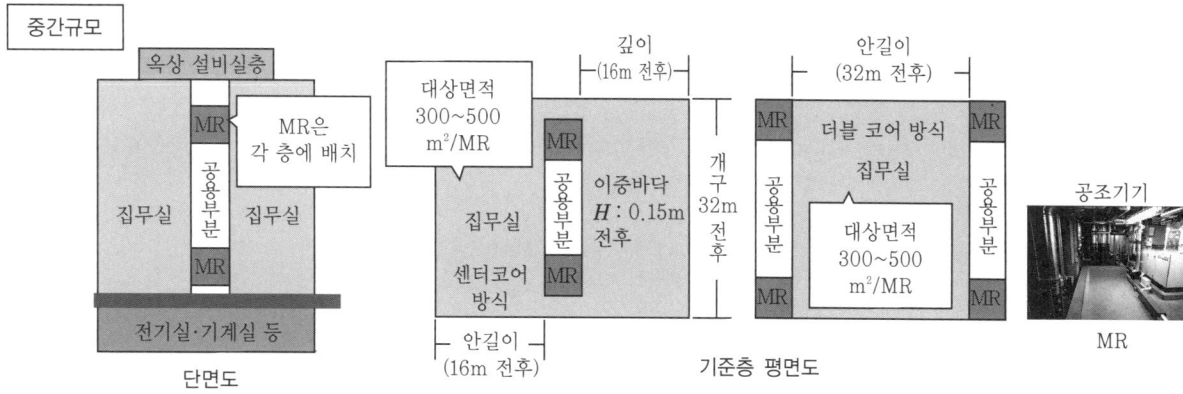

중간규모

옥상 설비실층

집무실　공용부분　MR　집무실

MR

전기실·기계실 등

단면도

MR은
각 층에 배치

깊이
(16m 전후)

대상면적
300~500
㎡/MR

집무실

센터코어
방식

MR　공용부분　MR

이중바닥
H : 0.15m
전후

안길이
(16m 전후)

개구
32m
전후

안길이
(32m 전후)

MR　더블 코어 방식　MR
집무실

공용부분　대상면적
300~500
㎡/MR　공용부분

MR　　MR

기준층 평면도

공조기기

MR

2·5

건축 환경 디자인 계획

41

(c) 대규모 건축물(연면적 10,000㎡ 이상/층수 20층 이상) : 주요설비(전기·기계·방재·환경)를 지하층에, 위생(고가수조)·공조설비(냉각탑 등)·승강기 관련기기설비를 옥상에 분산배치

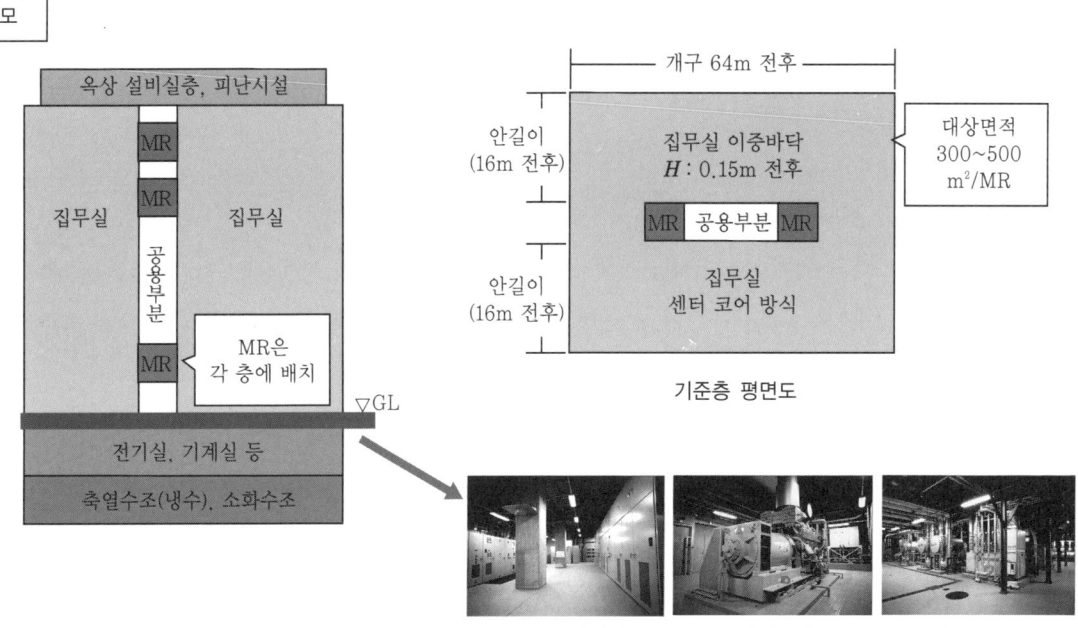

특고수변전실　　　발전기실　　　열원기계실

〔6〕 설비 샤프트 배치계획

쾌적한 실내 환경을 확보하고 기능성·확장성·안전성을 확보하기 위해서 여러 가지 설비실(전기·기계·방재·환경 등)에서 각종 에너지·통신정보·방재·BMS의 배관과 배선이 건축물의 각 층에 있는 설비실(MR), 전기 샤프트(EPS), 파이프 샤프트(PS), 덕트 샤프트(DS) 등을 경유해서 집무실 등에 안정적으로 공급된다. 아래는 여러 집무실의 배치계획이다.

(a) 설비실의 배치계획

[범례] MR : 설비실, MW : 메커니컬 월

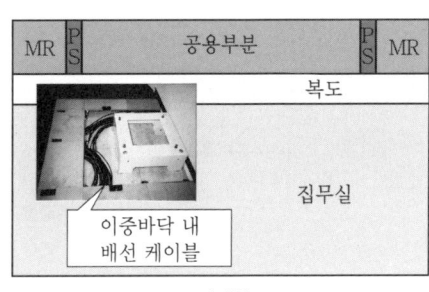

일반형

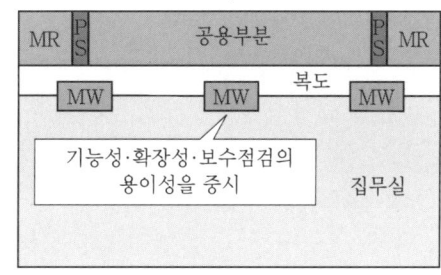

기능·편리성 중시형

설비실 안에는 동력분전반, 통신·정보반, 방재반, 간선(전원·통신·방재), 공조기기·자동제어반·덕트·배관 등이 설치된다. 그리고 설비실 안에 배연 덕트를 설치하는 경우의 필요조건은 철판 두께 1.6mm$t$ 이상＋내화피복(석면) 50mm$t$이어야 하고, 전기배선과 50mm 이상 격리하는 것이다. 아래는 일반적인 설비실의 배치계획의 개요이다.

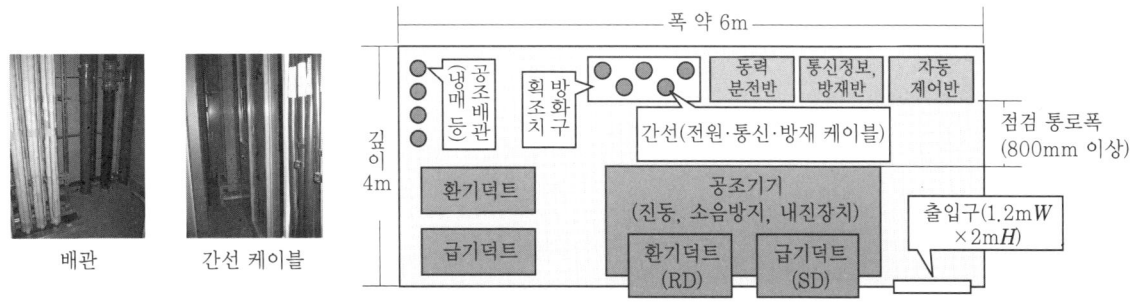

배관   간선 케이블

【그림】설비실의 배치계획(평면도)

(b) 메커니컬 월 배치계획

정보화 사회에서 업무시설인 집무실은 많은 정보기기가 설치되기 때문에 배선 케이블, 기기발열에 대한 대응, 쾌적한 실내환경을 실현할 필요가 있다. 그러기 위해서는 초소형 공조기기 등을 내장한 메커니컬 월(MW)을 보수 관리가 용이한 공용복도에 설치하는 것도 가능하다.

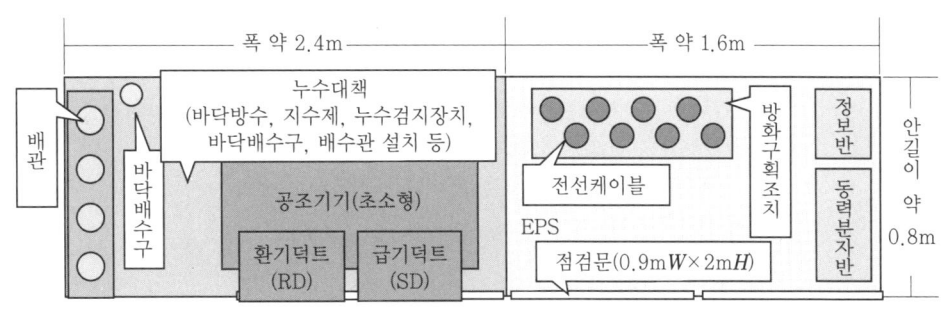

【그림】메커니컬 월

〔7〕 건축설비기기 배치계획

건축물의 옥상에 건축설비기기·배선 케이블·배관·덕트 등을 설치하는 경우, 안전성(지진)·확장성·보수 관리성·경제성 등을 고려한 기기배치를 계획할 필요가 있다. 아래는 기기배치의 계획에 대한 예이다.

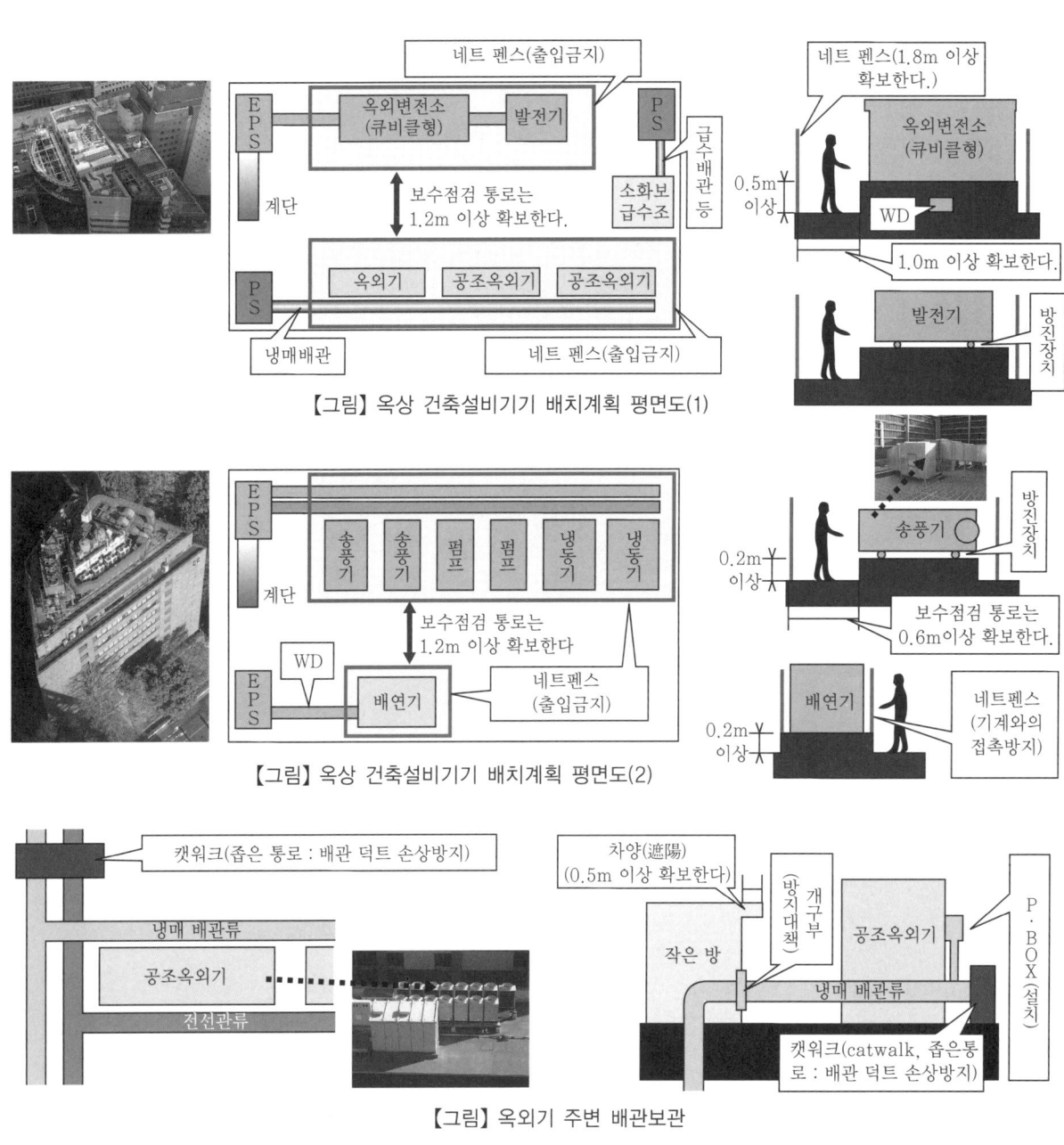

【그림】 옥상 건축설비기기 배치계획 평면도(1)

【그림】 옥상 건축설비기기 배치계획 평면도(2)

【그림】 옥외기 주변 배관보관

【그림】 기계식 주차장의 우수배수설비계획

〔1〕 **개요**

거주자와 집무자에 대하여 안전성, 쾌적한 실내 환경, 기능성, 편리성 등이 지속적으로 확보될 수 있도록 도시시설 및 건물 안에는 전기설비·위생설비·공조설비·반송설비·특수설비가 설치된다. 이들 설비는 건축용도·중요도·경제성·환경보전 등을 배려해서 선택된다.

건축설비의 종류는 아래와 같다.

도쿄 산케이 빌딩[1]

【전기설비】
① 수변전설비
② 비상용 발전기 설비
③ 간선동력설비
④ 전등과 콘센트 설비
⑤ 방송설비
⑥ 전화설비
⑦ 텔레비전 시청설비
⑧ 무선통신설비
⑨ BMS 등

【위생설비】
① 급수설비
② 배수설비
③ 급탕설비
④ 도시가스 설비
⑤ 주방설비 등

【공조설비】
① 열원설비
② 공조설비
③ 환기설비
④ 자동제어설비 등

【반송설비】
① 승강기설비
② 오토로드 설비
③ 자동반송설비 등

【방재설비】
① 자동 화재감지설비
② 비상용 방송설비
③ 유도등설비
④ 소화설비
⑤ 기계설비 등

【특수설비】
① 환경보전설비
② 에너지 공급설비
③ 물 제조설비
④ 식량생산과 보관설비
⑤ 배수처리설비
⑥ 폐기물처리설비
⑦ 공기청정설비 등

수변전실

BMS

고가수조

기계실

승강 카

소화전 펌프

분수설비

출전 : 1) (株)竹中工務店.

2·5 건축 환경 디자인 계획

45

건축가가 건축설비를 쉽게 이해하도록 설비시설과 호텔 시설의 층별 건축시설을 아래에 소개하고자 한다.

긴급피난용 헬리포트

청소용 곤돌라

제진장치

냉각탑(냉각수배관)

냉각탑

냉각수 배관의 볼트 체결 시공 상황

고가수조

저탕조

옥상에는 긴급피난설비·창문청소설비·내진장치·공조설비·위생장치 등이 설치된다.

객실

블라인드(열어 놓은 상태)

샤워실

블라인드(닫아 놓은 상태)

객실 층에는 공조설비와 위생설비가 설치된다.

화장실

세면대

공조용 FCU제어장치

공조기계실

공조설비용 소음기구

공조용 FCU와 배관

주방기구

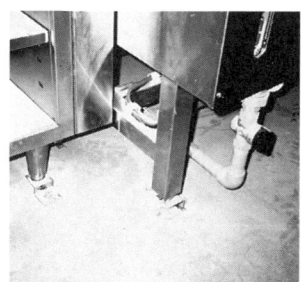
주방기구의 내진대책

제**②**장 건축설비계획의 기초 지식

46

집무실 층에는 전기설비·공조설비·승강기설비가 설치된다.

조명기구

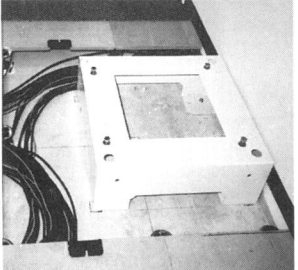
OA 플로어

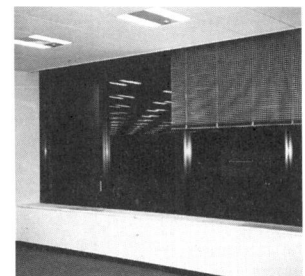
페리미터 공조설비

비상용 엘리베이터 배연설비

지하의 천장이 높은 실내에는 전기설비·위생설비·공조설비가 설치된다.

수변전설비

자가용 발전기

고압배전반

동력반

급수설비

우수여과설비

배수설비

도시가스 설비

거품소화설비

배관기능공

판금기능공

열원기기

냉매봄베

냉수 펌프

배관가대

환기설비

2.5.4 • 건축설비의 기초

건축설비계획의 기초가 되는 원리·설비 시스템·환경보전·에너지의 유효한 이용에 관한 예는 다음과 같다.

〔1〕 원리

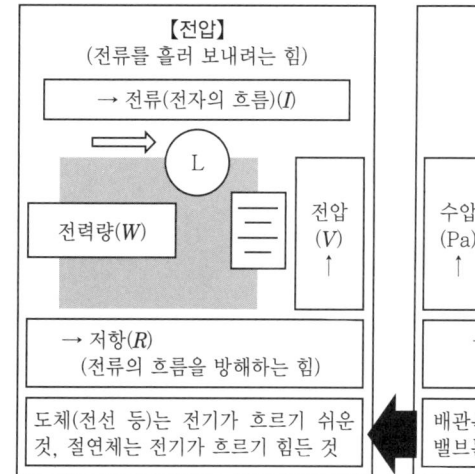
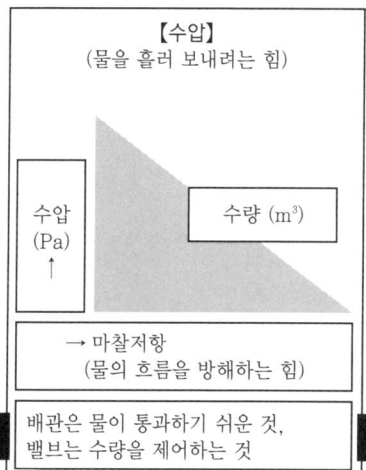
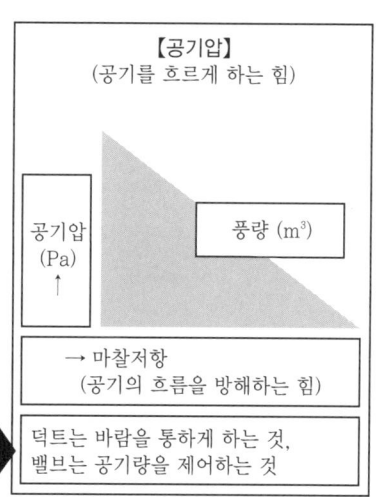

〔2〕 설비 시스템

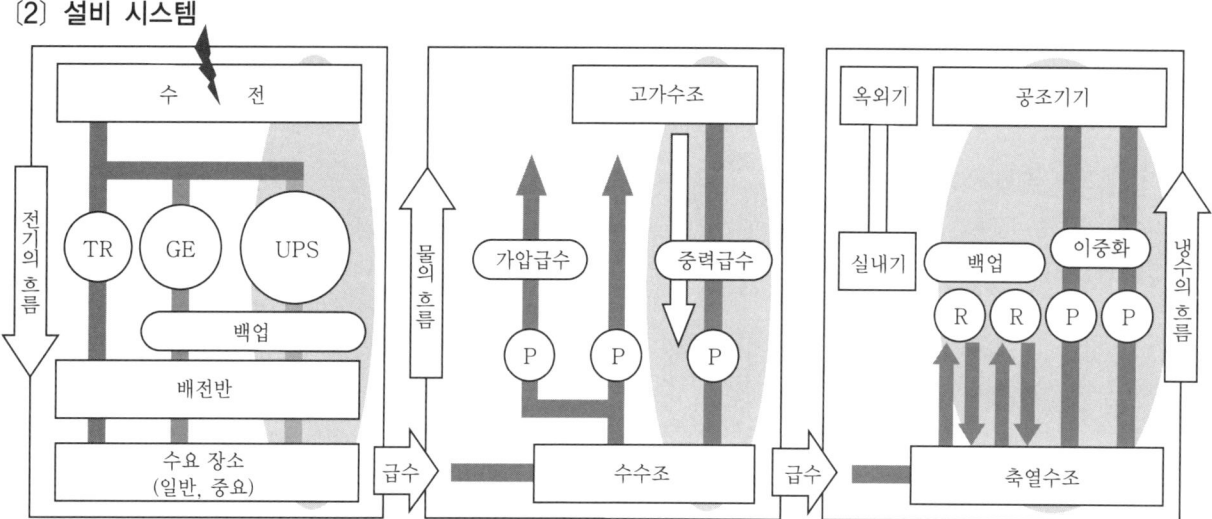

〔3〕 환경보전 및 에너지의 유효활용

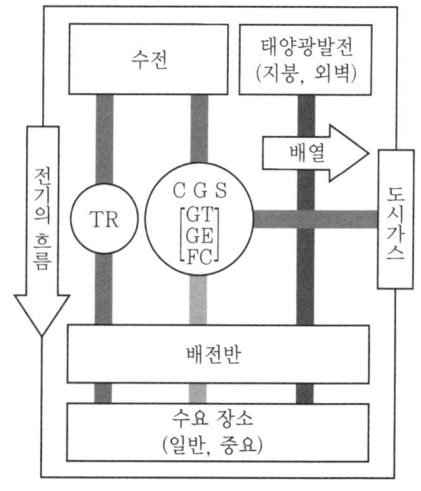
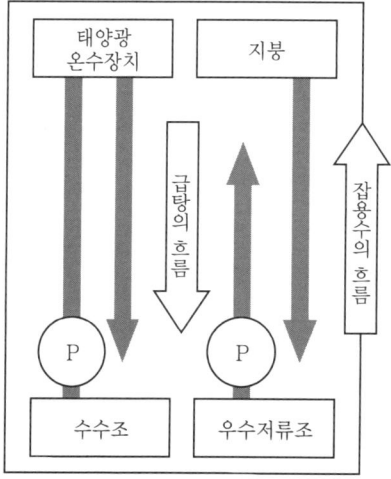
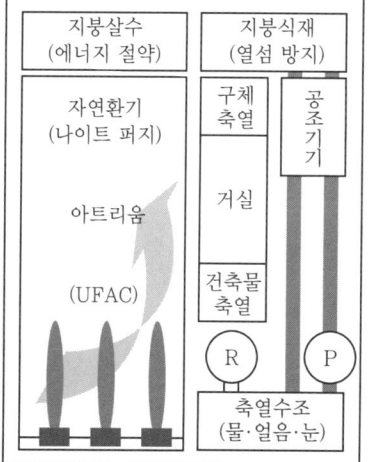

[범례] L : 부하, TR : 변압기, GE : 발전기, UPS : 안정전원장치, P : 펌프, R : 냉동기, CGS : 코제너레이션

2.5.5 ● 건축규모별 건축설비 시스템

일반적인 건축물 및 공동주택에 관한 규모별 "전기설비 시스템, 위생설비 시스템, 공조설비 시스템"의 개요는 다음과 같다.

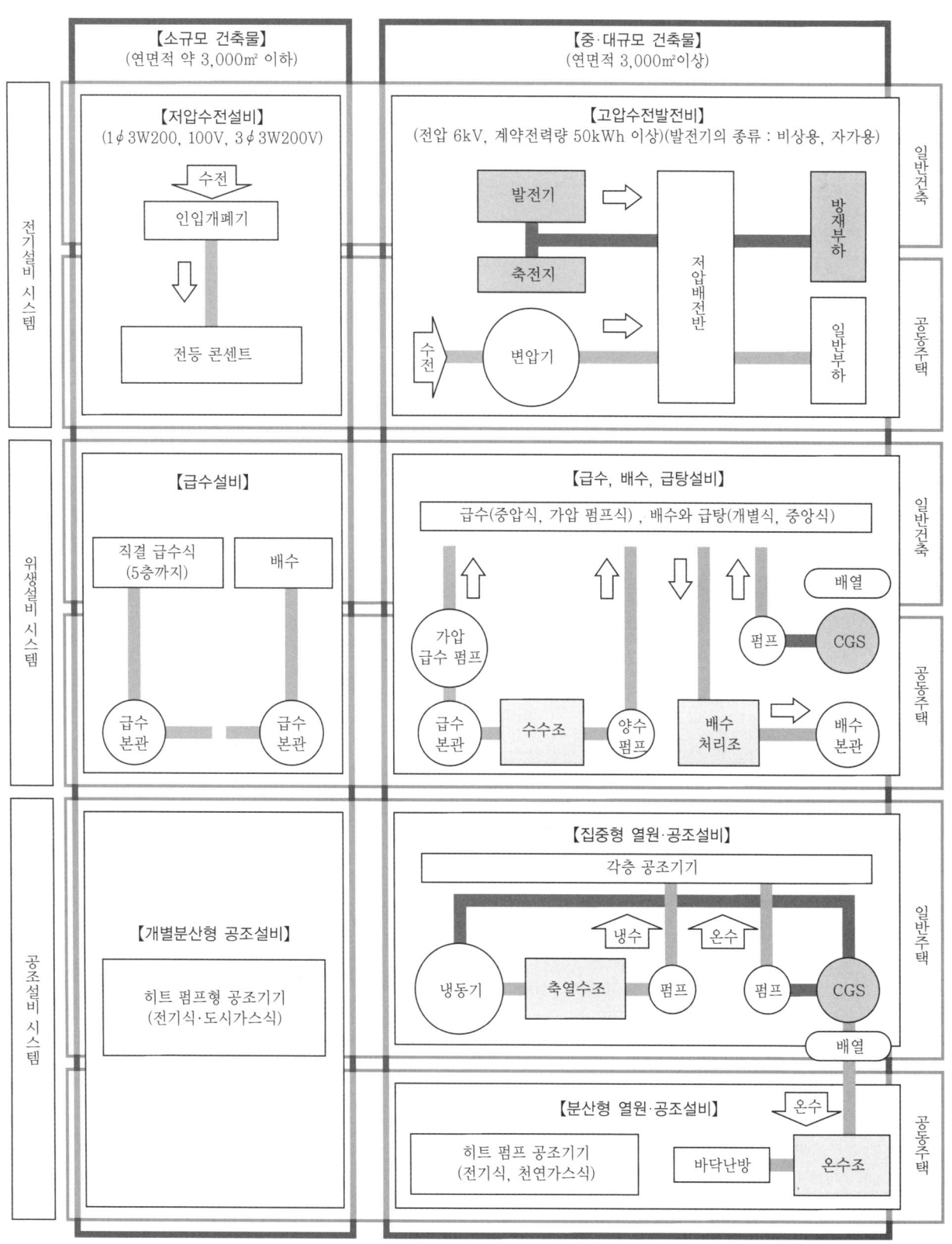

【그림】건축설비 시스템의 개요

〔1〕**지구온난화**

1997년 12월 기후변화협약 제3차 당사국총회(COP3)에서 이산화탄소를 포함한 온실효과 가스의 2008~ 2012년 동안의 평균배출량을 1990년 레벨과 비교하여, 선진국 전체에서 5%를 삭감하자는 교토의정서(京都議定書)가 채택되었다. 국가별 삭감목표는 미국 7%, 유럽연합(EU) 8%, 일본 6%이다. 그러나 일본의 문제는 ① 온실효과 가스의 약 90% 이상은 에너지에 기인한다는 점, ② 에너지 이용효율은 세계 최고수준이라는 점, ③ 2004년도의 CO_2가 약 8% 증가하였다는 점이다.

따라서 자원의 효과적인 이용, 에너지 절약의 추진, 신(新) 에너지의 유효한 이용, 도시가스의 다양화, 원자력 발전의 의존도를 향상시켜서 목표를 달성해야 할 것이다.

(a) 기후변화협약 제3회 체약국 회의 결과

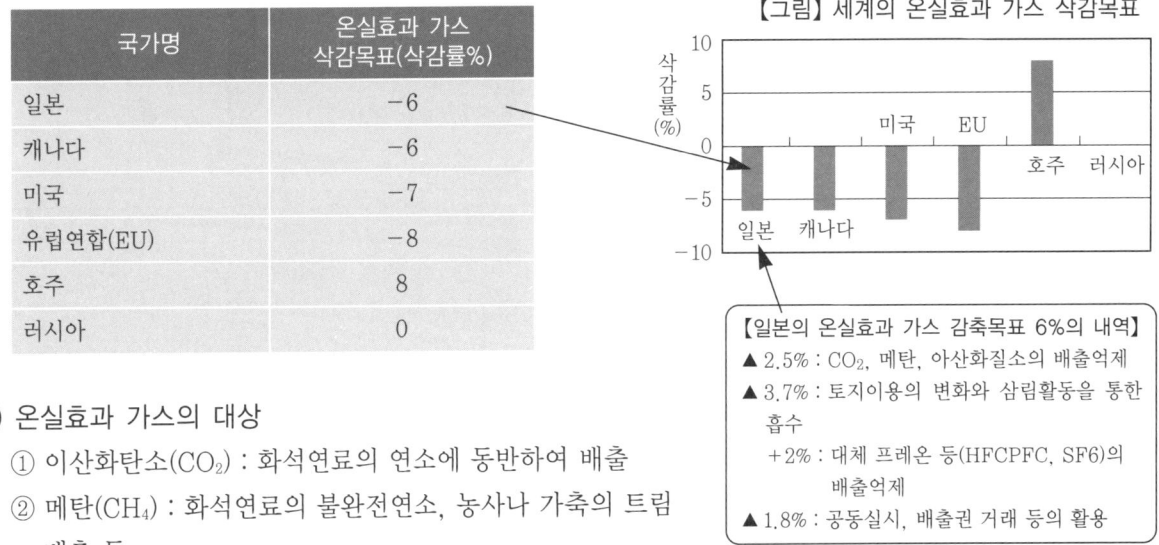

국가명	온실효과 가스 삭감목표(삭감률%)
일본	−6
캐나다	−6
미국	−7
유럽연합(EU)	−8
호주	8
러시아	0

【그림】세계의 온실효과 가스 삭감목표

【일본의 온실효과 가스 감축목표 6%의 내역】
▲ 2.5% : CO_2, 메탄, 아산화질소의 배출억제
▲ 3.7% : 토지이용의 변화와 삼림활동을 통한 흡수
+2% : 대체 프레온 등(HFCPFC, SF6)의 배출억제
▲ 1.8% : 공동실시, 배출권 거래 등의 활용

(b) 온실효과 가스의 대상

① 이산화탄소(CO_2) : 화석연료의 연소에 동반하여 배출
② 메탄(CH_4) : 화석연료의 불완전연소, 농사나 가축의 트림 배출 등
③ 수소불화탄소(HFCs) : 에어컨, 냉장고 등의 냉매, 에어졸 분사제 등(대체 프레온)
④ 과불화탄소(PFCs) : 반도체 제조 등에 사용(대체 프레온)
⑤ 육불화황(SF_6) : 변압기, 개폐장치 등의 절연 가스 등에 사용

〔2〕**지구온난화 방지대책**

(a) 에너지 절약

① 종래의 에너지 관리지정공장(1종) 외에 2종이 추가. 1994년 4월 에너지 절약법의 개정 : 【1종】원유환산 3,000kl/연 이상(열관리), 1,200만 kW/연 이상(전기관리), 【2종】원유환산 1,500kl/연 이상(열관리), 600만kW/연 이상(전기관리)
② 톱 러너 방식의 도입 : 합리화 노력과 3~5년 장래계획의 작성 및 제출의무, 합리화에 대한 정기보고의무를 부여하고, 이에 대한 대처가 불충분한 경우는 공표·명령·벌금·에너지 사용상황의 기록의무, 불충분한 경우에는 권고를 한다.
③ 【1종】종래의 제조업(5업종)에서 지정대상이 전 업종으로 확대, 【2종】기록의무 대신에 에너지 사용 상황 등을 정기 보고할 것을 의무화한다.
④ 동일 소유자에 의한 건축물인 경우 각 건축물의 에너지 소비량을 합산하기로 한다(2008년 11월 시행).

(b) 신(新) 에너지

1,910만 k*l*의 신 에너지 도입에 대해서 도입보조의 확대, 기술개발 등을 실시하거나, 전력분야의 새로운 시장 확대 처치에 대해서는 도입을 위한 검토를 실시한다.

(c) 연료전환

화력발전소 등의 연료를 전환하기 위해 필요한 구체적인 조치(조성, 규제, 세제, 자주적 노력 등)에 대해서 앞으로는 에너지, 경제정세, 지구온난화를 둘러싼 국제교섭 상황 등을 고려해서 검토한다.

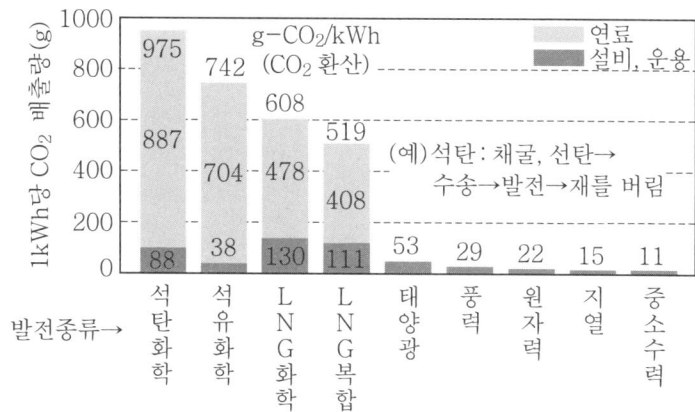

(주) 원료의 채굴에서 건설·수송·정제·운용(실제의 발전) 보수 등을 위해 소비되는 모든 에너지를 대상으로 해서 CO_2 배출량을 산정했음.

【그림】 전원별 CO_2 배출량

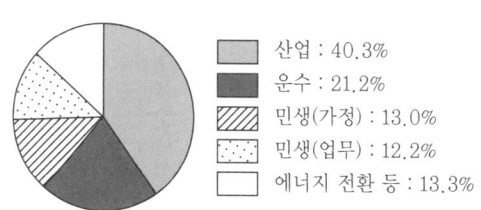

【그림】 용도별 온실효과 가스 배출량 비율

(d) 원자력발전의 착실한 추진

우선 안전확보가 전제된 후에, 원자력발전소 10~13기의 증설을 향해서 꾸준하고 적극적인 자세로 도입을 촉진할 필요가 있다. 따라서 충분한 정보제공을 하고 입지지역을 진흥시켜 국민의 이해를 얻도록 더욱 노력을 하는 것이 필요하다. 위의 그림에서 전원별 CO_2 배출량, 용도별 온실효과 가스 배출량 비율(%)의 내역을 제시하였다.

〔3〕 에너지 계획

건축물은 ① 전기·통신·급수·배수·도시가스 같은 도시 인프라의 설비, ② 전기·냉수·온수·증기 같은 에너지 설비, ③ 정보·통신·빌딩 관리 같은 기능설비, ④ 급수·배수·급탕·도시가스·난방 같은 생활설비, ⑤ 자동화재인지·소화전·스프링클러 소화·분말 소화 등의 방재설비, ⑥ 반송설비가 있다. 이들 설비는 건축지·건축용도·건축설비 시스템의 단계에 따라서 크게 달라진다.

(a) 에너지 계획

에너지는 질이 좋을수록 사용 용도가 많고, 질이 낮을수록 사용 용도가 적다(열역학의 제2법칙). 따라서 에너지의 유효이용은 매우 중요하다.

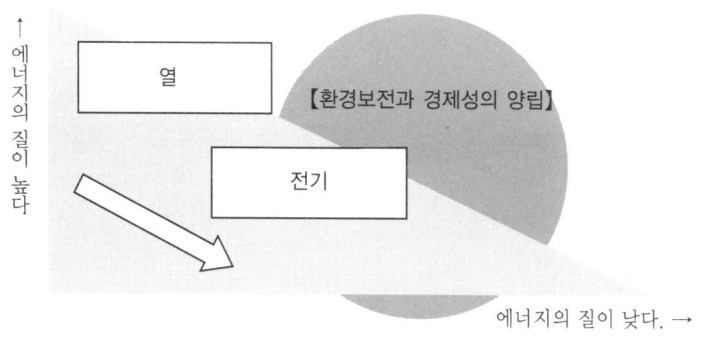

(b) 에너지 반송 계획

건축물의 에너지 종별 및 반송매체는 ① 전기(일반·비상)·통신·정보배선은 버스 덕트(BD)·와이어링 덕트(WD)·배관, ② 급수·배수·급탕·도시가스는 배관, ③ 옥내외 소화전·스프링클러 소화·거품소화는 배관, ④ 열원(냉수·온수 등)은 배관, ⑤ 공조공기와 환기와 배연공기는 덕트로 반송되는 것이 일반적이다.

그리고 에너지 반송매체는 반송거리에 비례하고, 전기강하와 마찰저항 값이 커질 뿐만 아니라 설비공사비가 비교적 비싸져(초기투자비용, 유지관리비용) 반송거리의 선정은 매우 중요하다. 아래는 각종 에너지의 경제적인 반송거리의 예이다.

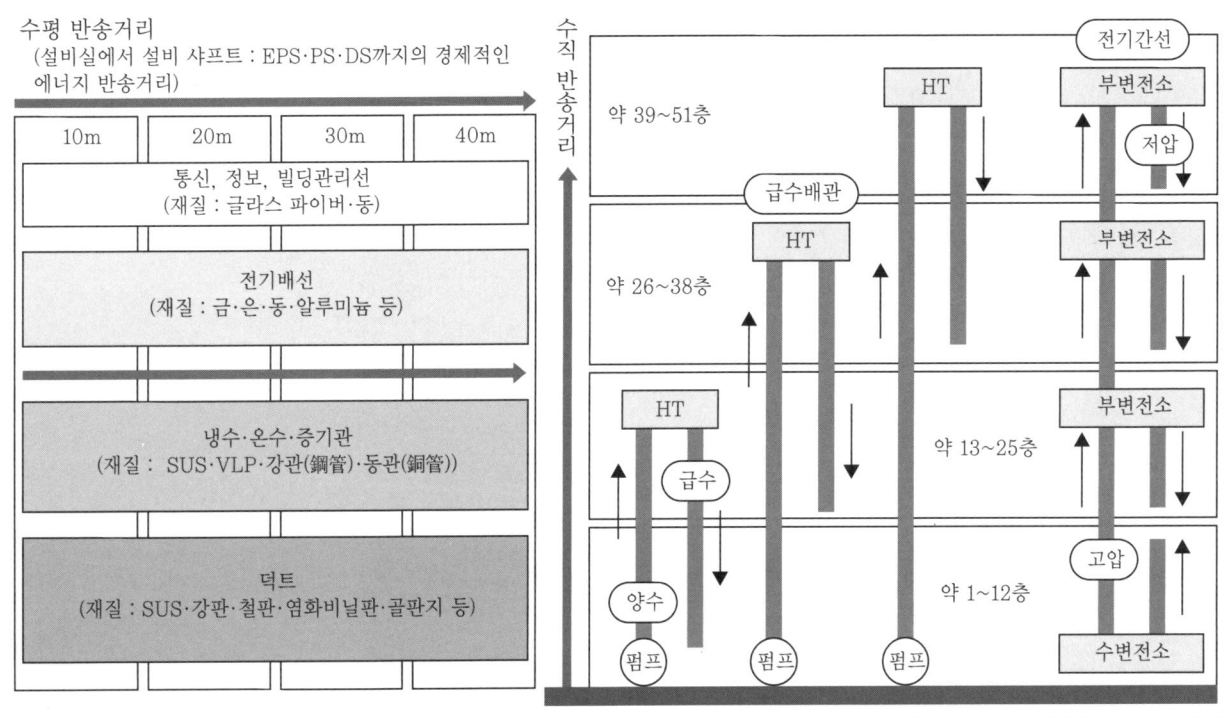

(층고는 4.2m라 가정, 급수말단 압력은 5kg/cm² 이하)

【그림】 각종 에너지의 경제적 반송거리 계획

〔4〕 에너지 절약 계획

1973년 제1차 석유위기, 1979년 제2차 석유위기, 1991년 걸프 전쟁 발발로 인해 일본은 생활필수품(화장지)이나 건축물에 사용되는 비닐 전선 등이 부족해졌다. 그리고 석유가격의 이상폭등은 세계적인 문제가 되었다. 이런 이유로, 에너지 자원을 수입에 의존하고 있던 일본에서는 에너지절약법을 시행하였다.

그런데 건축물은 모든 자원의 약 40%를 소비하기 때문에 건축물의 에너지 절약 시스템을 정부와 사회가 일체가 되어 개발했다.

혁신적인 에너지 절약 건축물의 예로 '시오노기 시부야 빌딩'이 있다. 일본은 현재도 세계 톱 레벨의 실적과 기술보유국이며, 앞으로는 중국·한국·대만·인도·베트남 등에 기술지도를 적극적으로 할 예정이므로 지구온난화 방지를 실현하는 것은 상당히 의미 있는 일이다. 아래에 에너지 절약 계획에 대한 기본적인 고려 사항을 소개하였다. 그리고 사진은 2006년 현재 시오도메(汐留) 재개발지역 건축물의 야간조명이다.

1. 낭비의 배제
   - 사용하지 않는 사무실의 조명과 공조의 정지
   - 풍제실로부터 침입하는 외기의 억제
   - 실내 발열원에 대해 국소배기
   - 예냉, 예열시의 외기취입정지
   - 필터의 청소 등

2. 쾌적함을 저해하지 않을 정도의 절약
   - 설정온도, 송풍량, 외기도입량, 명도 등의 점검
   - 절수형 위생기기의 교환 등

3. 건물, 설비에서 에너지 낭비의 억제
   - 지붕과 외벽에 단열재 설치
   - 창의 일사조정(블라인드, 열반사 필름 부착, Low-e 등)
   - 덕트의 공기 새나감 대책
   - 배관, 닥트의 단열강화 등

4. 폐열회수
   - 외기취입에 대한 급배기의 전열교환기
   - 열 회수 히트 펌프 등

에너지 절약 계획의 기본적인 고려사항

7. 자연 에너지의 적극적인 이용
   - 솔라 설비
   - 봄과 가을에는 외기냉방
   - 주광이용
   - 외기·하천수·지하수·지열을 열원으로 하는 히트 펌프
   - 우수이용 등

6. 기기와 설비의 효율향상
   - 기기의 적정 용량화, 고효율화로 리플레이스
   - 고효율 조명기기로 교환
   - 부하변동에 대한 용량의 자동억제 (대수 억제, VAV 등)
   - 전력의 역률 개선 등

5. 에너지 공급회사와 수급조정 계약
   - 물, 얼음 축열에 의한 야간 전력의 이용
   - 피크 시간 조정계약 등

각 건축물의 야간조명

초에너지 절약적인 '시오노기 시부야 빌딩'의 건축과 설비계획

안심할 수 있고 안전하며, 쾌적성과 경제성을 양립시키는, 초에너지 절약 빌딩인 '시노오기 시부야 빌딩'은 일반적인 업무시설에 비해서 에너지 소비량을 50%로 삭감하였다. 빌딩의 기준층 바닥면적을 1,000m² 확보한다는 목표를 실현하기 위해서 국도 246호 쪽 벽면에만 전면 유리를 설치하고, 그 외에는 슬리트 창으로 하여 총 외벽면적의 15%가 된다. 그렇지만 채광이 실내의 구석까지 도달하여 집무자의 심리적인 개방감을 높일 수가 있었다. 그리고 간토대지진(진도 7)을 고려하여 전면 유리 앞에 중정(中庭)을 설치했다(상세한 자료는 「철저한 에너지 절약 계획 – '시오노기 시부야 빌딩'」 1980년 11월호, 건축의 기술시공을 참조할 것).

건축계획 개요

항목	내용
건축명칭	시노오기 시부야 빌딩
건축지	도쿄도 시부야구 시부야
준공연월일	1980년 5월
용도	자사 빌딩+일부 임대 오피스
규모	B2F, 13F, P3F
구조	SRC
연면적	20,661.5m²
기준층 바닥면적	1,000m²

혁신적인 에너지 절약 시스템

분류		항목	내용
① 건축 관계		건물배치	남북(S면에 V자 개구부)
		건물형상	V자형
		외벽열용량	대열용량 콘크리트 PC판, SRC조, 벽두께(600mm$t$), 단열재 GW100mm$t$
		외벽의 색채	일사흡수율 0.5~0.7, 복사율 0.8~0.9
		창 면적률	15% 이하(내역 : 외주벽 5%, V자부분 10%)
		창구조, 재질	V자부분 : 기밀샤시+열선반사 유리, 외주벽 이중보통유리
		열관류율	지붕:0.3, 외벽:0.22, 바닥:0.45(kcal/(m²·h·℃))
		마감재 색채	반사율 50% 이상(벽), 75% 이상(천장)
		중정(中庭)	식재로 인해 복사방지
② 설비관계	전기설비	수변전설비	변압기 용량의 적정화
		전력계역률	콘덴서 자동제어
		배전전압	동력 415V, 전등 240V
		조명설비	태스크 라이팅을 채용, 점멸구분을 세분화, 에너지 절약형 조명기구채용
	위생설비	급탕설비	냉동기의 배열이용
		급수설비	중수이용, 절수형 위생기구 채용
	공조설비	설계조건	S : 27℃, 60%, W : 21℃,40%
			외기량 : 20m³/(h·인), PAL : 50% 이하
		열원기기	공기열원 히트펌프 냉동기+축열수조
		열원반송	밀폐배관 방식에 의한 펌프용량 저하, 펌프 인버터 억제, 기기대수 제어
		공조 시스템	페리미터와 인테리어에 조닝, 단일덕트(순환풍량 6회/h)+FCU, 덕트 에어리크율 3% 이하
		배열회수	공기열원 히트 펌프 냉동기
			전열교환기(약 70% 회수)
③ 빌딩 관리		BMS	설비·방재·경비의 종합관리, 감시와 억제
[에너지 절약효과]		에너지 소비량, 삭감량	103kWh/(m²·연)
			약 50%(비에너지 절약 사양 비교)

국도 쪽 건물외관

건물외관

전면유리부분(열선반사유리+식재)

〔5〕 자연 에너지 이용계획

(a) 태양광 발전설비의 적용계획

유색 유리제품의 태양광 발전설비는 건축물의 옥상 및 일부외벽('교세라 본사 빌딩'(교토))에 설치되었는데, '다이요 공업(株)'의 기술발전 덕분에 투명유리제품의 태양광 발전장치가 만들어져 자연 에너지의 유효한 이용(주광조명·자가발전)과 채광·조망·식물성장·건강에 기여하게 되었다.

현재 공공·업무·의료·복지시설 등으로 적용범위가 확대되고 있다. 앞으로는 일사열 회수 시스템과 같은 철저한 에너지 절약 시스템을 구축하는 것이 지구온난화 대책 중 하나가 될 것이다. 그리고 태양광 발전장치의 공사비용은 약 25만 엔/m²이다. 앞으로 기업의 노력과 우대지원제도가 구축이 되기를 강하게 바라는 바이다.[1]

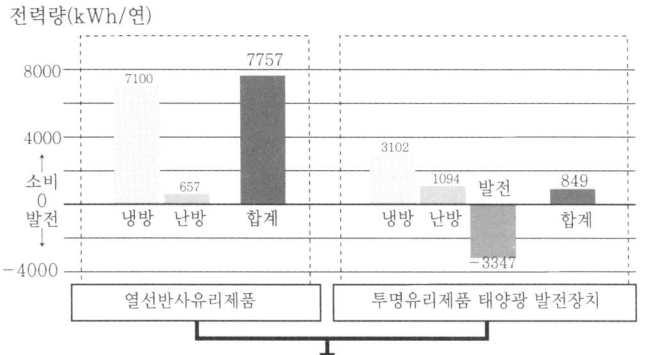

전력량(kWh/연)

열선반사유리에 비해서 모두 1/10까지 소비전력을 감소시킬 수 있고, 이와 동시에 CO_2 삭감효과는 1.4t-c

〈설정조건〉 지붕면적 100m²
냉방ON온도 : 25℃
난방ON온도 : 17℃
환기횟수 : 0.5회/h
공간이용시간 : 9:00~17:00
기상데이터 수집지 : 도쿄

		열관류율 W/(m²·K) kcal/(m²h·℃)	일사투과율(%)
유리지붕	열선반사유리	3.3(2.8)	50.7
	투명유리	3.0(2.6)	7.8
벽면	RC(t=200)	3.5(3.0)	-

【그림】투명유리제품 태양광 발전장치와 열선반사유리의 공조소비전력 비교

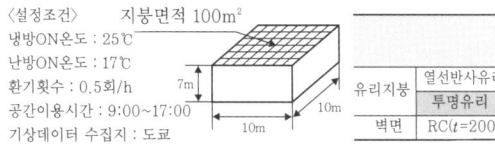

【그림】유리 종류별 특성

【표】바리에이션과 출력특성

	사이즈(mm)	빛 투과율(%)	최대출력(W)	V_{pm}(V)	I_{pm}(A)	V_{om}(V)
KN-38	980×950	10	38.0	58.6	0.648	91.8
KN-45	980×950	5	45.0	64.4	0.699	91.8
KN-60	980×950	<1	58.0	68.0	0.853	91.8

투명유리제품의 태양광 발전장치로 지붕 안의 배열을 회수해서 실내난방에 이용한다.

참고 : 1) 太陽工業(株).

가나자와역 히가시 광장

이온 기타토타 SC

기요미다이 커뮤니티 센터

야마나시현립 중앙병원

(b) 지열 이용 계획

일반적인 지열 이용시 깊이는 수십 m에서 200m 정도이다. 여기서 설명하는 주택의 지열이용이란 지반면적이 8m²인 지하에 지열회수배관을 설치하고 그들 배관 속에 열매체로서 물을 충전하여 히트 펌프식 열교환 유닛을 통해 이용온도의 범위를 확대해서 냉난방시설로 적용할 수 있게 만든 것이다. 이를 통해서 에너지 절약, 지구온난화 방지가 가능하다. 그리고 건설비용은 주택의 연면적 150m²에 약 350만 엔(동축형인 경우)이다.[2] 적용할 곳으로 각종 건축물, 옥내 풀장, 도로와 주차장의 융설 등을 생각할 수 있다.

① 지열회수배관의 종류
- 싱글 U자관형(20W/m) • 더블 U자관형(40W/m) • 동축(코액셜)형(80~90W/m)

이때 ( ) 안의 숫자는 지중 열교환기 1m당 열 채집량을 나타낸다.

② 대지열이용 냉난방 시스템의 개요

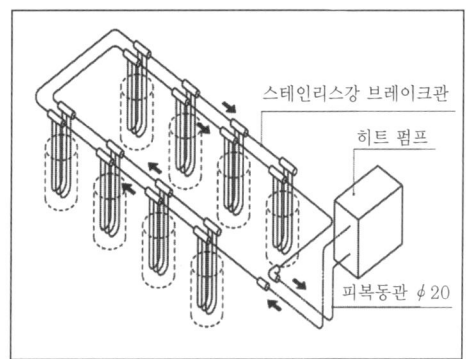

【그림】지열회수배관 플로

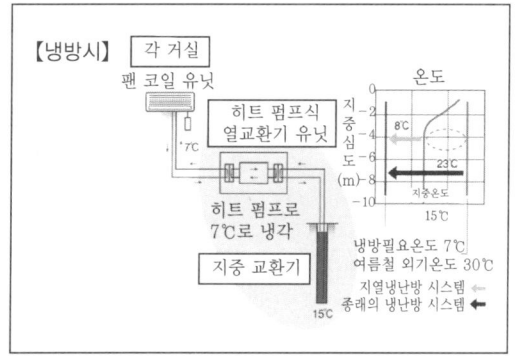

지열회수장치의 설치상황 예[1]

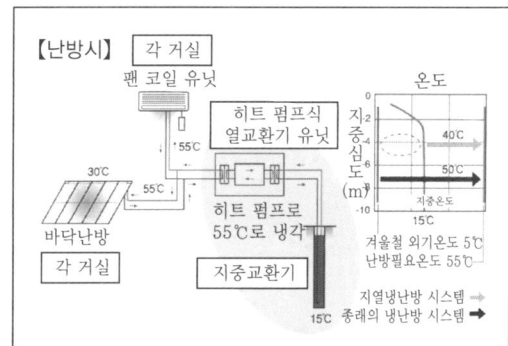

【그림】지열 이용 시스템의 개념도

지열회수배관매설(옥외형)[1]

지열회수배관매설(옥내형)[1]

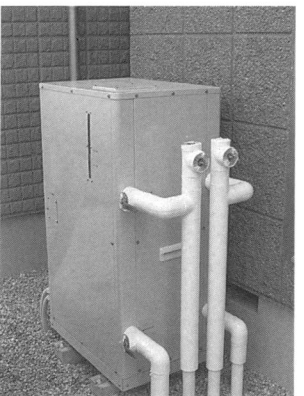

HP 열교환기 유닛[1]

지열회수배관[1]

출전 : 1)旭化成홈즈(株), 2) 環境建築讀本(日本建築家協會).

실시 예 : 후쿠이현 교육센터·도서관, 온수 풀장, 도로 융설, 규슈대학 실험주택 등 약 백 수십 건
우대제도 : 공공시설·공동주택의 설비비용의 1/3을 국립·지방자치단체에 간접보조(환경성 2003년 실시)

〔6〕 분산형 에너지 시스템

일본의 에너지자원은 대부분을 수입에 의존하고 있으며, 전력, 천연가스, 석유 등을 소비자에게 공급하고 있다.

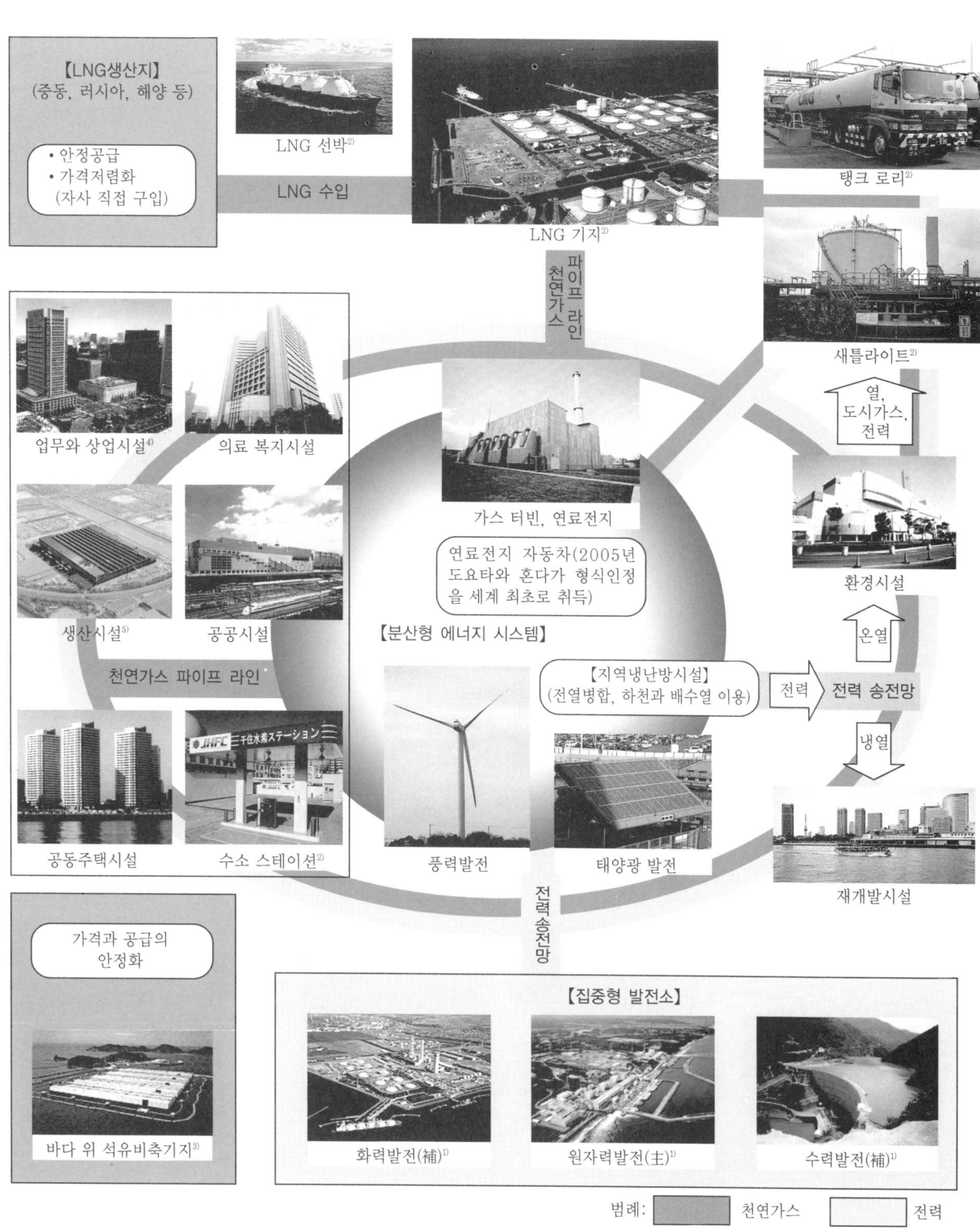

【LNG생산지】
(중동, 러시아, 해양 등)

• 안정공급
• 가격저렴화
 (자사 직접 구입)

LNG 선박[2]

LNG 수입

LNG 기지[2]

탱크 로리[2]

새틀라이트[2]

열,
도시가스,
전력

파이프라인 천연가스

업무와 상업시설[4]

의료 복지시설

가스 터빈, 연료전지

연료전지 자동차(2005년 도요타와 혼다가 형식인정을 세계 최초로 취득)

환경시설

온열

생산시설[5]

공공시설

【분산형 에너지 시스템】

천연가스 파이프 라인

【지역냉난방시설】
(전열병합, 하천과 배수열 이용)

전력   전력 송전망

냉열

공동주택시설

수소 스테이션[2]

풍력발전

태양광 발전

재개발시설

전력 송전망

가격과 공급의
안정화

바다 위 석유비축기지[3]

【집중형 발전소】

화력발전(補)[1]

원자력발전(主)[1]

수력발전(補)[1]

범례: ▢ 천연가스   ▢ 전력

출전 : 1) 東京戰力(株). 2) 東京가스(株). 3) 獨 石油天然가스·金屬鑛物資源機構. 4) 三菱地所(株). 5) 三菱扶桑트럭·버스(株).

앞으로는 에너지 공급의 안정화, 경제성, 지구온난화 방지를 실현하기 위해서 집중형 에너지 시스템을 기본으로 하면서, 에너지 소비지에서 분산형 에너지 시스템을 보급하는 것이 필요불가결하다.

〔7〕 환경공생 시스템

자연 에너지(풍력·태양광·눈), 우수 재이용, 코제너레이션, 축전과 축열을 통한 하이브리드 시스템, 바이오토프(biotope), 녹화(열섬방지) 등을 건축물에 적용하는 지혜와 행동이 건축가에게 요구된다.

설비 디자인

- 코제너레이션
  도시가스를 이용한 열과 전력 병합 : 롯폰기 재개발, 시오도메 개발, 도쿄 미드타운 등
- 가스 전원공간 시스템
- 연료전지
- 축전과 축열 시스템
  축전 : 도쿄 돔 등
  축열 : NHK, 도쿄 산케이 빌딩, 톳판 홈즈 빌딩 등

코제너레이션

연료전지[2]

태양열 이용[4]

시오도메 DHC[1]

식재 : 니혼바시 미츠이 타워[5]

더블스킨[3]

태양광 발전[3]

외벽의 바람이 나가는 개구부

바이오토프[4]

건축디자인

- 옥상녹화
  열섬 방지 : 제국 호텔, 성누가 국제병원, 시오도메 DHC 등
- 실내식재
  IBM 본사(미국), 니혼바시 미츠이 타워 등
- 채광
  차광용 블라인드·세라믹 다트 프린트창·조명기구의 조광 : 우주항공연구개발기구 츠쿠바 우주센터, 덴츠 본사 빌딩 등
- 더블 스킨 외피
  에너지 절약 : 일본재단, 킨덴 본사빌딩, 오오바야시 구미 연구소, 시오도메 메디아 타워 등
- 건축물 축열
  나이트 퍼지 : 대일본인쇄 본사 등
- 우수저류
  화장실 세정수, 식재살수, 비상시 용급수 : 도쿄 돔, 시오도메 타워 등
- 침수식도로, 포장
  열섬 방지·우수 재이용 : 국회의 사당
- 태양광 발전과 집열
  투명형 유리 : 가나자와역 히가시광장, 일본텔레비전 타워 등
- 지중열 이용
  냉방·난방 : 후타바학원 체육관 등
- 폭포, 분수
  신주쿠 파크 타워, 롯폰기 재개발 등
- 장수명(長壽命)건축
  S&I 등
- 풍력과 하천
  빌딩 바람 대책·환기·발전 : 시오도메 메디아 타워, 도쿄 가스 환경관 등
- 자원 재이용
  폐기재·배수·쓰레기에서 메탄가스 제조 : 다케나카(竹工)공무점 등

출전 : 1) 東京가스(株)·東京電力(株). 2) 東京가스(株)·松下電器産業(株). 3) (株)킨덴. 4)(株)竹中工務店. 5) 三井不動産(株).

〔8〕 녹화계획

최근에는 도시환경뿐만 아니라 전 지구적 규모에서 지구온난화와 열섬현상이 커다란 사회문제가 되었다. 앞으로는 자연과의 공생, 환경부하의 경감, 여유가 있는 도시공간을 충실하게 정비할 것이 강력하게 요구되고 있다. 이번에는 녹화계획에 대한 기본적인 태도와 계획의 진행방향을 아래에 제시하고자 한다.

(a) 옥상 녹화의 기본적인 태도

난바 팍스[1]

【건축물】
• 수명연장(자외선 차단, 열 차단)
• 경제성(에너지 절약, 건축물 내구성의 향상)
• 옥상의 유효한 이용

【지구환경·도시환경】
• 지구온난화의 억제(온실효과 가스 배출량의 감소, CO_2 흡수)
• 열섬현상의 감소(차단효과, 증산효과)
• 도시경관 향상
• 도시형 홍수의 억제
• 생태계의 회복(조류·곤충 등 도시로 회귀)

【사람】
• 온열환경의 향상(실온상승 억제)
• 심리적(경관의 향상, 생활환경보전)

【정책과 우대제도】
• 고정자산세의 경감(국토교통성(우리나라의 건설교통부 – 옮긴이)의 녹화시설설비 계획)
• 녹화지역제도(녹화의 의무화)
• 공장입지법(녹화대상화)
• 옥상 녹화공사비 조성(구와 시의 조성금기부)
• 용적률의 완화
  (2005년 빌딩 녹화면적이 부지면적의 20%를 넘는 건축물에 관해서 용적률 상승)

(b) 녹화계획의 순서(옥상 녹화의 경우)

건축물의 옥상 녹화계획은 목적을 명확하게 하는 것이 매우 중요하다. 따라서 옥상의 형태, 적재하중조건(kg/m^2), 식물의 생육조건 등을 고려해서 계획을 진행할 필요가 있다.

건축주의 요구와 목적	건축물의 옥상 형태와 적재하중
① 기업 이미지의 향상 ② 온실효과 가스 배출량의 감소 ③ 녹화정책 행정에 대한 대응 　(열섬 현상의 완화) ④ 경제성 　(에너지 절약, 건축물 내구성의 향상) ⑤ 심리적 환경(경관·윤택·편안함)	【옥상 녹화의 분류】 ① 정원형(종래의 옥상정원) ② 시스템형 　(옥상녹화를 균질한 다층구조로 만든다.) ③ 박층형 　(5~7cm의 박층형 녹화층으로 시공) ④ 용기형 　(콘테이너, 플랜터 등 대·중·소의 용기에 토양을 넣어서 식재기반을 만든다.) ⑤ 파고라형(등나무)

출전 : 1) 南海電氣鐵道(株). 資料提供 : 모스캐치 시스템 서비스(株).

(c) 박층형 녹화계획

(1) 식물

① 이끼류

4억 년 전에 탄생한 이끼식물은 뿌리라고 불릴만한 조직이 없고 공기 중에서 수분과 영양분을 흡수해서 살아가기 때문에 토양이 전혀 필요하지 않다. 그리고 모래이끼, 재이끼는 건조(체내의 수분을 증산해서 생명을 지킨다)에 강하고, 부식화의 진행이 매우 더디기 때문에 탄소를 고정한 채 퇴적하며, 장기적으로 볼 때 다른 식물에 비해서 탄소의 고정화도가 높다. 일본에는 2,500종류가 존재한다. 또한 모래이끼는 무기질로 암반 등에 생육하는 대표적인 이끼이고, 자신의 몸무게의 약 20배의 보수력을 가져 건조에 강한 재이끼는 부식토양처럼 햇볕이 약간 있는 적송림이나 논길, 초원에 군락을 이루며 살아가고 있다.

② 세담(돌나물과 -옮긴이)류

벤케이소과의 다육식물인 세담속(마루바만넨구사, 레프렉사임, 멕시코만넨구사, 알붐, 사카사만넨구사, 사마글로리, 쓰루만넨, 기린소, 다이토고메 등)은 일반적으로 건조에 강하지만 종류에 따라서 내건성, 내한성, 내서성, 내음성을 가지는 등 그 특성이 많이 다르고, 아종을 포함해서 전 세계적으로 약 500종에 이른다.

③ 잔디류

고라이잔디, 서양잔디 등 종류와 모습이 다양하고, 일광이 닿으면 닿을수록 광합성이 활발하게 이루어져 탄산가스를 흡수한다. 그리고 관수, 잡초뽑기, 잔디깎기 같은 지속적인 관리를 해주어야 자라난다.

【표】 식물별 녹화수법의 종합평가표

항목/종류	식물의 분류		
	이끼류	세담류	잔디류
개요			
구성	• 이끼식물 • 무기기반	• 흙이나 압축모래 • 세담식생 매트 • 식재기반 • 보수 매트 • 배수층 • 내근 시트	• 잔디·흙(뿌리)·네트 • 흙(뿌리)·육성용기
녹화공법	이끼와 기반일체형	방근층과 배수층, 침수층과 토양과 세담으로 만든 적층형	방근층과 배수층, 침수층과 토양과 잔디로 만든 적층형
적재하중(kg/m²) 두께(mm$t$)	◎ (15~20, 20)	○ (약 40~50, 70)	○ (40~60, 50)
풍압(m/s²)		○(40 이상 안전)	
식물의 보수성	◎ (10l/m²)		○
식물의 시비	◎(불필요)	○ (1회/년·4~5월)	△(1회/월·5~8월)
토양의 필요 여부	◎(불필요)	△(필요)	△(필요)
관수설비의 필요 여부	◎(불필요)	△(필요)	△(여름날은 1~2일 단위로)
자원의 유효이용		○(리사이클 재료로 토양, 배수재, 고상재, 배수관을 만듦)	
우수 일시저장성	◎	○	○
녹화시설의 보수 관리성	◎	○	△
건축물 외면에 끼치는 영향	○	◎	◎
경제성	◎유지비 불필요	○	○
실적	△(약 1%/전체)	◎ (채용효율 약 50%/전체)	○ (채용효율 약 50%/전체)
과제	보급을 촉진하기 위해 환경성(우리나라의 환경부-옮긴이), 국토교통성(우리나라의 건설교통부-옮긴이), 설계 및 건설회사, 교육기관 등에 적극적으로 PR을 한다.	경사지붕 곤란, 순화처리가 필요, 제초(2~3회/연, 5·7·10월)	발로 밟아 주어 줄게 하거나 단단하게 만든다.

(2) 이끼녹화의 실적(모스케치 시스템 서비스(주)의 경우)

〈예〉

① 스미다(黑田) 구청, 벽면전시(2005년 도내 스미다구)

② 가미나카(神中) 산업 플랜트, 펜스(2005년 가나가와현 요코하마시)

③ 가지가야(梶が谷) 공동주택 오토바이 주차장과 지붕(가나가와현 가와사키시) 외

④ 우닉스 이나(伊奈), 지붕(2006년 사이타마현 기타아다치군)

(3) 녹화공사비(2006년 현재)

① 이끼식물(재료＋공사비) : 10,000엔/m²(모스캐치 시스템(주)), 17,000엔/m²(코가전기공업(주))

② 세담식물(재료＋공사비/m²당) : 18,000엔(시공바닥면적 1,000m²이상, (주)휴네트), 17,000~32,000엔 (헤이세이기연(주)), 24,000엔(인터넷 재팬(주))

③ 잔디(재료＋공사비) : 15,000엔/m²((주)크레아테라 네크워크), 22,000엔/m²(리드 엔지니어링(주))

【표】 녹화 메이커와 판매회사

회사명	전화번호	회사명	전화번호
① 모스캐치 시스템 서비스(株)	03-5652-3161	⑫ (株)쿄진	03-3242-3022
② 오우지 목재녹화(株)	03-5534-3671	⑬ (株)하야시 물산	03-3553-3000
③ 다지마 루핑(株)	03-5821-7712	⑭ (株)마에가와 제작소	03-3642-8236
④ 세담(株)	03-5731-7831	⑮ (株)히비야 아메니즈	03-3453-2401
⑤ 에이큐(株)	03-3368-4924	⑯ (株)크레아테라 네트워크	03-5300-2722
⑥ 닛신 공업(株)	0120-86-2424	⑰ (株)도코	03-5283-2220
⑦ 아키야마데(株)	03-3861-1615	⑱ 그린 스타(株)	078-451-8500
⑧ 도요타 루프가덴(株)	0561-33-0757	⑲ (株)테크네트	03-5565-7111
⑨ 도호레오(株)	03-5907-5500	⑳ 스미토모 임업녹화(株)	03-6832-2207
⑩ 니시무라 조원(株)	03-3989-2751	㉑ 다이셀 화학공업(株)	03-6711-8111
⑪ (株)닛폰 자연녹화	03-5213-5451	㉒ (株)도신 코퍼레이션	03-3715-5566

(4) 이끼식물의 녹화시공의 예[1]

지붕면 녹화전

지붕면 녹화시행 후

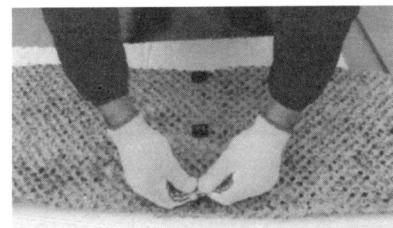

① 실루르프리드·인테이(이끼식물의 녹화제품−옮긴이) 안쪽에 블론 앵커를 꽂는다.

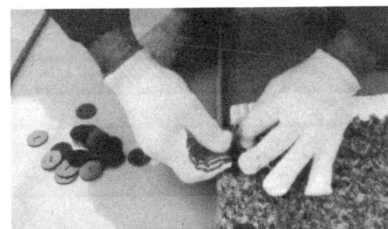

② 실루르프리드·인테이를 뒤집어서 블론 앵커에 와셔를 부착한다.

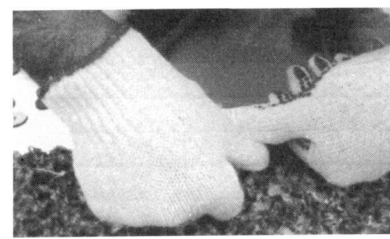

③ 핀 끝을 접어서 굽힌다.

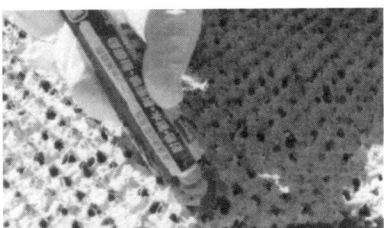

④ 실루르프리드·인테이를 뒤집어서 블론 앵커 바닥에 전용접착제를 발라 놓는다.

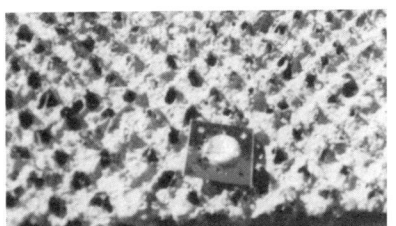

⑤ 접착제를 바를 때 도포의 양

⑥ 실루르프리드·인테이 뒷면을 아래로 향하게 해서 지붕에 접착시킨다.

⑦ 블론 앵커의 와셔 부분을 손끝으로 강하게 눌러서 접착시킨다.

⑧ 순서대로 실루르 프리드·인테이를 깐다.

(5) 옥상 녹화시 유의점

① 방수공법과 시공에 충분히 배려를 한다.
② 건축물의 옥상은 적재하중의 한계가 있으니 최경량의 토양을 사용한다.
③ 흙으로 옥상식재를 할 경우, 흙의 유실로 인해 배수 장애가 생기거나 식물 뿌리로 인해 방수층이 손상되면, 누수의 원인이 되므로 흙의 유실방지 시트나 내근 시트, 배수 매트를 깐다.
④ 옥상은 지상에 비해서 바람이 강하기 때문에 식재물이 쓰러지는 것이나 흙의 비산 방지대책을 세운다.
⑤ 관수장치는 식물의 종류, 흙의 깊이 등을 고려해서 기종을 선정한다.

출전 : 1) 모스캐치 시스템 서비스(주).

(6) 실시 예

도쿄도청사 회의동

NEXT21[1]

성누가 타워[2]

야쿠르트 본사 빌딩[3]

난바 팍스[4]

도쿄 중앙도매시장 식육시장

아크로스 후쿠오카

마루노우치 빌딩[5]

하네다 공항

출전 : 1) 大阪가스(株). 2) 三井不動産(株). 3) (株)야쿠르트. 4) 南海電氣鐵道(株). 5) 三菱地所(株).
참고문헌 「都市綠化技術集」(환경커뮤니케이션스). 「屋上綠化完全가이드」(築地書館).

2.5 건축 환경 디자인 계획

63

→ • 전기설비계획

〔1〕 개요

　전기설비에 있어서는 거주자·집무자·제삼자에 대한 인명의 안전 확보(감전이나 화재), 안정공급, 쾌적성(조도·음향), 확장성, 보수 관리성, 에너지 절약, 환경보전 등을 실현할 수 있는 전기설비 시스템을 구축하는 것이 와필요하다. 아래는 그 순서, 전기설비 계획, 건축·구조·설비의 융합화에 관한 개요이다.

(a) 순서

【건축주의 요구를 정확하게 파악한다.】
• 쾌적한 실내 환경, 안전성, 확장성(전원·통신·정보 시스템), 보수 관리성, 경제성(에너지 절약), 환경보전, 자산평가의 향상(장수명), 지역 환원(방재의 거점/비상용전원)

(b) 전기설비계획

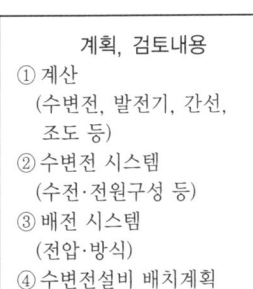

계획, 검토내용
① 계산
　(수변전, 발전기, 간선,
　조도 등)
② 수변전 시스템
　(수전·전원구성 등)
③ 배전 시스템
　(전압·방식)
④ 수변전설비 배치계획
　(전기실·발전기실 등)
⑤ EPS 배치계획
⑥ 빌딩 관리 시스템
　(감시·제어·계측 등)

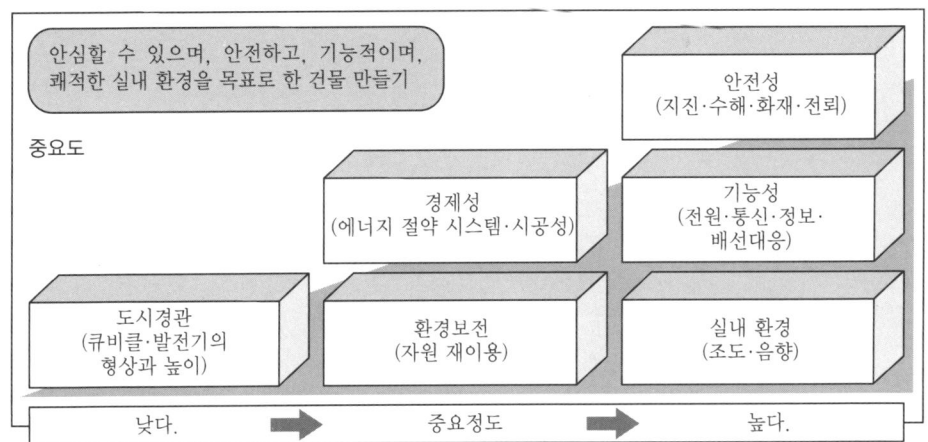

안심할 수 있으며, 안전하고, 기능적이며, 쾌적한 실내 환경을 목표로 한 건물 만들기

중요도

안전성
(지진·수해·화재·전뢰)

경제성
(에너지 절약 시스템·시공성)

기능성
(전원·통신·정보·배선대응)

도시경관
(큐비클·발전기의 형상과 높이)

환경보전
(자원 재이용)

실내 환경
(조도·음향)

낮다. ➡ 중요정도 ➡ 높다.

전기설비 계획(업무시설)

① 운용관리
(재산구분·갱신대응·자사관리·아웃소싱)

② 집무환경
(안정공급(전원·통신·정보), 조도·음향·배선대응 등)

항목/방식	A. 단일전원방식	B. 복수전원방식
기능성 (안정공급·전원·통신·정보)		
확장성 (용도변경·증설)	○	◎
경제성 (초기투자비용, 유지관리비용)		

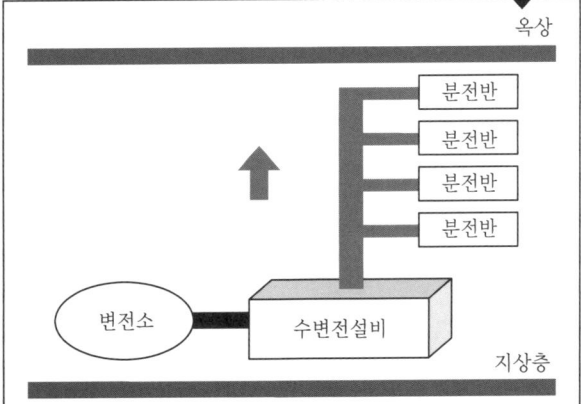

옥상

분전반
분전반
분전반
분전반

변전소　수변전설비

지상층

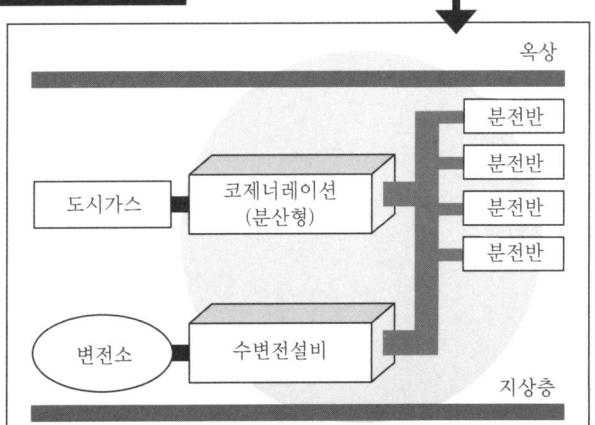

옥상

도시가스　코제너레이션(분산형)

분전반
분전반
분전반
분전반

변전소　수변전설비

지상층

【그림】전원공급방식

(c) 건축·구조·설비와의 융합화

  ① 계획조건 : 원단위, 사용상태 (빌딩 사용일·시간대)

  ② 수변전압실의 배치계획 : 안전성, 신뢰성, 경제성(에너지 절약), 보수 관리성

  ③ 평면계획 : 공간, EPS 배치

  ④ 거주, 집무공간의 단면계획 : 이중바닥높이(배선대응)

〔2〕 부하설비용량

수변전설비 시스템, 배전 시스템, 계약전기용량, 전기실, EPS 배치 등을 계획하는 단계에서는 기초 원단위로서 부하설비용량 산정기준을 일반적으로 사용한다. 그리고 부하설비용량 산정기준은 준공건물의 운용 데이터를 기초해서 산출한 대략적인 값이다. 아래는 부하설비용량 산정기준이다.

【표】 부하설비용량 산정기준

건물종류	단위부하(W/m²)			
	전등	일반동력	냉방동력	전부하
업무시설	25	35	40	100
점포·백화점	54	62	51	167
슈퍼마켓	56	62	54	175
호텔	35	40	29	104
극장·영화관	38	44	50	132
공회당	34	45	41	120

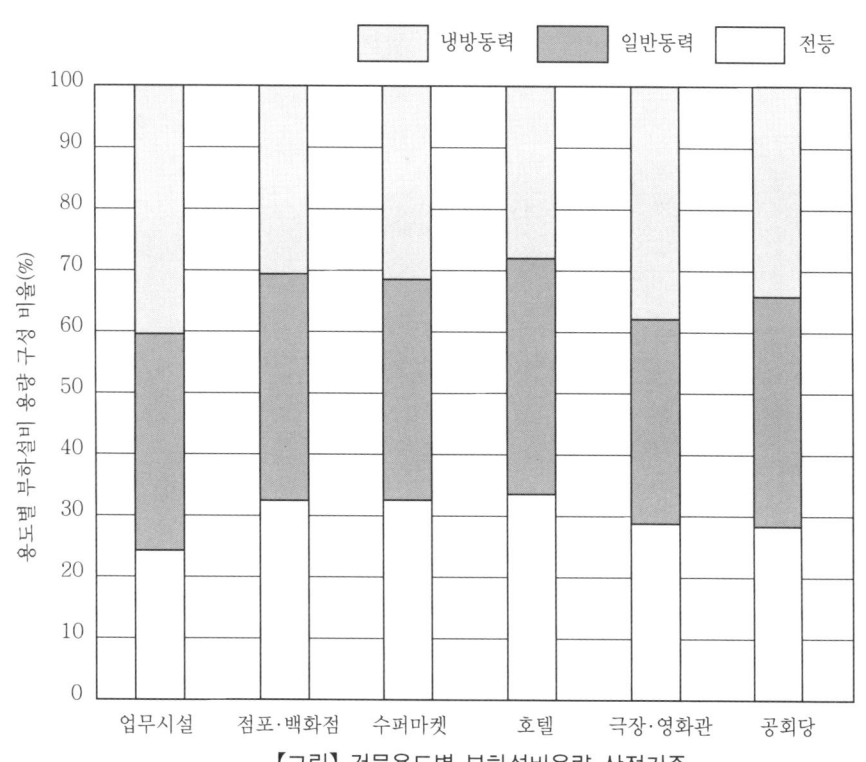

【그림】 건물용도별 부하설비용량 산정기준

〔3〕 수변전설비계획(受變電設備計劃)

수전방식은 건축용도와 최대수요전력량(계약전력량 kWh)에 의해 결정된다. 계약전력량은 저압수전(50kWh 이하), 고압수전(50kWh 이상), 특별고압수전(2,000kWh 이상)의 세 종류가 있다.

(a) 전원공급 시스템(고압, 특별고압수변의 경우)

(1) 평상시
① 일본의 전력공급회사의 전력요금은 다른 선진국에 비해서 상당히 높은 편이다.

② 하이브리드 전원(상업용전원+코제너레이션)방식은 ①에 비해서 신뢰성과 경제성이 뛰어나다.

③ 고품질의 안정전원을 필요로 하는 의료, 복지시설(의료기관), 정보시설(서버)에는 안정전원설비(UPS)를 설치하는 것이 바람직하다. 그리고 비상용전원의 운용시간은 축전지는 10분 이내, 발전기는 2~4시간이 일반적이다.

(2) 정전시
상업용전원이 끊길 때는 수변전설비의 '보호계전기'에 의해 자가용발전기가 자동으로 기동하여 약 40초 이내에 정격 전원을 확립한 뒤 CS(절환기)를 매개로 해서 중요부하나 방재부하 등에 전원을 안정적으로 계속 공급한다.

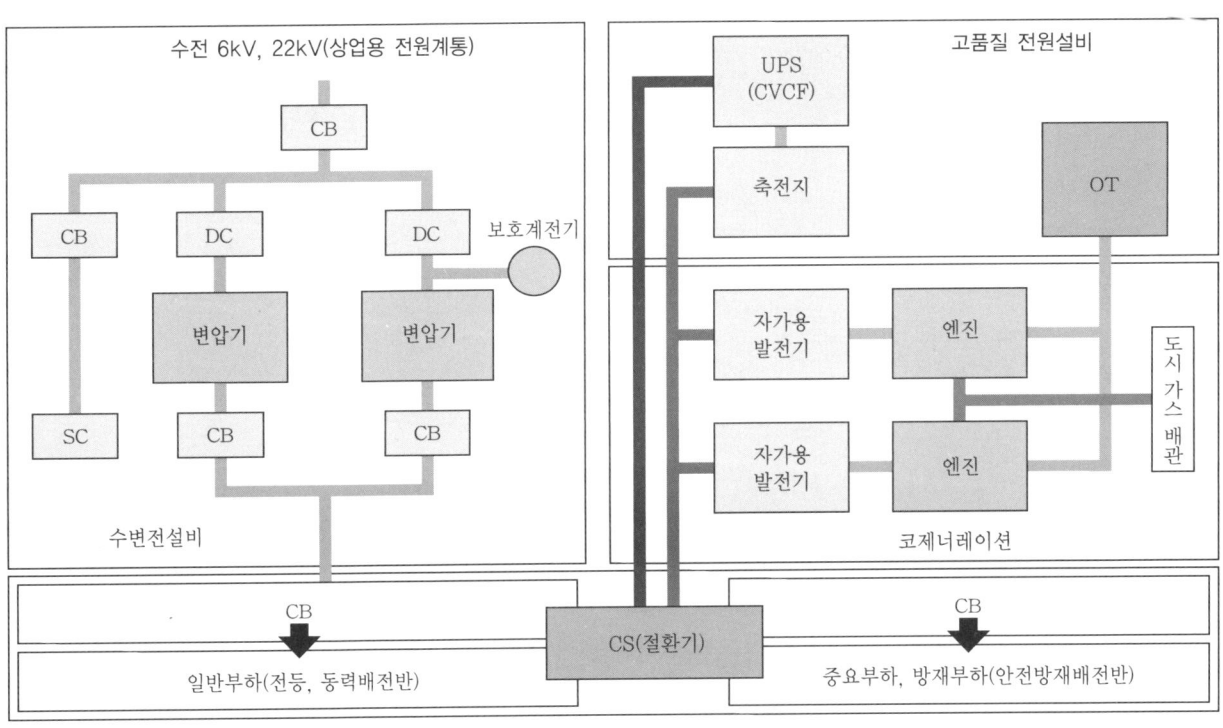

(b) 유지관리비

전력공급회사의 전기요금은 약 25엔/kWh인 것에 비해서 코제너레이션에 의한 전기요금은 약 10엔/kWh으로 가격을 큰 폭으로 저감시킬 수 있다. 현재 도시재개발 계획이나 대규모 상업시설 등에서 코제너레이션의 도입이 적극적으로 이루어지고 있다.

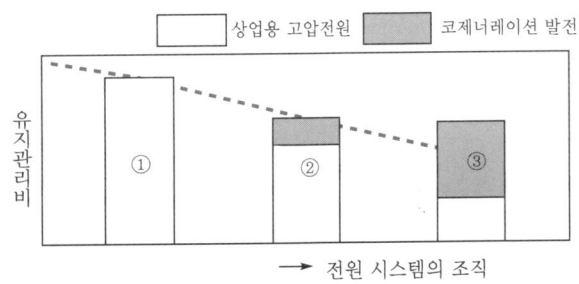

전기실

〈참고가격〉특고수변전 : 9,500~17,000엔/kVA(66kV/6kV 가스 절연형)
　　　　　고압수변전 : 8,500~13,000엔/kVA(유입(油入)TR, 건조식인 경우는 20% 증가)

〔4〕 코제너레이션 계획

코제너레이션이란 온사이트형 에너지 공급 시스템으로서 주목받고 있는 방식으로, 건축물의 옥상이나 부지 안에 설치한 발전설비와 발전에 동반되어 발생하는 배열의 회수장치로 구성된 시스템이다. 발전방식에 따라서 ① 원동기 구동형, ② 화학 반응형(연료전지)으로 구분된다. 특징은 발전과 배열이용에 의한 시스템 효율이 높다는 것과 그에 동반하여 경제성, 환경성 및 전용발전설비에 의한 전력공급의 신뢰성이 향상된다는 점이다.

최근에는 도쿄도 내의 롯폰기6초메·시오도메·시바우라·시나가와 같은 재개발계획에 도입되어 현재에는 2,915건의 실적을 보유하고 있다. 도입실적에서 건수, 발전용량의 베이스 모두 1위를 차지한 것은 상업시설이고, 2위는 의료와 복지시설이다. 호텔에 도입한 실적도 많으며, 도입을 할 때 열 수요를 안정적으로 가지는 시설이 가장 우위를 차지한다고 할 수 있다.

그리고 비상용전원설비란 방재부하를 대상으로 하는 것으로, 운전시간은 1시간과 10시간짜리 2종류의 사양이 있다.

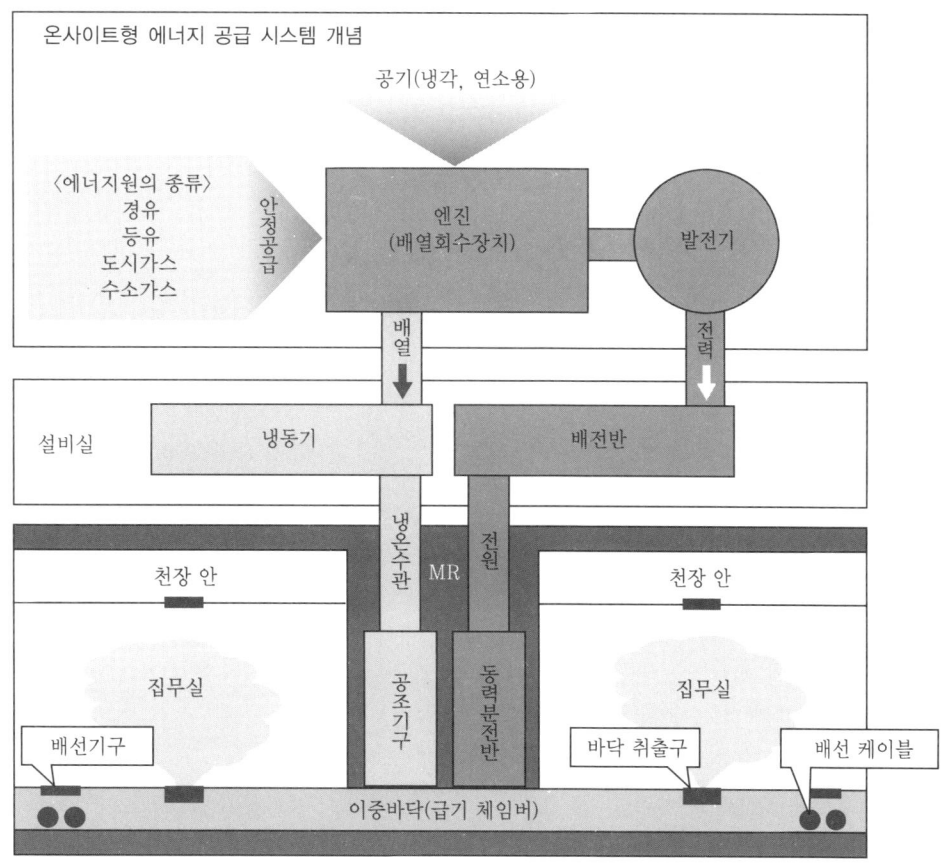

【그림】 에너지 이용 시스템

(a) 경제성과 환경보전의 양립

전기와 배열을 동시에 이용함으로써, 총합효율이 약 80% 이상이 되는 시설의 발전설비는 경제성과 환경보전을 충분히 만족시킬 수 있다.

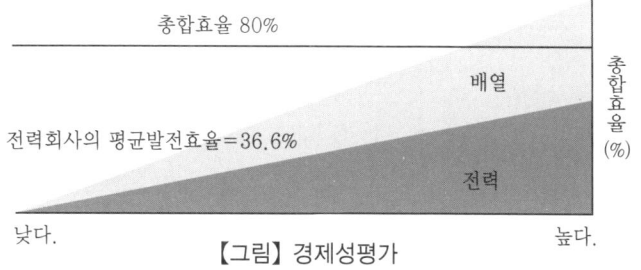

【그림】 경제성평가

〔5〕 비상용전원설비 계획

화재 발생시에 거주자, 집무자 등이 안전하고 확실하게 피난할 수 있으며 또한 방재설비(소화전 펌프, 배연기 등)가 계속해서 가동되기 위해서 상업용전원 외에 건축용도나 규모에 따른 비상용전원설비를 설치하도록 의무화되어 있다. 아래는 비상용설비 계획의 개요다.

(a) 전원설비계획

(1) 비상전원전용수전설비

① 연소의 위험이 있는 장소에는 설치하지 않는다.

② 비상용보호개폐기(반)와 다른 보호개폐기(반)는 내화구획의 처치를 한다.

③ 옥외형 수변전설비는 기계 환기설비를 설치하는 것이 바람직하다(창고 내 설정온도는 약 35℃ 이하).

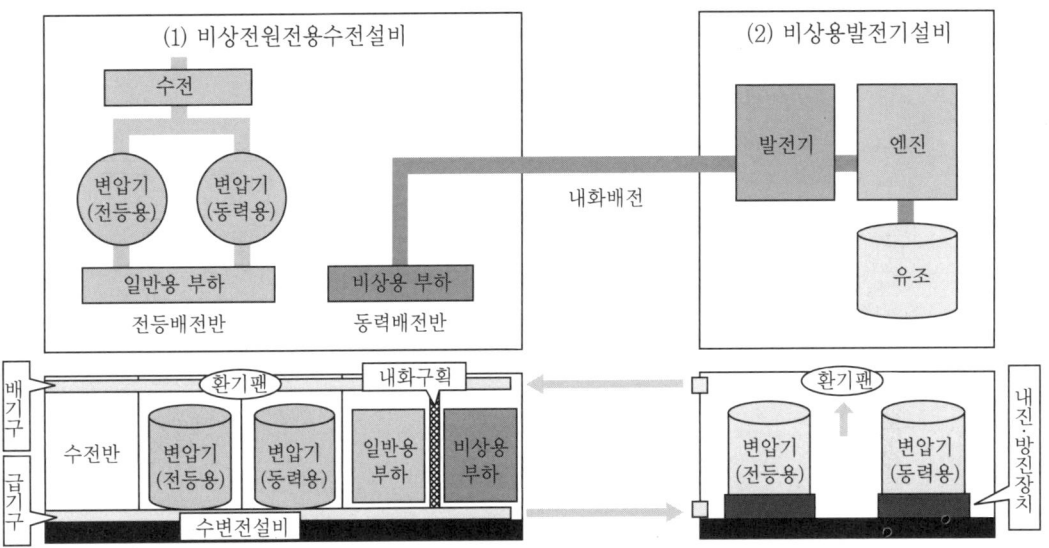

【그림】 옥외형 수변전설비(단면도)

(2) 비상용발전기설비

① 염해지역은 적절한 염해대책을 마련한다(급기 취입구에 필터 설치, 외판은 아연 도금 등).

② 다른 건물과 인접할 경우에는 적절한 이격거리 또는 소음방지대책을 마련한다(소음기·차음벽 설치 등).

③ 연료는 극력 클린 에너지를 사용한다(도시가스나 등유가 좋다).

④ 연료소비량(l/h)및 유조용량을 확인한다(유조용량은 연속운전 2시간 이상).

⑤ 자동기동 후 40초 이내에 전압을 확인한다.

⑥ 발전기를 실내에 설치하는 경우는 기계 환기설비를 설치한다(급기량은 실온유지 및 연소공기를 포함한다).

⑦ 발전기에는 적절한 내진·방진대책을 마련한다(특히 옥상의 경우).

⑧ 법적 비상겸용형인 경우는 발전기를 2대 이상 설치한다.

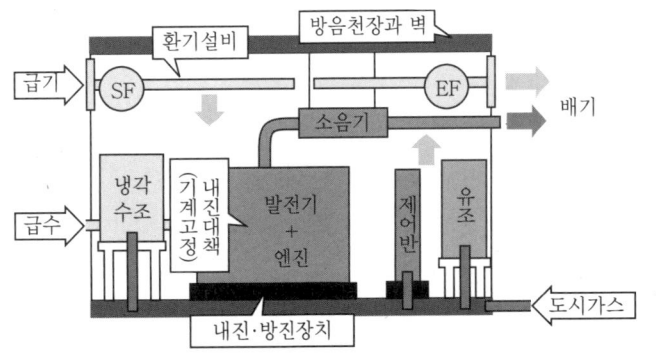

디젤형 발전기

[6] 비상용조명설비 계획

만일에 발생할 화재나 정전시에 주거자나 방문자들이 확실하고 신속하게 대피할 수 있도록 건축용도와 규모에 따라서 비상조명설비를 설치하는 것이 의무화되어 있다. 아래는 비상조명설비 계획의 개요다.

(a) 설치장소 및 기술기준

① 무창 거실은 비상조명기구를 설치한다.

② 복도나 계단, 채광이 들기 힘든 지하주차장의 차로부분(도로의 슬로프 부분을 포함한다)은 재해시에 피난경로로 사용될 가능성이 있으므로 비상조명기구를 설치하는 것이 바람직하다.

③ 3층 이상, 각층의 바닥면적 1,000m² 이상, 채광이 부족한 창고는 출입고시에 수많은 사람들이 드나들 것이라고 생각되기 때문에 창고 안의 상정통로나 그와 연결된 통로, 피난계단 부분에는 비상조명기구를 설치하는 것이 바람직하다.

④ 예비전원의 공급시간은 30분 이상 확보한다.

⑤ 바닥면의 조도는 1 lx(백열등), 2 lx(형광등) 이상을 확보한다.

(b) 설치완화조건

① 채광상 유효한 직접외기에 개방된 통로와 복도

② 주차장(비거주실인 경우)

③ 대규모 창고(비거주실인 경우)

④ 학교(단, 전수학교 및 각종 학교는 제외)

【그림】채광상 유효한 직접외기에 개방된 통로, 복도

(c) 전원설비계획

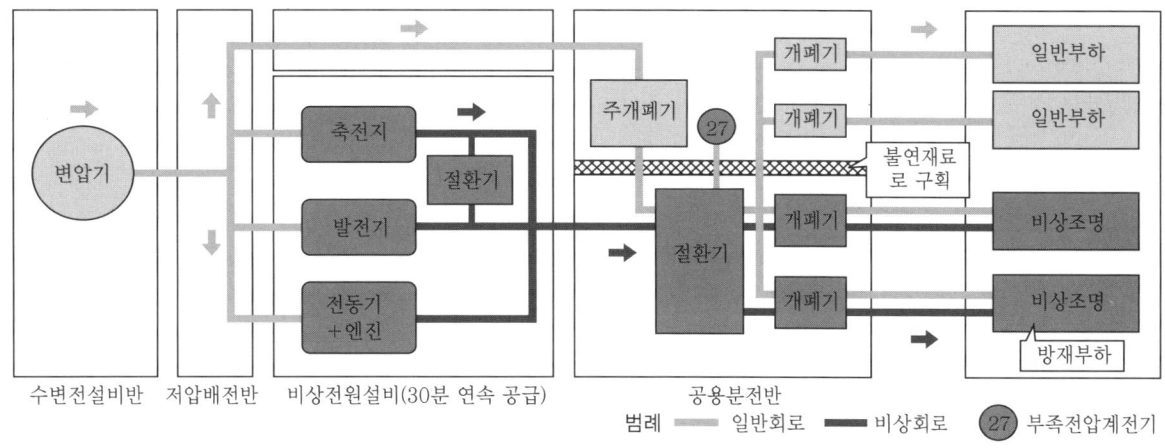

【그림】비상용 조명전원설비

(d) 유의사항

① 방재용 발전기를 지상층과 옥상에 설치하는 경우는 연소될 위험이 없는 위치에 설치한다.

② 자가용 발전기(코제너레이션 포함)를 방재용 전원설비와 겸용할 수 있는 조건으로는 발전기를 여러 대 설치할 것, 액체연료를 사용하는 경우는 2시간 연속으로 운전할 수 있는 유조를 확보할 것, 도시가스 연료를 사

용하는 경우에는 1시간 연속 운전할 수 있어야 하며 점검용 가스 봄베 1대를 설치할 것이라고 할 수 있다.

③ 공용분전반 안의 비상용개폐기와 일반용개폐기는 불연재료로 구획한다.

④ 저압배전반을 주거실에 설치하는 경우는 1종 내열형으로 한다.

⑤ 천장 안을 배연 체임버로 하는 경우 비상용 조명기구의 배전재료는 FP(내열) 케이블로 한다.

〔7〕 각종 방재설비의 비상전원설비 선정계획

각 방재설비는 재해가 발생하거나 도시 라이프 라인이 단절된 때에도 기능이 계속 유지될 수 있도록 건축기준법, 소방법에서 비상전원설비를 설치하도록 의무화되어 있다. 아래에 방재설비별 비상전원설비의 과학적이고 경제적인 선정방법을 소개하였다. 이때 비상용발전기의 정격은 1시간과 10시간의 두 종류가 있다.

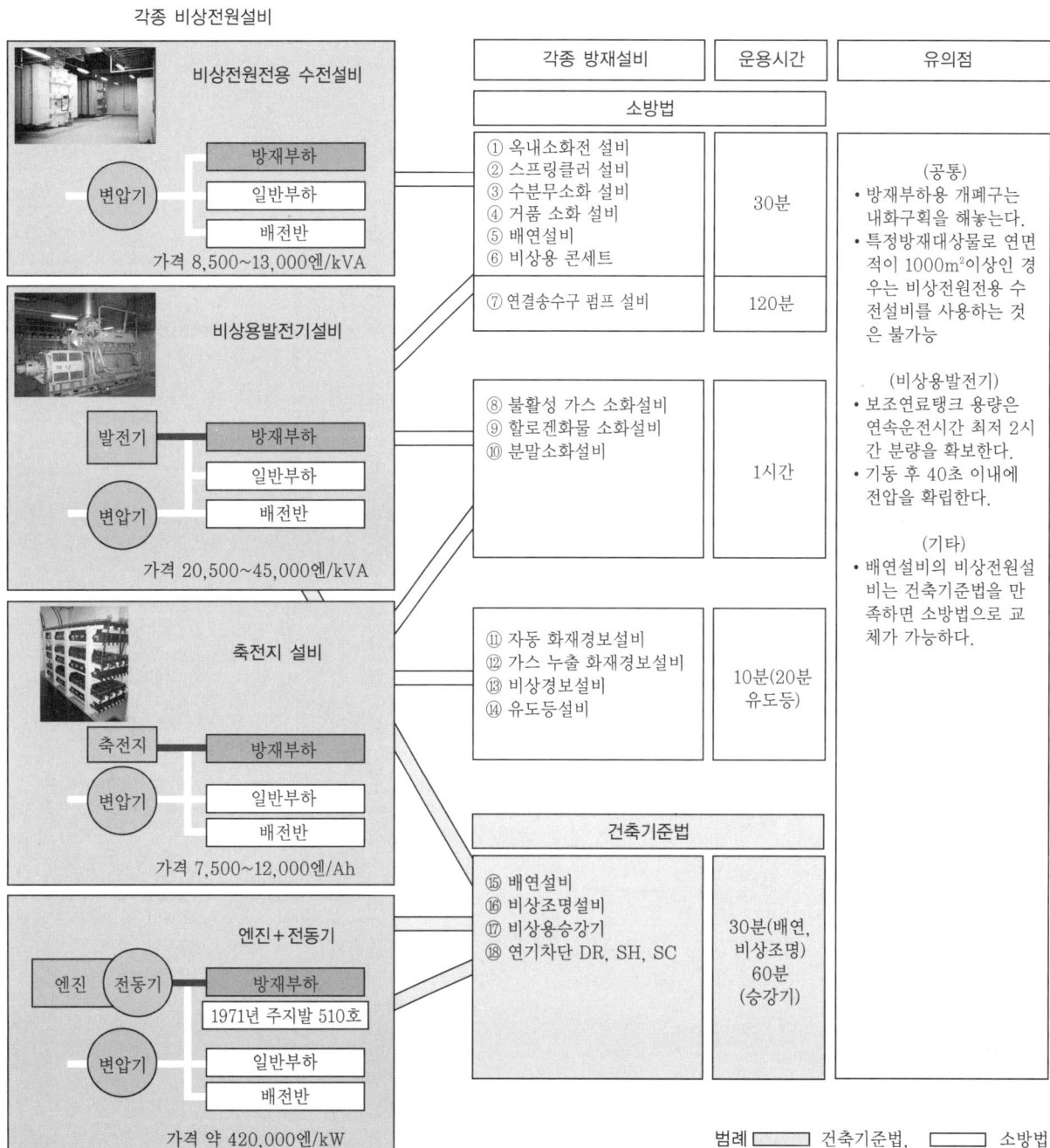

각종 방재설비	운용시간	유의점

각종 비상전원설비

비상전원전용 수전설비
변압기 ─ 방재부하 / 일반부하 / 배전반
가격 8,500~13,000엔/kVA

비상용발전기설비
발전기 ─ 방재부하 / 일반부하
변압기 ─ 배전반
가격 20,500~45,000엔/kVA

축전지 설비
축전지 ─ 방재부하
변압기 ─ 일반부하 / 배전반
가격 7,500~12,000엔/Ah

엔진+전동기
엔진 전동기 ─ 방재부하
1971년 주지발 510호
변압기 ─ 일반부하 / 배전반
가격 약 420,000엔/kW

소방법

① 옥내소화전 설비
② 스프링클러 설비
③ 수분무소화 설비
④ 거품 소화 설비
⑤ 배연설비
⑥ 비상용 콘센트 … 30분

⑦ 연결송수구 펌프 설비 … 120분

⑧ 불활성 가스 소화설비
⑨ 할로겐화물 소화설비
⑩ 분말소화설비 … 1시간

⑪ 자동 화재경보설비
⑫ 가스 누출 화재경보설비
⑬ 비상경보설비
⑭ 유도등설비 … 10분(20분 유도등)

건축기준법

⑮ 배연설비
⑯ 비상조명설비
⑰ 비상용승강기
⑱ 연기차단 DR, SH, SC … 30분(배연, 비상조명) 60분(승강기)

유의점:
(공통)
• 방재부하용 개폐구는 내화구획을 해놓는다.
• 특정방재대상물로 연면적이 1000m²이상인 경우는 비상전원전용 수전설비를 사용하는 것은 불가능

(비상용발전기)
• 보조연료탱크 용량은 연속운전시간 최저 2시간 분량을 확보한다.
• 기동 후 40초 이내에 전압을 확립한다.

(기타)
• 배연설비의 비상전원설비는 건축기준법을 만족하면 소방법으로 교체가 가능하다.

범례 ▨ 건축기준법, ☐ 소방법

【그림】소방설비별 비상전원설비 선정계획

〔8〕 **배전설비계획**

수변전설비실에서 각 층 EPS 안의 분전반까지의 간선, 그리고 분전반에서 각 수요 장소까지의 2차 배전설비는 전압과 주파수가 안정되어 있을 것과 동시에 장래의 부하증가에 대해서 용이하고 경제적인 대응을 준비해 놓는 것이 매우 중요하다. 아래는 배전설비계획의 개요이다.

종류	배선방식	배전전압(V)	전류값(A)	공급능력(kW)	전압강하(V)	경제성(유지관리비)
전등 콘센트	———	1ϕ2W100V				△
	———	1ϕ3W200/100V				○
동력	———	3ϕ3W200V				○
	———	3ϕ3W400V				◎

(a) 배전계획

집무실 내의 부하에 대한 배선거리는 기능성(전압강하), 보수 관리성, 경제성을 고려해서 결정한다.

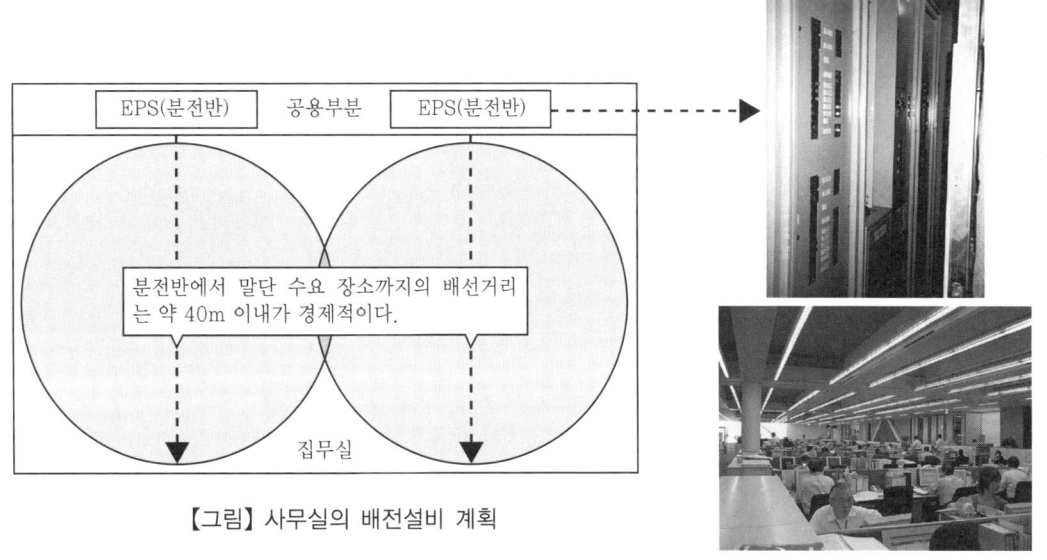

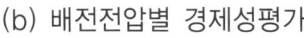
【그림】 사무실의 배전설비 계획

(b) 배전전압별 경제성평가

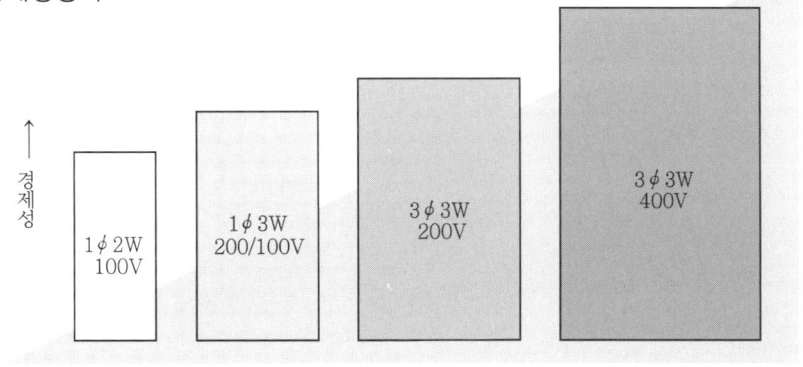

〔9〕 방의 용도별 조도기준

1975년(1980년)의 석유위기 이후 생산설비·업무설비·주택·자동차 부문에서 에너지 절약을 적극적으로 추진해왔다. 그리고 일반적 업무시설의 조명 에너지는 전체 에너지 소비량의 약 25%에 해당한다. 따라서 새로운 에너지 절약을 실현하기 위해서 주광을 이용하고, 조명기구를 고효율화하여 적정한 조도를 만들 필요가 있다. 아래는 각 건축물의 방 용도별 조도기준의 예이다.

【표】 방의 용도별 조도기준[1]

조도(lx)	극장, 영화관	미술관, 박물관	공공시설	숙박시설	공중목욕탕	미용실, 이발소	레스토랑	유흥음식점	업무시설
1,500						머리를 묶어서 하는 염색	음식물 모형 전시케이스		설계실
1,000	주 무대	조각(돌, 금속), 조형물 모형	대기실의 거울, 특별전시실	프론트, 장부를 정리하는 방		세트·메이크업 실			제도실
750	리허설연습실, 발성연습실, 집무실, 방재 센터	조각(플라스틱, 나무, 종이), 서양화, 연구실	도서열람실, 교실	차를 정차시킨 현관, 집무실	카운터, 로커	이발, 얼굴면도	조리실	식탁, 장부를 정리하는 방	집무실, 중계실
500	조사와 정보코너, 열람 레퍼런스 코너, 분장실, 오케스트라 대기실, 기술자실, 자료실, 제작 관계자실	조사실, 매점, 입구	연회장, 전시회장, 대회의실, 식당	조리실, 짐보관대, 대기실의 책상, 세면대 유리, 연회장	신발보관소, 카운터	옷 갈아입는 곳, 머리 감는곳, 카운터	식탁, 장부를 정리하는 방, 짐 보관대, 카운터	짐 보관대, 조리실, 카운터	정보실, 빌딩 관리실
300	강의실과 시청각실, 강사대기실, 레스토랑, 뷔페	회화(유리 커버 부착), 일본화 공예품	식당, 결혼식장, 대기실	대형객실, 식당	출입구, 탈의실	가게 안의 화장실	현관, 대기실	객실, 조리대, 세면대	회의실, 응접실, 식당, 강의실
200	관객석(홀), 로비, 입구, 짐 보관대, 티켓 서비스 코너, 영사실, 투광실, 무대	일반진열품, 화장실, 세면대, 소회의실, 교실	서고, 분장실, 화장실, 세면대	로비, 화장실, 세면대, 탈의실	앉아서 씻는 곳, 욕탕, 화장실		객석, 세면대, 화장실	화장실	현관 홀, 설비실, 화장실, 세면대, 복도, 계단, 서고
150	화장실, 복도, 계단, 설비실	박제품, 갤러리 전반	결혼식장, 살롱의 로비	객실(전반), 복도, 계단	복도	복도, 계단	복도, 계단	출입구, 복도, 현관	탈의실, 숙직실
100	무대 통로 밑의 지하실, 주차장, 창고	식당, 찻집, 복도, 계단	복도, 계단	뜰의 중점				계단, 좌석(전반)	창고, 차고, 휴게실
75	오케스트라 피트, 플라이 타워	수납고	물건 보관소						주차장
30	모니터실, 영사실(상영중)	영상이나 빛을 이용한 전시실						분위기가 있는 바, 찻집의 객실	
10	선큰가든							카바레의 객실	
5	포장도로			방범					
2	관객석(상영중)								

제2장 건축설비계획의 기초지식

출전 : 1) JIS Z9110-1979, 「照明學會」 Vol.74, 1990, 建設大臣官房廳營繕部基準 等.

[10] 조명설비계획

거실, 집무실 등의 적정조도의 확보, 글레어(glare : 눈부심 조명도 분포가 고르지 않아 대상을 잘 볼 수 없거나 잠시 보지 못하게 되는 현상-옮긴이)를 느낄 수 없는 조명기구(광원)의 선정, 배치계획, 에너지 절약형 기구를 사용하는 것이 중요하다. 아래는 광원, 조명기구의 종류와 배치계획의 예이다.

(a) 방 용도별 광원

항목	방의 용도					
	공동주택	업무시설(집무실)	교육시설	의료, 복지시설	물류시설	옥외
광원	백열등	형광등			수은등	나트륨등
와트(W) 수	60~100	32, 40, 110	40~110	40	200~500	300~500
수명(h)	약 800	약 6,800			약 8,000	

(b) 각종 조명기구

항목	조명기구의 종류(형광등의 경우)					비고
	하면개방형			하면 가드부착	네모형	
	FL40W-1	FL40W-2	FL32W-1	FL40W-1	FL40W-1,4연결	
조명기구의 형상						
적용할 방	집무실, 회의실, 응접실, 통로 등			빌딩 관리실	집무실 등	
기구중심 간격	1.8m	2.4m	1.2m	1.8m	3.2m	네모형태
조도분포	○	◎		○	◎	
글레어 방지		△		◎	△	
경제성	○	◎		△		
보수 관리성			○			
안전성			○			
종합평가		◎				FL32W-1

조도분포의 균일화, 연색성(주광색), 글레어 방지, 소음 감소화(안정기), 보수 관리성, 경제성, 수명(광원의 내구성), 안전성(낙하방지) 등

(c) 유의점

① 천장조명+데스크 라이트의 겸용방식이 기능적이고 경제적이다.
② 비상조명설비는 연면적이 약 30,000m² 이상인 경우는 축전지+백열등 방식, 30,000m² 이하인 경우는 축전지 내장형 조명기구방식이 경제적이다.

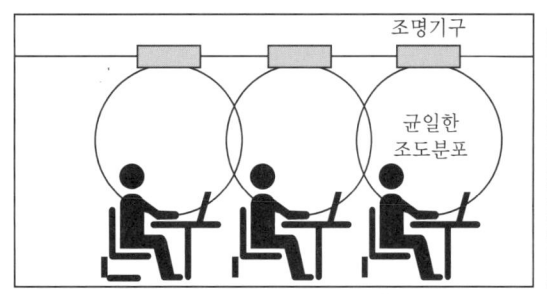

집무실, 대기실 등

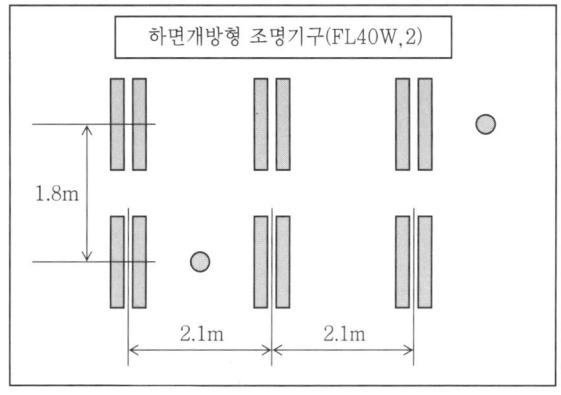

【그림】 하면개방형 조명기구배치(평면)

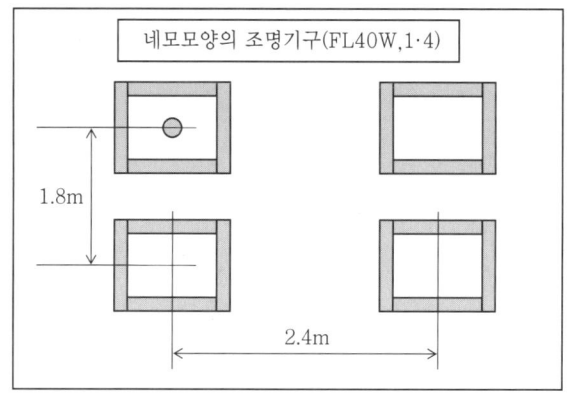

【그림】 네모 모양의 조명기구 배치계획(평면)

〔11〕 피뢰설비계획

(a) 관련법령

건축기준법령 제129조의 14 건축물의 높이 20m를 넘는 부분을 뇌격(벼락)의 충격에서 보호하는 피뢰설치를 마련한다.

(b) 구조기준

건축기준법령 제129조 15 제1호(2000년 건고 제1425호) 일본공업규격 JIS4201－1992(건축물 등의 피난설비(피뢰침))를 2003년에 규정하는 외부벼락보호 시스템으로 2005년 7월 4일 개정하고 동년 8월 1일부터 시행한다.

① 앞으로도 구JIS는 사용할 수 있지만 구JIS 와 신JIS의 일부를 복합적으로 운용하는 것은 허락되지 않는다.

② 피뢰침의 높이가 5m 이상인 경우는 건축기준법령 제87조 규정에 의해 구조내력계산서를 첨부한다.

③ 옥상의 고가수조의 높이가 GL＋20m를 넘는 경우는 피뢰침 설비가 필요하다.

④ 병원의 접지극은 안전성을 고려한 단독방식이 바람직하다.

⑤ 피뢰설비용 접지극과 다른 용도의 접지극과의 이격거리는 강전(強電)은 5m 이상, 약전(弱電)은 2m 이상으로 한다.

⑥ 도시가스관, 전등선, 전화선과 피뢰도선과의 이격거리는 1.5m로 한다.

⑦ 신규 외부 벼락보호 시스템의 특징은 "기술기준을 건축용도별로 4단계로 나누어, 건축물이 높으면 높을수록 보호각도를 좁게 만들고, 접지극판은 1개당 2장을 설치할 것을 의무로 한다" 등이다.

(c) 비용

피뢰설비의 대략적인 공사비는 접지극 1개소당 약 35~40만 엔 정도이다.

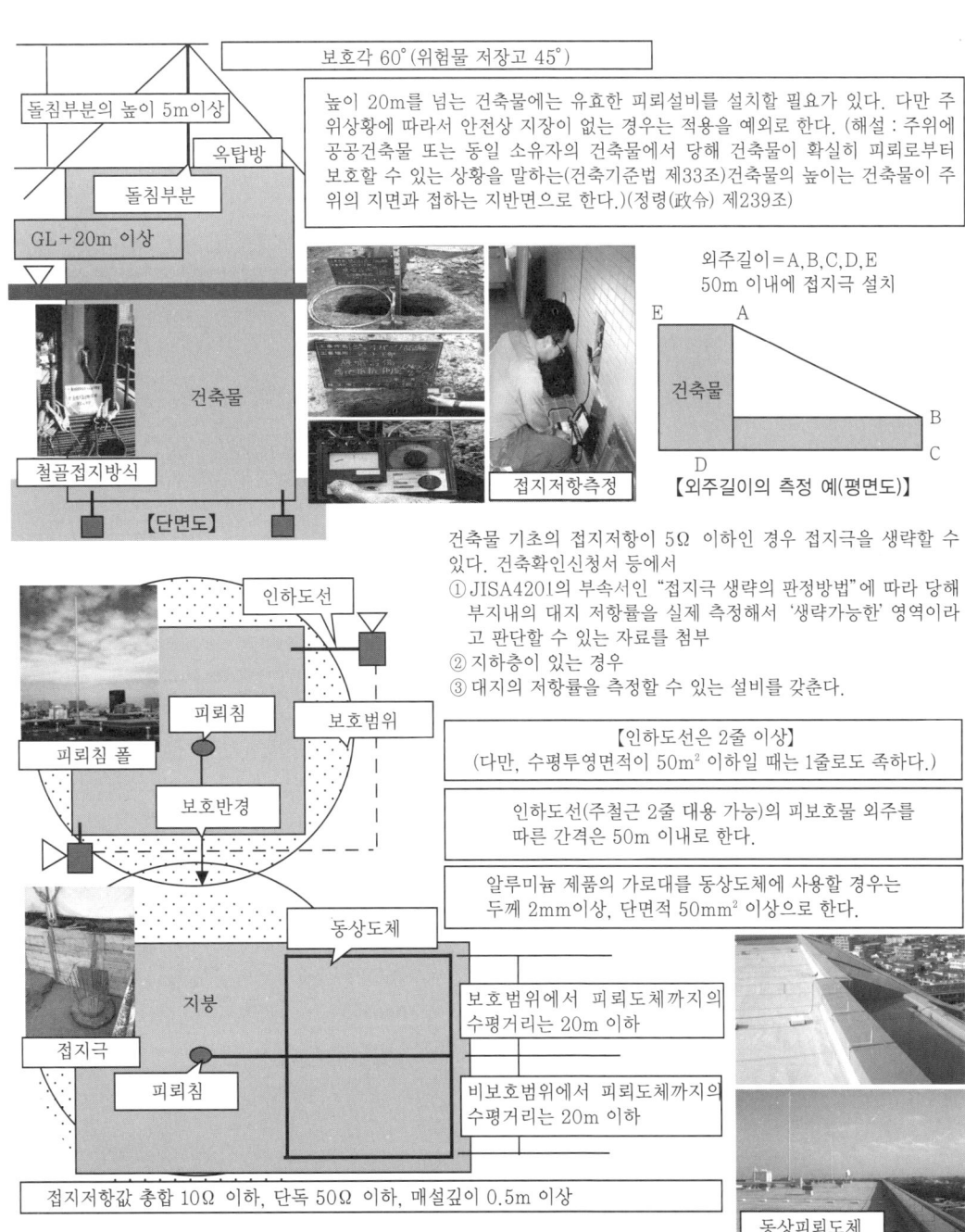

보호각 60° (위험물 저장고 45°)

돌침부분의 높이 5m이상

옥탑방

돌침부분

GL＋20m 이상

건축물

철골접지방식

【단면도】

높이 20m를 넘는 건축물에는 유효한 피뢰설비를 설치할 필요가 있다. 다만 주위상황에 따라서 안전상 지장이 없는 경우는 적용을 예외로 한다. (해설 : 주위에 공공건축물 또는 동일 소유자의 건축물에서 당해 건축물이 확실히 피뢰로부터 보호할 수 있는 상황을 말하는(건축기준법 제33조)건축물의 높이는 건축물이 주위의 지면과 접하는 지반면으로 한다.)(정령(政令) 제239조)

외주길이＝A,B,C,D,E
50m 이내에 접지극 설치

E   A

건축물

B

D   C

접지저항측정

【외주길이의 측정 예(평면도)】

건축물 기초의 접지저항이 5Ω 이하인 경우 접지극을 생략할 수 있다. 건축확인신청서 등에서
① JISA4201의 부속서인 "접지극 생략의 판정방법"에 따라 당해 부지내의 대지 저항률을 실제 측정해서 '생략가능한' 영역이라고 판단할 수 있는 자료를 첨부
② 지하층이 있는 경우
③ 대지의 저항률을 측정할 수 있는 설비를 갖춘다.

인하도선

피뢰침

보호범위

피뢰침 폴

보호반경

【인하도선은 2줄 이상】
(다만, 수평투영면적이 50m² 이하일 때는 1줄로도 족하다.)

인하도선(주철근 2줄 대용 가능)의 피보호물 외주를 따른 간격은 50m 이내로 한다.

알루미늄 제품의 가로대를 동상도체에 사용할 경우는 두께 2mm이상, 단면적 50mm² 이상으로 한다.

동상도체

지붕

접지극

피뢰침

보호범위에서 피뢰도체까지의 수평거리는 20m 이하

비보호범위에서 피뢰도체까지의 수평거리는 20m 이하

접지저항값 총합 10Ω 이하, 단독 50Ω 이하, 매설깊이 0.5m 이상

동상피뢰도체

2.5.8 ● 위생설비계획

〔1〕개요

위생설비는 거주자·집무자·제삼자 등에 대한 생활기능(급수·배수·급탕·도시가스)과 인명의 안전 확보(소화설비) 등을 실현할 수 있는 위생 시스템을 구축하는 것이 필요하다. 아래에 순서, 위생설비 계획, 건축·구조·설비와의 융합화의 개요를 소개하였다.

(a) 순서

【건축주의 요구를 정확하게 파악한다.】

기능성, 쾌적성, 경제성(에너지 절약), 보수 관리성, 환경보전, 자산평가의 향상(장수명), 지역 환원(방재의 거점)

(b) 위생설비계획

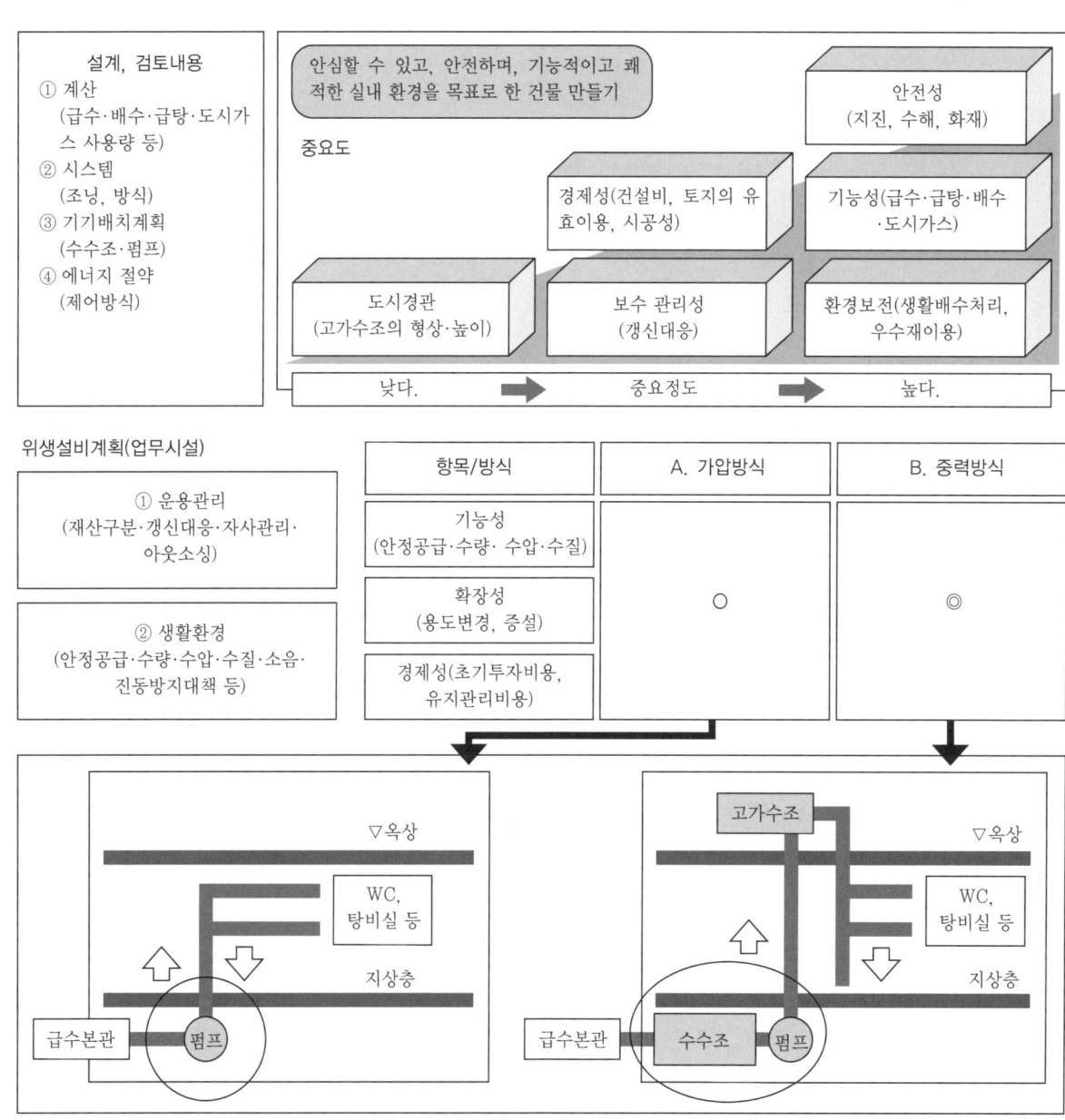

설계, 검토내용
① 계산
(급수·배수·급탕·도시가스 사용량 등)
② 시스템
(조닝, 방식)
③ 기기배치계획
(수수조·펌프)
④ 에너지 절약
(제어방식)

안심할 수 있고, 안전하며, 기능적이고 쾌적한 실내 환경을 목표로 한 건물 만들기

중요도

안전성
(지진, 수해, 화재)

경제성(건설비, 토지의 유효이용, 시공성)

기능성(급수·급탕·배수·도시가스)

도시경관
(고가수조의 형상·높이)

보수 관리성
(갱신대응)

환경보전(생활배수처리, 우수재이용)

낮다. ➡ 중요정도 ➡ 높다.

위생설비계획(업무시설)

① 운용관리
(재산구분·갱신대응·자사관리·아웃소싱)

② 생활환경
(안정공급·수량·수압·수질·소음·진동방지대책 등)

항목/방식	A. 가압방식	B. 중력방식
기능성 (안정공급·수량· 수압·수질)		
확장성 (용도변경, 증설)	○	◎
경제성(초기투자비용, 유지관리비용)		

▽옥상

WC,
탕비실 등

지상층

급수본관 · 펌프

고가수조

▽옥상

WC,
탕비실 등

지상층

급수본관 · 수수조 · 펌프

【그림】 급수방식

(c) 건축, 구조, 설비와의 융합화

① 계획조건 : 설계조건, 원단위, 사용상황(빌딩 사용일·시간대)
② 배치계획 : 수수조, 고가수조, 펌프실의 배치, 에너지 절약, 보수 관리성
③ 평면계획 : 기계실공간, 에너지 도선, PS 배치
④ 단면계획 : 기계실의 천장고, 들보 관통

〔2〕 **기본 과제**

인간은 일생동안 대량의 물과 에너지를 소비하고 식량섭취로 인한 배설을 반복한다. 그리고 건강하고 쾌적한 생활을 유지하기 위해서 목욕(사우나)을 한다. 그러나 최근 병으로 만든 음료수의 대량소비나 가정배수가 커다란 사회문제가 되었다. 따라서 정수장, 처리장은 고도의 정수장치의 설치, 하수장의 처리배수·메탄가스·배양토, 건축물은 우수의 재이용을 도모할 필요가 있다고 생각한다. 아래는 건축용도·규모별 위생설비 계획의 기본적인 개념을 나타낸다.

(a) 업무시설

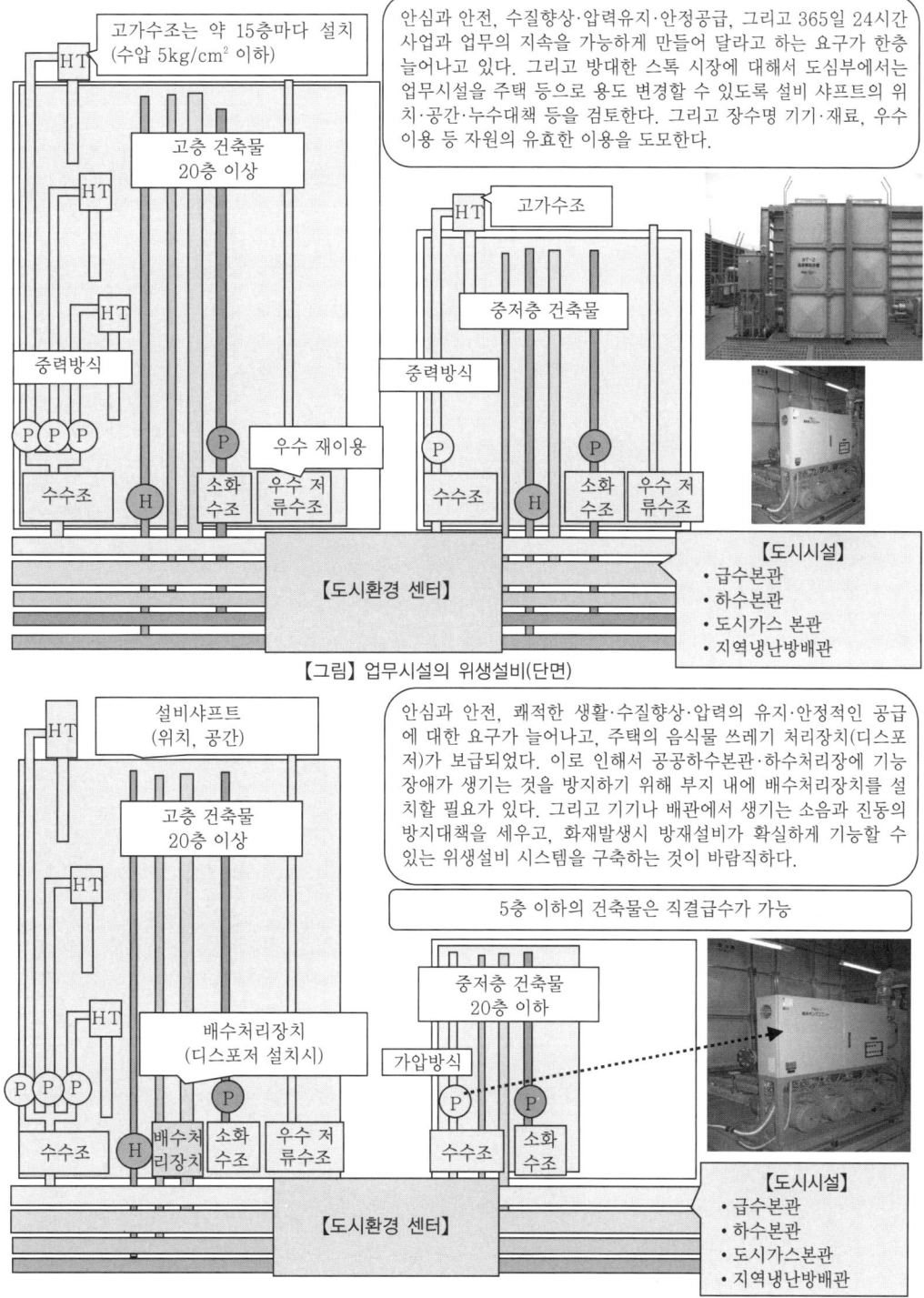

고가수조는 약 15층마다 설치
(수압 5kg/cm² 이하)

HT

안심과 안전, 수질향상·압력유지·안정공급, 그리고 365일 24시간 사업과 업무의 지속을 가능하게 만들어 달라고 하는 요구가 한층 늘어나고 있다. 그리고 방대한 스톡 시장에 대해서 도심부에서는 업무시설을 주택 등으로 용도 변경할 수 있도록 설비 샤프트의 위치·공간·누수대책 등을 검토한다. 그리고 장수명 기기·재료, 우수 이용 등 자원의 유효한 이용을 도모한다.

HT

고층 건축물
20층 이상

HT

고가수조

중저층 건축물

중력방식

중력방식

우수 재이용

P P P   P   P   P

수수조   H   소화   우수 저   수수조   H   소화   우수 저
            수조   류수조   수조   류수조

【도시환경 센터】

【도시시설】
• 급수본관
• 하수본관
• 도시가스 본관
• 지역냉난방배관

【그림】 업무시설의 위생설비(단면)

HT

설비샤프트
(위치, 공간)

안심과 안전, 쾌적한 생활·수질향상·압력의 유지·안정적인 공급에 대한 요구가 늘어나고, 주택의 음식물 쓰레기 처리장치(디스포저)가 보급되었다. 이로 인해서 공공하수본관·하수처리장에 기능장애가 생기는 것을 방지하기 위해 부지 내에 배수처리장치를 설치할 필요가 있다. 그리고 기기나 배관에서 생기는 소음과 진동의 방지대책을 세우고, 화재발생시 방재설비가 확실하게 기능할 수 있는 위생설비 시스템을 구축하는 것이 바람직하다.

고층 건축물
20층 이상

HT

5층 이하의 건축물은 직결급수가 가능

HT

배수처리장치
(디스포저 설치시)

중저층 건축물
20층 이하

가압방식

P P P   P   P   P

수수조   H   배수처 소화   우수 저   수수조   소화
            리장치 수조   류수조   수조

【도시환경 센터】

【도시시설】
• 급수본관
• 하수본관
• 도시가스본관
• 지역냉난방배관

【그림】 공동주택의 위생설비(단면)

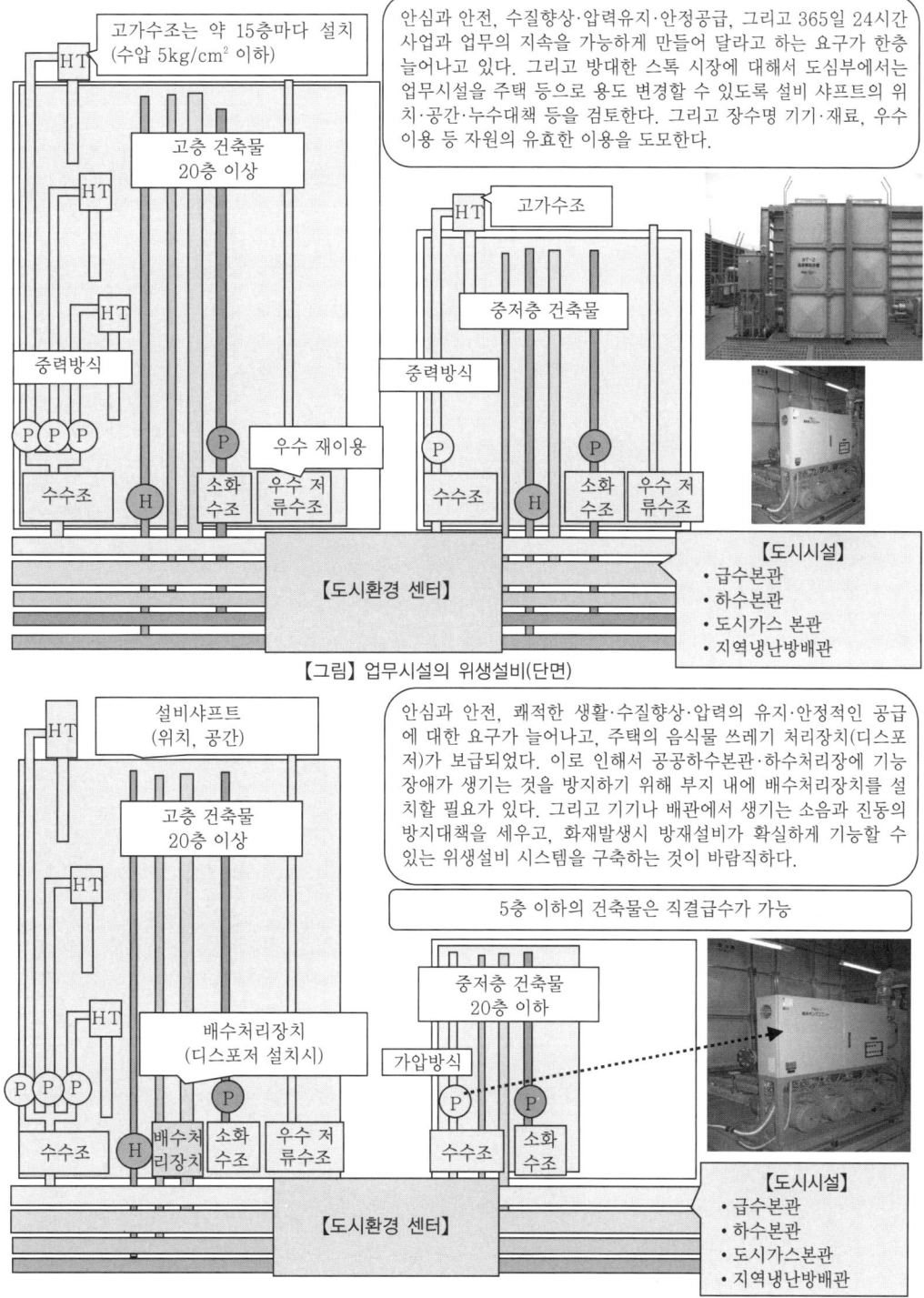

〔3〕 급수설비계획

다양한 라이프 스타일과 생활의 질적 향상 및 기술혁신 등으로 인해 근래에는 급수량이 증가하는 경향을 보이고 있다. 특히 호텔이나 의료·복지시설은 대량으로 급수를 사용하기 때문에 우수 및 배수를 재이용하는 것이 매우 바람직하다. 그리고 절수도 상당히 중요하다. 아래는 용도별 급수량이다.

【표】 용도별 급수량 일람표

용도/양(l)		0~100	100~200	200~300	300~400	400~800	800~1,300	비 고
공동주택 (주택)				▬ ⑩				A 독신자, B 가족거주자 1인당
				▬▬▬	⑩			
기숙사			●⑧					투숙객 1인당
호텔				▬▬▬▬▬▬▬▬				
업무시설			▬ ⑧					집무자 1인당
교육시설	학교(초·중)		●⑥					학생 1인당
	고등학교 이상		A ▬					A 학생, B 교사 1인당
			B ▬ ⑥					
연구소			▬▬▬ ⑧					직원 1인당
의료·복지시설		●A	●B			D ▬		A 방문객, B 직원, C 간병인 각 1인당, D 병상당
			●C				D ▬	
스포츠 시설		●A	●B		▬▬			A 손님, B 직원, C 상시거주인 각 1인당
			●C					
미술관·박물관			●③					관람인 1인당
			●③					
도서관			●⑥					열람인 1인당
극장·영화관			●③					손님 1인당
백화점·점포		●A	●B ●C⑧					A 손님, B 점원, C 상시거주인 각 1인당
레스토랑			● ●B ●C⑧					
생산시설			▬▬					1교체 1인당

안심할 수 있고 안전하며, 계속해서 안정적인 공급이 가능하도록 해주는 각종 급수설비 계획의 개요는 다음 그림과 같다.

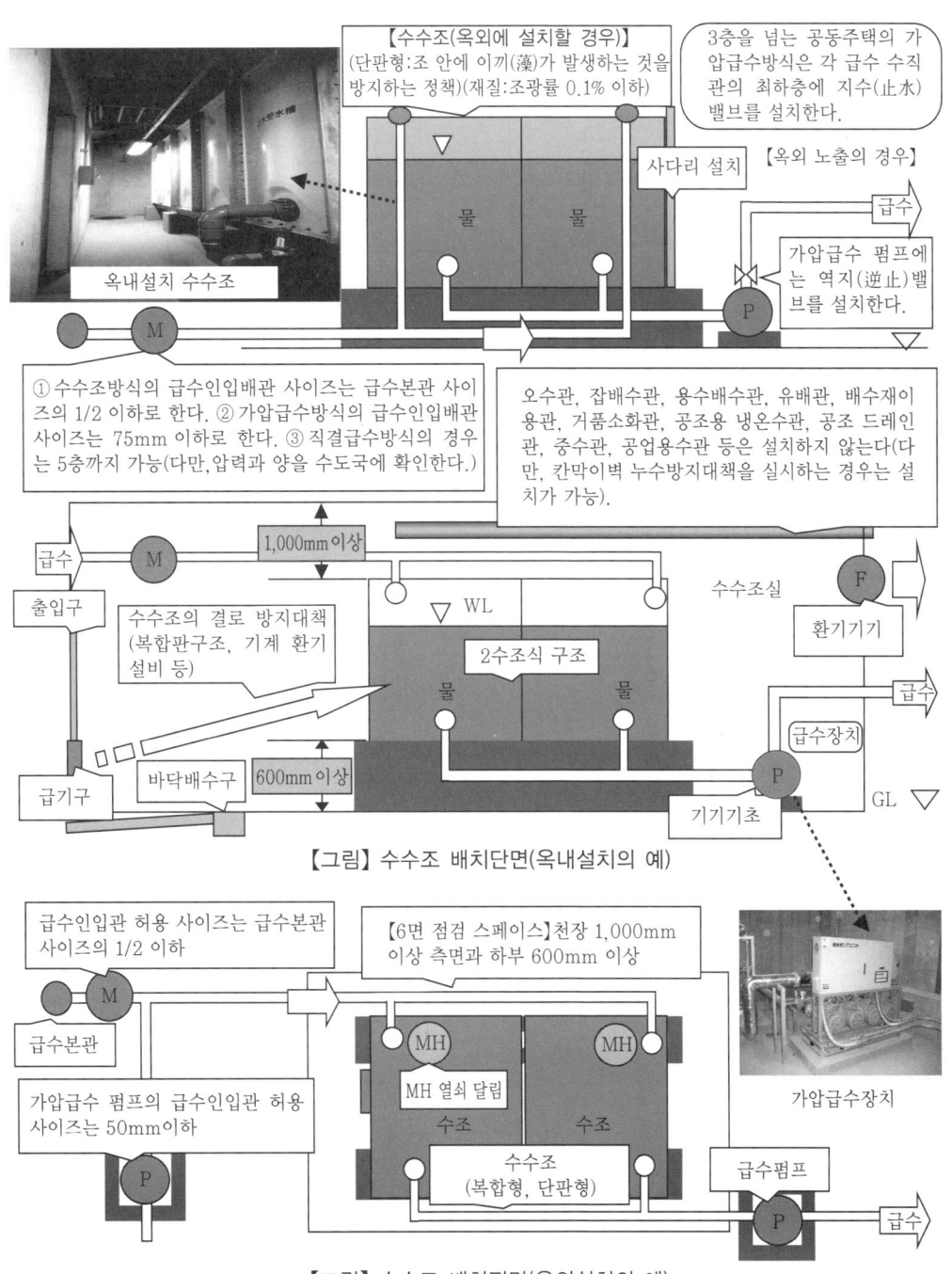

【수수조(옥외에 설치할 경우)】
(단판형:조 안에 이끼(藻)가 발생하는 것을 방지하는 정책)(재질:조광률 0.1% 이하)

3층을 넘는 공동주택의 가압급수방식은 각 급수 수직관의 최하층에 지수(止水) 밸브를 설치한다.

사다리 설치

【옥외 노출의 경우】

급수

가압급수 펌프에는 역지(逆止)밸브를 설치한다.

옥내설치 수수조

물   물

M

P

① 수수조방식의 급수인입배관 사이즈는 급수본관 사이즈의 1/2 이하로 한다. ② 가압급수방식의 급수인입배관 사이즈는 75mm 이하로 한다. ③ 직결급수방식의 경우는 5층까지 가능(다만, 압력과 양을 수도국에 확인한다.)

오수관, 잡배수관, 용수배수관, 유배관, 배수재이용관, 거품소화관, 공조용 냉온수관, 공조 드레인관, 중수관, 공업용수관 등은 설치하지 않는다(다만, 칸막이벽 누수방지대책을 실시하는 경우는 설치가 가능).

급수

M

1,000mm 이상

수수조실

F

출입구

수수조의 결로 방지대책
(복합판구조, 기계 환기 설비 등)

WL

2수조식 구조

환기기기

급수

급기구

바닥배수구

600mm 이상

물   물

급수장치

P

기기기초

GL

【그림】 수수조 배치단면(옥내설치의 예)

급수인입관 허용 사이즈는 급수본관 사이즈의 1/2 이하

【6면 점검 스페이스】천장 1,000mm 이상 측면과 하부 600mm 이상

M

급수본관

MH

MH

MH 열쇠 달림

가압급수 펌프의 급수인입관 허용 사이즈는 50mm이하

수조   수조

수수조
(복합형, 단판형)

급수펌프

가압급수장치

P

P

급수

【그림】 수수조 배치평면(옥외설치의 예)

〈확인사항〉

① 수수조의 법적 필요용량은 1일 급수사용량의 4/10 이상을 확보한다(우물수원은 적용 외).

② 수수조의 주위는 6면 점검 공간을 충분히 확보한다.

③ 수수조의 상부에는 오수관, 잡배수관, 용수배수관, 유배관, 배수재이용관, 거품소화관, 공조용 냉온수관, 공조 드레인관, 중수관, 공업용수관 등을 설치하지 않는다.

④ 수수조의 점검용 사다리와 MH는 열쇠를 잠가 놓는다.

⑤ 수수조의 구조는(복합판, 단판/2조식), 단판의 경우는 조광률(0.1% 이하)을 확보한다.

⑥ 가압급수방식(공동주택 3층 이상)은 각 층 급수 수직관의 아래층에 지수 밸브를 설치한다.

⑦ 수수조의 청소는 1년에 한 번 한다.

⑧ 내진조치를 적절하게 한다(지상 2/3g, 옥상 1.5g 이상).

⑨ 직결급수방식의 원칙은 5층까지 가능하지만 관할 급수담당부서와 사전협의를 한다.

⑩ 인입배관 사이즈는 급수본관 사이즈의 1/2 이상으로 한다(요코하마시는 1사이즈 다운을 허가한 사례가 있다).

〔4〕 배수설비계획

건축물에서 나오는 배수의 종류는 생활계, 우수계, 특수배수계가 있고 그들 배수량과 종류가 매년 증가하여 일부 지역에서는 커다란 사회문제가 되었다. 따라서 지역주민 등의 안심과 안전, 환경보전, 자원재이용 등을 배려한 종합적인 배수시설계획이 강력하게 요구되고 있다. 아래는 배수설비 계획의 개요이다.

(a) 배수설비의 종류

① 생활배수계는 ㉠오수배수, ㉡잡배수, ㉢차량 유혼합배수, ㉣주방오물배수의 4종류로 크게 나눌 수 있다. 그리고 건축지에 따라 도시 라이프 라인 시설이 다르기 때문에 담당부서와 특별히 ㉠오수처리장치의 산정인원·배수량·방류수질 등을, 그리고 공동주택에서는 디스포저 배수처리장치를 설치하는 경우에 배수량·방류수질·폐기물·취기대책 등을 충분히 검토할 필요가 있다. 또한 오수처리장치의 배수(무색·무취·유용 미생물)는 화초·수목을 육성하는 데 이용할 수 있다.

② 우수배수계는 건축지에 따라 도시 라이프 라인 시설이 다르기 때문에 담당부서와 특히 우수유출억제의 유무, 우수침투방법 등을 사전에 확인해야 한다. 그리고 우수저류조를 설치하는 경우에는 건축설비계획의 초기단계에 설치장소·구조·우수재이용·보수 관리 등을 충분히 검토한다.

③ 특수배수계는 ㉠소화제 혼합배수, ㉡차량유 혼합배수, ㉢생산시설의 세정폐액배수, ㉣의료시설의 수술실과 세정실의 혈액 및 약품 혼합배수, ㉤환경시설의 폐액배수 등이 있고 원칙적으로는 부지 내 처리가 기본인데 산업폐기물 처리업자가 회수를 하는 것도 가능하다.

(b) 배수설비계획

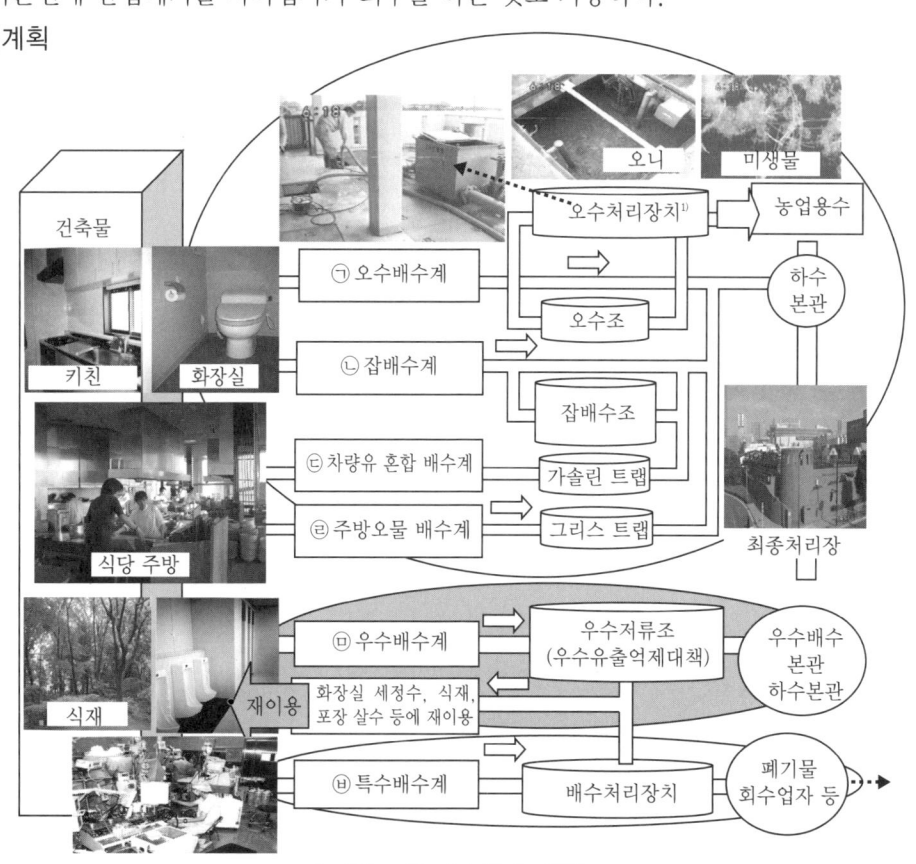

【그림】모든 배수설비 계획[1]

출전 : 1) 유니콘 엔지니어링(株).

(c) 유의사항

① 근래에는 수자원부족이 커다란 사회문제가 되므로 우수재이용·오수처리배수를 농업에 이용하는 것을 건축설비 계획의 초기단계에서부터 충분히 검토한다.

② 디스포저를 공동주택의 키친 개수대에 설치하는 경우에는 기기본체와 배수관의 진동대책을 세우고 배수처리장치의 취기관을 건물옥상에 설치하는 것이 바람직하다.

③ 소화설비 사용 후 소화제폐기물은 방재(防災)회사나 산업폐기물회수업자가 처리를 해서 하천과 해양의 오염방지를 도모하는 것이 바람직하다.

④ 관할 위생국 등과 배수 시스템 및 배수방류조건(양·수질·시간 등)을 확인한다.

〔5〕 **급탕설비계획**

지구온난화와 오존층이 파괴되는 것을 방지하기 위해서 CO_2 냉매를 사용한 세계 최초의 공기열원 히트 펌프장치에 의한 급탕발생의 원리를 아래에 설명하고자 한다.

냉매는,

① 실외기(열교환기)에서 기체화되어(②)

② 압축기에서 압축되고 고온·고압의 기체냉매가 되어(③)

③ 수열교환기에서 급수를 가열하고

④ 저탕 탱크에 저장된다.

생활시간에는 저탕 탱크+온조(溫調) 밸브를 경유해서

⑤ 욕실·세면대·키친 등에 급탕이 제공된다.

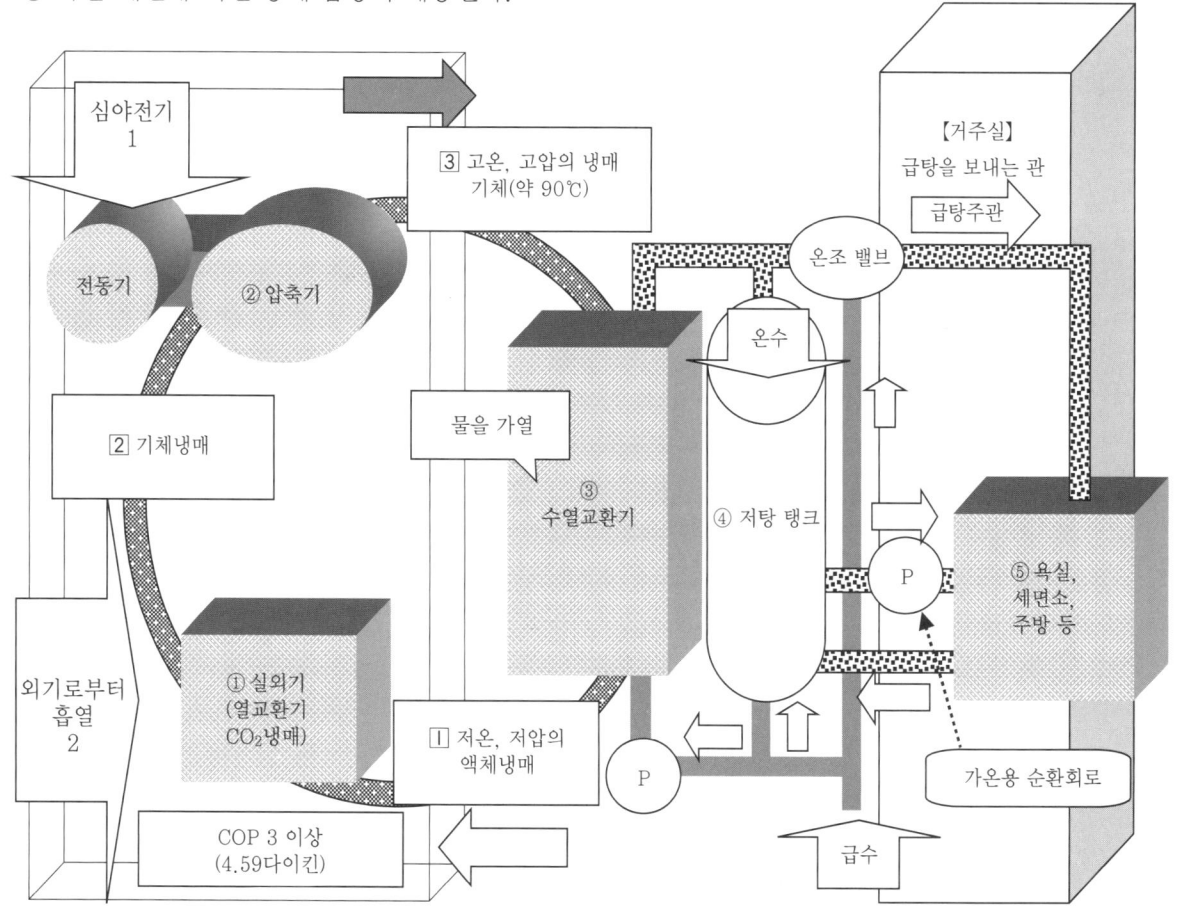

COP : 성적계수

【그림】 공기열원 히트 펌프식 급탕기

그리고 욕조급탕배계에는 가온장치를 설치하였다. 그리고 2006년 현재 판매하고 있는 회사는 마츠시타 전기산업, 미츠비시 전기, 히타치제작소, 도시바전기, 산요전기, 다이킨 공업, 쵸부 제작소 등이다.

공기열원 히트 펌프의 외관(제품명 : 에코큐트)

〔6〕 소화설비계획

소화설비는 건축지·건축용도·규모 및 관할 소방서 등에 따라서 소방시설의 내용이 크게 달라진다. 그리고 화재 발생시에는 설치방재설비를 가지고 초기 소화활동이 확실하게 이루어질 수 있도록 정기점검을 확실하게 해 둘 필요가 있다. 아래는 소화설비 계획의 개요이다.

(a) 소방용 수조의 설치기준

① 유효수량은 최저 20m³/개소 이상으로 한다.

② 반지름 100m 이내의 건물을 커버할 수 있도록 소방용 수조를 설치한다.

③ 유효수심은 FL(GL) −4.5m 이내로 한다.

④ 부지면적 20,000m² 이상이면서 1, 2층의 합계 바닥면적이 15,000m² 이상(내화건축)이면 소방용 수조를 설치한다.

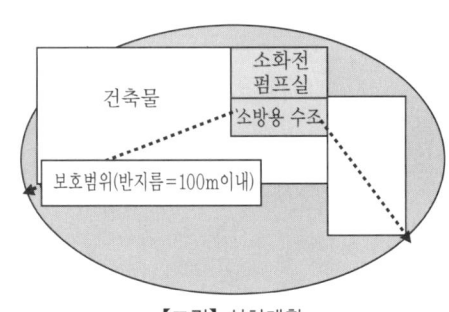

【그림】설치계획

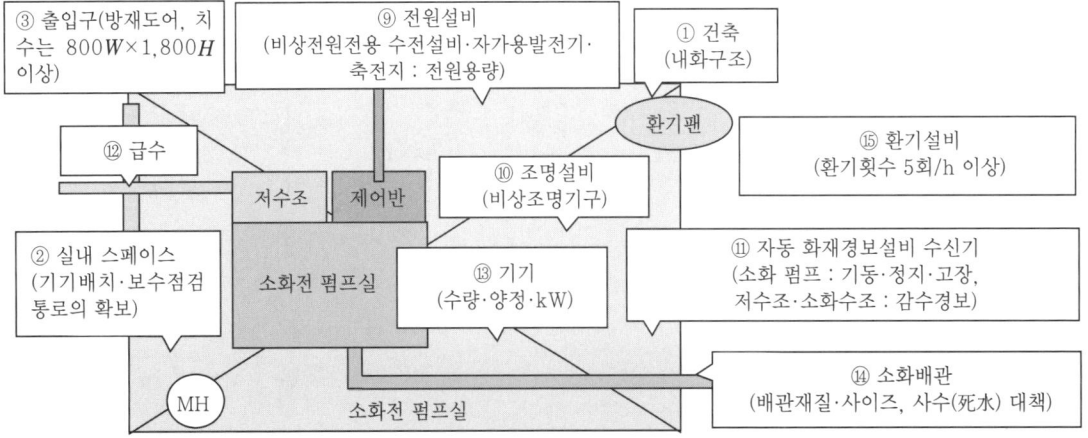

【그림】소화전 펌프실 계획(평면)

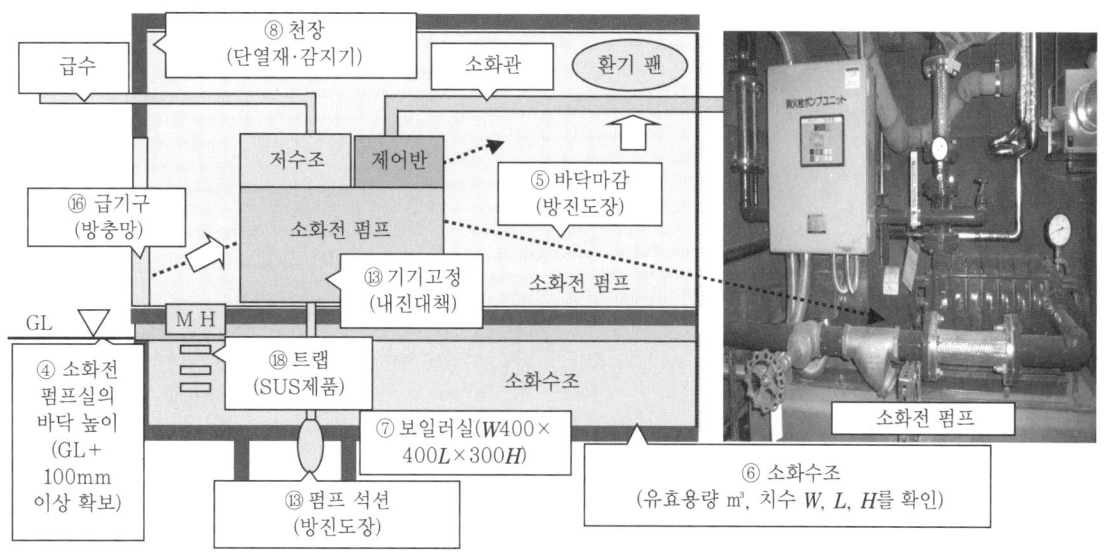

【그림】소화전 펌프실 계획(단면)

(b) 확인내용

① 여러 개의 소화설비를 설치하는 경우에는 소화수원 용량을 확인한다.

② 소화전 펌프실에는 비상조명기구를 설치하는 것이 바람직하다.

③ 옥외에 설치하는 소화전 펌프실의 바닥은 지반면보다 약 10mm$H$ 높게 한다(우수침입방지).

 **드렌처 소화설비 계획**

밝고 개방적인 실내 공간을 원하는 건축주를 위해서 건축가는 유리 파사드 디자인을 하고 싶어 하지만 연소(延燒) 라인의 영향을 받게 되므로 통상적으로는 망이 들어간 유리로 대처한다. 그래서 외벽 면에 드렌처 소화설비를 설치하여 유리 파사드 디자인을 가능하게 하는 방재설비 계획의 개요를 설명하고자 한다.

(a) 건축평면계획

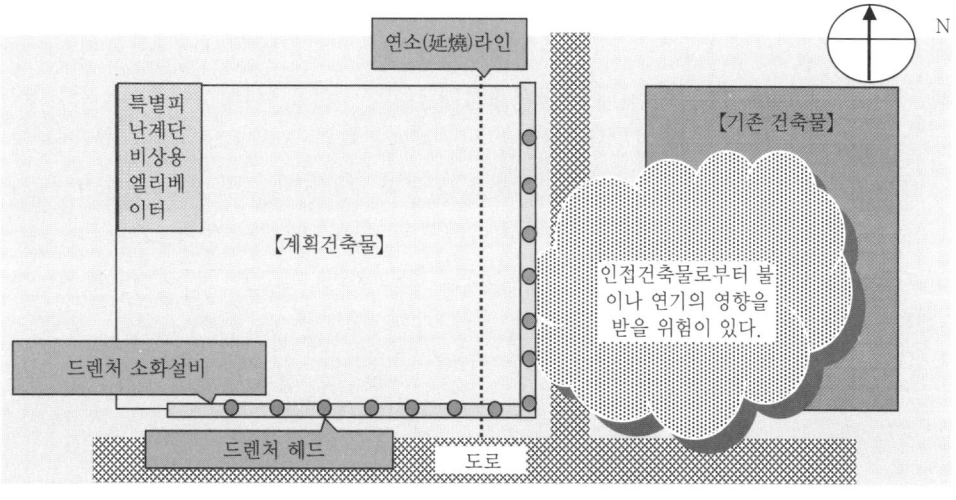

(b) 드렌처 소화설비 계획

인접건축물에서 화재 발생시 불이나 연기를 옥외로 배출하고 설계건축물이 연소되는 것을 확실하게 방지하기 위해 드렌처 헤드의 방호범위를 "화재층 및 그 아래 위층을 포함한 3개 층"으로 하여 동시에 소화수를 방출하는 것이 드렌처 소화설비 시스템이다.

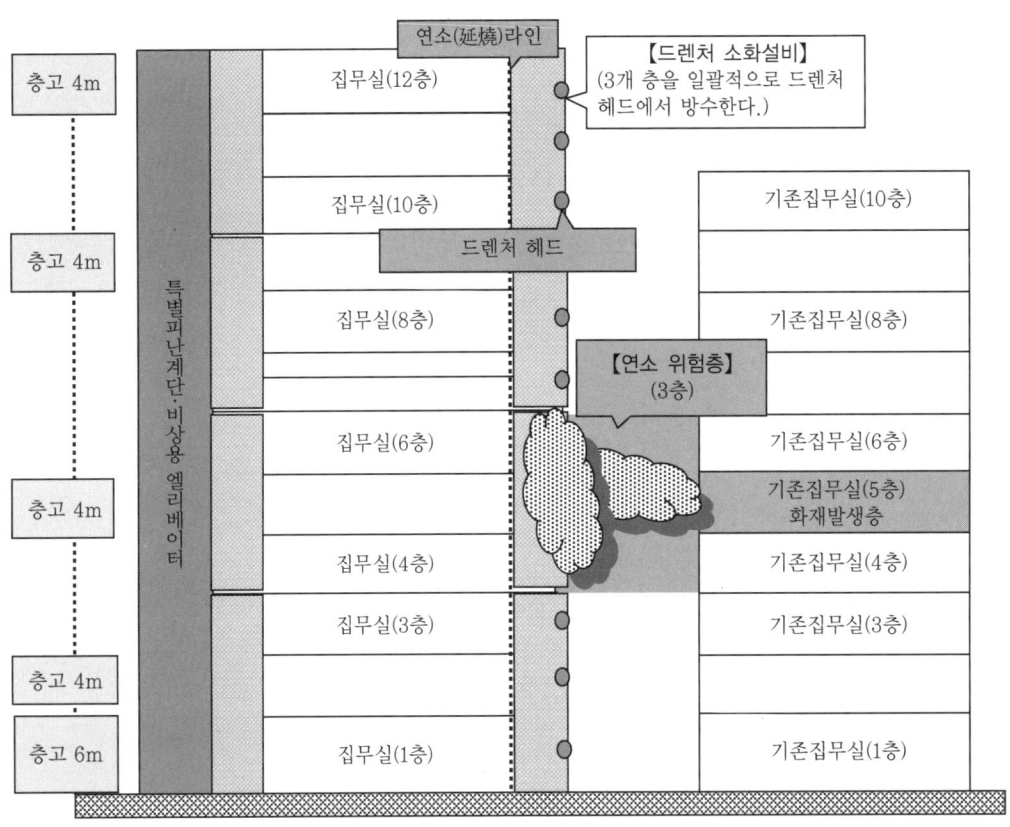

【그림】 인접건축물의 연소를 배려한 드렌처 소화설비 계획

실시 예 : 에닉스 본사 빌딩(시부야), 가와이쥬쿠(신주쿠), 크리스털 타워 긴자(츄오쿠), 고즈키 캐피탈 이스트 빌딩 (미나토구) 등

〔7〕 주방실내의 건축설비계획

식당의 주방실내의 경우, 건축가는 안심과 안전(화재·지진·방충대책), 청결·작업성·쾌적성 등을 실현하기 위해 사람·식재료·주방기구·배식 같은 동선계획(식재료보관, 관리사무소, 화장실·세면대 등), 건축마감재의 선정, 방화조치를 중요시해야 한다. 그리고 설비기술자는 조리작업자와 식재료의 보건, 쾌적한 환경을 구축하기 위해서 냉난방과 환기설비 계획을 충분하게 검토할 필요가 있다. 특히 열·기름연기·수증기 등을 처리하는 배기 후드의 배치계획과 구조를 확인하고 제해장치를 설치한다면 환경보전이 가능하다. 그리고 유지비 절감을 위해서 냉난방과 환기설비에 대한 에너지 절약 대책을 세우고, 후드·덕트·배기 팬·제해장치의 내부청소를 용이하게 할 수 있는 공법을 도입하는 것이 바람직하다.

아래는 주방실내의 건축·설비계획의 개요이다.

범례 : ▨▨▨ 사람·식재료 도선계획   ▨ 주방기기   ☐ 냉난방 환기설비   ☐ 위생설비

주방기기 | 배기후드

고정소화설비
(도시가스 소비량 350kWh
이상인 경우)

열·기름연기·증기를 포함한 배기처리
(후드의 흡입풍속 0.3m/s 이상)

기능적·효율적·안전한 도선계획
(기기배치·통로 스페이스·배관)

제기구

제기구

배관(급수·급탕·도시가스)은 보
수 관리성을 고려하여 노출배관
이 바람직하다.

식재료 보관창고

조명설비
(3,000lx, 비상조명, 살균등 설치)

식기 세정장치

• 온도관리
  (냉동·냉장고)
• 식재반입계획
  (반송기, 통로도선)
• 방충대책
• 폐기물처리

주방기기

통로 폭=0.8m 이상 확보

청결하고 보행이 안전한 실내
(바닥은 드라이하고 세정이 용이, 미
끄럼 방지, 벽과 바닥의 접합부는 접
착제)

화장실·세면대,
관리사무실

제기구

쾌적한 실내 환경
(온열(24℃ 하계, 22℃ 동계), 기류 0.3m/s, 제기구의
배치계획과 기구형식)

보건위생
(단독 변소와 손세척기를
설치)

작업테이블

사람과 식재료 반입

배선

【주방내의 실압개념】
(정압 : 냄새가 식당으로 역류한다.
부압 : 식당에서 먼지가 침입한다.)

하강

식 당

【그림】 주방실내의 건축, 설비계획(평면)

에너지절약·보수 관리
(여러 대의 기기 설치·
방충대책)

급기팬

FA

공조기기

EA

제해장치

배기팬

RA

급기계획
(동계 외기도입
한기대책)

급기팬

배기팬

환경보전
(대기오염)

에너지 절약, 보수 관리
(여러 대의 기기설치, 기
름 청소)

HC

천장 안

SA

RA

RA

제기구

배기 후드

제기구

배기 후드

제기구

가스 감지기
(도시가스 상부,
LPG 하부 설치)

공간·온열·기류·음환경
(천장고 2.5mH 이상, 작업자,
식재료 퇴색방지)

흡입속도
(0.3m/s 이상)

제기구계획
(비작업 영역에
제기구를 배치)

열·기름연기·증기를 포함한 배기

【환기횟수】
작은 주방(15회/h 전후),
중간정도 주방(30회/h 전후)
대형 주방(15회/h 전후),
환기량=40KQ(㎥/h)
K : 이론 폐가스량
  0.2616㎥/MJ·13A
Q : 연료소비량 MJ/h

주방기구

내진대책
(청소가 용이, 주방기
구를 바닥에 확실하
게 고정)

안전위생
(청결빈도 1회/일,
잔반폐기물 처리방법,
재질(SUS))

G T

청소가 용이
(기구 아래 공간을 확보)

배수관
(매설, 구배 1/100 이상, 쥐들의 침입대책)

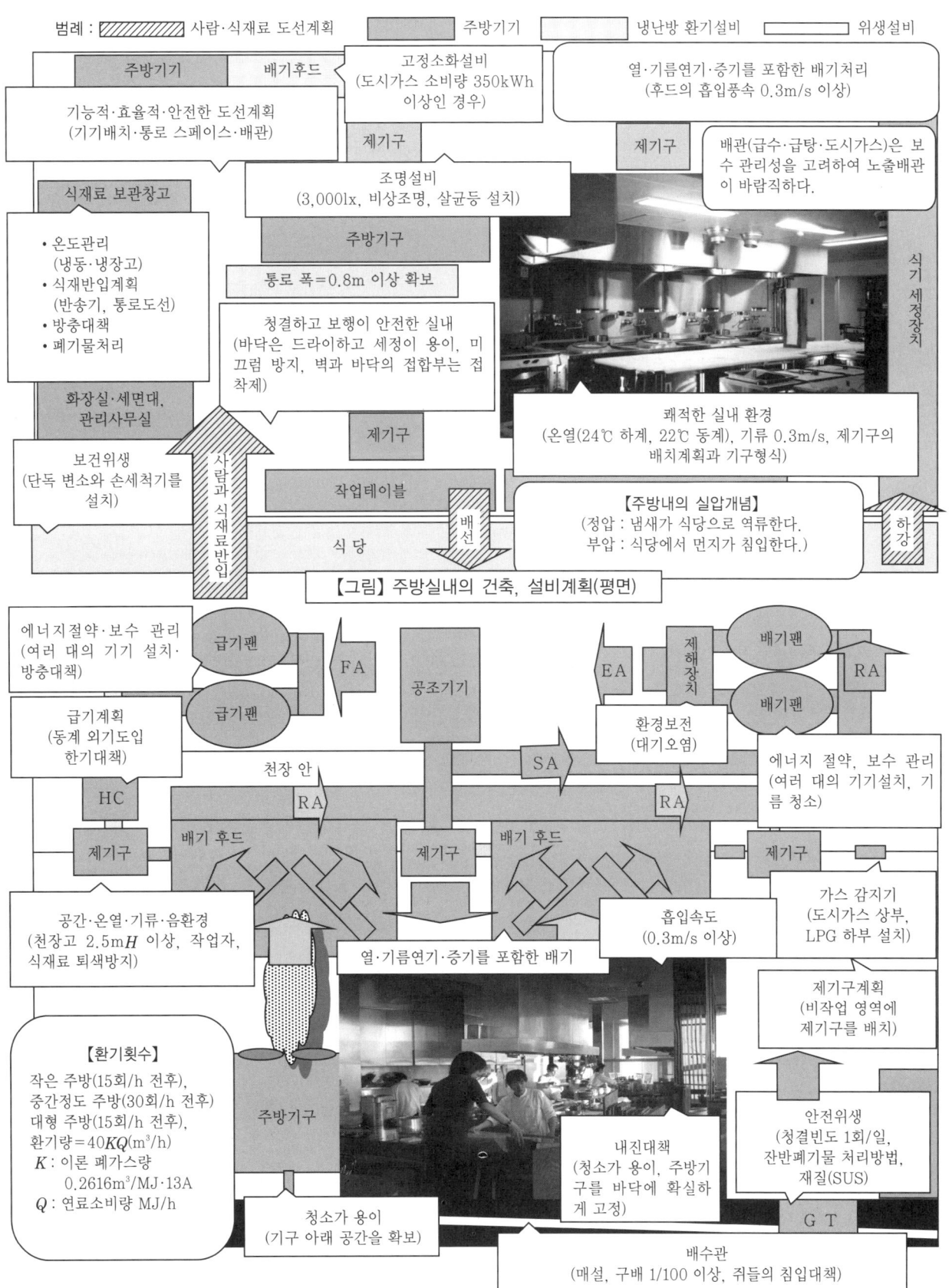

【그림】 주방실내의 건축, 설비계획(단면)

〔1〕 개요

공조설비의 경우 거주자·집무자·지역에 대해 쾌적성(온열·공기의 질·소음), 에너지 절약, 환경보전 등을 실현할 수 있는 "쾌적한 열원·공조설비 시스템을 구축하는 일"이 필요하다. 아래는 순서, 공조설비계획, 건축·구조·설비의 융합화에 대한 개요이다. 이때 공조설비는 건축이나 구조와 매우 깊은 관계를 가지기 때문에 필요한 자료를 정리해 보았다.

(a) 순서

【건축주의 요구를 정확하게 파악한다.】
• 쾌적한 실내환경, 안전성, 확장성(열원·공조 시스템), 보수 관리성과 경제성(에너지 절약), 환경보전, 자산평가의 향상(장수명)
• 지역 환원(방재거점/축열수조)

(b) 공조설비계획

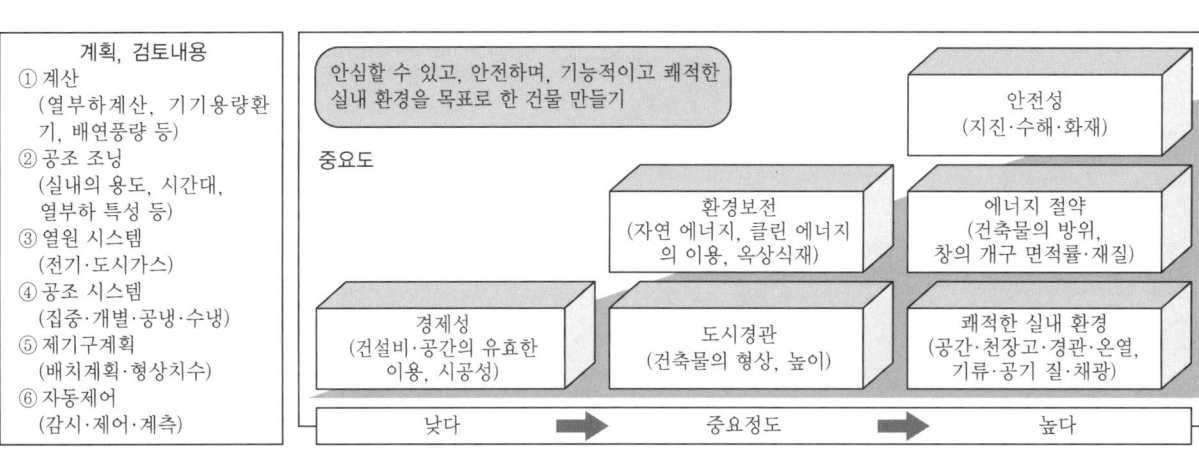

계획, 검토내용
① 계산
   (열부하계산, 기기용량환기, 배연풍량 등)
② 공조 조닝
   (실내의 용도, 시간대, 열부하 특성 등)
③ 열원 시스템
   (전기·도시가스)
④ 공조 시스템
   (집중·개별·공냉·수냉)
⑤ 제기구계획
   (배치계획·형상치수)
⑥ 자동제어
   (감시·제어·계측)

안심할 수 있고, 안전하며, 기능적이고 쾌적한 실내 환경을 목표로 한 건물 만들기

중요도

안전성
(지진·수해·화재)

환경보전
(자연 에너지, 클린 에너지의 이용, 옥상식재)

에너지 절약
(건축물의 방위, 창의 개구 면적률·재질)

경제성
(건설비·공간의 유효한 이용, 시공성)

도시경관
(건축물의 형상, 높이)

쾌적한 실내 환경
(공간·천장고·경관·온열, 기류·공기 질·채광)

낮다 → 중요정도 → 높다

공조설비계획(업무시설)

① 운용관리
(재산구분·부하대응·갱신대응·방범대책·자사관리·아웃소싱)

② 실내 환경
(열원용량·온열·기류·공기질
(신선한 공기량)·소음진동 방지대책 등)

항목/방식	A. 집중공조방식	B. 개별 공조방식
실내 환경 (온열·기류·공기질)		
확장성 (용도변경·증설)	○	◎
경제성 (초기투자비·유지관리비)		

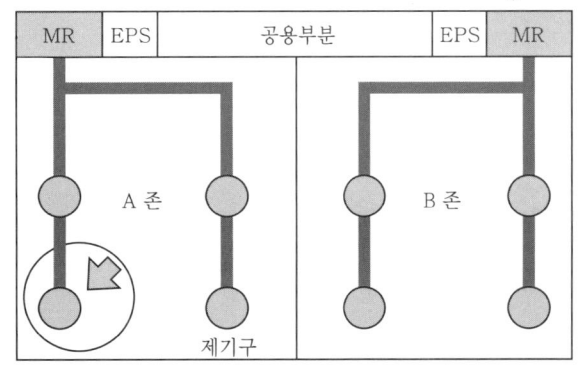

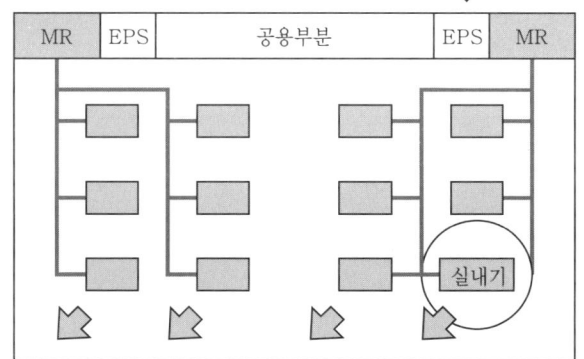

【그림】 급수방식

(c) 건축, 구조, 설비와의 융합화
　① 계획조건 : 설계조건, 원단위(原單位), 사용상황(빌딩 사용일·시간대)
　② 기계실의 배치계획 : 에너지 도선의 단축화, 보수 관리성
　③ 실내 공간의 평면계획 : 기계실, DS·PS 배치
　④ 실내 공간의 단면계획 : 천장 안—주요 덕트의 수납, 이중바닥높이—언더플로어 공조 시스템

〔2〕 쾌적한 환경을 만드는 요소

　쾌적한 환경의 요소는 온열환경·공기 질·음환경·광환경·공간의 5가지로 분류되는데 그들의 성능과 환경을 계속적으로 유지하는 것이 바람직하다. 특히 온열환경·광환경은 건축계획 파사드 디자인과 관계가 있기 때문에 설비기술자와 커뮤니케이션을 하는 것이 필요하다.

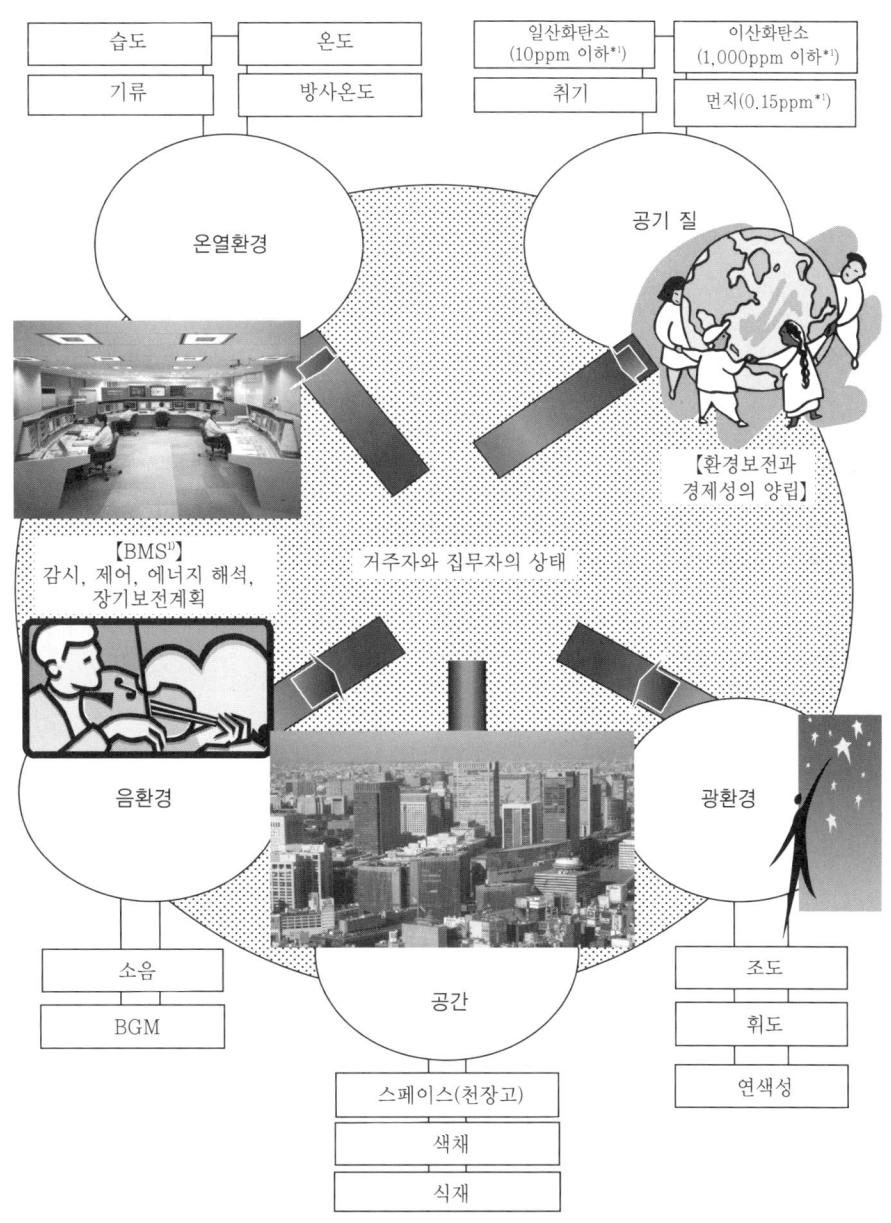

| 출전 : | 1) (株)山武빌딩 시스템 컴퍼니 |
| 참고 : | *) 빌딩管理法. |

(a) 개요

거실, 집무실은 스페이스가 좁거나 천장이 낮다는 불만을 가지기 쉽다. 특히 많은 사람들이 실내의 온열환경(덥다 혹은 춥다)에 대한 불쾌감을 호소하고 있다. 쾌적한 실내 온열환경에 꼭 필요한 환경요소와 그들의 성능값을 아래에 제시하였다.

(b) *PMV*(Predicted Mean Vote)

인간의 열적 감각은 신체의 표면 전부의 열평형에 의존하고 실내온도, 습도, 방사온도, 기류속도라고 하는 환경적 요소와 활동량(met 값), 착의량(clo 값)의 요소에 좌우되는데 이들 6개 요소의 복합적인 효과를 종합적으로 평가한 온열적 쾌적성 지표가 *PMV*이다.

PMV 값은 $-3.0 \leq PMV \geq +3.0$의 범위에 있는 수치이고, *PMV*=0인 상태가 덥지도 춥지도 않은 적당히 좋은 상태를 나타내며, +방향이 더운 상태, -방향이 추운 상태를 나타낸다.

(c) *PPD*(Predicted Percentage Dissatisified)

실내 환경에 대해 사람이 어느 정도 불만을 가지고 있는지를 나타내는 지표가 *PPD*인데, 실내 환경에 대해서 열적으로 불만족이라고 느끼는 사람의 비율을 0~100%라고 나타낸다. 그림에서는 *PMV*=0일지라도 5%인 사람이 실내 환경에 불만족을 호소하고 있다는 것을 알 수 있다.

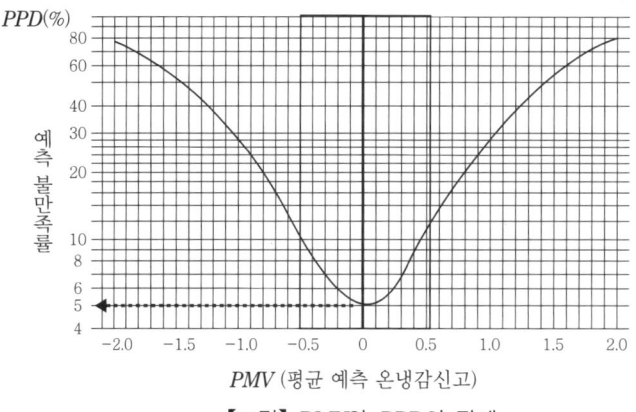

【그림】 *PMV*와 *PPD*의 관계

(d) 방사온도

온도가 보다 낮은 물체 앞에 사람이 서면 인체가 받는 전자파의 양이 상대적으로 적어져 서늘한 느낌을 받게 된다. 이것이 냉방사이다. 반대로 한 겨울(기온이 약 3~5℃)에 모닥불 앞에 서면 모닥불에서 나오는 원적외선(전자파)에 의해 따뜻하게 느껴진다. 이것이 온방사이다.

일반적으로 집무실 등의 유리 창가에서는 방사가 강하게 발생하기 쉬운데, 남쪽과 서쪽에서 들어오는 햇빛으로 인한 온방사나, 북쪽 벽면이 외기에 의해 차가워져서 발생하는 냉방사가 그 대표적인 것이다.

(e) 기류

풍속이 빨라지면 인체의 표면에서 방출하는 열량이 커지기 때문에 실제의 온도보다 낮게 느껴진다. 이것이 기류의 냉량 효과이다. 일반적인 집무공간에서는 기류속도 0.4m/s의 차이가 온도감각으로는 2℃에 상당한다. 그런데 빌딩관리법의 기류속도 0.5m/s 이하는 최저조건이며, 적정한 기류속도로는 0.3m/s 이하가 바람직하다고 생각된다.

일사   온방사   냉방사   외기(냉기)

〔3〕 공조설비계획(열부하)

설비단계에서 냉열원 시스템 계획, 열반송 계획, 기계실·DS·PS의 배치계획을 세우거나, 열원의 유지관리비를 산출하는 경우의 기초 원단위로서 건축용도별 열부하 산정기준을 통상적으로 사용한다. 냉방기간은 약 4개월간(6~9월), 난방기간은 약 5개월(11~3월)이다.

건축용도별 냉방부하의 제1위는 상업설비, 난방부하의 제1위는 교육설비이다.

그리고 열부하 산정기준은 준공물건의 계획조건이나 각종 운전 데이터를 기초로 산출한 대략적인 수치이다. 아래는 건축용도별 열부하 산정기준이다.

【표】건축용도별 열부하 산정기준(도쿄의 경우)

건물용도	단위열부하(kcal/(h·m²))[1]				전부하상당시간(h/y)[2]			
	냉방	난방	급탕	난방급탕	냉방	난방	급탕	난방급탕
단독주택	80	130	16	146	860	950	2,010	1,100
공동주택	60	70	16	86	860	950	2,010	1,150
업무시설·관공서	80	90	1	91	560	480	1,200	490
상업시설	120	70	3	73	800	340	1,200	375
음식점·유흥주점	110	145	45	190	1,000	1,300	1,200	1,280
극장·연극무대	110	145	1	146	950	850	1,200	852
호텔·여관	80	130	23	153	1,300	1,050	2,000	1,190
도매시장·창고	10	20	1	21	560	480	1,200	514
생산설비	10	30	1	31	560	480	1,200	500
역사·항만시설	40	45	1	46	560	480	1,200	500
교육시설	0	90	1	91	0	700	1,200	707
의료·복지시설	78	150	23	173	860	1,260	2,010	1,300

주 : 1) 연면적당 수치. 2) 연간 부하를 해당기기의 능력 100% 가동할 경우의 연간 운전시간의 수치.

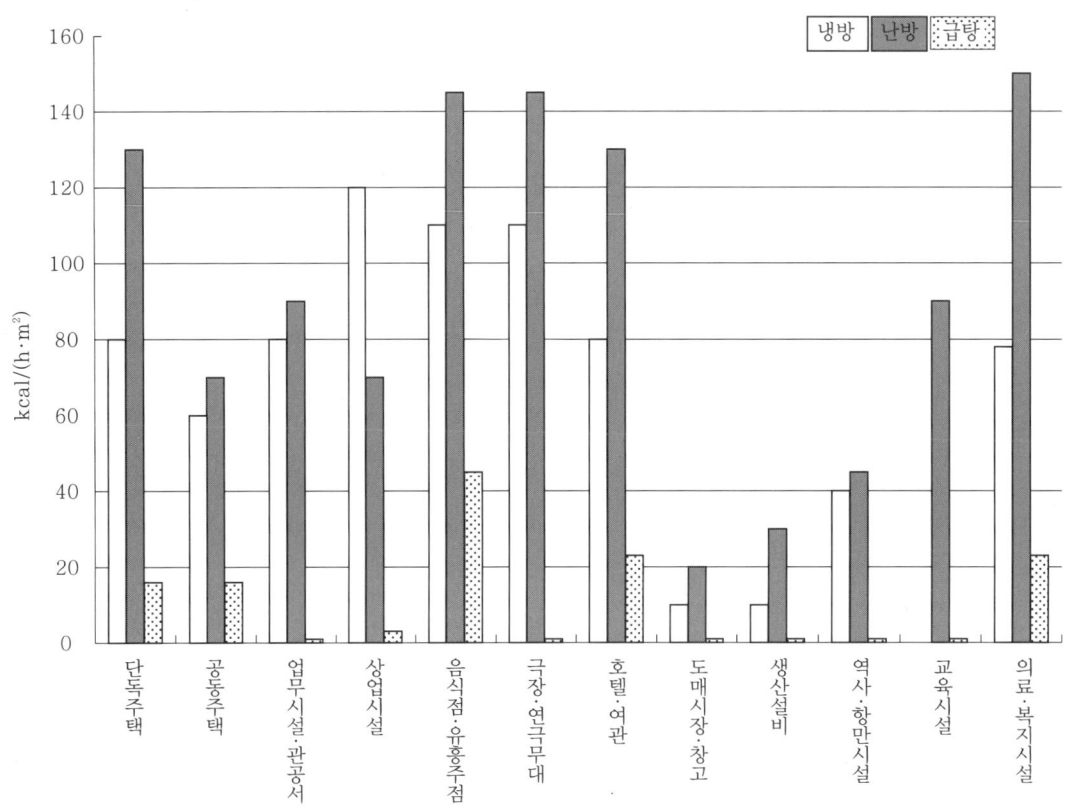

【그림】 건축용도별 단위열부하(kcal/(h·m²))

〔4〕 축열식 공조 시스템

본격적인 축열식 공조 시스템의 일본 최초의 케이스는 NHK이다.

일반적인 축열식 공조 시스템은 지하 건축물체의 일부에 상수(上水)를 저장하고 야간에 저렴한 가격으로 전력식 냉동기를 사용해서 냉수(통상 5℃)를 제조하여 주간시간의 공조에 사용하는 것이다. 냉방 피크 시간대 (13 : 00~16 : 00)에 냉동기를 정지하도록 하여 전력부하의 평준화, 냉동기용량의 저감화, 계약전력량의 저감, 수변전설비 용량의 저감 등이 가능하게 된다. 현재 축열 시스템은 빙축열, 건축물 축열까지 이용기술이 확대되어 왔다.

(a) 특징

(2) 경제성
• 계약전력량의 저감
• 가격이 싼 야간 전력의 이용
• 수변전설비용량의 저감

(1) 전력부하의 평준화
• 축열을 냉방 피크시에 이용

(3) 에너지 절약
• 고효율로 냉동기를 운전하기 때문에 에너지를 효과적으로 이용할 수 있다.

(4) 공간절약
• 냉동기용량의 저감에 따른 설치공간의 축소화
• 빙축열은 물축열 용적의 1/8로 삭감 가능

(b) 축열식 공조 시스템

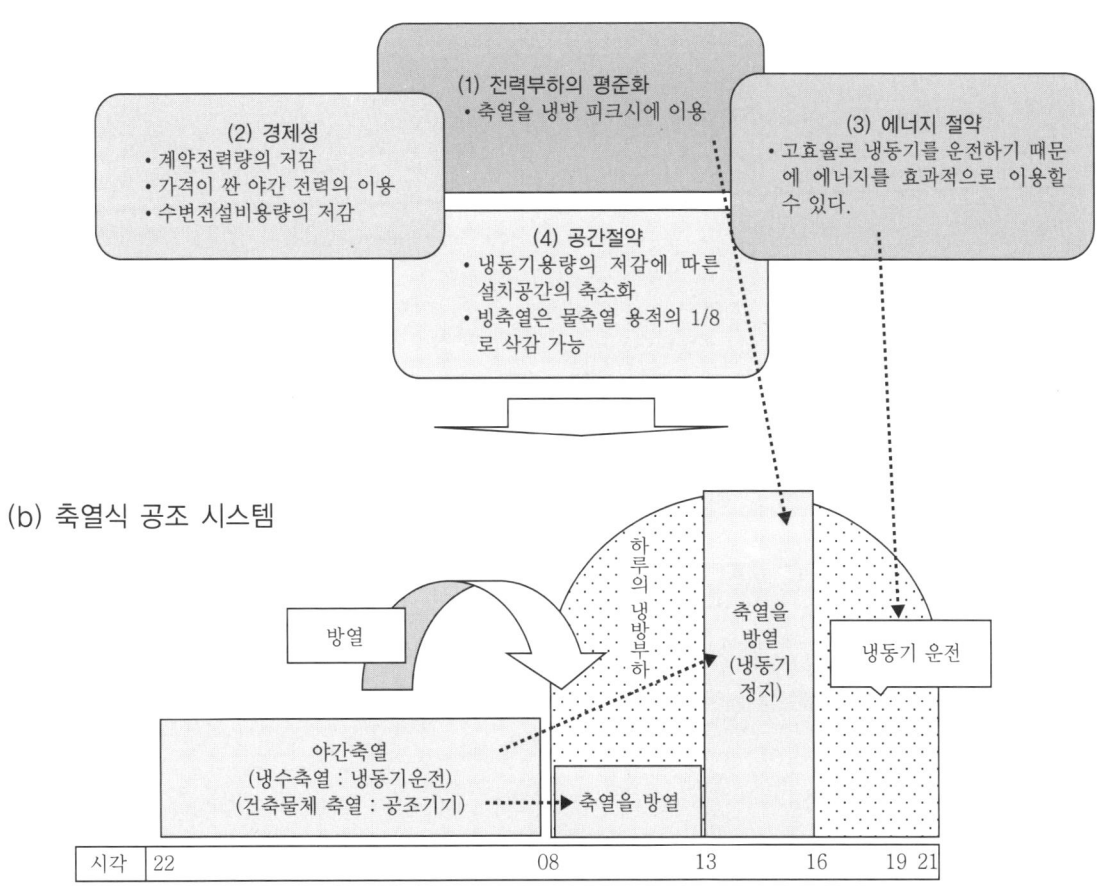

【그림】 축열이용 시스템

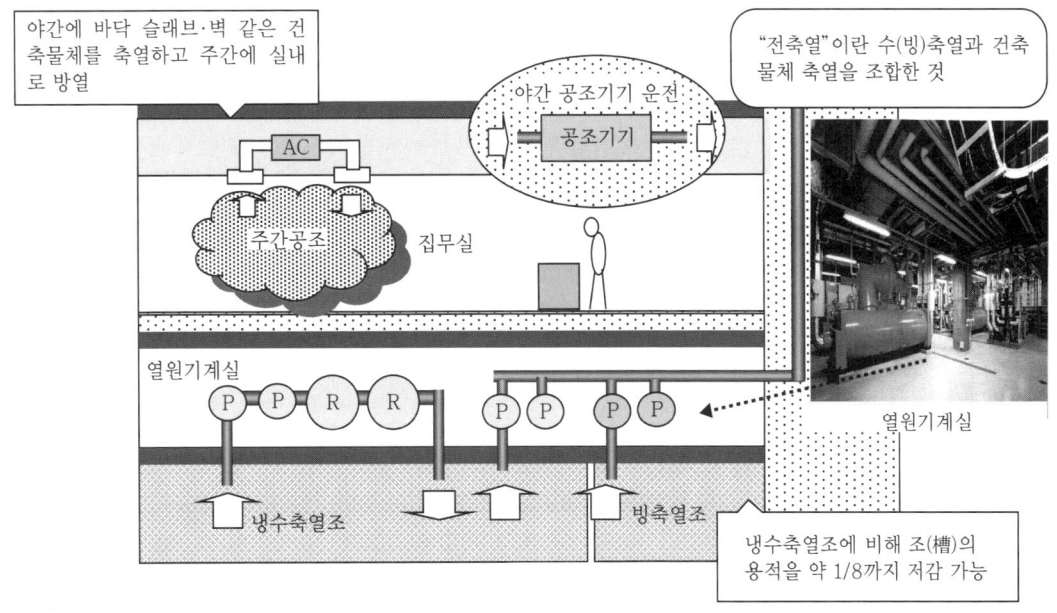

【그림】 전축열 시스템

(a) 열원기기

연면적 6,000m²를 넘는 각 건축물의 집무실 등을 공조하는 경우, 여름철에는 냉수(약 7℃), 겨울철에는 온수(약 60℃)를 각 층 기계실의 공조기기에 공급하는 것이 가능하다. 냉수는 냉동기에서 제조되는데 전동식(전기)과 흡수식(도시가스·기름)의 두 종류가 있다. 그리고 온수는 보일러에서 제조되며 온수식과 증기식(도시가스, 기름)의 두 종류가 있다.

앞으로는 환경보전·높은 성능·배열회수·다운사이징·장수명·저가격이 함께 고려될 것이다.

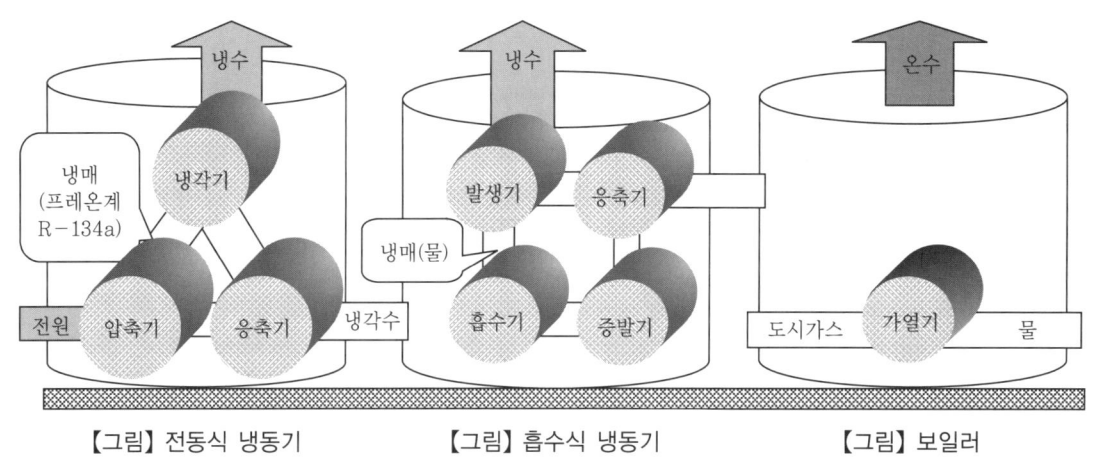

【그림】 전동식 냉동기　　　　【그림】 흡수식 냉동기　　　　【그림】 보일러

(b) 공조기기

연면적 6,000m² 이상을 넘는 업무시설 등의 거주실 인테리어 존(내부 존-옮긴이)을 소정의 온도(하계 26℃, 동계 20℃), 습도(하계 55%, 동계 50%), 먼지 농도(0.15mg/m³ 이하), 소음(45db 이하)으로 만들기 위해서 냉온수 코일·송풍기·필터 등을 내장하고 있는 것을 공조기기라고 한다. 그리고 거주실 페리미터 존(외부 존-옮긴이)의 일사열과 콜드 드래프트를 처리하는 것을 팬 코일 유닛이라고 한다. 현재 공조기기는 높은 성능, 낮은 소음, 다운사이징, 저가격으로 제조되고 있다.

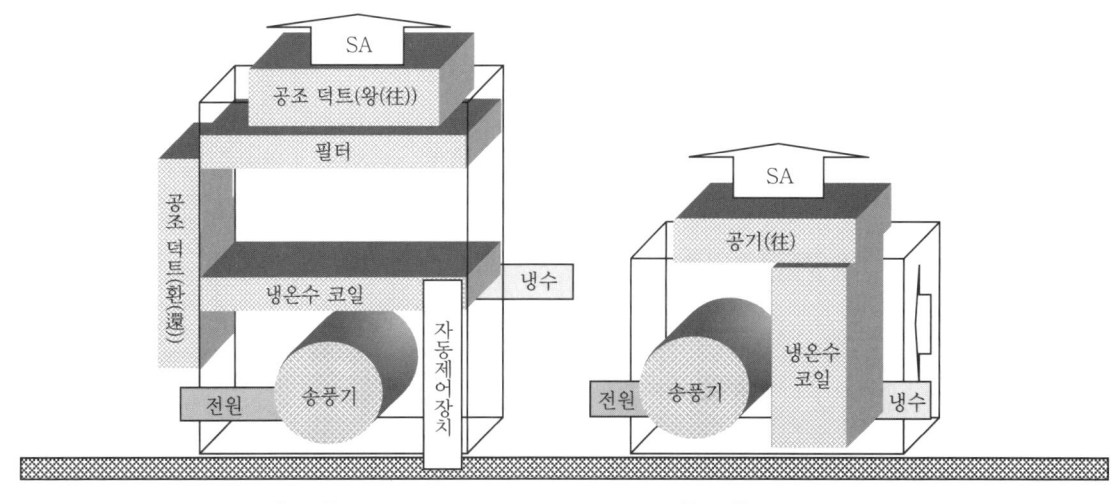

【그림】 공조기기　　　　　　【그림】 팬 코일 유닛

(c) 공조기기의 상세한 구조

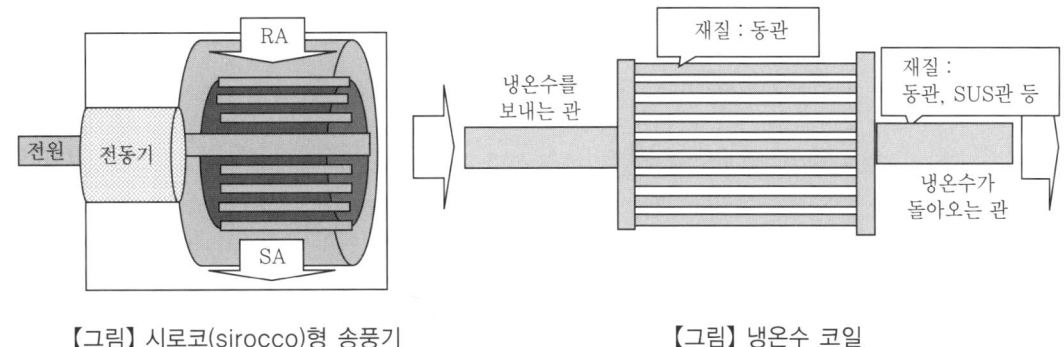

【그림】 시로코(sirocco)형 송풍기　　　　　　　　　【그림】 냉온수 코일

〔6〕 공기열원 히트 펌프

공기열원 히트 펌프는 전기 또는 도시가스를 사용하고 소규모 건축물부터 중간규모의 건축물(약 3,000m² 이하)에 이르기까지 각 건축물의 용도에 많이 사용되고 있다. 아래는 냉방 사이클과 난방 사이클이다.

(a) 냉방 사이클

고압의 액체냉매(☐)은, ① 실내기의 전자식 팽창 밸브에서 감압되고, 증발기에서 실내공기의 환기(약 25℃~28℃)로 열을 빼앗을 때 증발하여 저온·저압의 기체냉매(☐)가 된다. 기체냉매는 옥외기의 ② 압축기에서 압축되어 고온·고압의 기체냉매(☐)가 되고, ③ 응축기에서 기체냉매는 응축되어 열을 외기로 방출하고 고압의 액체냉매(☐)가 되어, 실내기로 들어오는 사이클을 반복한다.

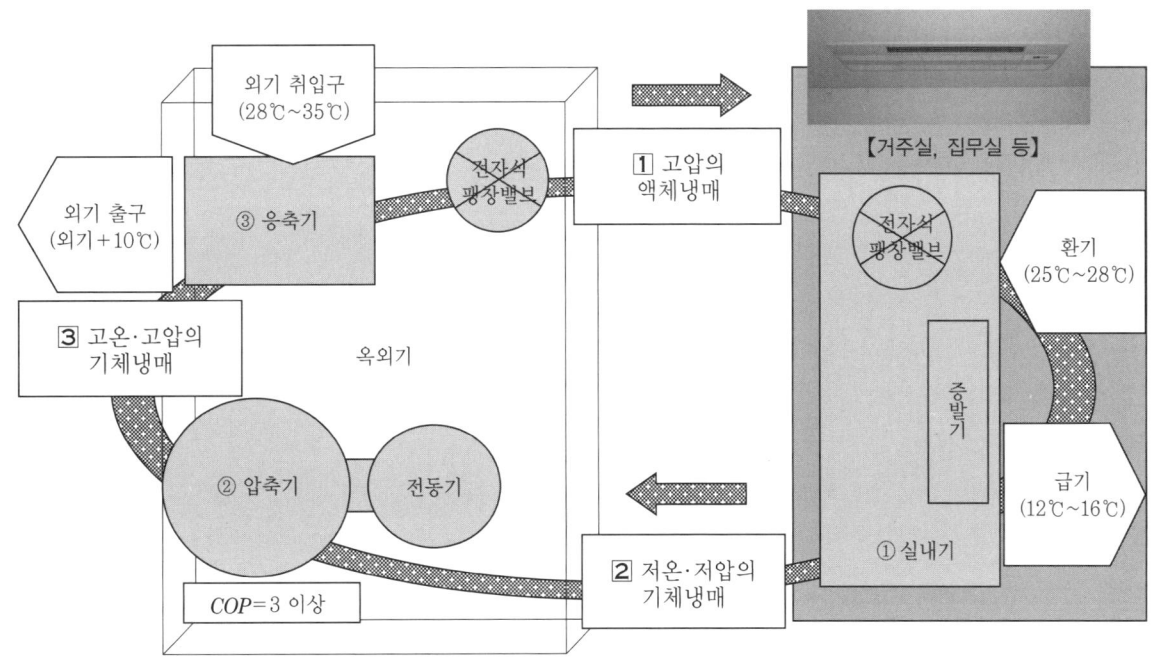

(b) 난방 사이클

옥외기의 ② 압축기에서 압축된 고온·고압의 기체냉매(③)는 ① 실내기의 응축기에서 실내공기의 환기를 가열하고 고압의 액체냉매(①)가 된다. 옥외기의 전자식 팽창 밸브로 압축되고, ③ 증발기에서 증발되어 저온·저압의 기체냉매(②)가 된다. 기체냉매는 ② 압축기로 압축되는 사이클을 반복한다.

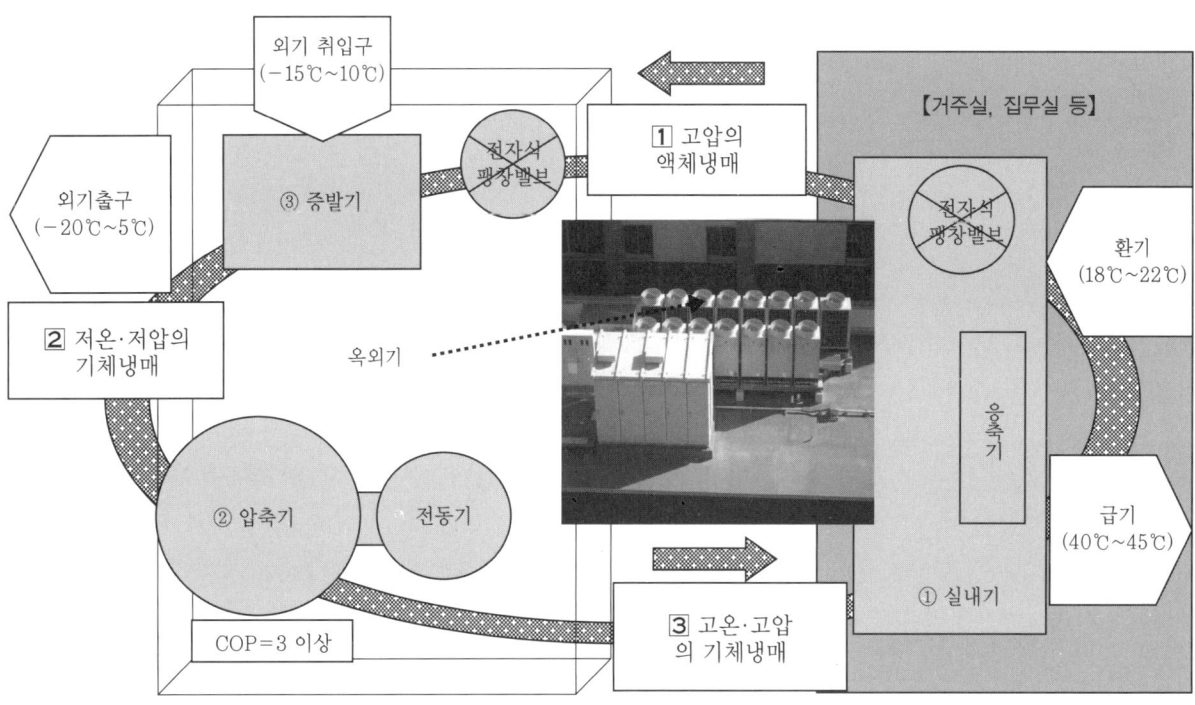

〔7〕 용도별 온도습도의 설계조건

우리들은 건강하고 쾌적한 실내 환경을 원하지만 기온의 제어범위는 계절·습관·연령·활동상태·착의량 등 다수의 요건에 의해서 변동을 한다. 아래는 용도별 실내 환경 조건이다.

【표】 용도별 실내 환경 조건(기류를 느끼는 경우는 표에 나타난 조건에 대해 별도로 고려한다.)

용도 구분	용도	하계 온도(℃)	하계 습도(%)	동계 온도(℃)	동계 습도(%)	실내잔풍속 (m/sec)	인체 발열량 현저 (kcal/h·인)	인체 발열량 잠재 (kcal/h·인)
업무시설	집무실	26	55	22		0.13~0.25	55	55
	응접실							
	회의실							45
	식당			20	50		65	65
	복도	27	50	18			50	70
	영업실(금융)	25	50	22	50	0.13~0.25	55	65
주택	거실	26	50	22	50	0.13~0.25	50	60
	침실							30
	부엌	27		20				70
	식당	25	50				65	65
	화장실			18				
	부모님 방	26	50	24	50	0.13~0.25	50	60
교육시설	교실	27	50	20	50	0.13~0.25	50	40
	학생회의실							
	체육관		45	16				
	화장실							
	강당			18	50	0.13~0.25	50	40
	탈의실							
	식당	26	50	18		0.13~0.25	60	70
	실내수영장			24				
	실험실			22	50	0.13~0.25		
상업시설	백화점	26		20			50	60
	소매점		50		50	0.13~0.25		
	음식점						65	65
	찻집	25		22			50	40
	미용실							
	이발소						55	55
호텔	객실	24	50	24	50	0.13~0.25	50	30
	식당			22			70	60
	로비						60	50
	주방과 세탁실							
	연회장	25	55	20	50	0.13~0.25	70	130
극장	관람석	25	55	22	50	0.13~0.25	50	30
	로비와 휴게실			20			55	55
	분장실	25	55	25			65	65
	무대			20			70	130
	조정실			18			55	55
	설비기계실	24	50	24				
	화장실			18				
미술관	전시실	26	55	22	50	0.13~0.25	55	55
	저장고	24	50	24				
의료복지시설	병실	24~26	50~60	21~24	45~60			
	수술실	22~26	45~60	22~26	45~60	0.13~0.25		
	로비와 대합실	26	55	22	50			
정보실	정보·통신실	24	50	24	50			
	설비기계실	30	50	30	50			

[8] 공조설비계획

업무시설인 집무공간은 개방감·조망·채광·환기 등을 충분히 만족시킬 수 있도록 해야 한다. 따라서 외벽계획을 세울 때 여름에는 일사차단성과 통풍을 고려하고, 겨울에는 단열·기밀성·일사취득성을 충분히 고려하여 창쪽에 있는 업무자가 불쾌감을 느끼지 않도록 적절한 대책을 마련해야 한다. 따라서 소규모 건축물(3,000m² 이하)을 제외한 중간규모 이상의 건축물의 실내 공간의 경우 페리미터 존과 인테리어 존으로 구분하여 각각에 대응하는 건축 디자인과 공조설비 시스템을 구축해서 기능적이고 쾌적한 집무공간을 만들고, 환경부하를 삭감하는 것을 목표로 삼아야 한다. 아래는 공간 조닝 계획과 각 종류별 페리미터 공조설비 계획이다.

(a) 공조 조닝 계획

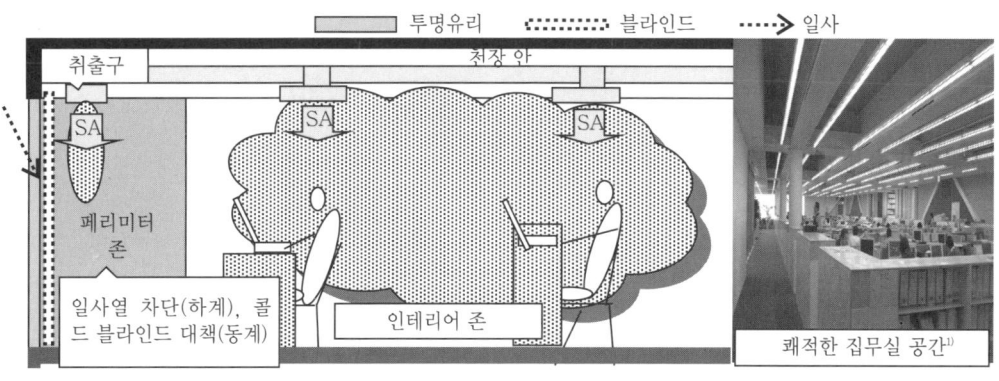

(b) 각종 페리미터 공조설비계획

유리창을 많이 사용하는 파사드 디자인을 계획할 때에는 쾌적한 실내 환경(온열), 환경부하 삭감을 실현하기 위해서 유리창의 개구율·단열성능·차광성능·안전성·공조 시스템 등에 관해서 종합적이고 과학적인 검증이 필요하다. 아래는 각종 페리미터 공조 시스템의 개요이다.

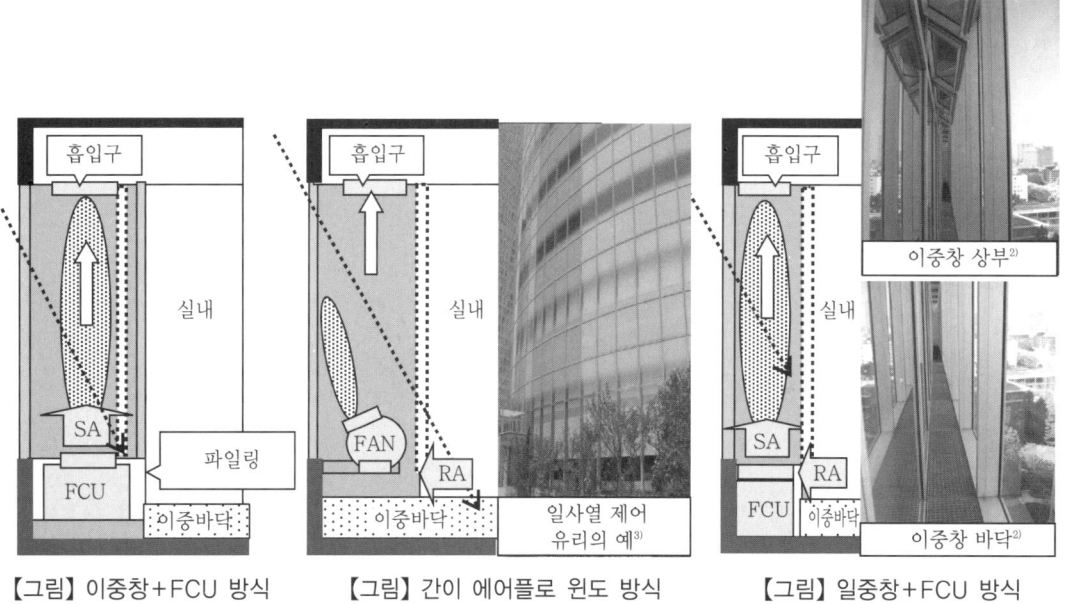

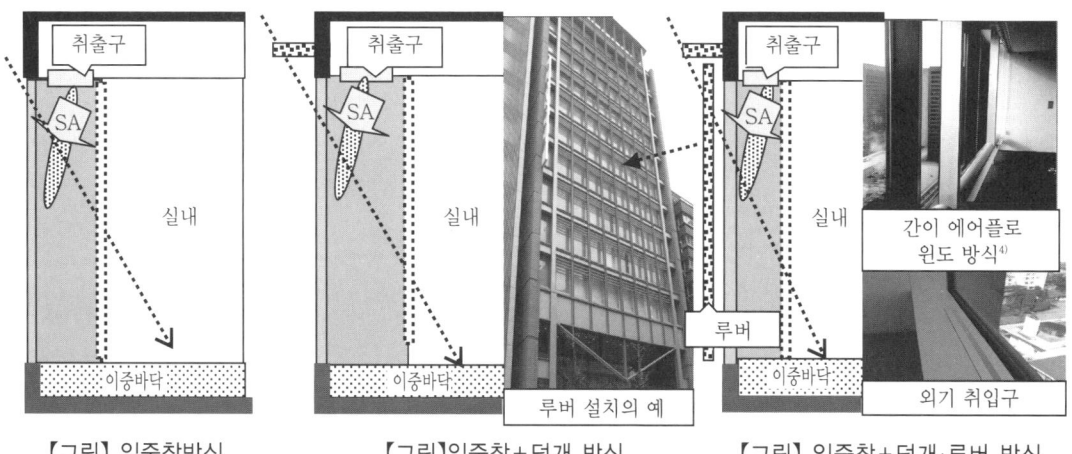

| 【그림】일중창방식 | 【그림】일중창＋덮개 방식 | 【그림】일중창＋덮개·루버 방식 |

〔9〕**각종 공조방식**

온열환경(공기질)은 공조설비에 의해 창조된다. 따라서 여기서는 건축주의 요구를 만족시킬 수 있는 공조설비방식의 선정방법을 알아본다.

　① 경제성을 최우선으로 중시하는 경우는 개별 공조설비방식

　② 쾌적성을 최우선으로 중시하는 경우는 복사 패널 방식

　③ 쾌적성, 용도변경이나 정보기기에 대한 대응성, 단기의 공사기간, 경제성 등을 중시하는 경우는 퍼스널 공조설비방식이 가장 적합하다.

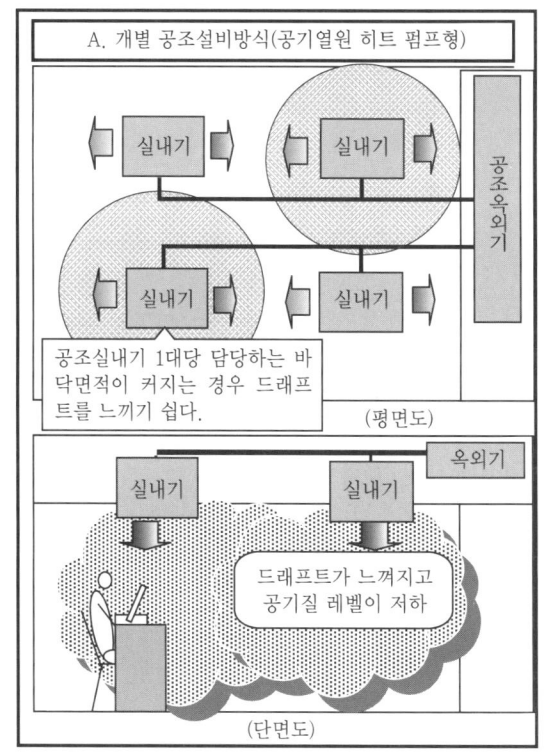

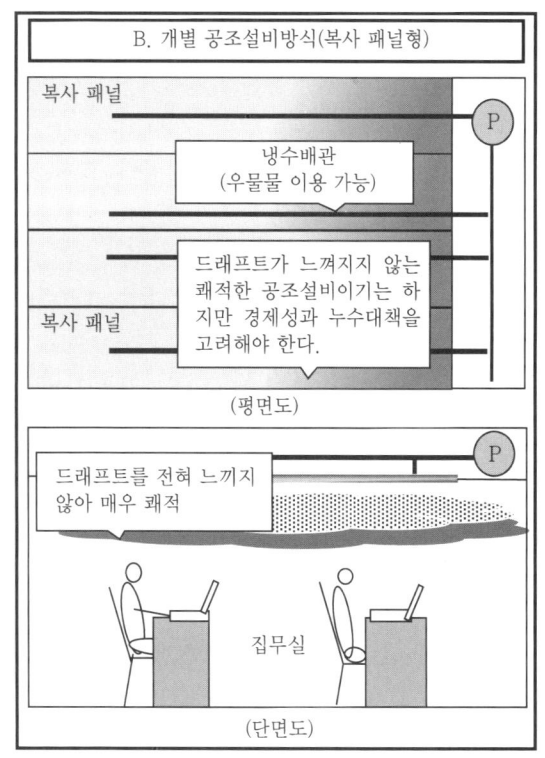

출전 : 1) (株)竹中工務店. 2) (株)킨텐. 3) (株)電通. 4) (株)산케이 빌딩.

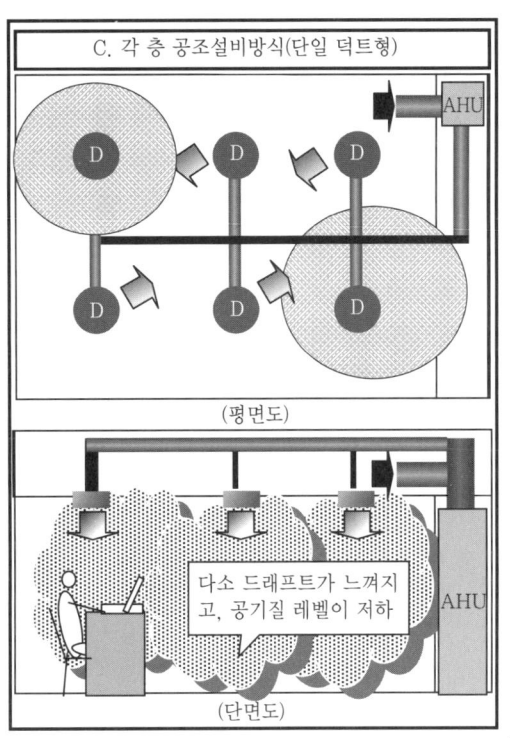

C. 각 층 공조설비방식(단일 덕트형)

(평면도)

(단면도)

다소 드래프트가 느껴지고, 공기질 레벨이 저하

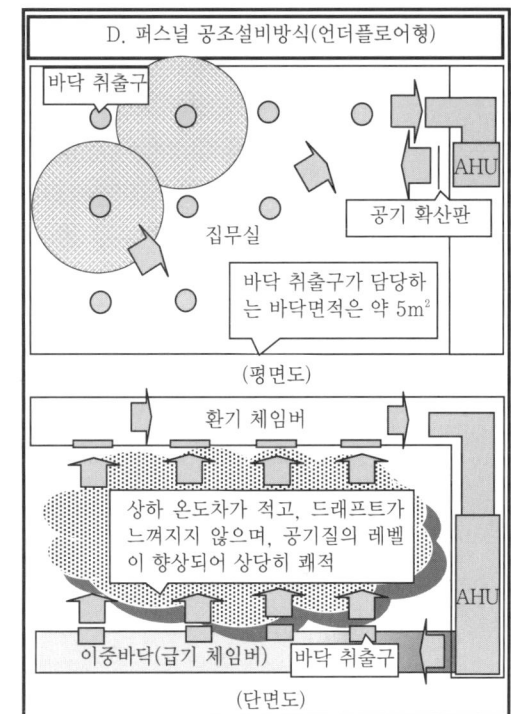

D. 퍼스널 공조설비방식(언더플로어형)

바닥 취출구

집무실

공기 확산판

바닥 취출구가 담당하는 바닥면적은 약 5m²

(평면도)

환기 체임버

상하 온도차가 적고, 드래프트가 느껴지지 않으며, 공기질의 레벨이 향상되어 상당히 쾌적

이중바닥(급기 체임버)   바닥 취출구

(단면도)

범례 : AHU 공조기기   ○ 바닥취출구   P 냉수 펌프   D 천장취출구

〔10〕 각종 공조방식의 종합평가

각 공조 시스템의 건축계획·구조계획·설비계획·관리계획에 관한 종합적인 평가를 해본 결과 경제성을 가장 중시하는 경우는 히트 펌프형 개별 공조설비방식이, 쾌적성을 가장 중요시하는 경우는 복사 패널형 개별 공조설비방식이, 정보화 사회에 대한 추구성·경제성 등을 가장 중시하는 경우는 언더플로어형 각 층 공조설비방식이 바람직하다. 따라서 설비기술자가 선정한 공조 시스템을 기초로 건축가가 건축계획에 반영한다면 실현이 가능할 것이다.

항목/방식	개별 공조설비방식 (공기열원 히트 펌프형)	각 층 공조설비방식 (단일 덕트형)	개별 공조설비방식 (복사 패널형)	각 층 공조설비방식 (언더플로어형)
시스템 개념도				
건설계획 ·공간의 효율성	◎	○	◎	○
·층고	○	△	○	○
·용도변경대응	◎	△	△	◎
·바닥의 분진방지	불요	불요	불요	△
·미관	△	△	◎	◎
구조계획 ·들보관통	○	△	○	○
·바닥 슬래브	○	○	○	△(공조기계실 바닥은 집무실 보다 약 50mm 낮게 한다.)
설비계획 실내 환경 ·온열	○	○	◎	◎
·공기질	○	○	○	◎
확장성 ·OA기기대응	△	△	△	◎
·배선대응	○	○	○	○
시공성 ·공사기간	◎	△	△	◎
안전성 ·지진 등	△(낙하대책)	△(낙하대책)	△(낙하대책)	○
·누수대책			△(누수대책)	
경제성 ·공사비	◎	○	△	
·유지비	◎	△	○	◎
보수 관리성	○	△	△	◎(바닥면 작업가능)
종합평가 (적용건축물)	경제성·개별운용대응을 중요시하는 중소규모의 건축물에 가장 적합(공동주택(단독주택)·점포·업무시설·병실·교실 등)	각 층의 업무조건(요일·시간·공조부하)이 동일한 자사나 임대용 업무시설로 연면적 10,000㎡ 이상인 규모에 적합	쾌적성(온열·소음)을 가장 중요시하는 건축물에 가장 적합(도서관열람실·연구실·병실 등)	대규모 공간·퍼스널 공간, 실내용도변경대응을 중요시하는 건축물에 가장 적합(전시실·업무시설·정보시설·미술관·박물관 등)

업무시설(연면적 10,000m² 이상)인 공조설비는 각 층 단일 덕트+공조기기이고, 공조공기는 천장 취출을 하고 천장 흡입(천장 안은 환기 리턴 체임버)을 하는 것이 일반적이다. 그리고 배연설비는 중앙식 기계배연설비이다. 아래는 그들 건축·설비계획의 개요이다.

(a) 공조와 배연설비계획

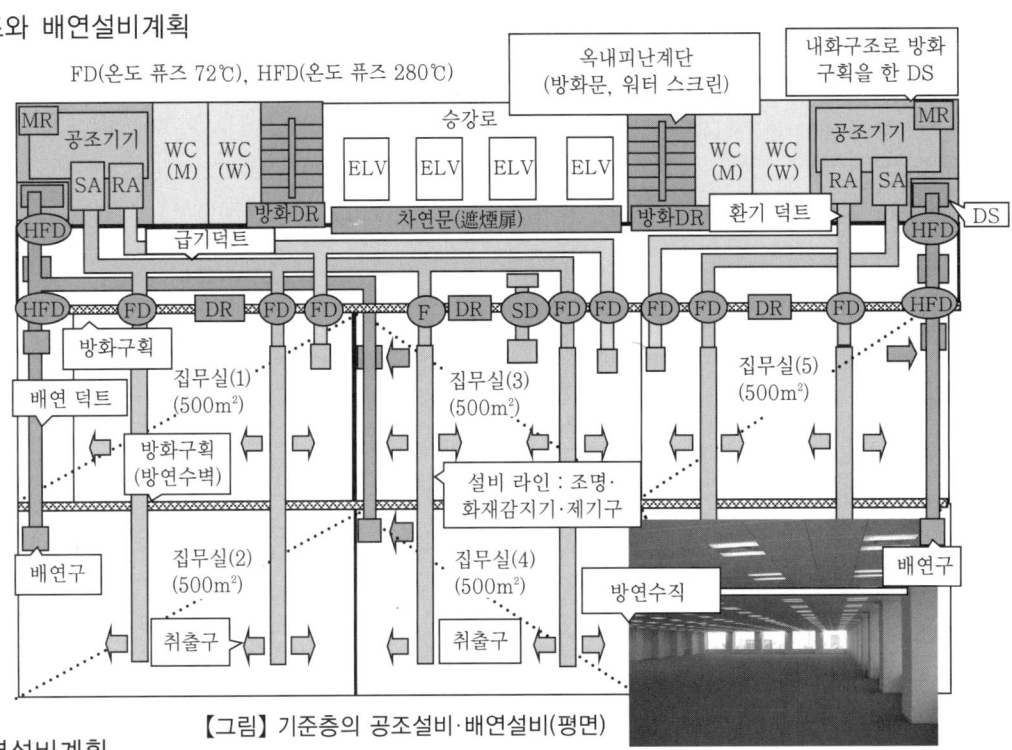

【그림】 기준층의 공조설비·배연설비(평면)

(b) 배연설비계획

① 배연 덕트는 전용배연 DS 내에 설치한다. 다만 최상층 바닥 슬래브(방화구획)를 관통하는 곳에는 HFD를 설치하지 않고 내화피복을 한다. 그리고 각 층의 배연 덕트에 배연구를 설치하여서 화재 발생시 배연을 확실하게 흡인하고 안전하게 밖으로 배출하도록 한다.

② 공조(환기) 덕트가 2 이상인 방화구획을 관통할 때는 자동 화재경보설치에 의해 공조설비의 자동 정지설비를 설치한다.

③ 집무실과 복도 사이에 공조용 패스 덕트를 설치하는 경우는 SD의 설치가 필요하다.

④ 복도를 100m² 구획(건고(建告) 제1436호), 마감을 불연재료로 한 경우는 자연배연이 가능하다.

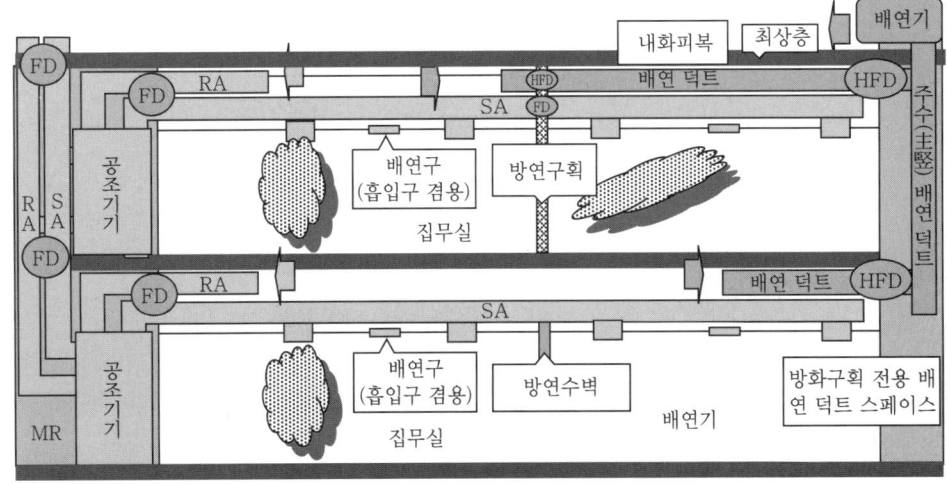

【그림】 공조설비·환기설비와 관련된 방재설비

〔12〕 실내 환경에 커다란 영향을 끼지는 제기구(制氣口)의 기술변천

1920년대 후반 건축물은 실내 환경에 관한 건축설비를 할 때 환기나 냉난방설비를 갖추는 것이 일반적이었다. 1965년에는 초고층건축물(오오이 '제일생명관', 가스미가세키 빌딩) 등에서 중앙식공조설비가 탄생했다. 그리고 1975년에는 에너지 절약 건축물(시오노기 시부야 빌딩 등)이나 인텔리전트 빌딩이 탄생되어 에너지 절약 빌딩, 쾌적한 실내 환경, 정보기기대응을 가능하게 만들었다. 1989년에는 언더플로어 공조 시스템에 의해 퍼스널 공조를 실현하였다. 아래는 실내 환경에 크게 영향을 준 제기구의 기술변천 과정을 소개한 것이다.

【표】공조설비와 제기구의 기술변천

연대	1920년대 초	1930년대	1965년 이후	1985년 이후	1987년	2004년 이후
사회정세	간토대지진	2차 세계대전	전후경제발전, 도쿄올림픽, 오사카 만국박람회, 인구 1억 돌파, 석유위기, 에너지절약법·환경보전법, 빌딩관리법	장기 에너지 수급계획	동남아시아의 경제발전과 에너지 소비량의 증가, 기후변화협약 제3회 체결국회의(COP3)교토의정서, 대지진발생(미야기, 니가타, 한신아와지 등), 장기 에너지 수급계획 검토, 경제 불황, LNG보급(화력발전), 에너지절약법개정(업무시설포함), 연료 전지차의 시장도입	소자녀 고령화와 식량문제, 전쟁, 자연재해, 2005년 교토의정서비준, 사회보장관련법개정(연금, 의료간호 등), 온실효과 가스 배출량의 증가, 이상기후(온난화, 태풍 등)
건설정세	목조건축(긴 지붕), 13층 고층빌딩 건축(아사쿠사)	도준카이 아파트	초고층건축 탄생(오오이 제일생명관, 가스미가세키 빌딩), 에너지절약(시오노기 시부야 빌딩), 신주쿠부도심개발(교오 프라자, 스미토모, 미츠이, 야스다, 도청 등)	고기밀, 고단열화	초고층 집합주택, 지역재개발(시나가와, 시오도메, 마루노우치, 롯폰기, 도요스, 시바우라 등), 초고층 유리 파사드 건축 탄생	리노베이션, 내구성(장수명 건축 S&I), 시크 하우스 대책(24시간 환기설비의 설치의무), 석면으로 인한 건강피해(지역주민, 제조업자), 내진강도위장문제(공동주택, 호텔), 유리 파사드 건축증가
공조설비	전관 중앙식 냉난방방식			각층 공조방식	퍼스널 공조방식(언더플로어 공조시스템)	

제기구	레지스터	팬콘벡터	레지스터	팬카루버	아네모	브리즈 라인	노즐	복사 패널	래디얼	대(大)온도차형
	환기와 난방		공조							
구조 개념도	△ 바닥	F								
기능성 OA 제품	△		△	△	○				◎	
용도변경	−		−	−	△				가능	
경제성, 공사비, 유지비	○	○	○	△	○	△	◎	△ / ○	△ / ◎	△ / ◎
쾌적성, 온열환경	△	△	○	○	○	○	○	◎	◎	○
기류속도	△	△	△	○	○	○	△	◎	◎	○
공기질	△	△	△	○	○	○	○	◎	◎	△
종합평가	기계실·전기실 등 다용도	대공간의 생산설비에 사용	기계실·전기실 등 다용도	사람은 드래프트를 느끼고, 식재료에 영향을 준다.	집무실 등에 사용	의장을 중시하는 공간에 가장 적합	대규모의 공간 오픈된 공간에 가장 적합	도서관 등에 가장 적합	실내 환경과 OA발열 처치	반송 에너지 소비량의 삭감이 가능

〔13〕 공기반송계획

업무시설(연면적 10,000m² 이상)의 공조설비는 단일 덕트+공조기기가 설치되어 집무실에는 공조기기에서 풍도(덕트)로 공조공기가 반송된다. 2005년에는 자원 재이용, 운반이 용이하고, 염가(아연도금철판제 덕트공사비의 약 50% 감소)이며, 불연성과 시공성이 뛰어난 폐지를 이용한 골판지 제품의 공조 덕트가 개발 실시되었다. 아래는 각종 공기반송자재의 개요이다.

(a) 계획조건

　① 풍도 속 풍속 7m/s 이하(주(主) 덕트), 4m/s (분기(分岐) 덕트)

　② 풍도의 재질은 아연도금철판, SUS, 염화비닐, 글라스 울(GW), 골판지 등

　③ 풍도의 공기 리크율은 4~5% 이하/총풍량(단 클린 룸은 2% 이하)

　④ 석년비는 10(횡)/1(종) 이상

(b) 덕트 재료

【표】 덕트의 종합평가

항목/종류	직사각형	정사각형	원형	긴 타원형	보이드 슬래브 공간
구조					
재질	아연도금철판, SUS, 염비, GW, 헌 종이를 이용한 골판지			아연도금철판, GW	종이통(콘크리트)
송풍량(동일 단면적)	○	○	○	○	△
반송거리	약 40m 전후				약 25m 전후
마찰저항	○	○	◎	○	△
소음진동	△	◎	◎	△	◎
공간의 유효이용	○	△	○	◎	△
미관(노출천장)	△	△	○	○	◎
내구성	○	○	○	○	○
시공성	○	○	◎	◎	○
경제성(동일 풍량)	100	100	105	110	130
실적	◎	△	◎	△	△

공조용 골판지 제품 덕트의 설치 예[1]

아연도금철판제 환기 덕트 설치 현황

출전 : 1) (株) 竹中工務店.

환기설비는 취기·발열·먼지·유해 가스·수증기 같은 실내 환경을 저해하는 요인을 제거하고 신선한 외기로 교환하여 실내 환경을 건전하고 쾌적한 상태로 유지한다. 그리고 용도별 환기 횟수는 거주와 작업 상황(연속·간헐), 그리고 상기 요인들의 상태(양과 질) 등을 고려해서 선정하는 것이 필요하다고 생각된다.

환기량(m³/h) = 방 용적(m³) × 환기 횟수(회/h)

환기 횟수(1회/h)는 환기 대상실의 설계 환기량(m³/h)이 한 시간에 한 번 교환되는 것을 말한다.

【표】방 용도별 환기 횟수

분류	방 이름	1	2	3	4	5	6	7	8	9	10	15	20	30	40	50	60
공통	화장실					●	●	●	●	●	●	●					
	탕비실			●	●												
	락커룸, 탈의실	●	●														
	식당	●	●														
	주방, 배선실													●	●	●	●
	배선실					●	●	●	●	●	●						
	주차장	●	●	●	●												
	창고·서고·금고	●	●														
공동주택	거실			●	●												
	침실	●	●														
	키친																
	욕실			●	●	●											
	세면대					●											
	화장실					●											
업무시설	사무실	●	●														
	응접실	●	●														
	회의실	●	●														
	전기실								●	●	●	●					
	전기발전실										●	●					
	배터리실										●						
	배전반실			●													
	수수조실	●	●	●													
	소화 펌프실	●	●	●													
	배수처리장																
	공조기기실					●	●	●	●	●	●	●					
	엘리베이터 기기실								●	●	●	●					
스포츠 오락시설	스포츠 체육관	●	●														
	옥내수영장 풀	●	●	●	●												
	샤워실	●	●	●	●	●											
	사우나실	●	●														
	욕실	●	●	●	●	●											
호텔	로비	●	●	●	●	●											
	객실	●	●	●	●	●											
	연회장					●	●	●	●	●	●	●					
	세탁실					●	●	●	●	●	●	●					
상업시설	매장	●	●	●	●	●											
	오락실	●	●														
	짐보관소	●	●	●	●	●											
의료·복지 시설	병실·진료실	●	●	●	●	●											
	수술실					●	●	●	●	●	●	●					
	리넨 보관소													●	●		
	오물실													●	●		
	간호사실	●	●														
	X선실, CRT,MRT실	●	●														
	암실	●	●	●	●	●											
	재활실	●	●	●	●	●											
영화관, 극장	로비	●	●	●	●	●											
	홀	●	●														
	영사실·투광실		●	●	●												
	음향조정실	●	●	●	●	●											
생산시설	일반공장	●	●	●	●	●											
	특수공장·도장공장					●	●	●	●	●	●			●	●		
	보일러실, 소각실						●	●	●	●	●	●					
	오일 탱크실	●	●														
	고압 가스, 순수, 약품	●	●	●	●	●											

〔15〕 환기설비계획

사람들의 안전과 건강유지, 작업효율의 향상을 위해서 실내 공간(바닥면적·천장고·창의 위치·재질·가구배치·기기배치 등), 사용방식(사람 수·작업방법(간헐·연속)·작업시간 등)을 정확하게 파악하고, 신선한 외기를 실내에 균일하게 분포할 수 있도록 적절한 환기방식을 선정하는 일이 필요하다. 그리고 지붕에 모니터를 설치하는 경우에는 구조기술자의 확인이 필요하다. 아래는 각종 환기방식의 개요이다.

【표】환기방식

환기방식		환기성능	공기청정	에너지절약	환경보전	적용 건축물
자연		△ • 외기의 풍향이나 풍속의 영향을 받기 쉽다. • 발열체·종류·발열량·구동조건에 영향을 받는다. • 온열·공기질은 발전 과정 중	△	◎	△ 소음방출 분진방출	체육관 창고 생산시설 솔라 침니
제1종		◎ • 온열·공기질은 다른 방식에 비해 안정적이고 향상한다.	○	○	△ 소음방출 분진방출	대규모 주차장 대규모 식당의 주방 창고 전기실 발전기실 수수조 펌프실 기계실 청소공장 생산시설
제2종		△ • 외기의 실내도달 범위는 창가(약 5m 전후)에 한정된다. • 온열·공기질은 발전 과정 중	△	○	△ 소음방출 분진방출	창고 기계실 생산시설 터널 지하철
제3종		△ • 외기의 풍향이나 풍속의 영향을 받기 쉽다. • 외기의 실내도달범위는 창가(약 3m 전후)에 한정된다. • 온열·공기질은 발전 과정 중	△	○	△ 소음방출 분진방출	주차장 소규모 식당의 주방 창고 화장실 탕비실 집무실 회의실 공동주택 (단독주택) 생산시설

〔16〕 자연환기설비 계획(솔라 침니)

솔라 침니란 거주실 부분이나 비거주실 부분의 온도·공기질 등을 개선하기 위해서 기계 환기설비에 의존하는 일 없이 자연 에너지[주1]나 풍압력[주2], 부력을 활용하는 환기방식의 하나이다.

근래에는 국내외의 각종 건축물에 솔라 침니 방식이 도입되기 시작했다. 이 시스템은 여름철이나 봄·가을에 옥상 부분의 유리 벽면으로 들어오는 태양열을 가지고 솔라 침니의 상부 공간(건축물체)을 축열하고, 공간 안쪽과 외기의 공기밀도 차이에 의해 발생하는 부력(연돌효과)을 적극적으로 이용하여서 종래의 자연환기 시스템보다도 많은 환기량을 얻을 수가 있다. 현재 니혼대학 이공학부의 후나바시 교사, 기타큐슈대학, 2005년 일본 국제박람회 일본정부관, 풍력발전시설(캘리포니아)과 같은 실시 예가 있고 실험연구가 진행되고 있다.

(a) 솔라 침니 계획조건

① 외기취입구의 위치는 지상층으로 한다. ② 형태는 원형·정사각형·직사각형 등 특별히 정해진 형태는 없지만 직사각형인 경우 치수의 비율을 (짧은 변 1 : 긴 변 3 이내)로 한다. 그리고 단면적은 급기구 면적의 2배 이상으로 한다. ③ 배기구의 위치 : 솔라 침니의 최상부에 배기구를 설치한다. ④ 개구면적의 치수비율은 (급기구 1 : 배기구 6) 이내로 한다. ⑤ 솔라 침니의 설치장소는 계단이나 위가 트인 오픈된 공간으로 정한다.

(b) 솔라 침니 건축계획

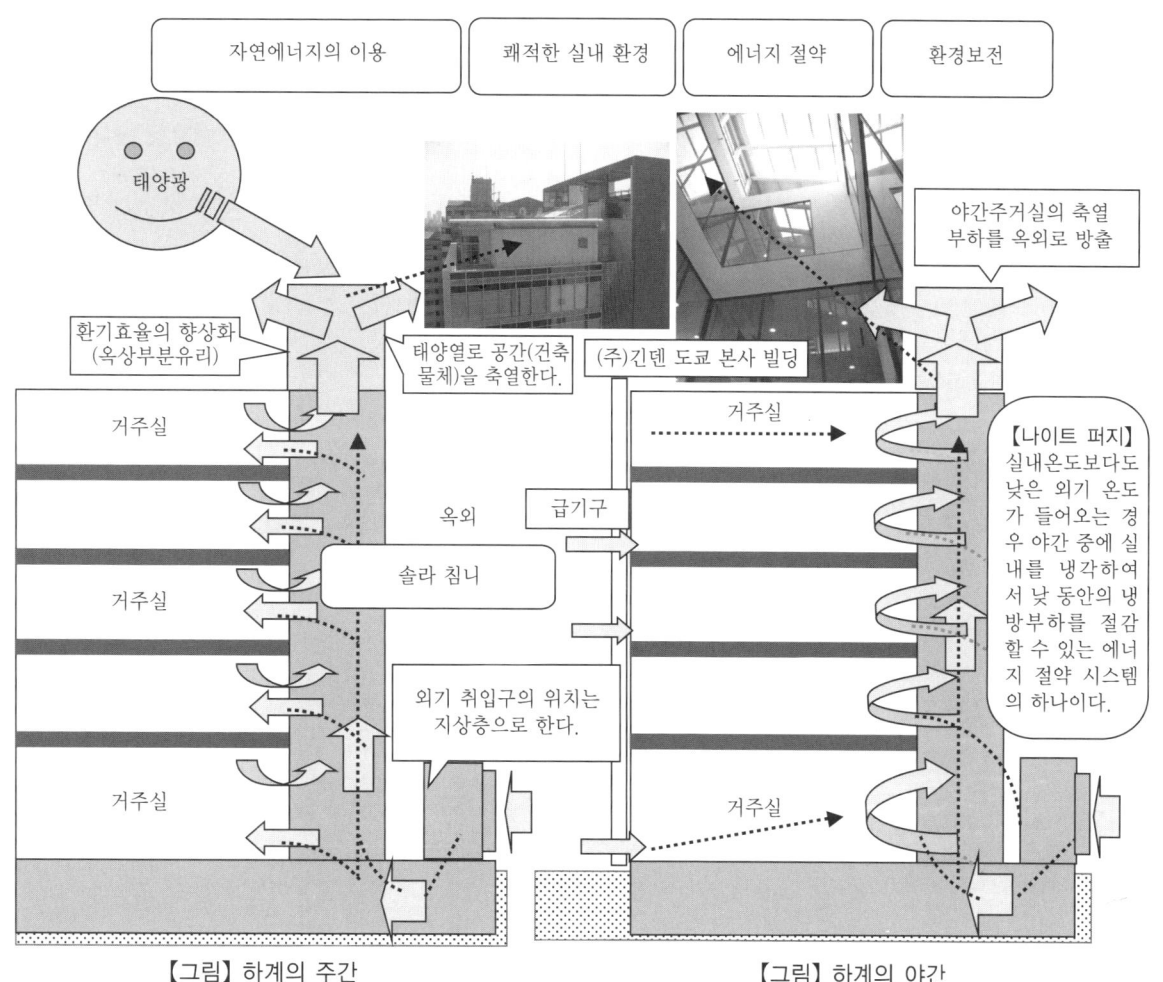

【그림】 하계의 주간   【그림】 하계의 야간

주 : 1) 풍압력은 풍향·풍속, 건물형상, 주변 건물형상에 의해 크게 변화한다.
     2) 부력은 내외 온도차나 내외 공기밀도차에 의한 구동력이다.

문헌 : 1) "솔라 침니에 의한 자연환기 시스템의 성능 예측에 관한 실험연구" 「空氣調和·衛生工學會論文集」 No, 81, 2001년).
       2) "패시브 遮煙 기능을 갖는 아트리움형 솔라 침니의 자연환기 성능에 관한 연구" (「空氣調和·衛生工學會論文集」 No, 93, 2004년).

〔17〕 **주차장의 환기설비계획**

건축용도·건축지(교통량, 인접건축물의 용도)·주차대수, 안전성(차량낙하·화재·지진)·경제성 등에 따라서 주차장의 형태나 구조·설비내용은 크게 달라진다. 그리고 관련법규와 기준 등에 충분히 배려를 한 주차장 계획이 필요하다. 아래는 주차장의 건축, 설비계획의 개요이다.

(a) 주차장의 실내 환경 및 방재설비 계획

---

① 주차대수 10대 이하인 경우(소규모)
- 세차장을 설치하는 경우는 GT(가솔린 트랩)을 설치한다.
- 자연환기방식을 하는 것이 좋다.
- 이동식 분말소화기구를 설치한다.

---

② 주차장면적 200㎡ 이하인 경우 (중간규모)
- 환기방식은 자연환기, 기계식 환기설비(3~5회/(h·V) 이상)를 선정한다.
- 이동식 분말소화설비의 설치 필요 여부를 관할소방서에 확인한다.
- 배수계에 GT 설치 필요 여부는 사전에 행정기관에 확인한다.

---

③ 대규모 주차장의 경우
- 배수계에 GT 설치 필요 여부에 관해서는 담당부서와 사전협의를 한다.
- 자연환기는 주차장 바닥면적의 1/10 이상의 외기에 개방되는 개구면적을 확보한다. 그리고 기계 환기는 25m³/(h·m²)(천장고가 2.5m 이하), 10회/(h·V)(천장고가 2.5m 이상)를 확보한다.
- 화재발생시의 불연성 가스 방출시는 기계 환기설비를 자동으로 정지한다.
- 거품소화·분말소화제 방출 후의 폐기물 처리방법을 검토한다(하천·해양 등의 환경보전, 하수처리장 대책).
- 분말소화설비의 소화능력은 바람의 영향을 받기 쉽다.
- 불특정다수인이 사용하는 주차장의 차로부분은 화재 발생시에 피난통로로 사용할 수 있도록 비상용 조명기기를 설치하는 것이 좋다.
- 주차장의 주차부분의 천장고는 2.1m 이상, 그리고 차로부분은 2.3m 이상을 확보한다.
- 불연성 가스·분말소화설비를 설치한 장소는 기계배연 설비설치가 면제된다.
- 할론가스 소화제를 대기에 방출하면 오존층 파괴의 요인이 되므로 N₂ 가스소화기나 분말소화기, 거품소화기를 설치하는 것이 바람직하다.

할론가스 소화제 방출로 인한 오존층의 파괴

분말·거품소화제 방출로 인한 하천과 해양의 오염

비상용 조명기구(차로부분)

거품소화설비

기계 환기덕트

주차부분의 천장고는 2.1m 이상

차로부분의 천장고는 2.3m 이상

우수배수구(GT)

소화제 폐기물 처리

【그림】 주차장의 건축·환기설비계획

〔18〕 **주차장의 환기와 배연설비 계획(자주식＋기계식 겸용)**

건축용도나 입지조건 등에 따라서 주차장의 형태·규모·위치 등은 매우 다양하다. 그리고 관련법규의 적합성, 편리성과 기능성, 안전성, 보건위생, 경제성 등을 충분히 고려한 종합계획이 바람직하다. 아래는 자주식 및 기계식 주차장의 환기·배기설비 계획의 개요이다.

(a) 주차장의 환기·배연설비 계획

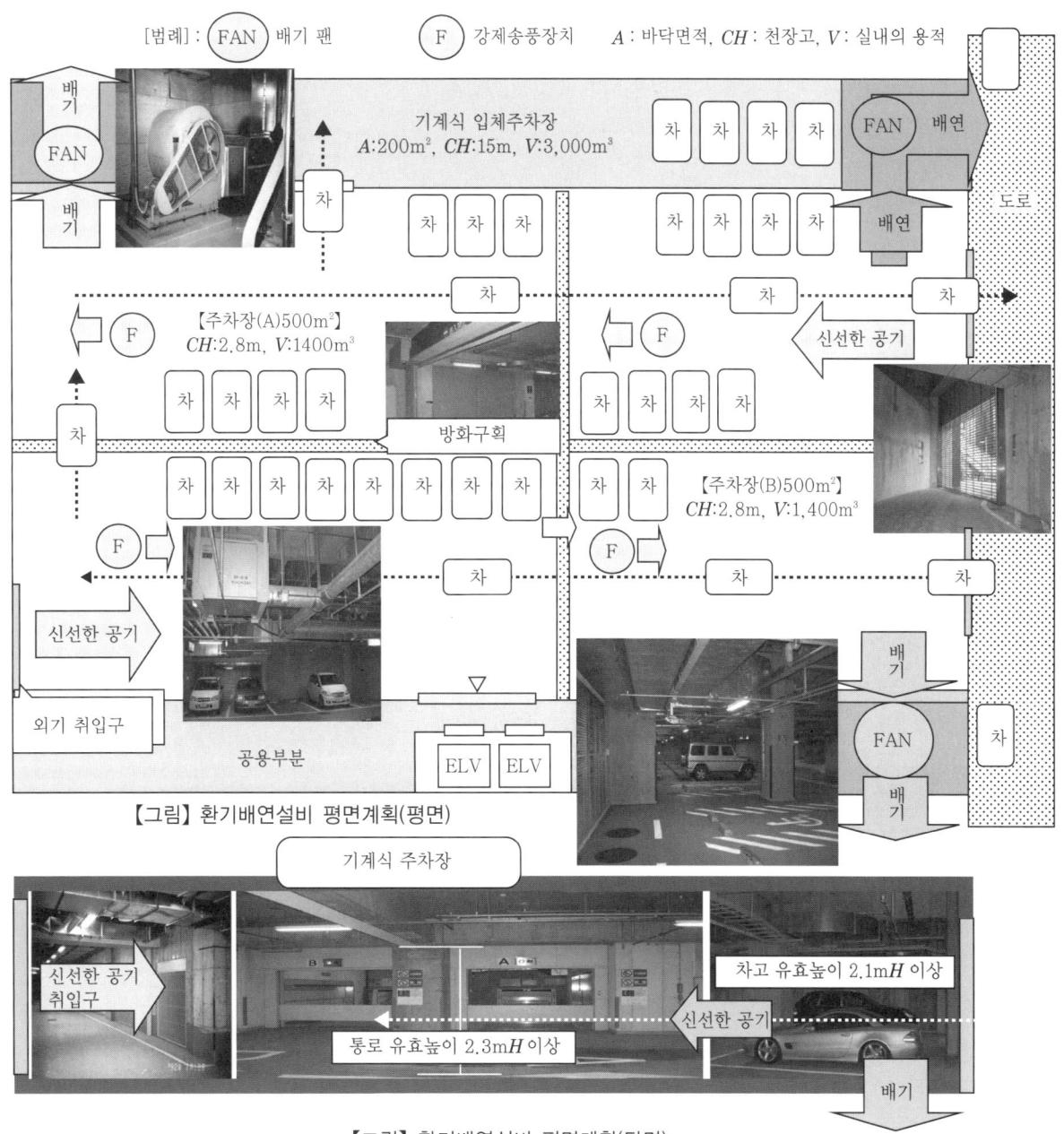

【그림】환기배연설비 평면계획(평면)

【그림】환기배연설비 평면계획(단면)

(b) 계획조건

① 기계 환기설비의 대상 에어리어는 자주식 주차장 및 기계식 입체주차장으로 한다.

② 주차장 출입구는 항상 개방한다(야간에 닫는 경우는 체인 구조 셔터가 좋다).

③ 기계식 주차장의 출입구는 항상 닫아 놓고 입출고시에만 연다.

④ 자주식 주차장의 바닥면적은 $500m^2$/구획, 기계식 주차장은 $200m^2$로 한다.

(c) 환기설비 계획

주차장 형태별 필요 환기량은 다음과 같다.

    ① 자주식 주차장이고 천장고가 2.5m이하인 경우는 $2.5m^2/(h \cdot V)$ 이상, 그리고 천장고가 2.5m 이상을 넘는 경우는 $10회/(h \cdot V)$ 이상으로 한다(한편, 자연환기방식은 자동차 바닥면적의 1/10 이상의 외기에 개방된 개구면적을 확보한다).

    ② 기계식 주차장은 $2 \sim 3회/(h \cdot V)$ 이상으로 한다.

    ③ 배연기를 기동할 때는 공조나 환기설비와의 자동연동정지가 필요하다.

〔19〕 배연설비 계획

화재 발생시에는 집무자·거주자·방문자들이 안전하고 확실하게 옥외로 피난할 수 있도록 배연설비(자연식·기계식)가 상당히 중요하다. 아래는 배연설비 계획의 개요이다.

(a) 배연설비의 설치완화 규정

    ① $100m^2$ 이하의 방연구획을 한 거주실(방연벽은 천장 아래(500mm$H$)에 설치한다.)

    ② $100m^2$ 이하의 방화구획을 한 거실(다만, 호텔·여관·병원·진료소의 복도 같은 피난경로는 제외)

(b) 배연설비의 설치기준

    ① 방연구획 면적은 $500m^2$ 이하로 한다.

    ② 방연구획을 관통하는 공조와 환기 덕트 등에는 방연 댐퍼(SD)를 설치할 필요는 없다.

    ③ 내화구조에서 방화구획을 한 DS 안에 배연 주 덕트를 설치한다. 각 층 분기 배연 덕트에는 방화 댐퍼를 설치한다(HFD : 휴즈온도 280℃).

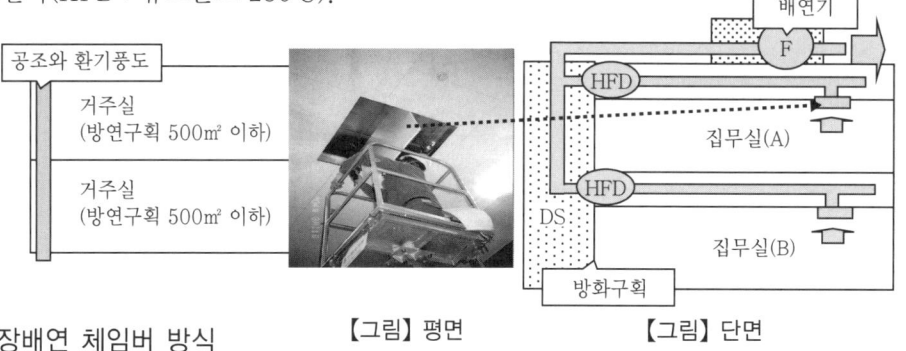

【그림】평면　　　　【그림】단면

(1) 천장배연 체임버 방식

    ① 방연구획 면적은 $500m^2$ 이하로 한다.

    ② 천장 아래(H=25cm)에 방연 수직벽을 설치한다.

    ③ 천장 안에는 공조와 환기구를 설치하지 않는다.

    ④ 들보와 천장과의 거리는 유효치수 약 100mm$H$ 이상 확보한다.

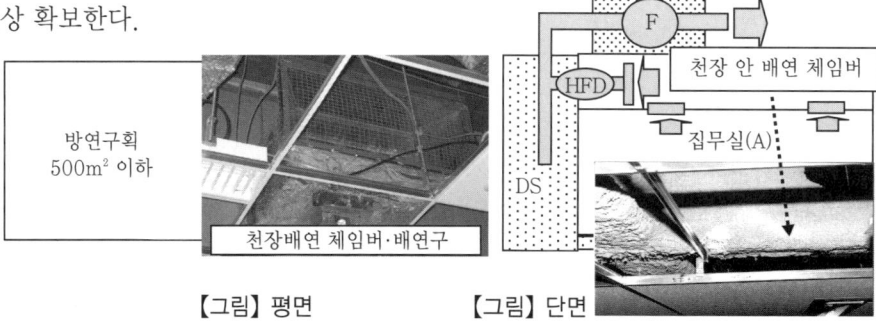

【그림】평면　　　　【그림】단면

(2) 배연기 능력

① 동일 배연계통의 안 최대구획면적(m^2)×$2m^3/(min\cdot m^2)$ 용량으로 한다.

② 배연기는 전동기로 구동한다(전동기 없이 엔진으로만 구동하는 배연기는 불가하다).

(3) 덕트 풍량

① 동일 배연계통 중 동시에 해방되는 두 방연구획 합계 풍량의 최대치로 한다.

② 거주실과 피난복도 사이의 패스 풍도에는 SD를 설치한다.

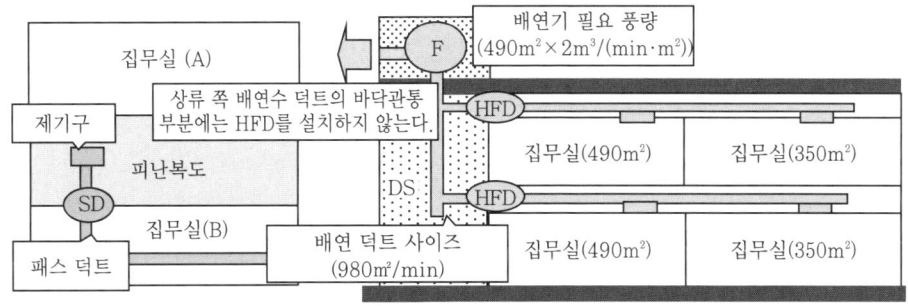

(4) 비상전원의 종류 및 운전시간

축전지·발전기·(전동기＋엔진 동축구동식)의 3종류만 허가하며, 운전시간은 30분으로 한다.

〔20〕이종배연설비 계획

동일 집무층의 각 방연구획에서 기계배연과 자연배연을 병설하는 이종배연방식(異種排煙方式)에 관한 건축·설비 계획의 개요는 다음과 같다.

(a) 배연계획

① 이종배연방식은 연기를 제어하는 방법이 전혀 다르기 때문에 방연 수직벽을 매개로 한 이종배연방식을 채용할 수 없다.

② 방연구획 부분은 방연 칸막이벽으로 한다.

③ 방연 칸막이벽에 문을 설치하는 경우는 상시 폐쇄식 또는 연기감지기 연동 폐쇄식(샤크(CH))으로 한다.

④ 방연 칸막이벽이나 문에 환기, 공조 리턴용 갤러리를 설치하는 경우는 천장고의 1/3 이하에 설치한 것만 인정된다.

⑤ 리턴 패스 덕트의 제기구 설치위치는 배연구에 접근하지 말 것. 다만, 배연구와 근접해서 설치하는 경우는 배연의 쇼트 서킷(합선－옮긴이)을 방지할 수 있도록 SD를 설치한다.

(b) 이종배연설비 계획

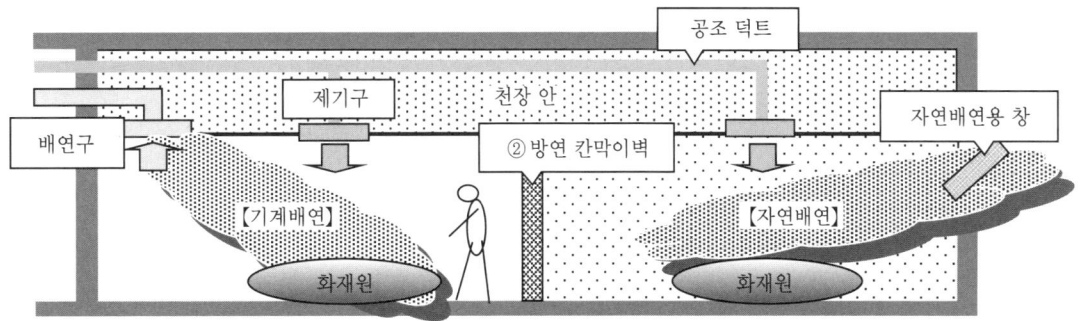

【그림】이종배연설비 계획(단면)

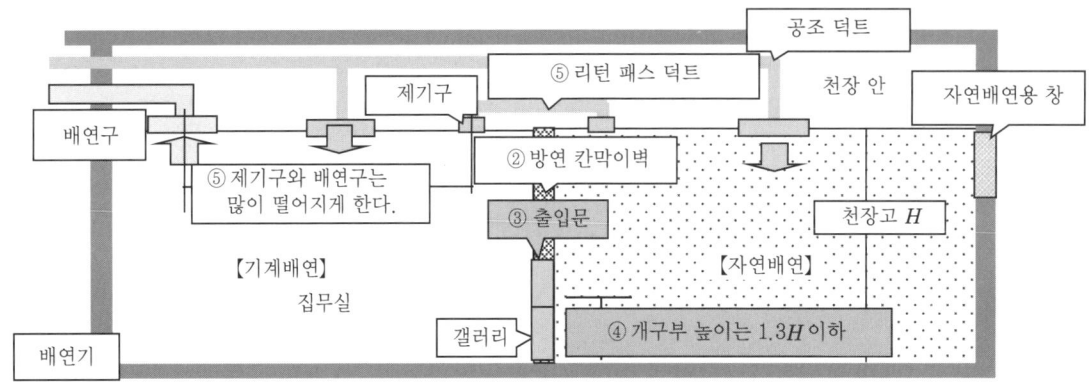

【그림】이종배연설비 계획(단면)

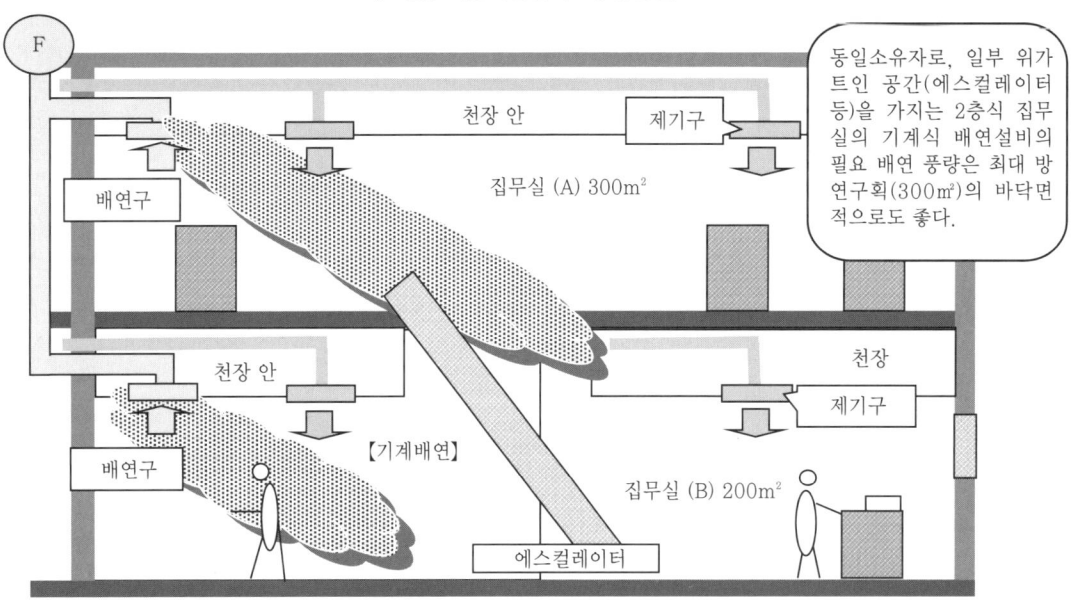

동일소유자로, 일부 위가 트인 공간(에스컬레이터 등)을 가지는 2층식 집무실의 기계식 배연설비의 필요 배연 풍량은 최대 방연구획(300㎡)의 바닥면적으로도 좋다.

【그림】2층식 위가 트인 오픈 공간을 가지는 집무실의 기계식 배연설비 계획(단면)

〔21〕 계단피난 안전검증법

피난안전검증법(2000년 6월 공포제정)의 구체적인 방법으로서

① 루트 A는 종래의 피난 관계규정의 사양기준에 적합한 방법

② 루트 B는 국토교통대신(우리나라의 건설교통부장관 — 옮긴이)에게 인정을 받은 정보장치를 이용한 시뮬레이션에 의해서 연기유동성이나 피난행동을 예측하여 안전하게 피난할 수 있도록 확인하는 방법

③ 루트 C는 고시된 피난안전검증법 이외의 방법을 이용해서 피난안전 성능의 인정을 받는 것이다.

대규모 물건을 판매하는 점포에 오는 불특정 다수의 손님이나 종업원에 대한 계단피난 안전검증법의 계획 개요는 다음과 같다.

[범례] SH : 셔터

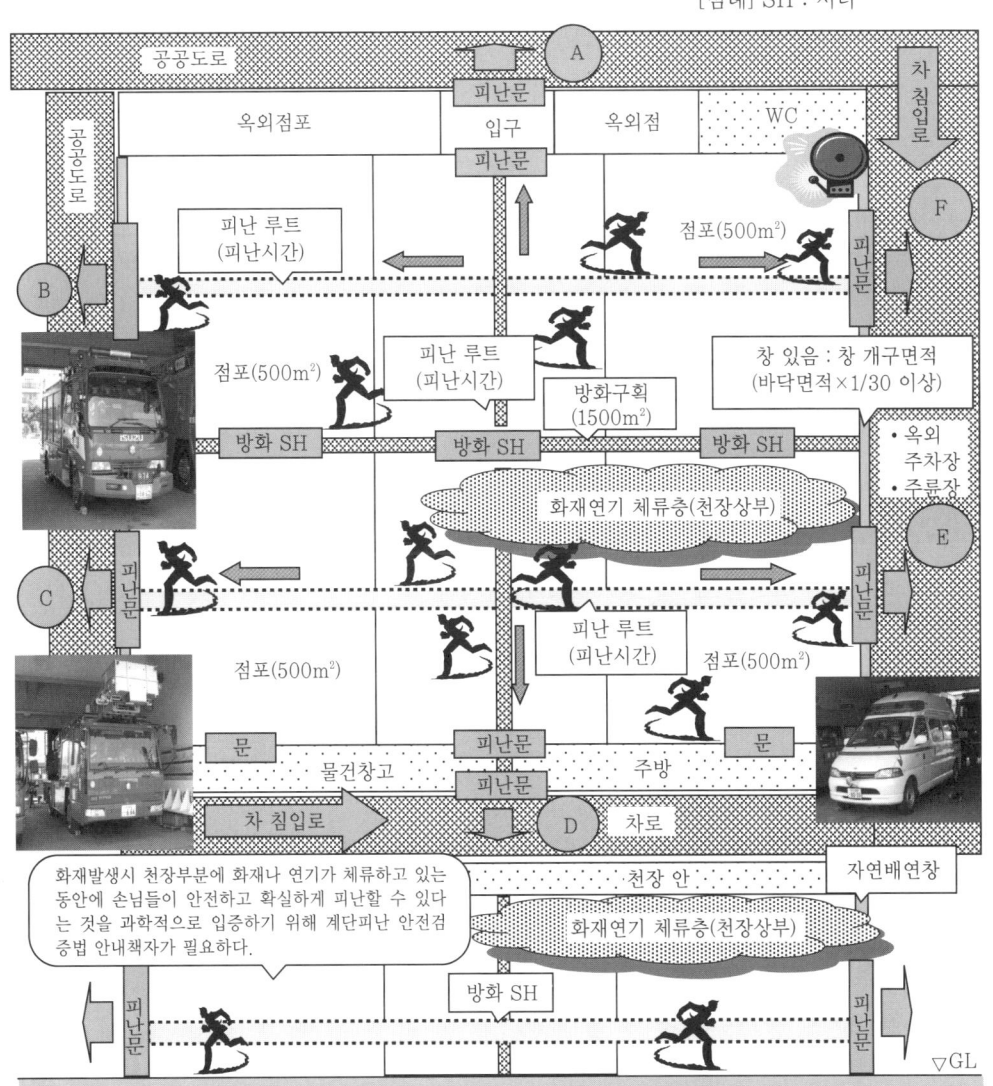

(a) 필요조건

① 창문이 있는 건축물일 것(창 개구면적은 바닥면적×1/30 이상이 필요)

② 화재연기 체류시간 ≧방문객들의 피난시간

(b) 검토사항

① 기계배연설비의 필요 여부에 관해서 소관소방서에 확인한다.

② 피난안전검증법은 건강한 사람을 대상으로 하고 있는 만큼 신체장애자에 대한 대책은 별도로 고려한다.

③ 고시 1440호에서 규정한, 화재발생의 위험이 적다는 것을 확인한다(예 : 탈의실).

④ 창고·쓰레기처리장에는 화재감지기·소화기 등을 설치한다.

⑤ 매장의 적재가연물의 발열량에 관해 신청시와 준공 후의 수치를 확인한다.

⑥ 천장고는 축연계산을 할 때 중요한 요소이다(단면도 첨부).

⑦ 피난경로를 확인한다.

〔22〕 지하주차장의 방재설비 계획

지하주차장의 위치·규모·외기에 닿는 유효개구면적과 기계식 배연설비와의 관계, 그리고 기계배연설비의 설치완화 방법은 다음과 같다.

(a) 기계식 배연설비가 필요한 조건

　① 주차장이 지하에 설치된 경우

　② 주차장 바닥면적이 200m²를 넘는 경우

　③ 외기와 닿는 개구부의 면적이 주차장 바닥면적의 1/10 이하인 경우

(b) 기계식 배연설비의 설치완화 방법

　고정식 소화설비인 CO_2 소화설비 또는 분말소화설비를 설치하면 기계식 배연설비가 불필요

(c) 대체소화설비의 유효성

　① 분말소화설비는 소화시 외기풍속에 대한 신뢰성이 문제가 되므로 확실하게 불을 끌 수 있는 거품소화설비가 바람직하다. 다만 현재 거품소화설비만 설치해서는 기계식 배연설비의 설치가 면제되지 않는다는 점이 문제이다.

　② 인체에 끼치는 영향이 없고 신뢰성이 높은 소화설비의 하나인 거품소화설비를 설치하는 경우 기계식 배연설비의 설치가 완화될 수 있도록 신속하게 국토교통성(우리나라의 건설교통부-옮긴이), 총무성(우리나라의 행정안전부-옮긴이), 외부전문가와 합동회의를 하여서 필요한 방재설비를 구축하는 것이 필요하다고 생각된다.

(d) 고정식 CO_2 소화, 분말소화설비 설치시 특전

　방화구획면적(통상 1,500m²/구획)이 2배(최대 3,000m²/구획)로 확대된다.

【표】분말소화설비 방식별 비교표

방출방식		특징	대표적인 대상물
고정식	전역방출방식	일정한 방호구획 안의 모든 영역에 소화제를 방출하는 것	주차장·변압기실·보일러실·기름창고·도료창고·약품고·차단기실·밸브실
	국소방출방식	방호대상물에 직접 방사하는 방식	소입유조·기름 탱크·보일러·기름피트
이동식		사람이 조작을 하므로 연기가 가득 찰 위험이 있는 장소에는 설치하지 않는다.	옥상주차장·수리공장·그 외 소규모 화재

고정식 거품소화설비

CO_2 소화설비　　　　　주차상태　　　　　출고상태　　　　방화구획 대체 분무 스크린

〔23〕 **방화설비 계획**

　만일에 화재가 발생할 때 재해가 확대되는 것을 억제하기 위해 건물 안의 거주자·방문자에 대한 방화구획과 연소 위치 등에 대해서 규제하고 있다. 한편 관내에는 거주자들의 편리성·기능성·쾌적성 등을 확보하기 위해서 공조환기설비·전기설비·승강기설비 등을 설치하였다. 따라서 방화구획이나 연소(延燒) 위치에 이런 설비들이 관통하는 경우에는 적절한 방화설비를 설치하고, 또 그 보수점검이 용이하게 이루어질 수 있도록 의무가 부가

되어 있다. 아래 소개한 것은 그 개요이다.

(a) 방화구획에 설치하는 방화설비

① 방화 댐퍼(FD)의 설치 목적 : 덕트로 인해 불·연기가 번지는 것을 방지하고, 건축물 재해를 억제한다.

② 설치기준(오른쪽 그림 참조)

　• FD 부착된 부근에 점검구(45cm 사각형)를 설치한다.

　• 온도 퓨즈 : 일반 72℃, 탕비실과 주방실 : 120℃, 판 두께 : $1.5t$ 이상

(b) 연소(延燒)의 위험이 있는 외벽 등에 설치하는 방화설비

"연소할 위험이 있는 부분의 외벽 면"에 "환기설비의 개구부를 설치하는 경우"는 영(令) 제109조의 규정에 의해서 "방화설비"를 설치해야만 한다. 그리고 이 경우의 방화설비에는 영 제112조 제16항 및 1973년도 건고(建告) 제2565호에 의한 "방화 댐퍼"의 규정을 적용한다.

그리고 방화 댐퍼는 용이하게 보수점검을 할 수 있도록 당해 댐퍼에 근접한 천장 혹은 벽에 "점검구(45cm 사각형 정도)"를 설치한다. 이때 "FD 부착 셀프 후드"를 높은 곳에 설치하는 것은 바람직하지 않지만 "2층 이하이면서 GL+7m 미만에 설치하는 경우"나 "옥상 발코니 등"에서 보수점검이 용이하게 이루어질 수 있는 경우는 완화된다(법 제2조 제9호의 2.3, 법 제64조, 영 제109조 제3항, 영 제112조 제16항, 1973년 건고 제2565호).

(c) 연소(延燒)의 위험이 있는 곳에 설치하는 방화 덮개의 취급

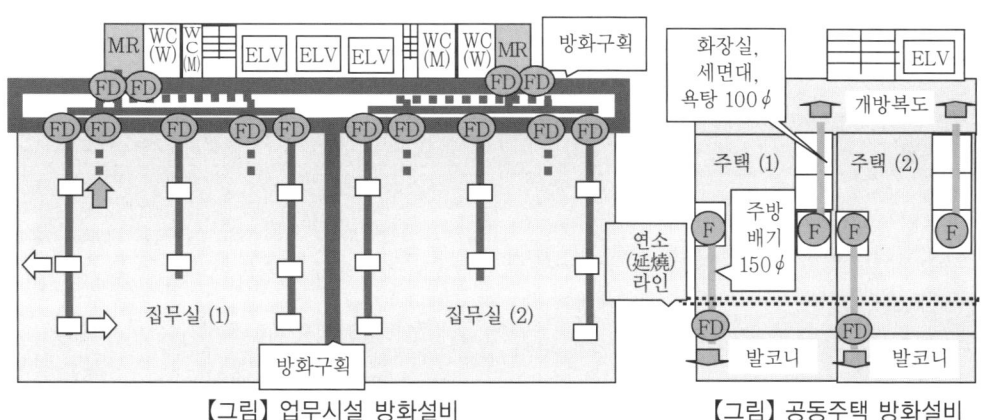

【그림】 업무시설 방화설비　　　　【그림】 공동주택 방화설비

① 법 제2조 9호, 법 제64조, 영 제109조 제3항 : 연소(延燒)의 위험이 있는 외벽에 "개구면적 100cm^2 이하(150ϕ 이하)'의 환기 덕트(내화 이층관을 포함) 같은 개구부를 설치하는 경우, 영 제109조 제3항에 규정하는 방화덮개는 다음의 형식, 재질을 가진 것으로 한다.

② 환기 덕트의 개구면적은 100cm^2 이하(150ϕ 이하)이다.

③ 방화덮개인 아래 그림 ⓕ는 GL+1m 이하의 환기구에 설치하는 그물코 2mm의 금속망의 경우는 가능

④ 재질은 강판, 스테인리스강, 알루미늄(두께 1.2mm 이상)으로 한다.

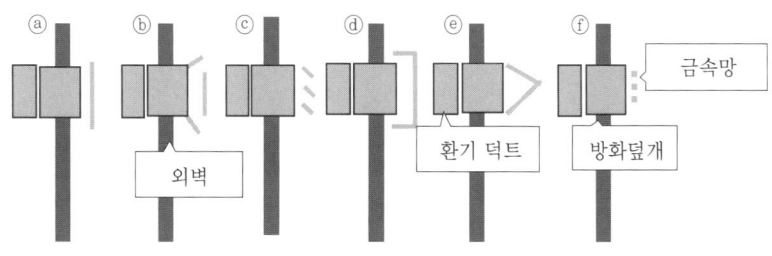

【그림】 각종 방화덮개

〔24〕 언더플로어 공조 시스템

(a) 공조설비 시스템의 변천

1960년대의 공조설비는 전관 중앙식 공조 시스템이 주류를 이루었지만 이후에는 각 층 공조식 시스템으로 바뀌었다. 1990년대부터 개별분산형 공조 시스템이 탄생하였고, 현재는 퍼스널 공조라고 평가받는 언더플로어 공조 시스템이 보급(300건 이상 : 2006년 현재)되어 공조설비 시스템의 주류의 하나로 자리를 잡게 되었다. 아래 표는 공조설비 시스템의 기술변천에 관한 것이다.

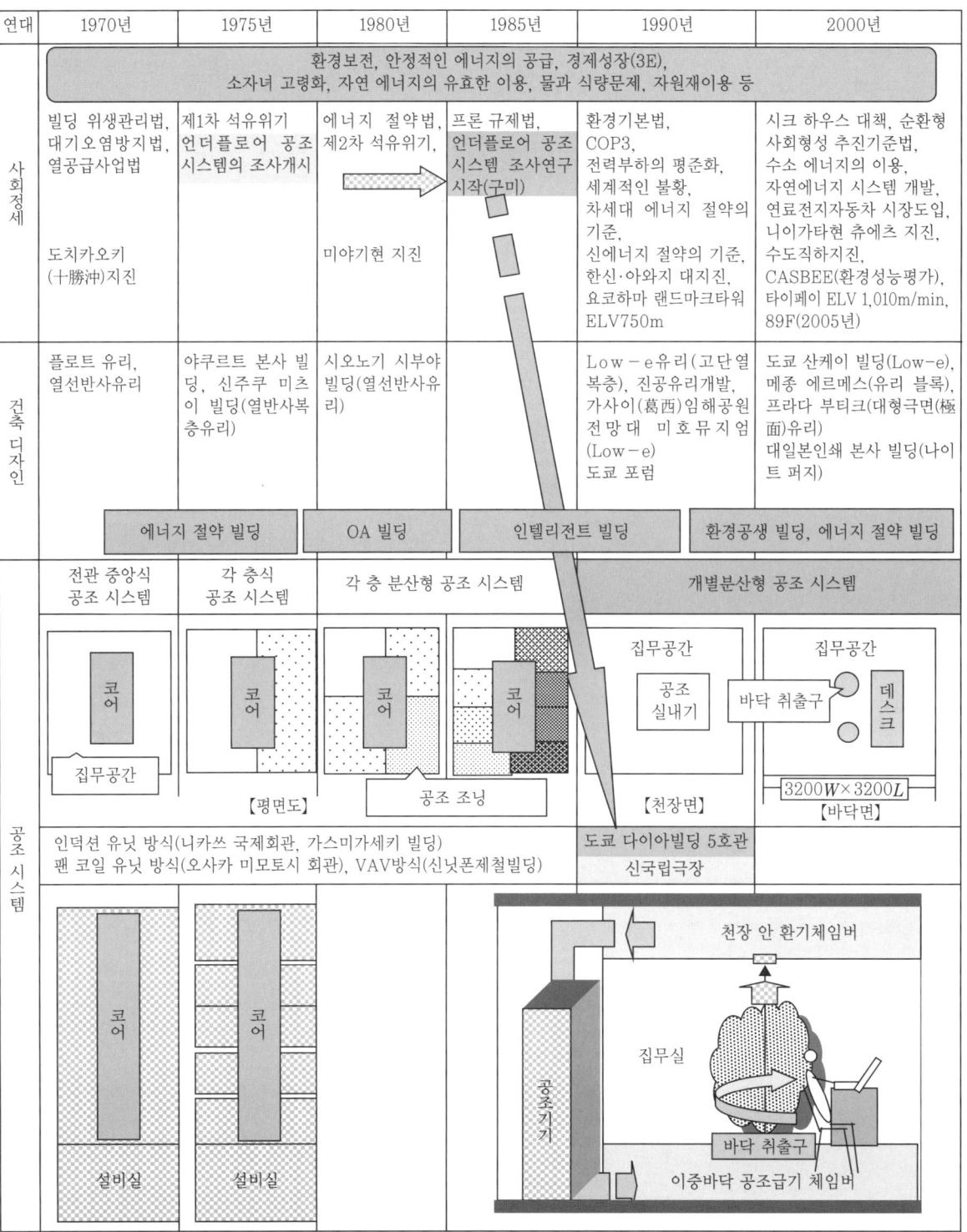

연대	1970년	1975년	1980년	1985년	1990년	2000년
사회정세	빌딩 위생관리법, 대기오염방지법, 열공급사업법 도치카오키 (十勝沖)지진	제1차 석유위기 언더플로어 공조 시스템의 조사개시	에너지 절약법, 제2차 석유위기, 미야기현 지진	프론 규제법, 언더플로어 공조 시스템 조사연구 시작(구미)	환경기본법, COP3, 전력부하의 평준화, 세계적인 불황, 차세대 에너지 절약의 기준, 신에너지 절약의 기준, 한신·아와지 대지진, 요코하마 랜드마크타워 ELV750m	시크 하우스 대책, 순환형 사회형성 추진기준법, 수소 에너지의 이용, 자연에너지 시스템 개발, 연료전지자동차 시장도입, 니이가타현 츄에츠 지진, 수도직하지진, CASBEE(환경성능평가), 타이페이 ELV 1,010m/min, 89F(2005년)

환경보전, 안정적인 에너지의 공급, 경제성장(3E), 소자녀 고령화, 자연 에너지의 유효한 이용, 물과 식량문제, 자원재이용 등

| 건축 디자인 | 플로트 유리, 열선반사유리 | 야쿠르트 본사 빌딩, 신주쿠 미츠이 빌딩(열반사복층유리) | 시오노기 시부야 빌딩(열선반사유리) | | Low-e유리(고단열복층), 진공유리개발, 가사이(葛西)임해공원 전망대 미호 뮤지엄(Low-e) 도쿄 포럼 | 도쿄 산케이 빌딩(Low-e), 메종 에르메스(유리 블록), 프라다 부티크(대형극면(極面)유리) 대일본인쇄 본사 빌딩(나이트 퍼지) |

에너지 절약 빌딩 · OA 빌딩 · 인텔리전트 빌딩 · 환경공생 빌딩, 에너지 절약 빌딩

| 공조 시스템 | 전관 중앙식 공조 시스템 | 각 층식 공조 시스템 | 각 층 분산형 공조 시스템 | | 개별분산형 공조 시스템 | |

【평면도】 / 공조 조닝 / 【천장면】 / 3200W×3200L 【바닥면】

인덕션 유닛 방식(니카쓰 국제회관, 가스미가세키 빌딩)
팬 코일 유닛 방식(오사카 미모토시 회관), VAV방식(신닛폰제철빌딩)

도쿄 다이아빌딩 5호관
신국립극장

【그림】 단면

【그림】 언더플로어 공조 시스템

(b) 개요

언더플로어 공조 시스템이란 개인의 취향에 따라서 바닥 취출구에서 공조공기량을 자유롭게 조정할 수 있으며, 건축 디자인과 여러 설비기능을 융합화한, 인간성을 중시하는 퍼스널 공조 시스템이다.

구체적으로 실내 공간은 이중바닥·실내·천장 안으로 구성되어 있는데, 플로어 패널, OA 플로어(100mm$H$ 전후), 바닥 취출구(185ϕ 아연합금 제품)의 일체형인 이중바닥공간은 집무자와 정보기기의 발열처리용 공조급기 체임버와 배선 케이블 공간으로 겸용할 수 있는 공조 덕트리스 시스템이기 때문에 공조 공사비가 저렴해진다. 그리고, 취출구에서 나오는 선회류(旋回流)는 바닥면에서 천장면으로 올라가는 상승기류를 만들어 쾌적한 온열환경을 실현할 수 있다. 그 외에도 방의 용도와 정보기기를 변경하고자 할 때는 바닥 취출구의 이동이나 증

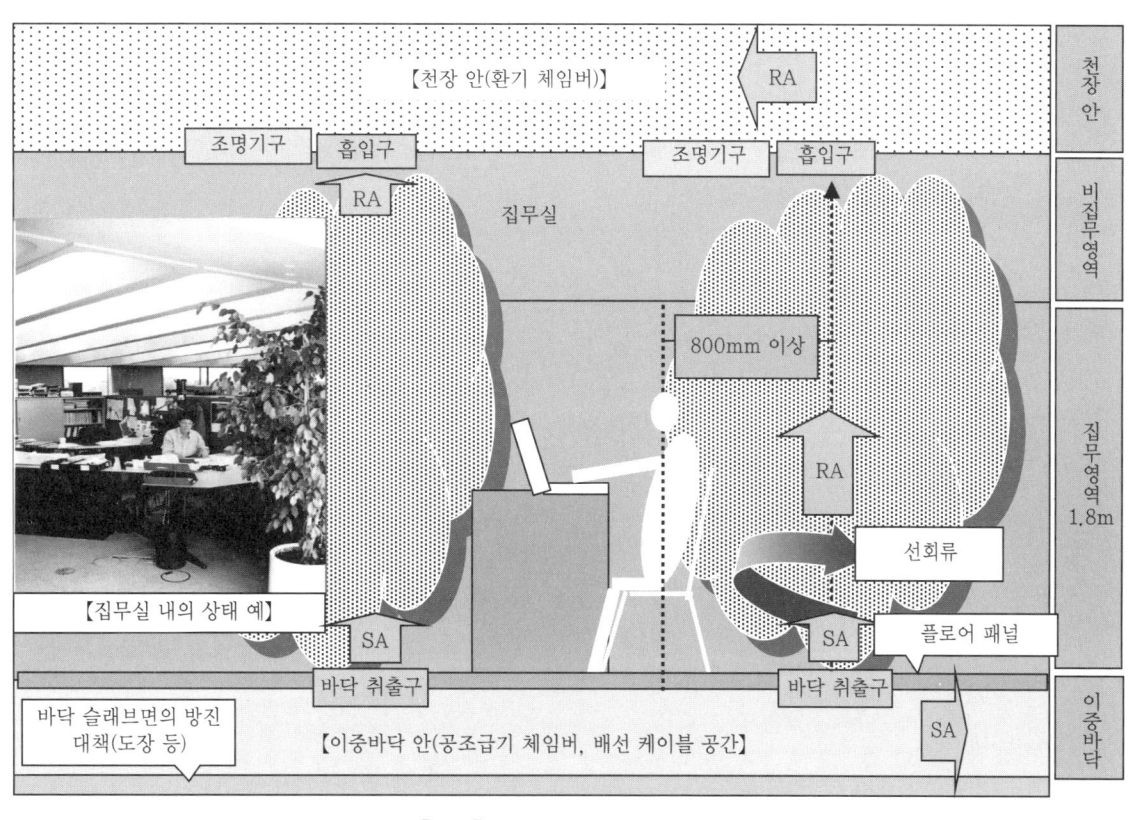

【그림】언더플로어 공조 시스템

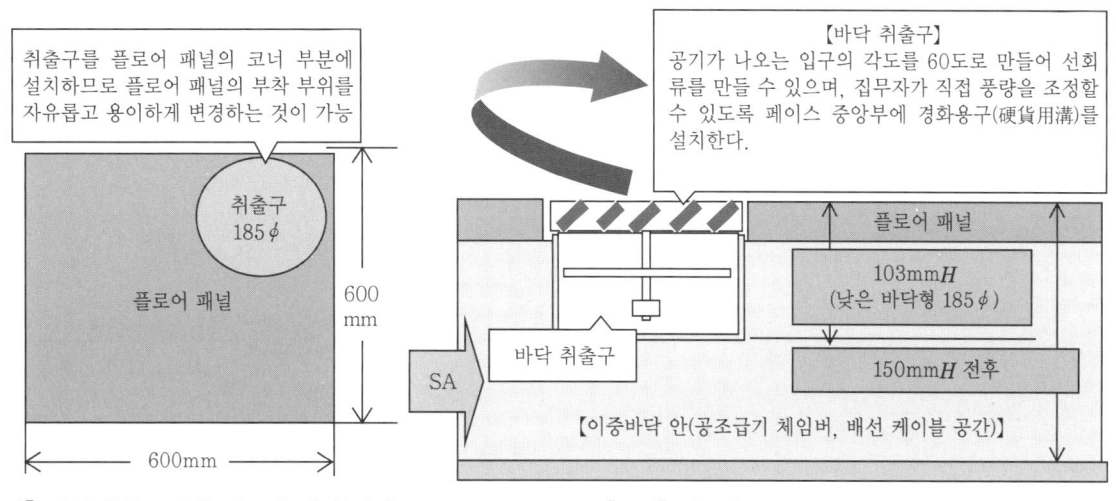

【그림】바닥 취출구 부착 플로어 패널(평면)　　　【그림】이중바닥과 바닥 취출구 구조

설로 용이하게 대응을 할 수가 있다. 계획을 할 때 유의해야 할 점은 바닥 취출구와 집무자와의 이격거리를 800mm 이상 두고, 이중바닥의 높이를 150mm$H$ 전후로 확보하는 것이다.

문제점은 기존건축물의 집무실 등에 이중바닥을 설치하는 경우 천장고가 100mm$H$ 전후로 낮아진다는 것인데 이는 천장 디자인으로 개선이 가능하다.

(c) 특징
(1) 주거환경
① 인간성 중시
바닥 취출구는 거주자 가까이에 설치할 수 있기 때문에 개인의 기분이나 몸 상태에 맞춰서 풍량 (0~100%)을 매우 섬세하게 조정할 수 있는 퍼스널 공조가 가능해진다.

② 온열, 공기질
거주자의 머리와 발의 온도차를 약 2℃ 이내로 억제하는 것이 가능하다. 그리고 실내의 먼지·취기·담배 연기는 실내의 발열원(인간·조명·기기)에서 나오는 자연대류와 합류한 후에 재빠르게 천장 흡입구로 환기되기 때문에 거주 영역은 항상 쾌적하다.

(2) 확장성
① 데스크나 정보기기의 증설·이동 대응
데스크나 정보기기 등의 배치계획에 맞춰서 취출구가 부착된 플로어 패널을 이동시키거나 증설을 한다면 배선대응이나 발열처리가 보다 확실하고 용이하게 이루어질 수 있다.

② 방 용도변경 대응
대상이 되는 실내에 이중바닥(약 250mm$H$)과 공조기기(다운블로형)를 설치한다면 공조와 각종 배선대응이 가능해진다.

(3) 경제성
① 초기투자비용
이중바닥공간을 공조 서플라이 체임버, 그리고 천장 안 공간을 공조 리턴 체임버로 한다면 덕트 공사비를 큰 폭으로 절감할 수 있다.

② 유지관리비용
공조 덕트리스이므로 공기반송 동력비를 큰 폭으로 절감할 수 있다.

(4) 적용성
거주 영역을 직접 공조하기 때문에 높은 천장이나 반(半)외부공간을 가지는 건축물에도 충분히 적용할 수가 있다.

(d) 공조설비 계획의 순서

건축가는 건축평면도·단면도 등을 작성할 때 다음의 내용을 숙지한 뒤 건설기술자와 협력을 하여 실시된 예를 사전에 조사하여서 건축 디자인과 기능의 융합화를 실현하는 것이 바람직하다.

항목	내용	상세
건축주의 요구	쾌적한 실내 환경 창조	• 바닥면적·천장고·채광·색채·온열·기류·공기질·소음, 명도
	용도변경	• 집무실에서 정보실 등으로 용이하게 변경할 수 있다. (바닥면적·천장고·이중바닥높이·데스크 레이아웃·칸막이)
	사용상황	• 취업일과 근무시간대(평소), 잔업시의 공조운전대응 • 정보기기나 전화기의 이동과 증설(배선·정보기기 발열처리)이 용이하게 이루어질 수 있다.
건축계획	평면계획	• 방위·바닥면적·창 개구율(목표 30% 이하/총 외벽면적당) • 기준층 바닥면적(m²), 집무실의 단위면적(m²/구획) • 공조기계실의 위치(집무실에 인접)·공간 • 공조기계의 대상바닥면적(m²/기) • 모듈 설정(치수와 기능/천장·바닥)
	단면계획	• 층고 (이중바닥(150mm$H$ 전후), 천장고(유효 2.6mH 이상) • 천장 안(양하(梁下)와 천장과의 유효높이 100mm$H$ 이상) • 공조기계실의 바닥 레벨은 집무실의 바닥 레벨보다 약 50mm$H$ 낮춘다(급기 덕트의 시공이 용이해진다).
	단열계획	• 이중바닥 안의 급기온도 및 하부천장 안의 온도를 가지고 이중바닥 슬래브 하부면의 결로(結露) 유무와 단열재 필요 여부를 검토한다.
	차음대책	• 회의실이 집무실과 인접하는 경우 천장 안과 이중바닥 부분에 차음용 칸막이벽을 설치한다. 그리고 공조기계실에는 흡음장치(GW 등)를 설치한다.
설비계획	설계조건 설정	• 공조대상 바닥면적·방위·열전도율·인원의 밀도·정보기기 발열량·외기량·틈새바람 등
	열부하 계산	• 조닝별로 부하집계(단위 열부하)
	공조 조닝 계획	• 방의 용도, 사용상황(근무일·시간대)·오픈 공간·정보기기의 발열밀도·청정도 등 • 인테리어 존과 페리미터 존의 구분화
	공조 시스템 계획	• 덕트 방식, 덕트리스 방식의 선정 • 페리미터 공조 시스템(공기식·수냉식)
	공조기계실배치 계획	• 위치·개수·기기배치 등
	공기반송 계획	• 송풍량·공기온도·기류속도·압력 • 이중바닥 안의 각종배선 루트와 공조기류 분포를 확인한다(기류장애 방지대책). • 공조기기나 덕트는 방진장치와 흡음장치를 한다.
	이중바닥 계획	• 공기장애를 일으키지 않는 필요높이와 내진대책 마련
	실내 계획	• 데스크 레이아웃·칸막이
	천장계획	• 조명기구·스피커·화재감지기·스프링클러·흡입구 • 점검구·낙하방지대책 등
	자동제어 계획	• 급기온도제어(하계·동계) • 온도 센서 부착장소와 설치방법
시공	건축계획	• 슬래브 마감면의 방진도장(물배수관 설치장소는 방수 고려) • 이중바닥(플로어 패널)의 기밀성·바닥마감재·내진공법 • 천장(시스템 공법 등)의 내진대책, 내화피복의 박리방지 • 배연 체임버 겸용 시에는 (기밀성, 들보 아래 유효높이) 들보 관통을 설치 • 건축과 설비 복합화 공법(플로어 패널(취출구), 천장 패널)
	설비계획	• 공조기기·배관·덕트의 수납·보수 관리가 용이 • 급기 덕트의 수납(공조기계실의 바닥 레벨) • 이중바닥 안의 기류분포의 균일화(공조기계실, 급기구의 위치 등) • 공조기기의 치수(다운사이징화) • 공조기기의 반출입이 용이해질 수 있다(갱신공사대응). • 진동과 소음처리(공조기기의 차음재나 방진장치, 덕트의 차음재 설치) • 이중바닥 안의 누수대책(수냉식 정보기기, 물 소화용 바닥배수설비, 누수검지기 등) • 정보와 통신기기의 배선부설방법(공조공기류와 평행, 배선허용높이) • 정보기기 증설시의 배선부설방법 및 공간의 확보
검증	측정계획	• 사용상황(취업시간(잔업), 집무자, 정보기기의 발열량 등) • 데스크 레이아웃, 칸막이 • 온열·기류·공기질의 측정과 분석 • 경영자·집무자를 대상으로 쾌적성 앙케이트 조사를 한다. • 문제를 정확하게 파악하고 구체적인 대책을 입안, 실시한다.

(e) 평면계획

　건축물의 평면계획은 각 코어 형식에 융합할 뿐만 아니라 기능적이고 경제적이며, 보수 관리성을 충분히 만족하는 공조기계실을 배치하는 것이다. 아래는 각 코어 형식별 공조기계실의 배치계획이다.

(1) 기본적인 태도(계획조건)

① 공조 조닝의 단위규모(바닥면적 500m² 이하/구획)로 한다.

② 공조기계실의 위치는 최대한 집무공간에 인접하게 하고 깊이는 최대거리를 약 16m 이하로 한다.

③ 잔업시의 공조설비에 관한 에너지 절약 대책으로는 이중바닥 안에 칸막이벽을 설치, 공용부분에 공조기기를 분산배치, 팬 부착 취출기를 설치 등의 대응이 가능한데, 장래의 확장성이나 투자효과를 충분히 검토할 필요가 있다.

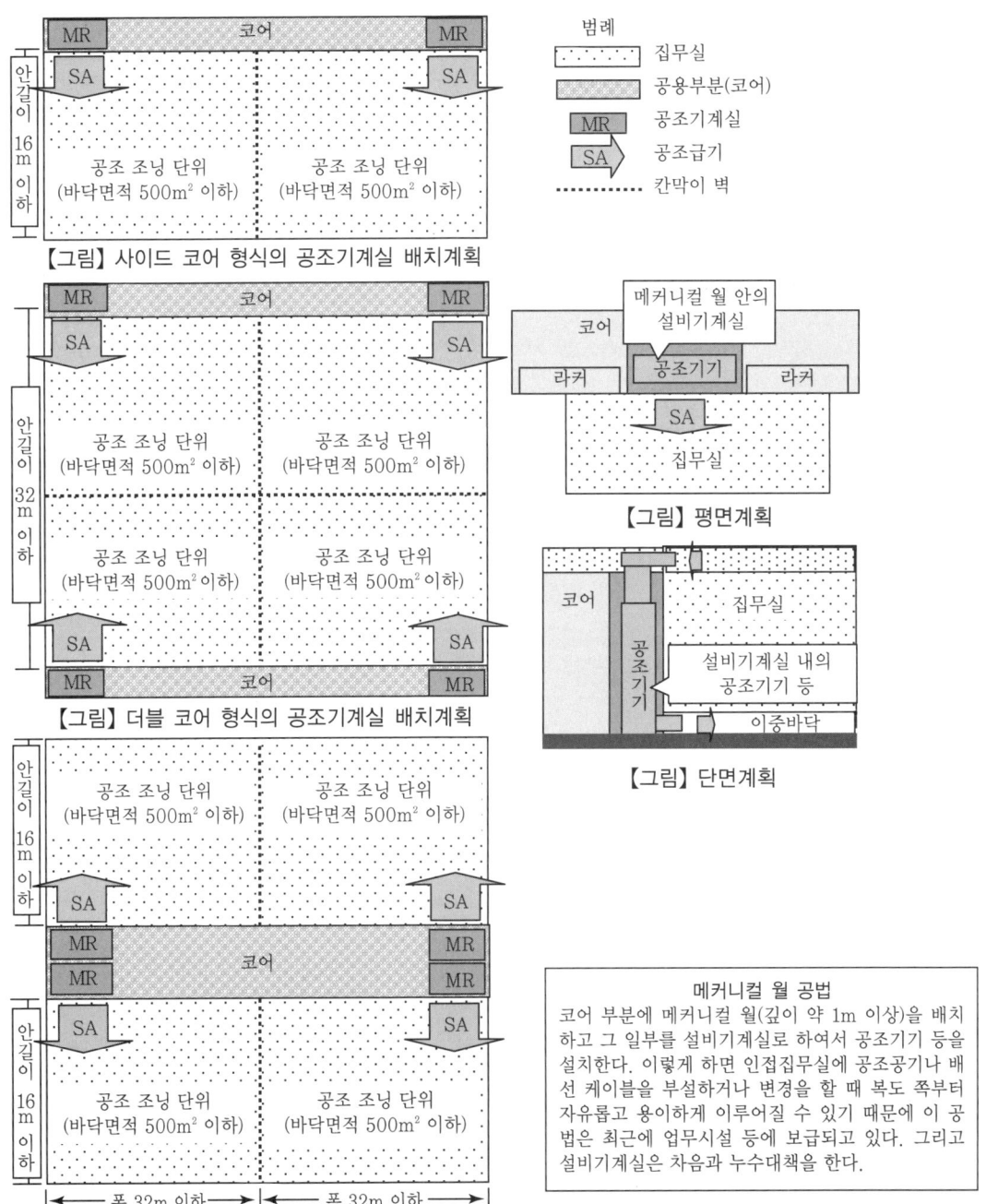

【그림】사이드 코어 형식의 공조기계실 배치계획

【그림】더블 코어 형식의 공조기계실 배치계획

【그림】스리 존 센터 코어 형식의 공조기계실 배치계획

【그림】평면계획

【그림】단면계획

메커니컬 월 공법
코어 부분에 메커니컬 월(깊이 약 1m 이상)을 배치하고 그 일부를 설비기계실로 하여서 공조기기 등을 설치한다. 이렇게 하면 인접집무실에 공조공기나 배선 케이블을 부설하거나 변경을 할 때 복도 쪽부터 자유롭고 용이하게 이루어질 수 있기 때문에 이 공법은 최근에 업무시설 등에 보급되고 있다. 그리고 설비기계실은 차음과 누수대책을 한다.

(2) 평면계획

위 그림은 대표적인 3 코어 형식의 공조기계실 배치계획에 대한 예를 나타낸다.

(f) 단면계획

건축가·구조기술자·설비기술자와의 지혜와 행동에 의해서 쾌적한 단면계획을 실현할 수 있다. 아래는 일반적인 업무시설에 언더플로어 공조 시스템을 도입할 수 있게 만드는 단면계획의 추진방법이다.

(1) 기본 개념(설계조건)

① 이중바닥 공간 : 이중바닥 공간은 배선 케이블, 공조급기 체임버 등에 사용되지만, 정보기기의 배관이나 배선 케이블로 인해서 기류 장애가 일어나지 않도록 하기 위해서 이중바닥의 높이는 배선 케이블의 부설상태를 충분히 고려해서 결정한다((g) 공조설비계획(설계조건) 참조).

② 집무 공간 : 집무실은 지적 창조 공간이므로 쾌적하게 업무를 할 수 있도록 기둥 간격은 장 스팬(9m 이상), 고천장(2.6m 이상)이 바람직하다. 근래에는 천장고가 2.8~3m인 건축물이 생겨나기 시작했다.

③ 천장 안 공간 : 구조기술자는 집무실 천장 안의 구조 들보(梁) 높이를 최대한 낮게 만들고, 또한 들보관통도 배려한다. 건축가는 구조 들보와 천장 아래 판 사이와의 유효 높이를 $100mmH$ 이상 확보하여 배선 케이블과 배관(방재용) 등을 설치해도 기류 장애가 발생하지 않는 천장 안 공간을 구축한다.

④ 기능 공간 : 건축가는 공조기계실을 최대한 집무실에 근접하도록 배치한다. 구조기술자는 공조기술실의 바닥 레벨을 집무실의 바닥 슬래브면보다 $50mmH$ 이상 낮춘다. 설비기술자는 다운블로형 공조기기에 의해서 집무실로 공조급기가 용이하게 도입되도록 한다.

⑤ 공용 공간 : 건축가는 기계실의 보수점검과 갱신공사를 자유롭고 용이하게 할 수 있도록 복도와 공조기계실의 바닥 레벨을 동일화하는 것이 바람직하다.

(2) 단면계획

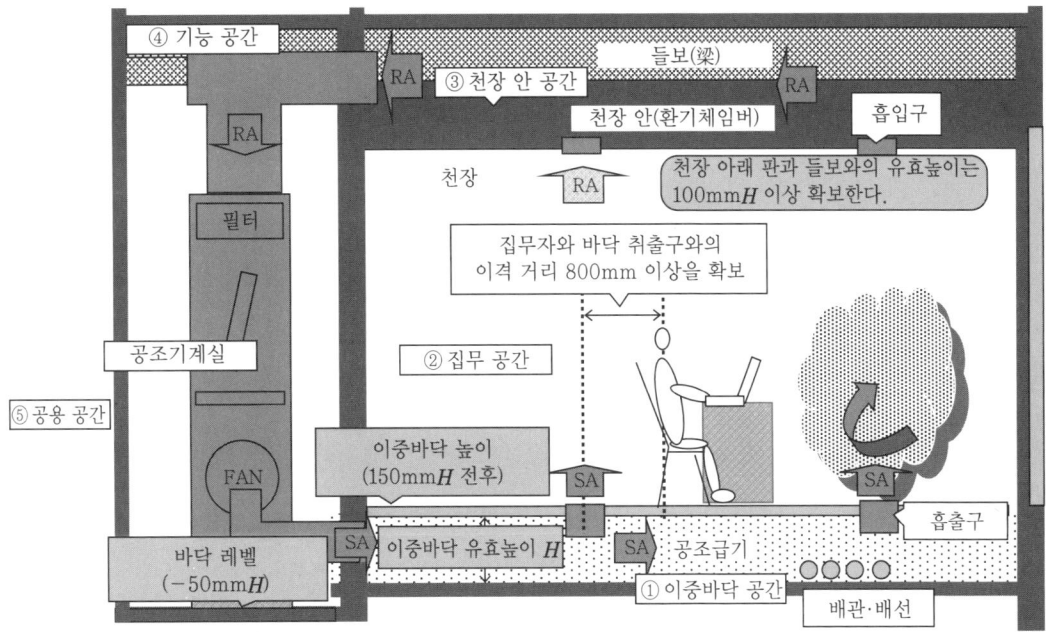

【그림】 단면계획

2.5 건축 환경 디자인 계획

119

(3) 이중바닥 계획

① 이중바닥 안의 배선 케이블의 이동과 설비가 용이하다. 또한 공조기류 분포를 균일하게 만들기 위해서 정보장치의 배관과 배선 케이블 같은 공기장애물은 공조기류와 평행하게 설치하고 그들의 높이를 이중바닥 유효높이의 1/2 이하로 억제할 필요가 있다.

② 집무실의 이중바닥 안 배선 케이블의 부설 높이 실태조사에 의하면 정보화가 진행된 집무실은 20mm$H$ 전후, 딜링 룸은 40~100mm$H$ 전후이다.

③ 공조공기의 순환 횟수는 집무실에서 7회/h 전후, 딜링 룸에서 10~35회/h 전후이다.

(g) 공조설비계획(설계조건)

언더플로어 공조 시스템은 덕트 방식과 체임버 방식 두 가지가 있다. 이중바닥을 공조급기 체임버에 이용하는 체임버 방식은 덕트 방식에 비해서 경제성과 보수 관리성·갱신공사 면에서 뛰어나다. 아래는 방식별 설계조건이다.

【표】 방식별 설계조건

항목	방식	체임버 방식	덕트 방식 (가압)	덕트 방식 (등압)
시스템 개념도	거주영역 (FL+1.8m) / 플로어 패널 / 이중바닥 / 바닥 슬래브	취출구 / 배선 / 공조덕트	취출구 / 정압	취출구 (FAN) / 등압/부압
실내조건 — 인원밀도(인/m²)		0.2		
실내조건 — 정보기기 발열량(W/m²)		30~40		
실내조건 — 외기량[(m²/사람·h)]		20 이상		
평면계획 — 공조대상간구(m)		40 전후	–	
평면계획 — 공조대상 안길이(m)		40 전후	16m 이하	
단면계획 — 이중바닥높이(mm)		300 이상	100~300 전후	
단면계획 — 이중바닥 재질별 가로세로의 치수(mm)		Al제 465·500·600 / ST제 500·600 / GRC제 500·533 / WD제 465		
단면계획 — 이중바닥의 기밀성		리크 허용률(약 2% 이하/송풍량)		
공기반송계획 — 송풍량 (온도차 ℃, 순환횟수 N/h)		10, 약 7		
공기반송계획 — 급기온도(℃)		16	18 이상(하계), 28 이하(동계)	
공기반송계획 — 기류속도(m/s)		6~8	0.3~0.5	
공기반송계획 — 압력(mmAq)		0.1	+2~5	–
공기반송계획 — 공조기의 형식		다운블로형		
공기반송계획 — 바닥 취출구의 형식		팬 없음, 팬 부착	팬 없음	팬 부착
실내환경 — 온도(℃), 습도(%)		DB26·RH50(하계), DB22·RH50(동계)		
실내환경 — 머리와 다리의 온도차(℃)		2 이하		
실내환경 — 인체에 다가오는 기류속도(m/s)		0.25 이하		
실내환경 — 소음치(NC : db)		40		

(h) 공조설비계획

공조설비는 환경보전과 쾌적성(작업의 효율화)·경제성·보수 관리성 등에 커다란 영향을 끼친다. 따라서 건축주의 요구를 제대로 파악하여 건축계획(건축지·용도·규모·충수·건물배치·평면도·단면도)과 구조계획을 세운 후 공조 조닝·공조 시스템·열원 시스템을 계획한다.

(1) 공조조닝

실내 쪽 공간(인테리어 존)은 집무자·정보기기·조명기기라는 발열체가 존재하고, 집무자가 드나들기 때문에 열부하가 변동한다. 또한 창가 쪽 공간(페리미터 존)은 일사열, 냉복사(콜드 드래프트)에 의해서 시간이 경과하면서 변동이 생기기 때문에 서로 다른 열부하를 동일한 공간 조닝으로 만드는 것은 온열환경이나 유지비용면에서 볼 때 좋은 생각은 아니다. 따라서 집무실의 공조 조닝은 크게 인테리어 존과 페리미터 존의 두 개로 나누는 것이 바람직하다. 이때 페리미터 존은 창가에서 실내 쪽 3m에 설정하는 것이 일반적이다.

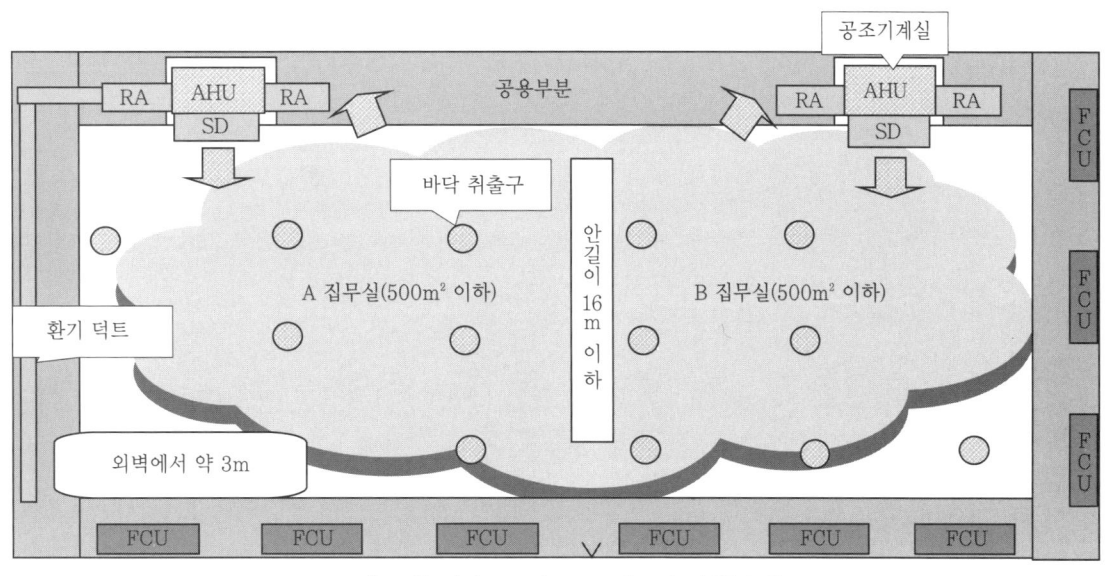

【그림】 언더플로어 공조 시스템 계획(평면)

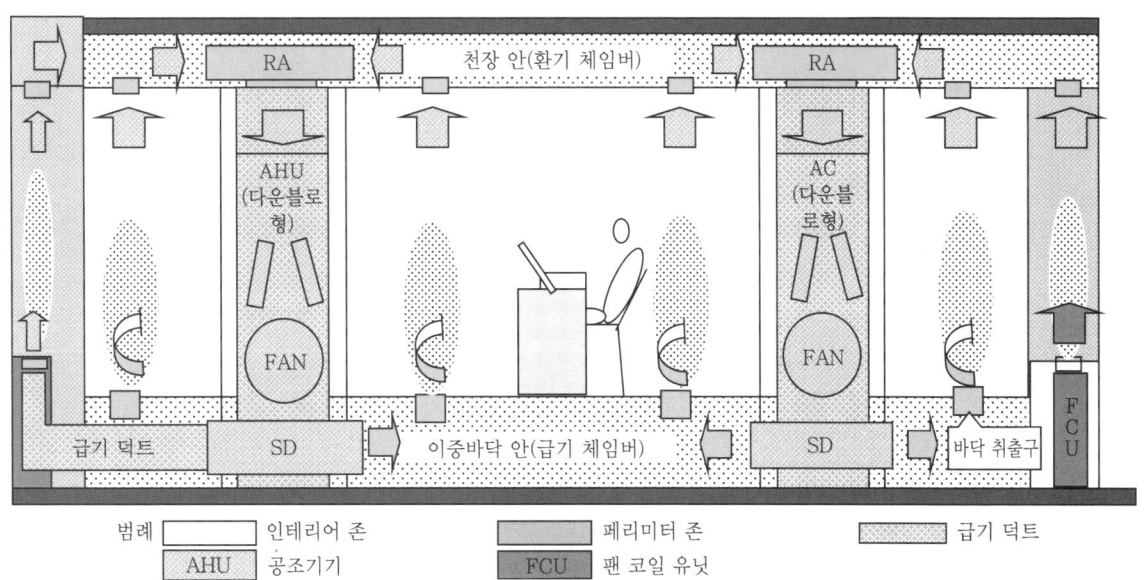

범례	인테리어 존		페리미터 존		급기 덕트
AHU	공조기기	FCU	팬 코일 유닛		

【그림】 언더플로어 공조 시스템 계획(단면)

(2) 공조 시스템

① 인테리어 존 : 이중바닥 공간을 공조급기 체임버에 사용하는 것으로 가압 체임버 방식·등압 체임버 방식·덕트 방식이 있다. 가압 체임버 방식은 다른 방식에 비해 경제성·방의 용도변경·공사기간의 단축 면에서 뛰어나기 때문에 현재에도 가장 많이 보급되고 있다(방식별 이해득실 사항은 120페이지 참조).

② 페리미터 존(perimeter zone) : 외벽창문 유리로 인한 일사열(하계)·냉복사(동계)를 처리하는 공조 시스템이 필요하고 팬 코일 유닛(FCU)＋냉온수배관, 월 스루형 패키지, 덕트＋바닥, 천장제기구로 대응하는 것이 가능하다. 한편 인테리어 존용 바닥 취출구는 창가에서 1m 이상 격리하면 쾌적성과 경제성을 확보할 수 있다.

(i) 바닥 취출구 계획

바닥 취출구는 쾌적한 실내 환경(온열·기류·공기질)을 확보해 주는 중요한 장치이다. 현재 팬이 없는 제기구(制氣口)가 주류를 이루고 있지만 균일한 기류분포나 부분적인 부하증가대응을 중시하는 경우에는 팬이 부착된 제기구가 바람직하다. 그리고 제기구는 알루미늄 합금제품인데, 하이힐을 신고 보행하는 여성들의 안전을 확보하기 위해서 공기 토출구의 치수를 7mm 이상으로 한다. 아래는 바닥 취출구의 개요이다.

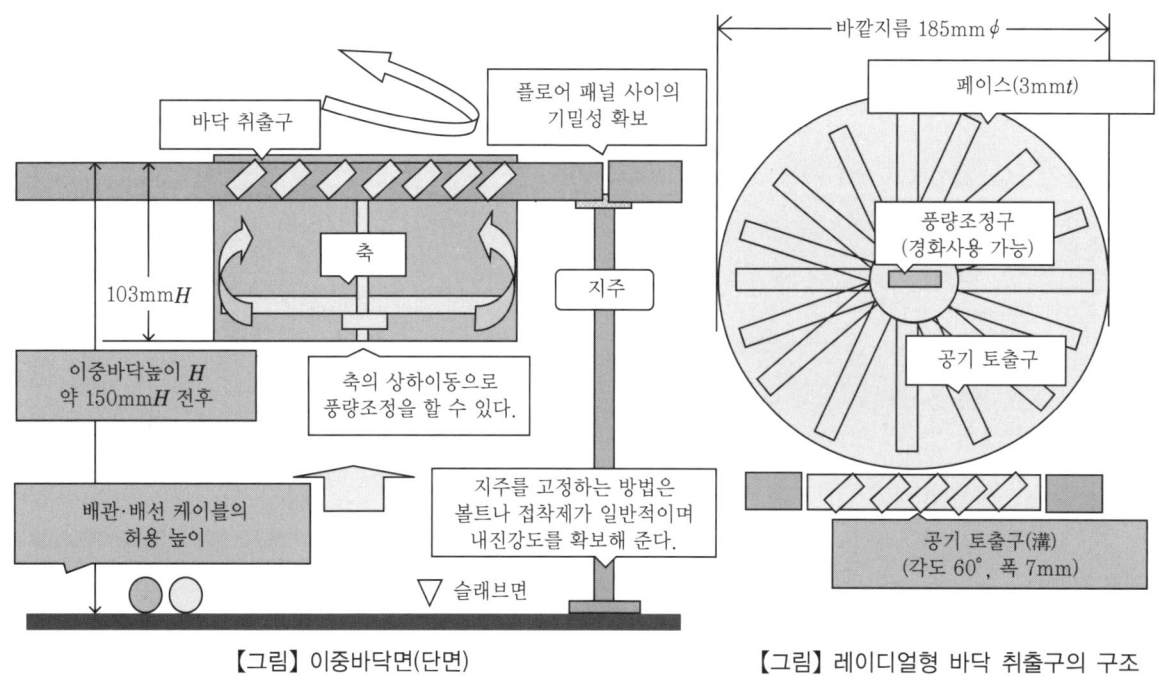

【그림】이중바닥면(단면)　　　　【그림】레이디얼형 바닥 취출구의 구조

바닥 취출구를 플로어 패널의 모서리에 설치하므로 365도 대응이 가능하다.

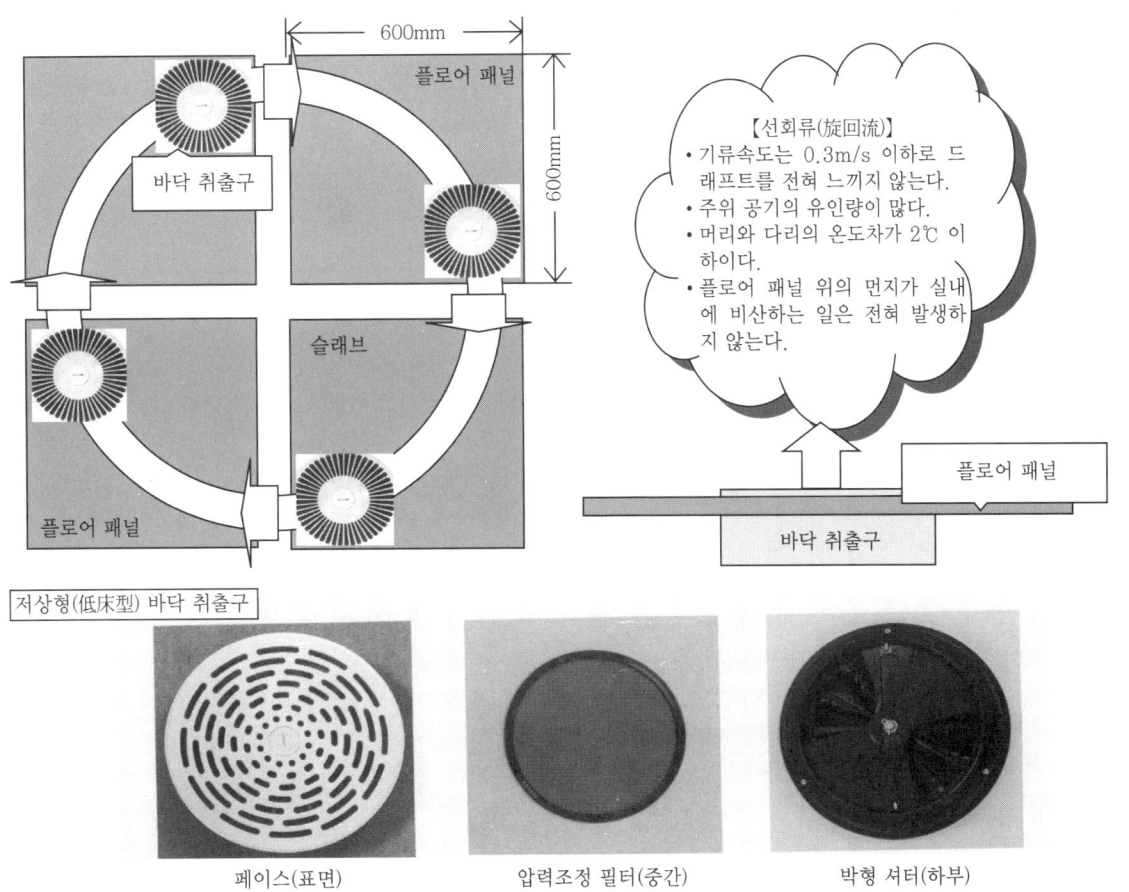

【선회류(旋回流)】
• 기류속도는 0.3m/s 이하로 드래프트를 전혀 느끼지 않는다.
• 주위 공기의 유인량이 많다.
• 머리와 다리의 온도차가 2℃ 이하이다.
• 플로어 패널 위의 먼지가 실내에 비산하는 일은 전혀 발생하지 않는다.

600mm

600mm

플로어 패널

바닥 취출구

슬래브

플로어 패널

저상형(低床型) 바닥 취출구

플로어 패널

바닥 취출구

페이스(표면)

압력조정 필터(중간)

박형 셔터(하부)

(j) 실내공기 유동방식의 종류와 특징

실내에 공조공기를 송풍하는 경우의 공기유동방식에는 자유분류, 층류, 선회류의 세 종류가 있다. 그 특징은 아래와 같다.

① 자유분류 : 천장 혹은 벽면 취출구에서 나오는 자유취출로 인해서 실내공기와 혼합하고 실내의 온도와 부유분진·일산화탄소·탄산가스의 농도가 균일화되는 기류를 말한다.

② 층류 : 천장 혹은 모든 벽면의 취출구에서 나오는 미풍층류로 인해서 실내공기와 혼합을 하는데 하류가 될수록 실내의 온도와 부유분진·일산화탄소·탄산가스의 농도가 높아지는 기류를 말한다.

③ 선회류 : 바닥 취출구에서 천천히 나오는 선회류로 인해서 거주 영역의 실내공기와 혼합을 하는데 발열체(인체·정보기기·조명기구 등)가 만들어낸 상승기류에 올라타서 천장면에 가까이 갈수록 실내의 온도와 부유분진·일산화탄소·탄산가스의 농도가 높아지는 기류를 말한다. 그리고 기류가 바닥에서 천장으로 한 방향이 되기 때문에 거주영역의 공기질은 다른 방식에 비해 뛰어나다.

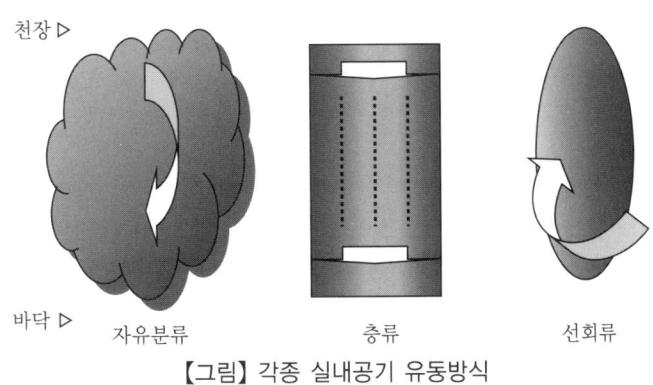

천장 ▷

바닥 ▷

자유분류　　　　층류　　　　선회류

【그림】 각종 실내공기 유동방식

(k) 배선계획

　정보화사회에 있어서 업무시설인 집무실에는 정보기기가 많이 들어와 있다. 그로 인해서 기기의 발열처리와 배선대응을 확실하고 용이하게 해달라고 요구하는 목소리가 높아져 현재 바닥공법은 OA 플로어 방식이 주류를 이루고 있다. 그리고 이중바닥에 대해 설명하자면, 프리 액세스 플로어는 바닥높이 300mm$H$ 이상, OA 플로어는 바닥높이 100mm$H$ 전후를 가리킨다. 아래는 일반적인 집무실을 배선방식별로 종합 비교한 것이다.

【표】 배선방식별 종합비교

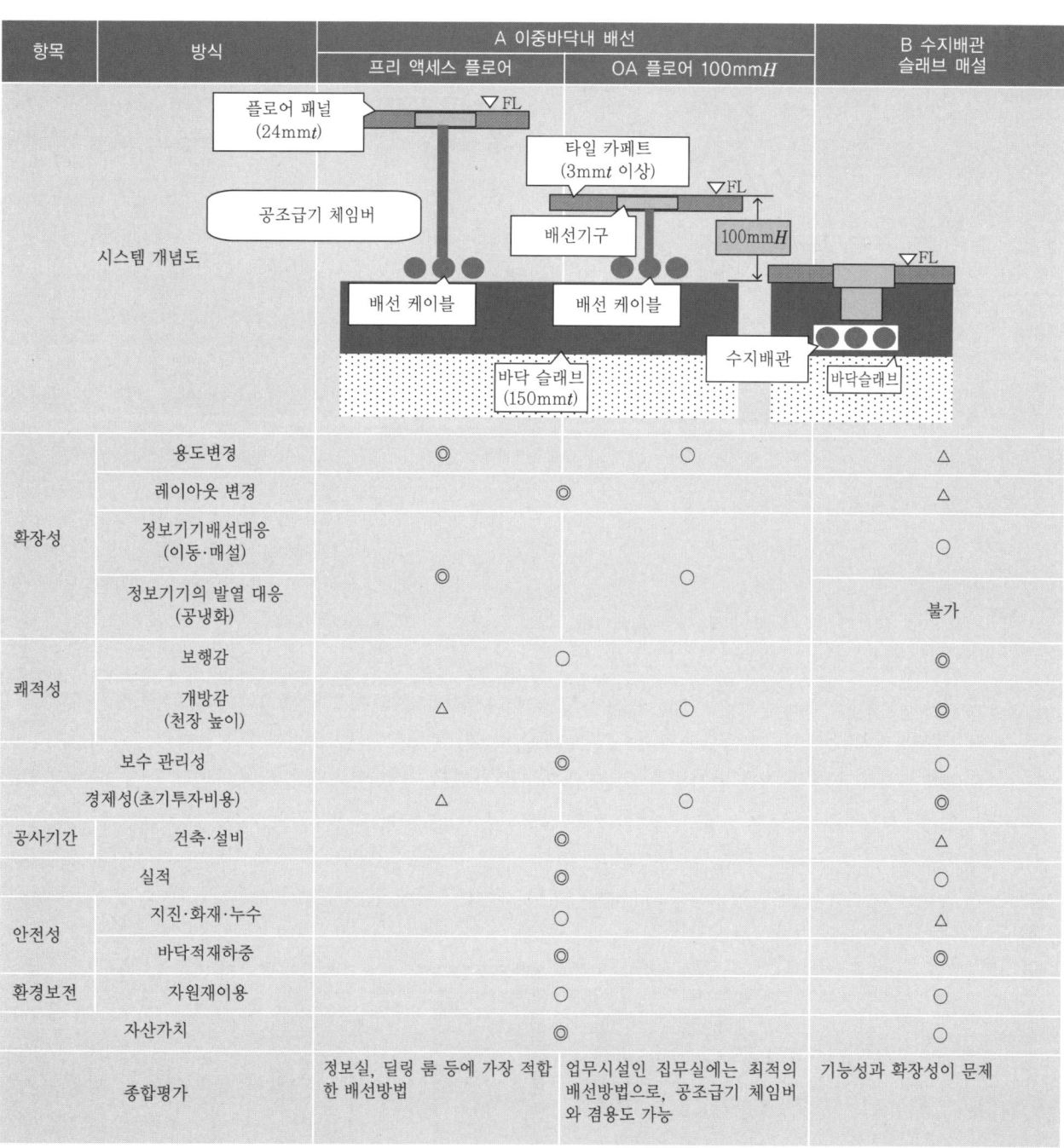

항목	방식	A 이중바닥내 배선 프리 액세스 플로어	A 이중바닥내 배선 OA 플로어 100mm$H$	B 수지배관 슬래브 매설
	용도변경	◎	○	△
확장성	레이아웃 변경	◎	○	△
확장성	정보기기배선대응 (이동·매설)	◎	○	○
확장성	정보기기의 발열 대응 (공냉화)	◎	○	불가
쾌적성	보행감	○		◎
쾌적성	개방감 (천장 높이)	△	○	◎
	보수 관리성	◎		○
	경제성(초기투자비용)	△	○	◎
공사기간	건축·설비	◎		△
공사기간	실적	◎		○
안전성	지진·화재·누수	○		△
안전성	바닥적재하중	◎		◎
환경보전	자원재이용	○		○
	자산가치	◎		○
	종합평가	정보실, 딜링 룸 등에 가장 적합한 배선방법	업무시설인 집무실에는 최적의 배선방법으로, 공조급기 체임버와 겸용도 가능	기능성과 확장성이 문제

[범례] ◎ : best, ○ : better, △ : good

(I) 건축물의 적용에 대한 문제

건축용도별 언더플로어 공조 시스템 적용 조건은 다음과 같다.

용도·단면계획		건축·구조계획 (실시 예)	설비계획	기류속도 (m/s)	압력 (mmAq)	배선고 (mm*H*)	이중바닥 높이(mm*H*)
업무시설·연구시설		이중바닥 로이즈 빌딩(영국) GEW 쾰른(독일) 홍콩상해은행(홍콩) 도쿄 다이아 빌딩 5호관 신세이은행 메이지 야스다생명 빌딩	체임버 방식 (가압·등압) 정보기기발열 30~50W/m² 기류 장애 덕트 공사비 인하	0.3~0.5	0~5	20 전후	150 전후
정보시설		이중바닥 일본은행 계산센터 도쿄미츠비시은행 계산센터 도쿄 다이아 빌딩	체임버 방식 (가압·등압) CPU발열 200~500 W/m² 기류 장애 누수대책 (수냉식 CPU)	1~2		약 250	500 이상
미술관시설·전시시설 등		이중바닥 일본에도박물관 일본과학미래관 모리 빌딩 미술관 국립신미술관 국립국회도서관 국제아동도서관	체임버 방식 (가압·등압) 조명발열 20~50 W/m²	0.3~0.5	2	–	150 전후
극장시설·집회장시설		이중바닥 (차음처리) 신국립극장	체임버 방식 (가압·등압) 조명발열 100~ W/m² 내진(덕트·조명)	0.3~0.5		–	300 전후
설비기계실		이중바닥 천장이 없다. 기기기초(관통)	체임버 방식 (가압·등압) 덕트 내진공사 불필요 덕트 공사비 절감 기기발열	1~2		300 전후	600 전후
대공간·스타디움		이중바닥 일사대책(블라인드) 로이즈 빌딩(영국) 롯폰기 힐즈	체임버 방식 (가압·등압)	0.3~0.5	0~5	–	300 전후

2·5 건축 환경 디자인 계획

125

(m) 종합평가

두 개의 공조방식을 종합평가한 결과, 천장 취출 공조방식과 비교해서 언더플로어 공조방식은 특히 쾌적성(퍼스널 공간)·기능성(정보기기의 배선·발열처리대응)·공기질의 향상·확장성(방의 용도변경, 정보기기의 증설, 이동대응)·경제성(종합공사비 약 17% 절감)이 뛰어나다는 것을 알게 되었다. 앞으로는 각종 건축물에 언더플로어 공조방식이 보다 많이 보급되리라고 생각된다.

〈계획전제조건〉

① 건축지는 도시 내, 건축용도는 업무시설, 방의 용도는 집무실, 바닥면적은 1,620m², 천장 높이는 2.8mH, 이중바닥 높이는 0.15mH(알루미늄 제품)

② 공통가설, 여러 경비, 발원기기, 배연, 환기, 배관 등의 설비공사비는 제외

③ 페리미터 존은 두 방식 모두 개별 공조 시스템을 설치한다.

【표】 공조방식별 경제성 비교 (단위 : 천 엔)

항목/방법		천장 취출 공조방식	언더플로어 공조방식(바닥 취출방식)
시스템 개념도		공조기기 / 이중바닥(배선대응)	천장 안(환기 체임버) / 공조기기 / 이중바닥(급기 체임버)
기능성	미관(천장면)	△ (천장제기구가 많다.)	○(천장제기구가 적다.)
	공간의 유효이용	△ (천장 안, 들보관통)	○
	시간외 공조운전대응	△	△
	실내 환경	○	◎ (공기질)
	건축물체 축열반응	△	○ (이중바닥)
	각종 건축물의 적용	○	○
확장성	실용도 변경대응	△ (공조설비의 전면변경이 필요)	◎ (부분적 변경)
	정보기기 증설대응		◎ (공조기·제기구의 증설로 가능)
시공성	실적	◎	○ (약 300건)
	공사기간	△	○ (약 10% 공사기간의 단축)
안전성	자연재해(지진)	○ (제기구의 낙하대책)	○ (제기구의 낙하대책)
경제성	초기투자비용	△	◎
설비공사	공조기기	17,728@4,432×4 세트	17,728@4,432×4 세트
	덕트	9,330@8,070+1,260	2,163@903+1,260
	제기구(制氣口)	2,825@21.4×132개	2,624@8×328개
	자동제어	11,200@2,800×4 세트	11,200@2,800×4 세트
	소계	41,083	33,715
건축공사	철골들보관통 슬래브	1,200	300
	바닥(마감을 포함)	(24,300@15/m²)×1,620	25,110@15.5/m²×1,620
	제기구 절입 보강	0	400
	소계	25,500	25,810
종합공사비		66,583(117)	59,525(100)
유지비		△	○ (송풍기동력)
【종합평가】			기능성·쾌적성·경제성 등에서 뛰어나다.

(n) 도쿄 다이아 빌딩 5호관의 언더플로어 공조 시스템 계획

365일, 24시간 사업이나 업무를 지속할 수 있도록 해주고 쾌적한 실내 환경·기능성·확장성을 최대한 고려한 선진정보설비를 창조하기 위해서 해외(독일, 이탈리아, 영국)의 언더플로어 공조 시스템을 조사하였다. 그 이후 일본에서 처음으로 언더플로어 공조 시스템을 개발하였고 도쿄 다이아 빌딩 5호관에서 도입되었다. 아래는 건축·공조설비 계획이다.

(1) 건축설비조건

① 용도 : 정보시설(임대)
② 규모 : 연면적 46,000m²
③ 층수 : 지하 2층, 지상 18층
④ 임대기준 바닥면적 : 500m² 이상/구획
⑤ 유효바닥면적 : 약 1,800m²/층
⑥ 실내 안길이의 치수 : 16m
⑦ 단면계획 : 이중바닥 0.4m, 천장 높이 2.6m, 천장 안 1.2m
⑧ 언더플로어 공조바닥면적 : 약 27,000m²

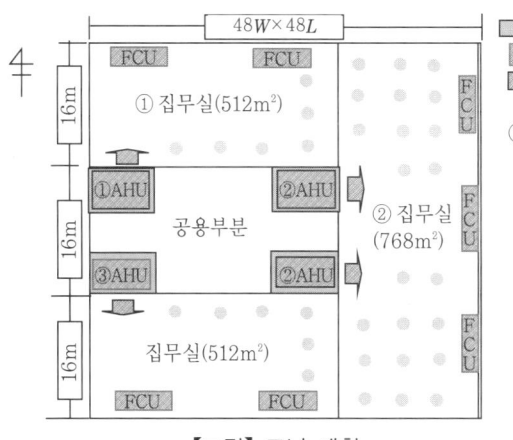

【그림】조닝 계획

천장 안의 상태　　공조기계실

바닥 취출구　　이중바닥 안 급기구

(2) 공조설비계획

건축물의 형태는 정사각형으로 동서남북에 벽면(유리)을 가지는 고층 빌딩이다. 4~18층은 임대층인데 이들의 유효 바닥면적은 약 1,800m²/층을 확보하고 그와 동시에 단위바닥면적 500m²와 3구획을 가능하게 한다. 그리고 설비기계실은 4곳/층에 배치한다.

(3) 공조 시스템

① 인테리어 부분 : 공조공기는 집무실의 이중바닥 안길이 약 16m 안에 균등하게 분포하고 바닥면에 위치한 제기구에서 나오는 선회류로 인해 재빨리 실내공기와 적당하게 혼합을 하여서 다음과 같은 메리트가 생긴다.

- 콜드 드래프트가 없다.
- 바닥면의 먼지 비산이 일어나지 않는다.
- 실내 먼지·인체의 취기·담배 같은 오염공기는 발열체(인체·조명·OA기기)가 만든 상승기류를 타고 환기구에 흡인된다.
- 거주영역(FL+1.5m)의 상하 온도차는 항상 2℃ 이하를 확보할 수 있으므로 거주자의 쾌적성이 확보된다.
- 거주자의 기호에 맞춰 제기구의 풍량을 0~100% 자유롭게 수동 조정을 할 수 있는 퍼스널 공조를 실현

② 페리미터 부분 : 동서남북은 커다란 창을 가지기 때문에 창가의 이중바닥 안에 팬 코일 유닛(FCU)을 설치하고 다른 페리미터 존마다 열처리를 확실하게 시행한다. 그리고 인테리어 존에 열 영향을 주는 것을 방지하기 위해 칸막이벽을 설치한다.

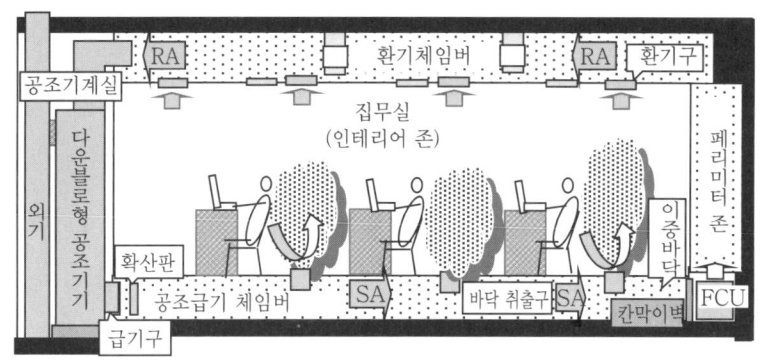

【그림】공조설비계획의 개요

(o) 실내 환경 측정결과

집무실의 여름철 온도분포는 설계치인 26℃에 대해서 24.5~26℃(FL+1.1m)로 분포하고, 기류분포는 설계치인 0.3m/s에 대해서 0.06~0.22m/s의 범위로 분포하고 있다. 그리고 겨울철 온도분포는 설계치인 22℃에 대해서 22~24.5℃로 분포하고 기류분포는 0.07~0.2m/s으로 분포하고 있다. 그리고 PMV는 설계치인 −0.6~+0.6인 것에 대해서 여름철은 −0.6~+0.2, 겨울철은 −0.6~+0.2로 분포하고, 부유분진농도는 설계치인 0.15mg/m³에 대해서 0.03~0.07mg/m³로 분포하고 있어 목표 설계치를 모두 만족하고 있다. 특히 집무자(남 45명, 여 6명)에게 앙케이트 조사를 해보았는데, "기류가 느껴지지 않거나 약간 느껴진다"라는 최종대답을 얻어 집무실의 실내 환경은 상당히 쾌적하다는 것을 확인할 수 있었다.

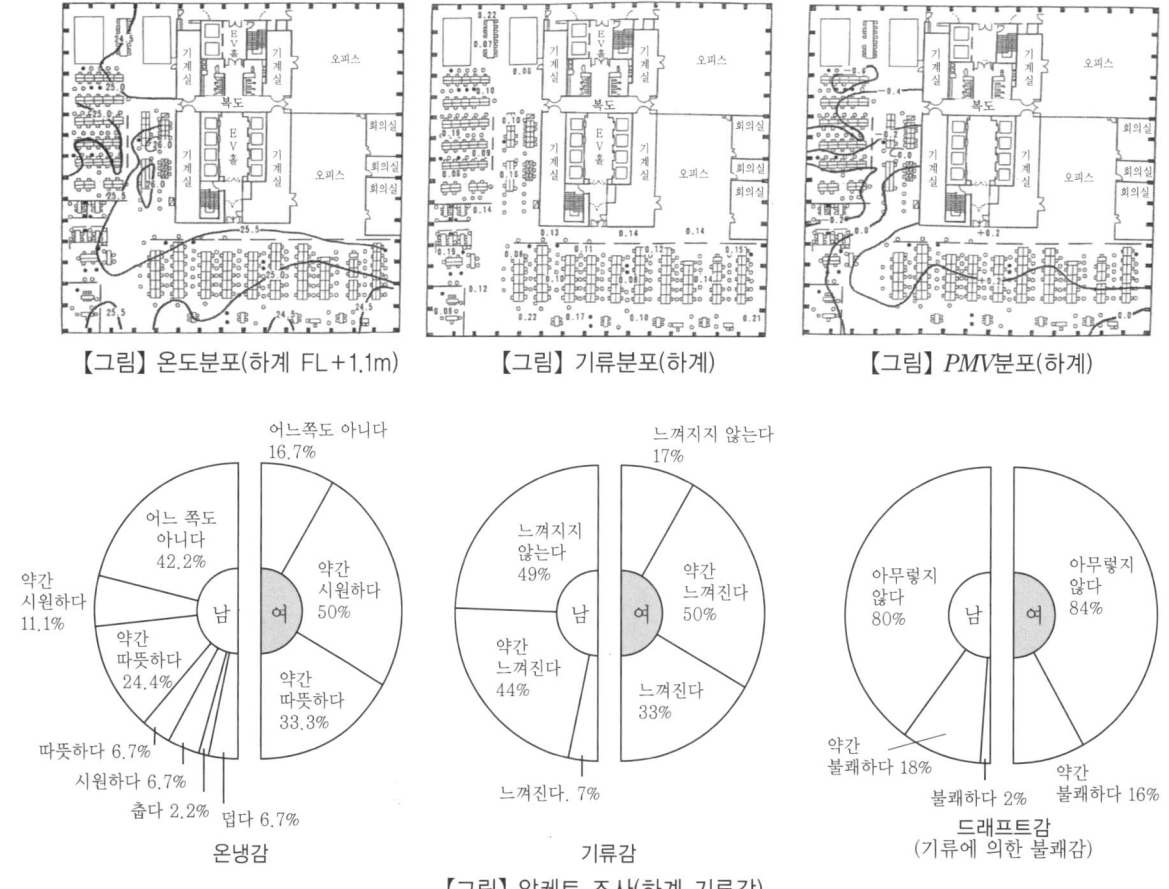

【그림】온도분포(하계 FL+1.1m)   【그림】기류분포(하계)   【그림】PMV분포(하계)

【그림】앙케트 조사(하계 기류감)

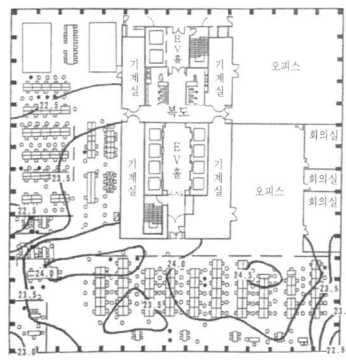 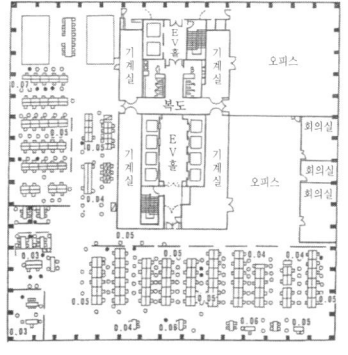 

【그림】온도분포(동계 FL+1.1m)　【그림】부유분진농도분포(동계 mg/m²)　【그림】PMV분포(동계)

(p) 국내 최초 도쿄 다이아 빌딩 5호관 언더플로어 공조 시스템

건축가가 언더플로어 공조 시스템을 이해할 수 있도록 도쿄 다이아 빌딩 5호관의 건축계획·공조설비 계획에 대해서 설명하고자 한다. 본관의 기준층 집무실의 실내단면은 ① 이중바닥(바닥 슬래브를 방진도장, 400mm$H$, 바닥 취출구와 플로어 패널(600mm$W$×600mm$L$)의 일체형), ② 집무 공간(천장고2.6mH), ③ 천장 안(약 1.2mH)으로 구성된 개방적인 집무공간이다.

그리고 공조기계실을 집무실에 인접하도록 하고 바닥높이를 집무실보다 50mm$H$ 내려서 급기 덕트의 시공을 용이하게 만들었다. 공조설비는 방의 용도변경에 대한 대응성·경제성 등을 중시하고 가압 체임버 방식을 채용한다. 이중바닥 안으로 도입된 공조급기는 바닥 취출구(외형 185ϕ, 아연합금제품)에서 집무공간으로 송풍을 하면서 집무자나 정보기기의 발연처리·분진 취기 등을 상승기류에 태우고, 천장의 네모 모양의 조명기구+흡입구에서 천장 안의 들보 아래공간(100mm$H$ 이상)과 복수의 양관통구를 경유하면서 공조기기로 돌아가는 사이클을 반복하여서 쾌적한 실내 환경과 경제성을 실현하였다.

(q) 스톡 건축시장의 공조설비 개수공사계획

기존 건축물의 공조 리뉴얼 공사에 언더플로어 공조 시스템을 도입하는 경우의 특징·시공순서·공조설비 갱신계획의 개요는 다음과 같다.

건축지　　건축물 외관　　집무실 상황　　딜링 룸 상황

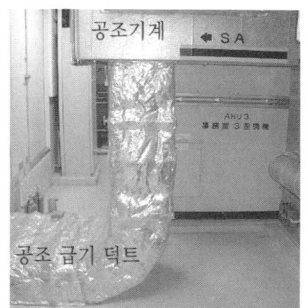   

공조기계실　　급기 덕트 부착　　급기구 부착상황　　방진도장상황

이중바닥 내 배선부설 상황

이중바닥 부착상황

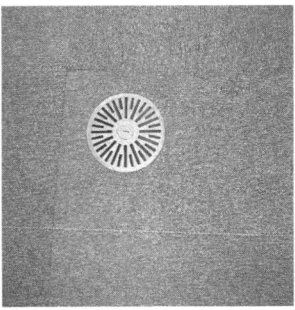
바닥 취출구 부착상황

천장환기구 덕트 시공

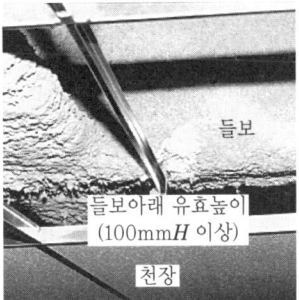

천장 안 환기 덕트 시공

천장상황

(1) 특징

① 단기간의 공사기간(천장의 개수공사는 원칙적으로 불요, 기존 공조 덕트는 일부 개수공사는 하지만, 종래의 공조 시스템과 비교해서 공사기간을 약 20% 단축할 수 있다.)

② 경제적(이중바닥 및 천장 안 공간을 공조 덕트에 겸용)이다.

③ 쾌적한 실내 공간(균일한 온도분포·기류분포·공기질의 향상)을 실현할 수 있다.

④ 확장성(칸막이, 데스크, 정보기기 등의 이동이나 증설은 바닥 취출구 일체형 플로어 패널을 이동하거나 증설을 할 때 자유롭게 대응할 수가 있다.)

⑤ 천장고를 올리는 것(노출천장·공조설비(이중바닥에 바닥 취출구 혹은 팬 코일 유닛의 설치))이 가능하다.

(2) 시공순서

① 공조기계실내

- 기존환기 덕트의 일부를 철거한다.
- 신설 급기 덕트를 바닥 아래 급기구에 접속한다.
- 기존 급기 덕트는 환기 덕트로 재이용한다.
- 급기구를 설치한다.

공조기기

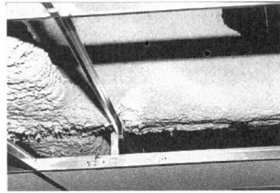
천장 안

② 실내

- 천장 안의 기존 급기 덕트는 환기 덕트로 재이용
- 천장의 기존 취출구를 환기구로 재이용
- 바닥 슬래브를 청소한 후 방진도장을 한다.
- 이중바닥을 새로 설치한 후 바닥 취출구를 설치한다.

천장 안 환기구

바닥 취출구

③ 시운전조정

- 공조설비를 시운전해서 공조기기와 덕트 안의 분진제거를 확실하게 한다.
- 급기온도·압력 등을 소정의 조건에 맞게 설정한 후 공조설비를 시운전해서 기능과 성능을 확인한다.

(3) 공조시설변경 계획

범례 : ▢ 기존설비　▨ 개수공사 내용

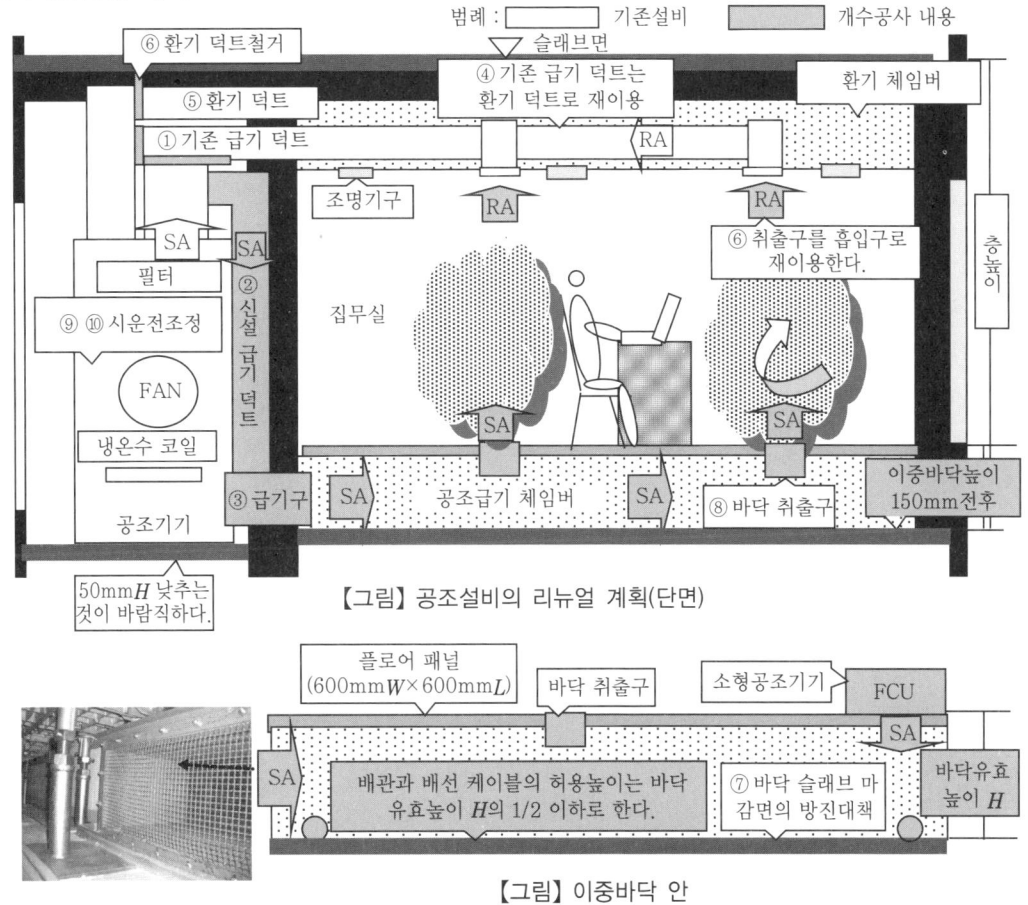

【그림】공조설비의 리뉴얼 계획(단면)

- ⑥ 환기 덕트철거
- ⑤ 환기 덕트
- ① 기존 급기 덕트
- 조명기구
- SA
- 필터
- ⑨ ⑩ 시운전조정
- FAN
- 냉온수 코일
- 공조기기
- ③ 급기구
- 50mm$H$ 낮추는 것이 바람직하다.
- 슬래브면
- ④ 기존 급기 덕트는 환기 덕트로 재이용
- 환기 체임버
- RA
- ② 신설 급기 덕트
- 집무실
- RA
- RA
- ⑥ 취출구를 흡입구로 재이용한다.
- 층높이
- SA
- SA
- SA
- 공조급기 체임버
- SA
- ⑧ 바닥 취출구
- 이중바닥높이 150mm전후

【그림】이중바닥 안

- 플로어 패널 (600mm$W$×600mm$L$)
- 바닥 취출구
- 소형공조기기
- FCU
- SA
- SA
- 배관과 배선 케이블의 허용높이는 바닥 유효높이 H의 1/2 이하로 한다.
- ⑦ 바닥 슬래브 마감면의 방진대책
- 바닥유효 높이 H

2.5.10 ● 승강기설비계획

〔1〕 기초적인 지식

승용 엘리베이터에 관한 기초지식을 아래에 소개하고자 한다.

(a) 정격 속도에 대한 꼭대기 틈새와 피트의 깊이

① 꼭대기 틈새 : 승강 카 틀의 맨 꼭대기에서 승강로의 꼭대기에 있는 바닥 혹은 대들보(梁)의 맨 끝까지의 수직거리

② 피트의 높이 : 승강 카가 정지하는 맨 아래층의 바닥면부터 승강로의 밑 부분의 바닥면까지의 수직거리. 이때 기계실이 없는 경우는 메이커의 기준치수로 할 수도 있다.

정격속도 (m/min)	꼭대기 틈새 (m)	피트의 깊이 (m)	승강 카의 천장고(m)
45 이하	1.2	1.2	2.0
45~60	1.4	1.5	
60~90	1.6	1.8	
90~120	1.8 (1.12)	2.1 (1.35)	2.2
120~150	2.0	2.4	
150~180	2.3	2.7	2.5
180~210	2.7	3.2	
210~240	3.3	3.8	2.8
240 이상	4.0	4.0	

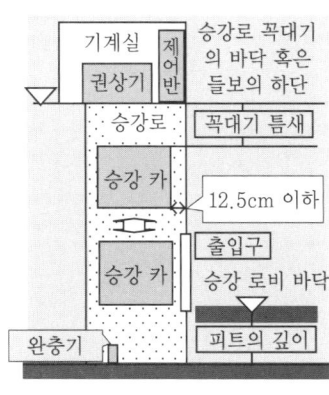

- 기계실
- 제어반
- 권상기
- 승강로 꼭대기의 바닥 혹은 들보의 하단
- 승강로
- 꼭대기 틈새
- 승강 카
- 12.5cm 이하
- 출입구
- 승강 카
- 승강 로비 바닥
- 완충기
- 피트의 깊이

【그림】승강로(단면)

(b) 승강 카와 승강로 및 승강 로비의 이격거리

① 승강 로비 출입구의 바닥끝과 승강 카의 바닥끝과의 평균거리는 4cm 이상으로 한다.

② 승용 엘리베이터와 침대용 엘리베이터의 경우 승강기의 바닥끝과 승강로 벽과의 수평거리는 12.5cm 이상으로 한다. 만약 수평거리를 확보할 수 없는 경우는 페서 플레이트 장치를 설치한다.

③ 기계실의 크기 : 승강로의 유효면적은 수평투영면적의 2배 이상(다만, 기계배치와 점검작업에 지장이 없는 경우는 완화될 수 있다.)

④ 승강로 : 기계실이 없는 경우 승강로 안의 허용온도는 7℃ 이하로 한다

(c) 공동주택의 주요 규제내용

① * 표시가 없는 것은 최소한의 레벨(*표시는 특정건축물(공동주택·학교 등)에서 바람직한 레벨)

② 도쿄도 하트빌 조례에서 정한 특별 특정건축물은 학교·병원·집합장·보건소·양로원·박물관·미술관·도서관·진료소·백화점·극장·호텔·체육관·공동주택 등이다.

③ 엘리베이터의 설치대수는 18만 대(1984년도), 55만 대(2002년도)이다.

④ 스트레쳐 제조회사 : (주)마츠나가(松永)제작소가 있다.

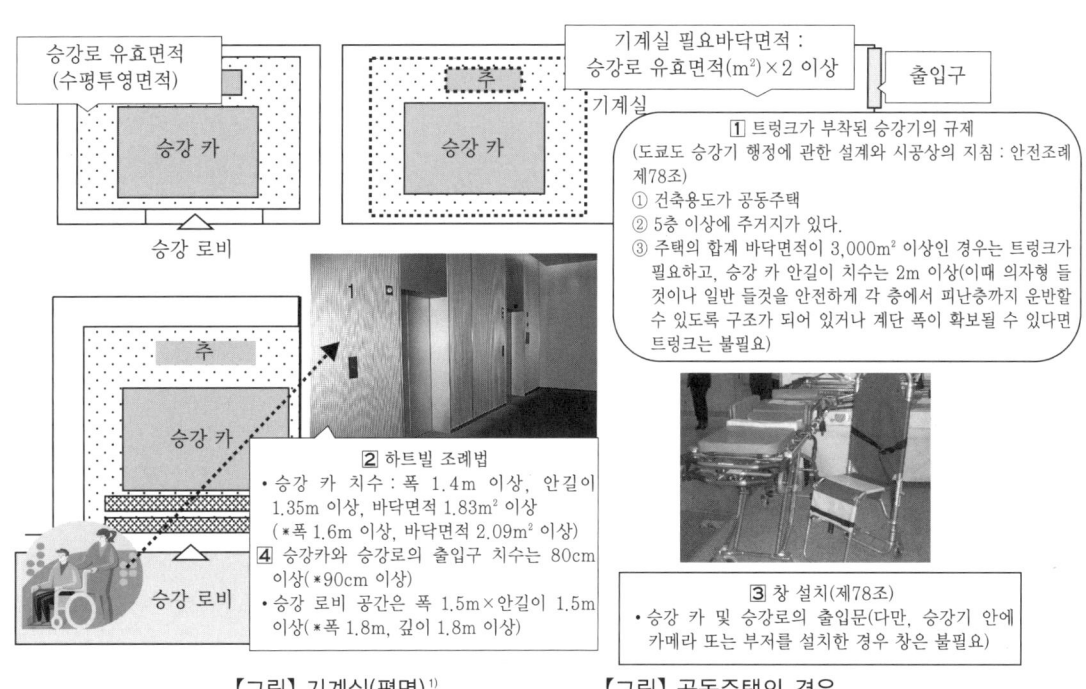

【그림】 기계실(평면)[1]   【그림】 공동주택의 경우

〔2〕 **승강기설비의 구조기준**

(a) 적재하중

종류	승강 카 면적(m²)	법정적재하중(N)
탑승용 (사람과 화물용)	바닥면적 1.5 이하	3,600/m²
	바닥면적 1.5 이상~3.0 이하	4,900/m²+5,400
	바닥면적 3.0 이하	5,900/m²+13,000
화물용, 침대용		2,500/m²
자동차운반용		2,500/m²

시 스루형
(투시형) 승강기
마루노우치 빌딩[1]

여기서, 엘리베이터의 표시적재량은 법정 적재하중(N)/9.8(법정적재량)±50kg

(b) **승강 카의 구조**

비상시에는 승강기 안에 있는 사람을 승강 카 밖으로 구출할 수 있다. 천장개구부의 최소한의 폭은 0.4m이며, 면적은 0.2m² 이상으로 한다. 다만 기계실이 없는 경우에는 필요 없다.

(c) **승강로의 구조**

① 승강로 밖에 있는 사람이나 물건이 승강 카나 균형추에 부딪칠 위험이 없는 구조, 또는 튼튼한 벽, 둘레, 출입구(자폐식, 열쇠부착)를 만든다.

② 피트의 깊이는 승강 카가 맨 아래층에 정지했을 때 승강 카의 아래 면과 완충기와의 이격거리를 0.6m 이하로 한다.

③ 승강로와 승강장 문의 재료는 난연재료(불연재료, 준불연재료)로 한다.

(d) **엘리베이터 기계실**

① 실내온도는 40℃ 이하로 한다.

② 이동식 소화기를 2개 이상 설치한다(분무식, 거품, 분말).

(e) **기계실이 없는 엘리베이터**

① 구동장치의 설치장소에는 환기가 효과적으로 이루어지는 개구부·환기설비·공조설비를 설치한다. 다만 설치장소의 실내온도가 7℃ 이상으로 상승하지 않는다는 것이 계산을 통해 확인될 수 있는 경우는 환기설비의 설치가 필요 없다.

② 구동장치를 승강로 바닥 부분에 설치하는 경우 승강 카 또는 균형추가 완충기에 충돌하는 경우라도 승강 카나 균형추가 구동장치에 닿지 않는 것으로 한다.

③ 구동장치를 승강로 바닥 부분에 설치하는 경우 벽 또는 둘레까지 수평거리는 50cm 이상을 확보한다. 이때 구동장치를 승강로의 벽에 설치하는 경우는 제조회사의 기준으로도 가능하다.

④ 비상시에 승강로 밖에서 엘리베이터를 제어할 수 있는 장치를 만든다.

(f) **엘리베이터의 제어장치**

① 승강 카 정격속도의 1.3배를 넘지 않도록 동력을 자동으로 절단하는 장치

② 동력이 정지했을 때에는 타성으로 인한 원동기의 회전을 자동으로 제지하는 장치

③ 승강 카 정격속도의 1.4배를 넘지 않도록 승강 카의 강하를 자동으로 제지하는 장치

④ 승강 카 또는 균형추가 승강로의 바닥 부분과 충돌하지 않도록 승강 카가 오르락내리락하는 것을 자동으로 제어·제지하는 장치

(g) 승강기 내진설계·시공지침

① 내진 클래스 S(필요 최소한의 안전성을 확보하는 것 외에 승강로 내의 기기 및 기계실 안 기기의 빠른 기능회복을 목적으로 하는 것)

A : 필요 최소한의 안전성을 확보하는 것 외에 승강로 내 기기의 빠른 기능회복을 목적으로 하는 것

B : 필요 최소한의 안전성을 확보하는 것을 목적으로 하는 것

② 지진관제 운전장치는 주행중인 승강 카를 빠른 시간 안에 가장 가까운 층에 정지시켜 승객을 안전하게 승강 카 바깥으로 피난시킬 수 있는 것으로, 안전상 설치하는 것이 바람직하다.

③ 기기나 제어반의 전도와 이동방지

④ 권상기의 주삭(主索)의 풀림 방지

⑤ 레일 이탈(균형추, 승강 카)

⑥ 속도조절기 로프의 흔들림 방지, 걸림 방지

⑦ 테일 코트(tail coat : 연미복)의 걸림 방지

(h) 비상용 엘리베이터

① 적재량(1,150kg 이상), 승강 카의 치수($1.8mW \times 1.5mD \times 2.3mH$), 출입구 치수($1mW \times 2.1mH$)

② 비상전원용량은 전 부하 상승운전시의 전력을 60분 이상 연속적으로 공급할 수 있도록 한다.

〔3〕 **승강 로비, 승강로의 안전방재설비 계획**

화재 발생시에 승강로 안이나 승강 카 안으로 화재연기가 침입하는 것을 방지할 수 있는 안전설비를 설치하는 것은 필요 불가결하다. 아래는 안전방재설비의 개요이다.

(a) 승강 로비의 출입문

3층 이상에 주거실이 있는 승강로의 출입문은 차염(遮炎), 차연(遮煙) 도어(인정품)로 한다(그림 참조).

(b) 엘리베이터의 피난유도설비

① 피난층 이외의 층에서 연기감지기가 작동된 경우는 승강 카를 피난층에 강제적으로 다시 이동시킨다.

② 피난층의 연기감지기가 작동한 경우는 승강 카를 피난층의 바로 위층이나 바로 아래층으로 강제적으로 보낸다.

③ 피난층 이외의 다른 층의 연기감지기가 작동하고 또 화재층의 방화문이 닫히기 시작한 때는 승강 카를 피난층으로 강제적으로 돌려보낸다. 그리고 자동화재경보설비의 설치가 면제되는 시설이라도 연기감지기는 설치할 필요가 있다.

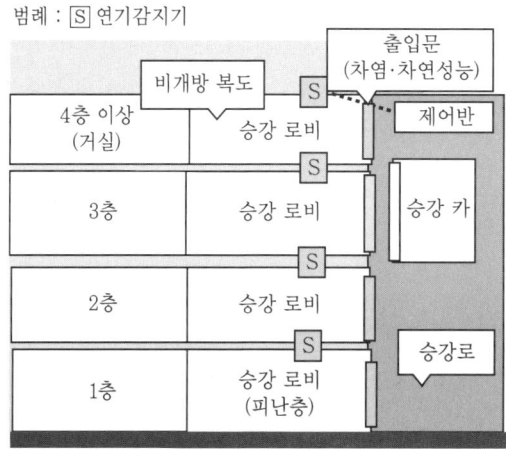

거주실·승강 로비·승강로(단면)
【그림】 단면도

제2장 건축설비계획의 기초 지식

(c) 각종 차연설비(遮煙設備)

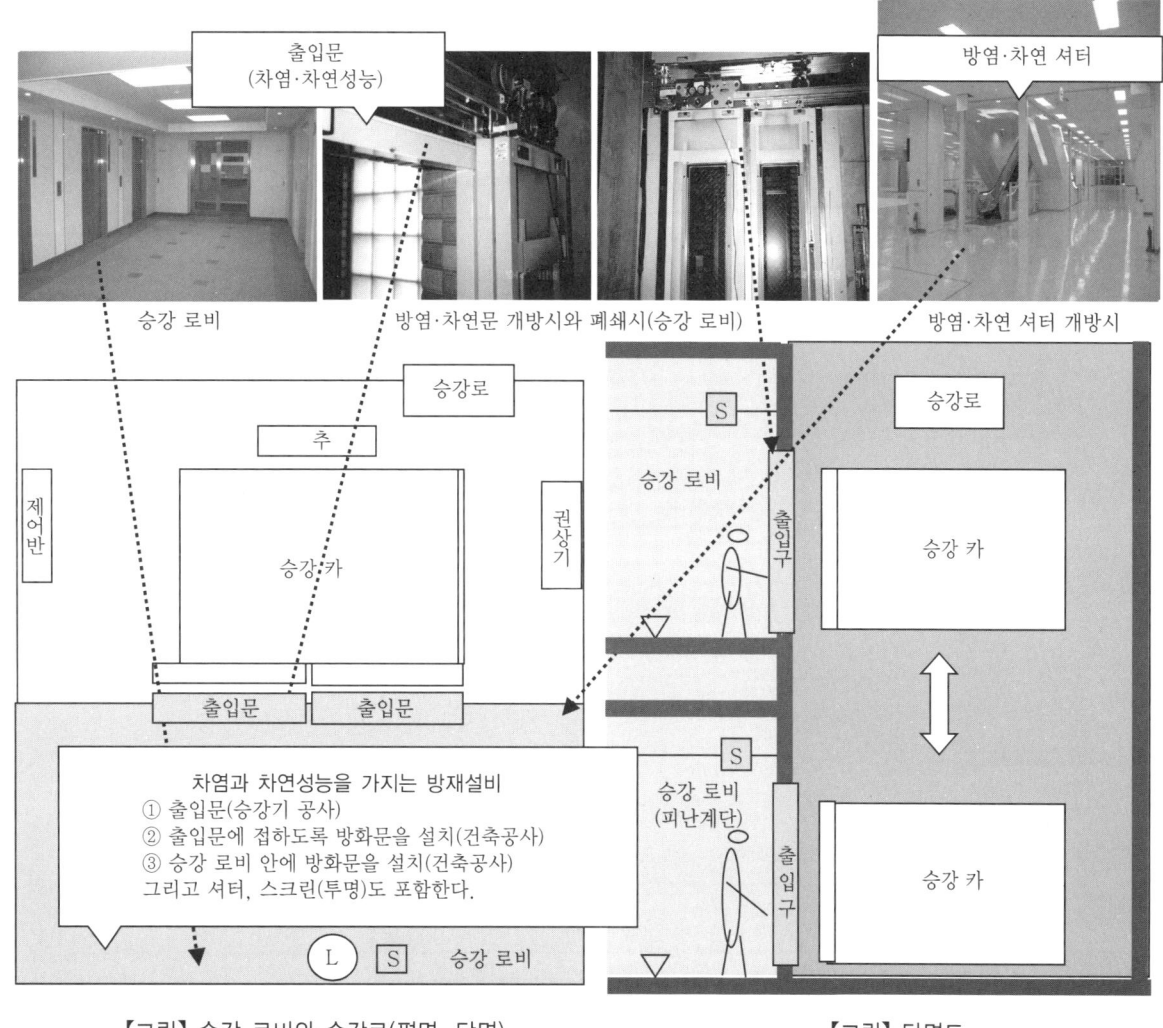

방염·차연 셔터

출입문
(차염·차연성능)

승강 로비   방염·차연문 개방시와 폐쇄시(승강 로비)   방염·차연 셔터 개방시

승강로

추

제어반   승강 카   권상기

출입문   출입문

차염과 차연성능을 가지는 방재설비
① 출입문(승강기 공사)
② 출입문에 접하도록 방화문을 설치(건축공사)
③ 승강 로비 안에 방화문을 설치(건축공사)
그리고 셔터, 스크린(투명)도 포함한다.

Ⓛ Ⓢ 승강 로비

【그림】승강 로비와 승강로(평면, 단면)

승강 로비

Ⓢ

출입구

승강로

승강 카

승강 로비
(피난계단)

출입구

승강 카

Ⓢ

【그림】단면도

(d) 유의사항

　① 승강 로비의 출입문과 방화문 사이의 천장 부분에는 피난용 또는 비상용 조명기구를 설치한다.

　② 피난층에 설치하는 방화문, 셔터, 스크린 등에는 피난용 도어를 병설한다.

　③ 방화설비의 전원은 축전지설비, 비상전원전용 수전설비, 비상용 발전기설비로 한다.

〔4〕 비상용 엘리베이터 설치계획

　지상 31m를 넘는 고층건축물은 비상용 엘리베이터를 설치하는 것이 필요한데 아래에 설명한 설치완화조건을 만족하는 경우에는 설치가 면제된다. 아래는 설치완화에 대한 개요를 설명한 것이다.

(a) 설치완화조건

다음의 4개의 조건 중 하나의 조건이라도 해당하면 설치가 완화될 수 있다.

　① 높이 31m를 넘는 부분을 계단실, 여러 가지 설비실(전기실·공조기계실·승강기기계실 등), 장식탑, 전망탑, 옥상창 등으로 사용하는 건축물

　② 높이 31m를 넘는 부분의 각 층의 바닥면적 합계가 500m² 이하인 건축물

　③ 높이 31m를 넘는 부분의 층수가 4층 이하인 건축물로 주요구조부를 내화구조로 하고 100m² 이내마다

내화구조로 된 바닥이나 벽 또는 특정방화설비를 설치한다. 구조는 제112조 제14항 제1호 ② 및 ⑥에 제시된 요건을 만족하고 국토교통대신(우리나라의 건설교통부 장관)이 정한 구조방법 혹은 국토교통대신의 인정을 받은 것이다.

④ 높이 31m를 넘는 부분을 기계제작공장, 불연성 물품을 보유하는 창고 등으로 사용하는 건축물로 주요 구조부가 불연재료로 시공

(b) 비상용 엘리베이터 설치완화 계획

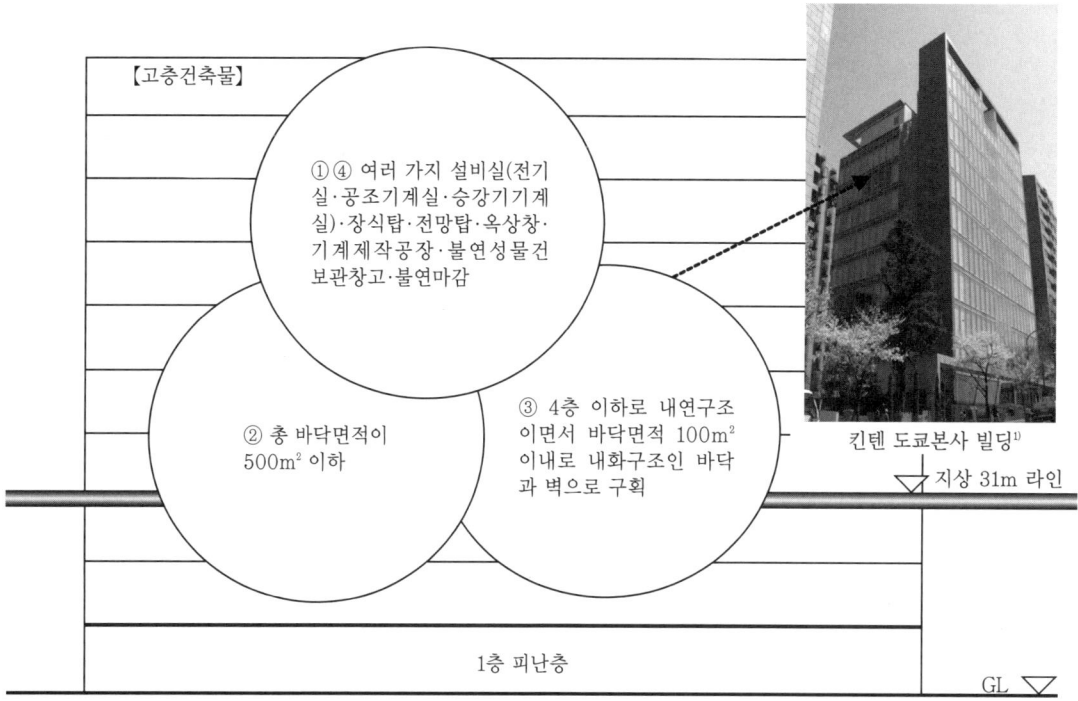

【그림】비상용 엘리베이터의 설치완화(단면)

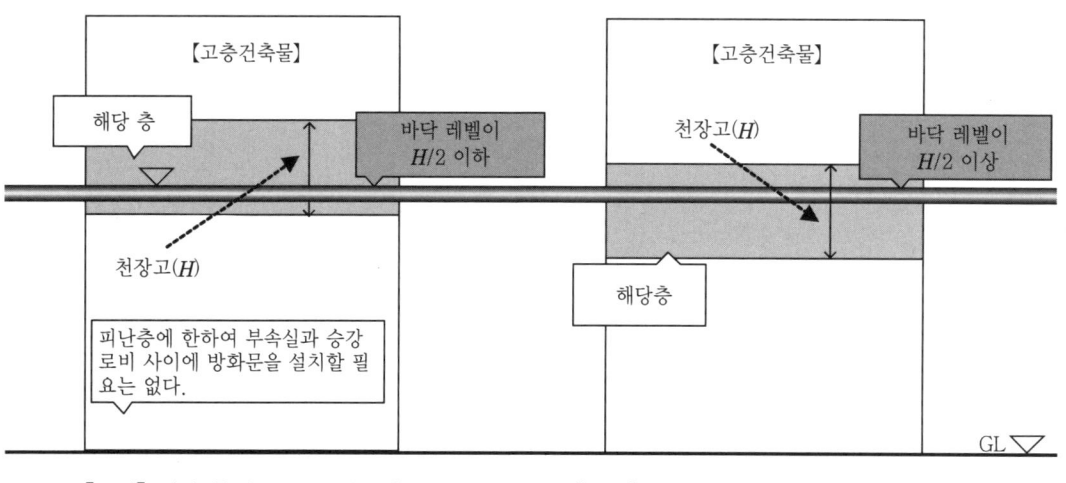

【그림】해당 층이 31m를 넘는 층   【그림】해당 층이 31m를 넘지 않는 층

〔5〕**승용 엘리베이터와 비상용 엘리베이터의 병설계획**

고층건축물의 집무자(주거자)의 편리성을 고려하고, 만일에 발생할 화재시에 외부 소방대원들이 소화활동을 원활하게 할 수 있도록 승용 엘리베이터와 비상용 엘리베이터를 병설하는 계획에 대해서 법적으로 적합한 예와 그렇지 못한 예를 아래에 소개하였다.

(a) 비상용 엘리베이터의 설치와 구조(영 제129조의 13의 3)

① 승강 로비의 바닥면적은 $10m^2$ 이상/기(基)+특별피난계단 부속실의 필요 바닥면적 $5m^2$를 확보한다.

② 승강로는 내화구조의 바닥 및 벽과 천장으로 구획한다.

③ 승강 로비에는 배연설비를 설치한다.

④ 승강 로비는 창·배연설비·출입문을 제외하고 내화구조를 가진 바닥과 벽으로 둘러싼다.

⑤ 기계실의 경우 승용과 비상용 기기는 내화구조의 벽으로 구획한다.

(b) 부적합 예

① 승용 엘리베이터와 비상용 엘리베이터의 승강 로비 사이에 내화구획벽이 설치되어 있지 않다.

② 승강로 안의 승용 엘리베이터와 비상용 엘리베이터 사이에 내화구획벽을 설치하지 않았다.

③ 부속실에 배연설비를 설치하지 않는 등 관련법규와 설치기준 등을 만족하지 못해서 다른 용도로 쓰일 승강기의 병설설치는 불가능하다.

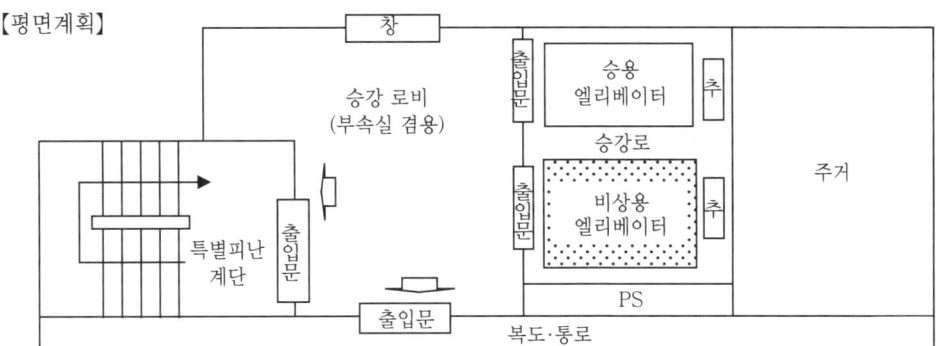

【그림】 승강로비(평면)

(c) 적합한 예

다음은 비상용 엘리베이터의 승강 로비를 부속실 겸용으로 하기 위한 필요조건이다.

① 특별피난계단에는 전용 부속실을 설치한다.

② 비상용 엘리베이터 승강 로비의 바닥면적은 「$10m^2$ 이상/기＋특별피난계단 부속실의 필요바닥면적 $5m^2$」를 확보한다.

③ 승용 엘리베이터의 승강 로비를 설치한다.

④ 비상용 엘리베이터의 승강 로비와 승강 로비의 사이에는 방화구획벽을 설치한다.

⑤ 승강로의 천장 면에서 바닥면에 걸쳐 비상용 엘리베이터와 승용 엘리베이터 사이에 내화구조벽을 설치한다.

⑥ 비상용 엘리베이터의 승강 로비에는 자연배연 창을 설치한다.

⑦ 비상용 엘리베이터의 승강 로비에는 배연설비를 설치한다.

⑧ 승용 엘리베이터의 승강 로비 출입문은 방염과 차연 성능을 가진다.

⑨ 비상용 엘리베이터는 속도 60m/min 이상, 하중 1,150kg(17명), 승강 카 치수 $1.8mW \times 1.5mD \times 2.3mH$, 출입구 치수 $1mW \times 2.1mH$, 기계실이 필요하다.

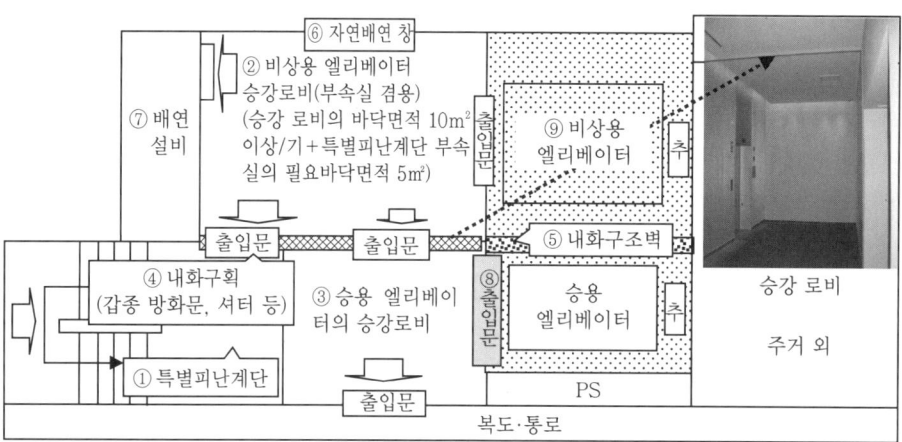

【그림】 평면계획

주 : 비상용 엘리베이터의 경우, 기계실 없는 방식은 채용할 수 없다(施工令 129조 13의 3.4항).

〔6〕 동일한 승강로 안에 설치하는 이종반송설비 계획

물류시설의 승강로 안에 하물용 승강기설비와 하물용 반송설비를 병설 설치할 수 있다. 이종반송설비 계획의 개요는 아래와 같다.

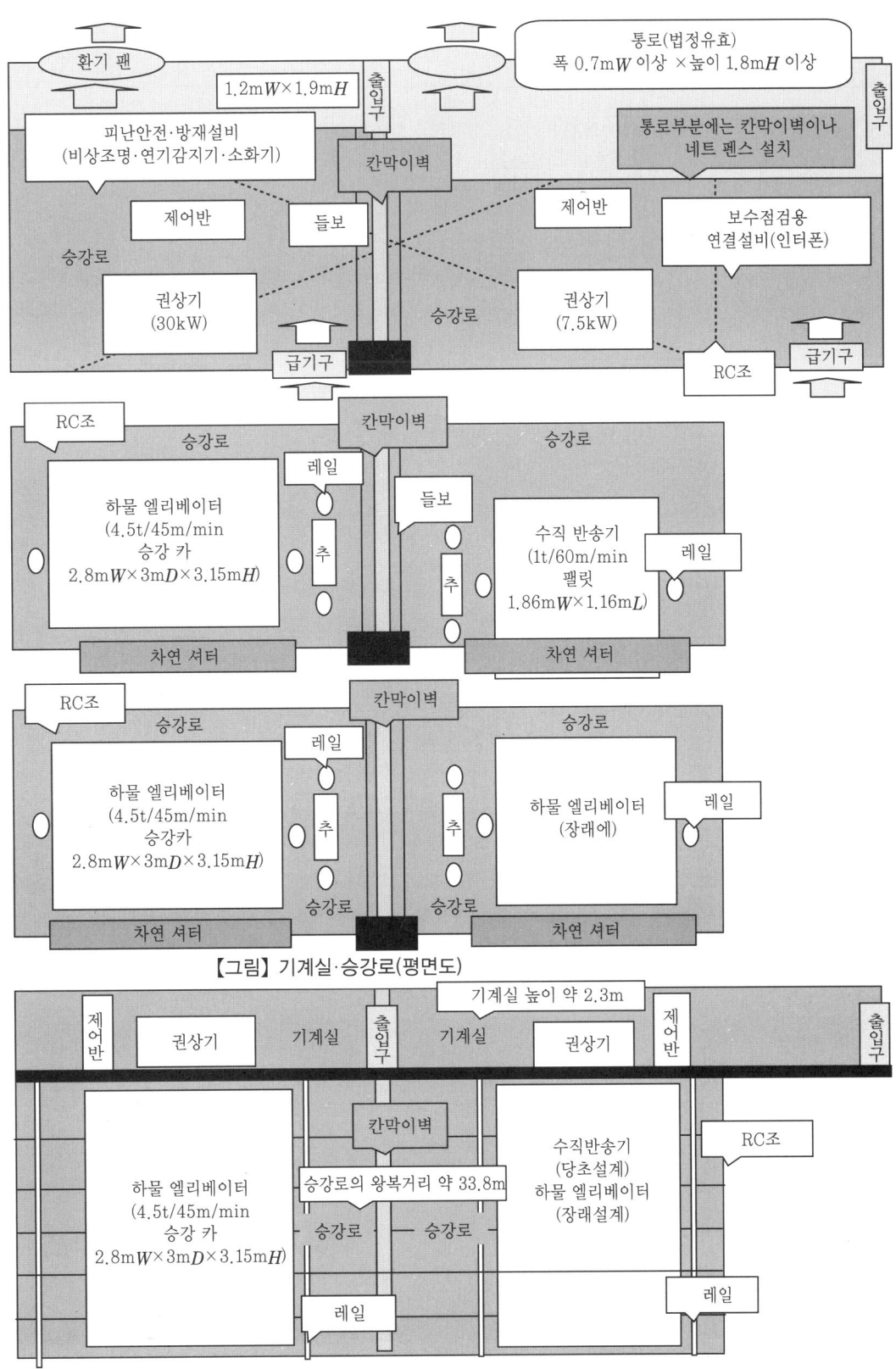

【그림】 기계실·승강로(평면도)

【그림】 기계실·승강로(단면도)

〔7〕 오토로드(autoroad) 계획

공공시설·복합시설 중에서, 불특정 다수의 방문자나 집무자 등을 원하는 층에 신속하게 이동하게 해주는 오토로드(에스컬레이터)를 설치하는 건축물이 늘어났다. 아래는 오토로드 설비계획의 개요이다.

(a) 오토로드 계획

① 경사각도는 최대 15도 이하로 한다(이용자가 발판에서 미끄러져 넘어지는 것을 방지하고 승강시에 무리 없는 자세를 확보하기 위해서).

② 바닥면의 폭은 통상 1.1m 이하로 한다(단, 1.6m 이상으로 하는 경우는 경사 각도를 4도 이하, 인접 바닥면 사이의 단차를 4mm 이하, 핸드 레일 중심 사이의 수평거리는 2.1m 이하로 한다). 그리고 단차가 없으며 인접 답단(踏段) 간의 단차가 4mm 이하인 노면이 전 길이에 걸쳐서 수평인 것을 말한다.

③ 이동속도가 도중에 변화하는 종류도 있다.

【표】 에스컬레이터 및 움직이는 보도의 공칭 수송능력(사람/시)

바닥면의 폭(mm)/속도	20m/min	30m/min	40m/min	45m/min	50m/min
600	3,000	4,500	6,000	6,750	7,500
1,000	6,000	9,000	12,000	13,500	15,000

【표】 에스컬레이터와 움직이는 보도의 구배와 정격속도

구배		정격속도	비고
8도 이하		50m/min 이하	움직이는 보도
8도를 넘고, 30도 이하	15도 이하로 바닥면이 수평이 아닌 것	45m/min 이하	
	바닥면이 수평인 것		에스컬레이터
30도를 넘고 35도 이하		30m/min 이하	

④ 적재하중은 $P(\mathrm{N}) = 2,600A$ 이하
(A : 바닥면적의 수평투영면적 m²)

⑤ 사람과 물건이 바닥판에 끼거나, 동력이 정지되거나, 구동장치가 고장이 났을 때는 바닥판이 진행하는 방향의 가속도를 $1.25\mathrm{m/s^2}$ 이하로 제지하는 안전장치를 설치한다.

⑥ 안전장치로는 이동손잡이 인렛 부분의 안전장치, 비상정지 버튼, 바닥판 결함의 감지장치, 바닥판 침하의 감지장치, 바닥면 체인 절단감지장치, 구동 체인 절단감지장치, 전자 브레이크, 손잡이 정지감지장치

(b) 확인사항

① 오토로드 주행 중 이용자가 넘어지는 것에 대한 보호대책

OAZO(도쿄 치요다구)[1]

출전 : 1) 三菱地所(株).

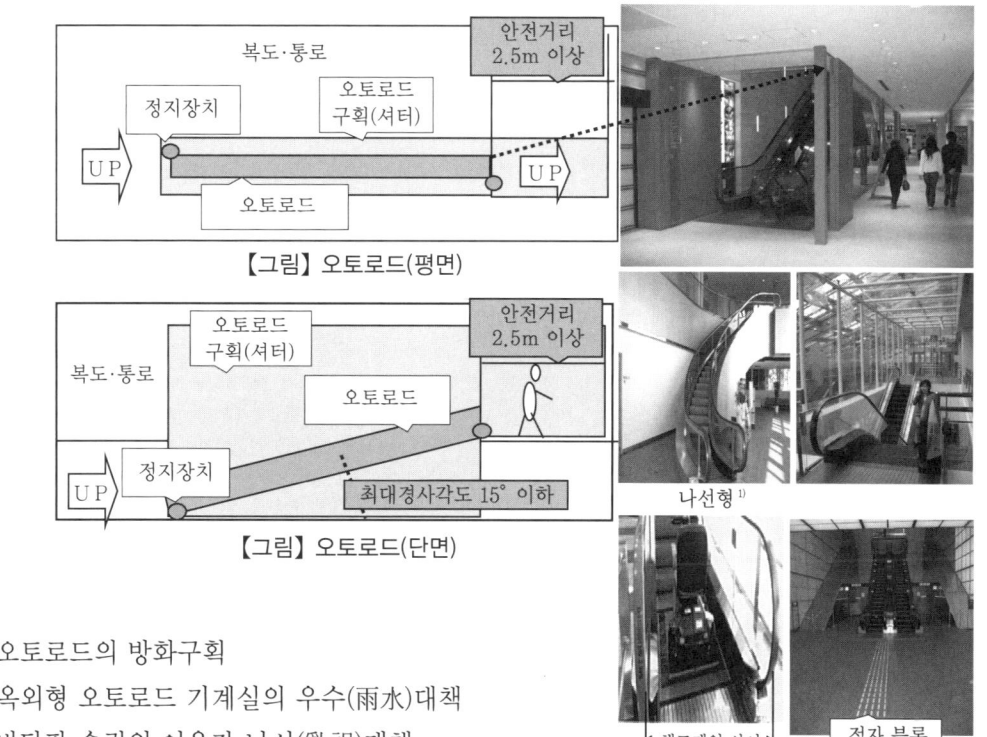

【그림】 오토로드(평면)

복도·통로 / 정지장치 / 오토로드 구획(셔터) / 안전거리 2.5m 이상 / UP / 오토로드 / UP

【그림】 오토로드(단면)

오토로드 구획(셔터) / 복도·통로 / 오토로드 / 안전거리 2.5m 이상 / 정지장치 / UP / 최대경사각도 15° 이하

나선형[1]

←핸드레일 사이→   점자 블록

② 오토로드의 방화구획

③ 옥외형 오토로드 기계실의 우수(雨水)대책

④ 바닥판 슬릿의 이용자 난시(亂視)대책

⑤ 운전시의 구동장치나 체인 등에서 나는 진동과 소음방지대책

⑥ 기계실 내 권상기 등의 보수점검시 안전대책

〔8〕 승강기설비의 설치상태

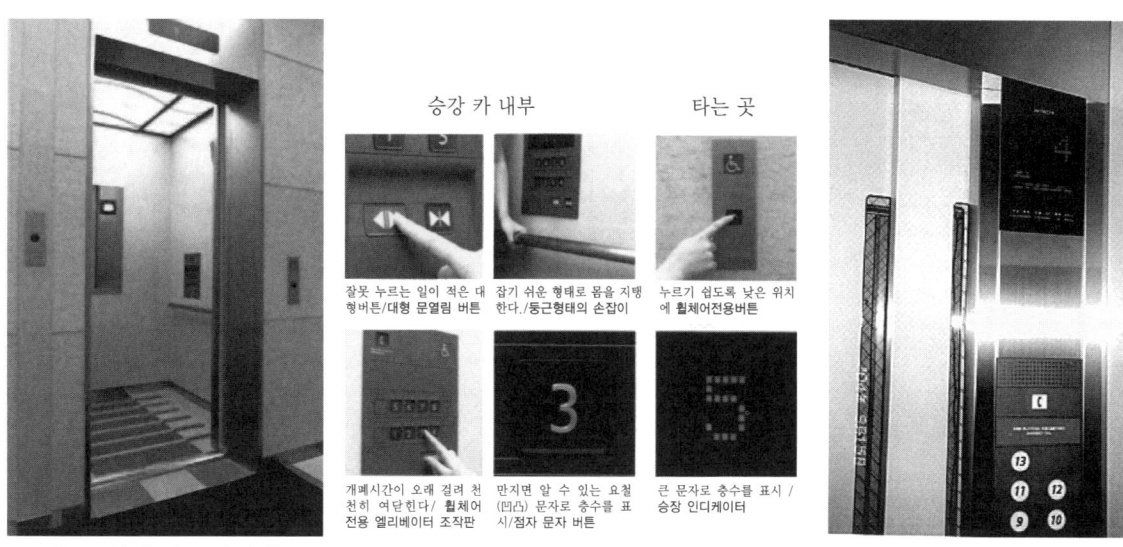

승강 카 내부   타는 곳

잘못 누르는 일이 적은 대형버튼/대형 문열림 버튼   잡기 쉬운 형태로 몸을 지탱한다./둥근형태의 손잡이   누르기 쉽도록 낮은 위치에 휠체어전용버튼

개폐시간이 오래 걸려 천천히 여닫힌다/ 휠체어전용 엘리베이터 조작판   만지면 알 수 있는 요철(凹凸) 문자로 층수를 표시/점자 문자 버튼   큰 문자로 층수를 표시/승장 인디케이터

타는 곳(승강 카, 조작 패널)   승강 카 내 조작 패널

출전: 1) 三菱電機(株).

기계실이 없는 경우의 권상기(105m/min 이하)

제어반

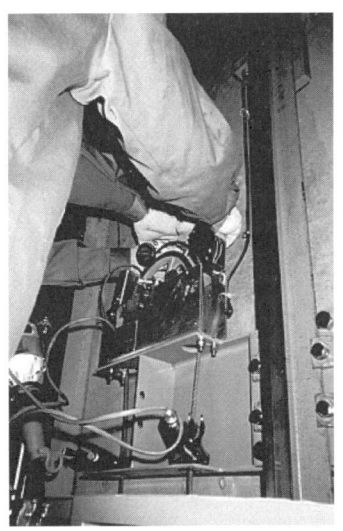

안전장치검사(거버너)

차염·차연도어(오토로드 승강 구획)

〔1〕 **빌딩 관리설비계획의 개요**

 앞으로의 회사동향이나 건축주의 요구를 정확하게 파악하고 또한 건축물의 용도·규모·설비계획내용 등을 숙지하여 빌딩 관리설비계획을 진행할 필요가 있다. 근래에 환경보전·에너지 절약·노동력절약·갱신공사에 대해서 강력한 요구를 받고 있다. 그러므로 건축설비와 관련이 있는 설계자와 시공자·제조회사·빌딩 관리전문가 등과 협조를 하여 빌딩 관리계획을 구축하는 것이 바람직하다.

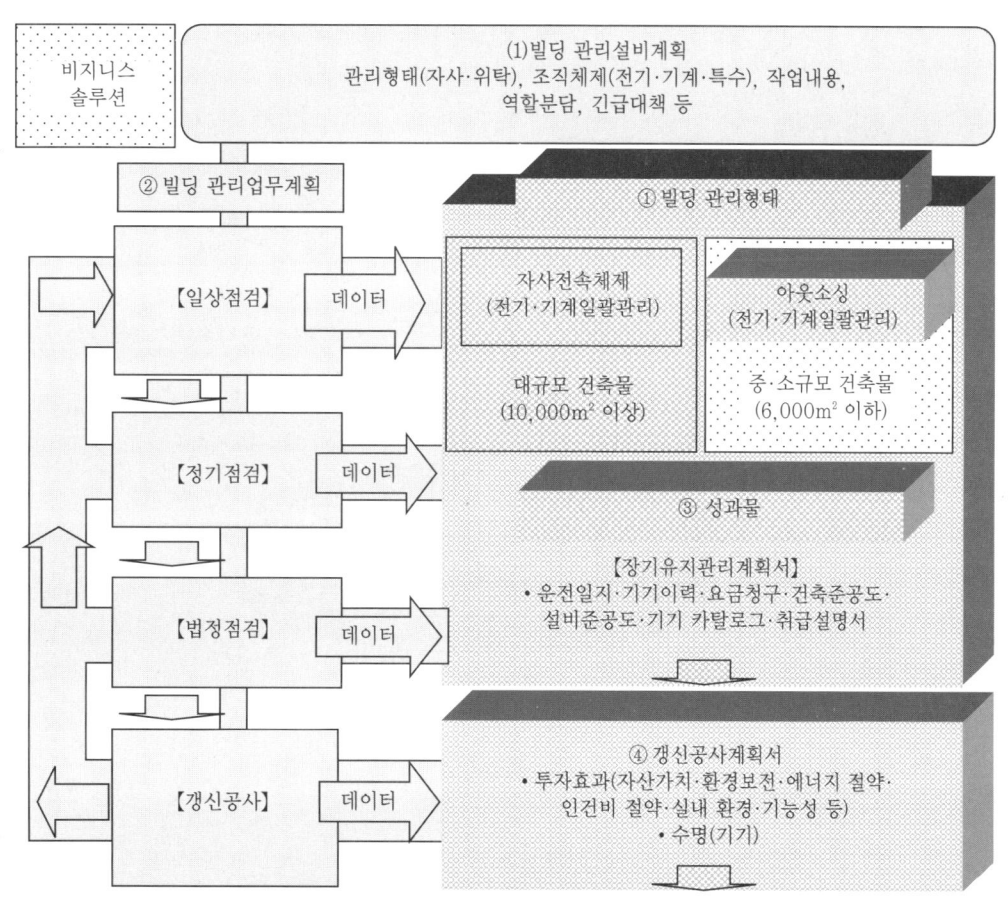

【비지니스 솔루션】
집중 빌딩관리·신축·갱신공사 등

출전 :　1) (株)山武 빌딩 시스템 컴퍼니.

〔2〕 **건축물의 라이프 사이클 코스트 계획**

건축물의 라이프 사이클 코스트(LCC)란 ①기획, ②설계, ③건설, ④운용에 필요한 총 비용을 말한다. 특히 초기건설비는 총 비용의 약 25%인데, 건설 후의 운용비용은 총 비용의 약 75%로 상당한 비율을 점유하고 있어서 근래 운용비용의 삭감에 대한 대책마련이 필요한 실정이다. 아래는 LCC의 내역과 비율이다.

【표】 라이프 사이클 코스트의 항목별 비율

항목	비율(%)	내용
기획설계비	1	건설기획비·현지조사비·용지관계비·부지정비비·LC 설계비·LC 평가비·특별토지보유세·등록면허세·개업 전 금리·부동산취득세·특별토지보유세·등록면허세
건설비	25.3	공사비(건물·설비·비품·구축물)·공사감리비·환경대책비·개업준비비·부동산취득세·등록면허세·사업소세·건설 중 금리
보전비	15.4	건물관리·설비관리·환경위생관리·청소관리·보안관리
수선비	6.0	
갱신비	5.1	
운용비	21.2	전기요금·하수도요금·도시가스 요금·기름요금
일반관리비	26	고정자산세·도시계획세·상각자산세·손해보험료·토지 임차료·일반사무비·차입금금리

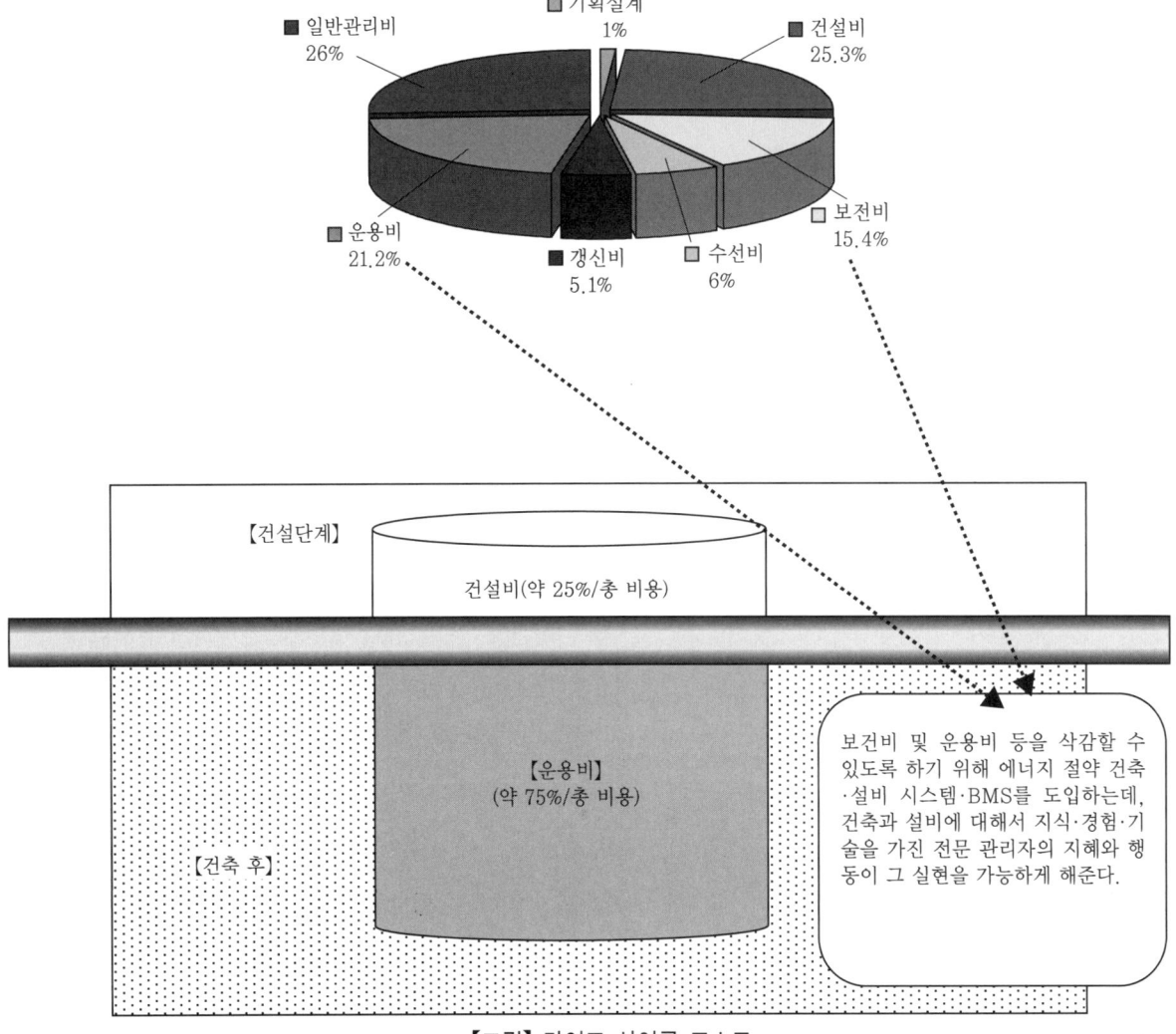

【그림】 라이프 사이클 코스트

보건비 및 운용비 등을 삭감할 수 있도록 하기 위해 에너지 절약 건축·설비 시스템·BMS를 도입하는데, 건축과 설비에 대해서 지식·경험·기술을 가진 전문 관리자의 지혜와 행동이 그 실현을 가능하게 해준다.

〔3〕 건축물의 관리비 및 관리요원의 실태

1945년 이전부터 2004년까지의 건축물에 관련된 관리비는 자료에 의하면 ((株)도쿄 빌딩 협회(2004년)), 연도·규모에 관계없이 매년 감소하고 있다. 그리고 관리비는 외주비, 업종은 전기, 기계설비, 관리요원은 청소계가 가장 높다.

【표】 연도별 관리비

연도	관리비[엔/(m²·y)]	동 수
2000	16,170	361
2001	14,433	343
2002	15,404	309
2003	15,863	261
2004	12,568	243

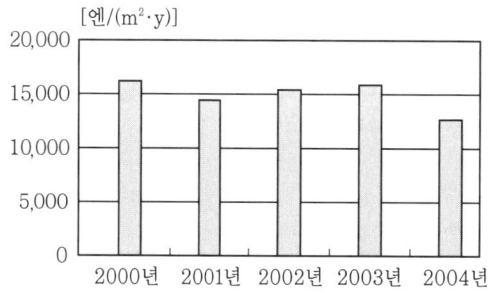

【표】 연도와 규모별 관리비

연도	관리비(엔/m²·y)	규모(m²)
1945 이전	14,716	50,000 이상
1946~1955	12,213	20,000~50,000
1956~1965	11,437	10,000~20,000
1965~1975	11,978	5,000~10,000
1976~1985	11,738	3,000~5,000
1986 이후	10,951	3,000 이하

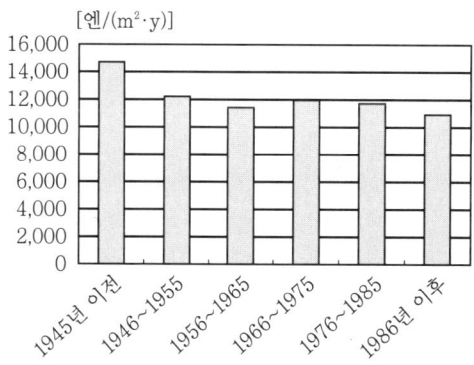

【표】 항목별 관리비

항목	금액(엔)	구성비율(%)
인건비	955	7.5
외주비	7,567	59.8
전기료	2,128	16.8
수도료	859	6.8
연료비	898	7.1
용도품비	155	1.2
잡비	96	0.8
합계	12,658	100.0

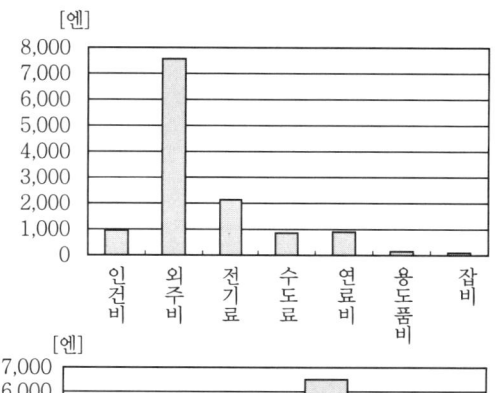

【표】 업종별 관리비

항목	금액(엔)	구성비율(%)
보안경비	2,449	19.3
위생청소비	2,908	23.0
전기·기계설비	6,513	51.5
기타	788	6.2
합계	12,658	100.0

【표】 업종별 관리요원

업종	사람 수(인)	구성비율(%)
관리주임	249	4.8
사무계	330	6.4
전기·기계계	882	16.9
경비계	1,046	20.0
청소계	2,480	47.6
주차장계	225	4.3
합계	5,212	100.0

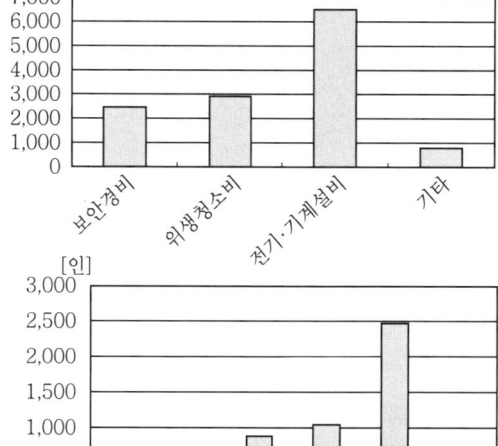

• **건축물의 종합건축설비 계획**

〔1〕**종합환경성능평가 시스템(CASBEE)**

건축물의 주거성(실내 환경)의 향상과 지구환경에 끼치는 부하의 저감 등을 종합적인 환경성능으로서 같이 다루어 평가를 하는데 이때 평가결과를 알기 쉽도록 나타내는 지표로 건축물 종합환경성능평가 시스템이 있다. 평가는 S 클래스, A 클래스, B⁺클래스. B⁻클래스, C 클래스의 5단계가 있는데, S 클래스가 가장 환경부하(L)가 적고, 환경부하 품질과 성능(Q)이 높다.

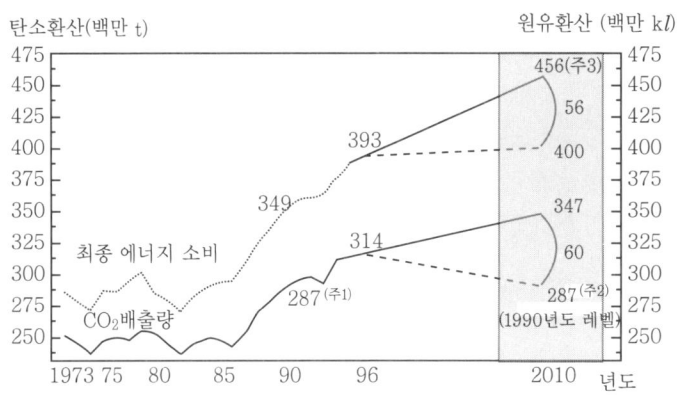

주1) 원자력 2,020억kWh, 신에너지 679만 kl
주2) 원자력 4,800억kWh, 신에너지 1,910만 kl
주3) 2001~2010년도의 평균 경제성장률을 2% 정도라고 가정해서 산출

【그림】최종 에너지 소비와 CO_2 배출량의 실적과 전망

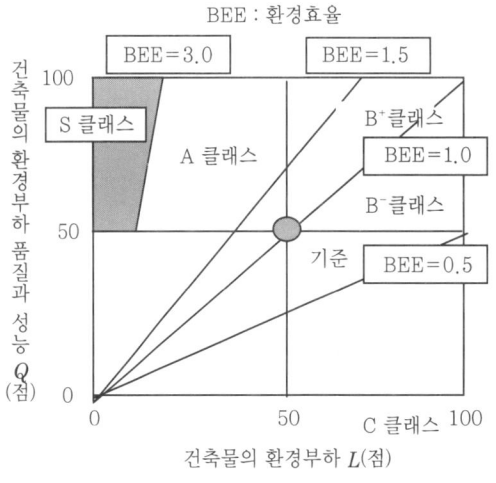

【그림】건축물 종합환경성능평가 시스템

(a) 에너지 절약

① 건축물에 침입하는 열량(PAL), 연간 에너지 소비량(CEC)의 절감을 실현하기 위해서 건물의 형태·방위·외피의 열성능, 창 개구열, 옥상녹화, 공조설비 시스템 등을 충분히 검토한다.

② 자원의 유효이용·환경부하의 저감

③ BMS를 설치해야 하고, 장수명 건축물(100년 이상)이어야 한다.

(b) IT 대응

집무실 등의 정보기기의 배선 케이블과 발열처리의 대응성

(c) 안심·안전성

재해(지진·화재 등) 발생시에 사람들이 안전하게 피난할 수 있도록 방재설비(화재감지설비·방송설비·비상조명설비·배연설비·소화설비 등)를 충실하게 갖추고, 중요실의 위치와 건축설비의 백업 시스템을 구축한다.

【에너지 절약】

에너지 절약 빌딩[1] 코제너레이션 시스템

【자연·에너지의 사용】

주광조명[3] 태양광발전[4]

지구환경과의 공생을 목적으로 한 건물
(주광조명·풍력발전·통풍 등)[5]

【안전성】

내진대책 : 정보시설

【건축·설비와의 융합화】

퍼스널 공조 시스템[5]

【종합환경성능평가 시스템】

폐재, 재생골재를 이용한 외벽[2] CASBEE : S 클래스[2]

2·5
건축 환경 디자인 계획

147

출전 : 1) 시오노기製藥(株). 2) (株)竹中工務店. 3) 宇宙航空研究開發機構(JAXA). (株)日建設計. 4) 太陽工業(株). 5) 科學技術振興事業團·日本科學未來館.

제 **3**장

각종 건축물의 설비계획

3.1 기본 과제와 건축용도별 특성
3.2 공동주택의 건축설비계획
3.3 업무시설의 건축설비계획
3.4 정보시설의 건축설비계획
3.5 의료·복지시설의 건축설비계획
3.6 스포츠 시설의 건축설비계획
3.7 미술관 시설의 건축설비계획

제1장과 제2장에서 설명한 것을 우선 충분히 이해해야 할 것이다. 지금부터는 향후 건축가가 건축주로부터 의뢰를 받을 공동주택, 업무시설, 정보시설, 의료와 복지시설, 스포츠시설, 미술관시설에 관한 건축 설비 계획을 진행하는 데 있어서 취해야 할 기본 과제와 기본적인 지식을 설명하고자 한다. 특히 업무시설은 건축설비를 전반적으로 이해할 수 있도록 관련 자료를 정리하였다.

업무시설[2]

정보시설[1]

공동주택

스포츠시설[2]

의료와 복지시설

미술관시설

출전 : 1) 三菱倉庫(株). 2) (株)竹中工務店.

【표】 건축용도별 특성 비교

항목	용도	업무시설	상업시설	공동주택	교육시설	연구소시설	의료와 복지시설	미술관시설
건축지	도심	◎	◎	○	○	△	◎	◎
	교외	△	○	◎	◎	◎	◎	△
건축물의 높이	초고층	△		△	△			
	중고층	○		○	○		○	
	저층	◎	◎	◎	◎	◎	◎	◎
외관	벽과 유리	◎	○	○	○	○	○	○
	유리 파사드	△	◎					△
사용상황	연속				○		◎	
	간헐	○	○			○		○
실내 공간	리프레시 공간	○				○	○	
	용도변경	◎	◎					
	장 스팬	△	○					
	천장고	△	◎	△	○	○	○	◎
	이중바닥(배선)	◎				◎		
바닥적재하중	300kg/m² 이상	○				○	○	
확장성	스페이스		○		○	○	○	
	EPS	◎				◎	◎	
도심 라이프 라인	전력	○	○	○	○	○	◎	○
	통신	○	○	○	○	○	○	○
	급수	○	○	○	○	○	◎	○
	도시가스	○	○	◎	○	○	◎	○
백업 시스템	자가용발전기					△	◎	
	UPS						○	
	기름비축						○	
실내 환경	소음							
	진동						○	○
	온열							
	채광		◎					◎
	공기질	○		◎			○	○
에너지 절약	적극적	◎						
	자연 에너지 이용	○			○			
환경보전	적극적					◎	◎	
안전성	지진·화재·수해						◎	
	방범	○		◎		○		○
	위험물					○	○	
	비상용 엘리베이터	○		○	○		○	
	헬리포트	○					△	

3.1 기본 과제와 건축용도별 특성

정보시설	방송시설	극장시설	역사시설	호텔시설	생산시설	물류시설	환경시설	비고
○	◎	◎	◎	◎	△	△	△	건축지는 도심가 중심을 이루지만 근래에
◎			○	○	◎	◎	◎	는 교외에도 증가
				△				
○	◎		△	○				도심부의 재개발지역에서는 고층화가 더욱
◎	○	◎	◎	◎	◎	◎	◎	진전
○	○	○	○	○	○	○	○	벽과 유리가 주류이기는 하지만 도심부에
								유리 파사드 디자인이 증가
◎	◎		◎	○	○	○		의료·복지시설·정보시설·방송시설·역사시
		○					○	설은 365일 24시간 지속적으로 사용
○	○				○			
								용도변경은 업무시설과 상업시설이 많고
◎	◎	◎			◎	○	◎	장 스팬은 정보시설·극장시설·생산시설이
○	◎	◎	◎	◎	△	◎	◎	많다.
◎	◎							
◎	○	○			◎	◎	◎	주로 정보시설·생산시설·물류시설·환경시
◎	◎		○		◎	○		설이다.
◎	◎				◎			확장성을 필요로 하는 건축물은 정보시설
◎	◎	○	◎	○	○	○	○	·방송시설·생산시설이다.
◎	◎	○	◎	○	○	○	○	
◎	◎	○	○	○	○	○	○	도시 라이프 라인이 정지되면 영향을 받는
○	○	○	○	○	○	○	○	다. 의료·복지시설·정보시설·방송시설·역
◎	◎			△	○			사시설은 백업시스템을 설치하였다.
◎	○							
◎	○							
	◎	◎		◎	◎			진동과 소음방지 대책을 필요로 하는 건축
◎				◎	◎			물은 방송시설·극장시설·생산시설이고, 공
		○		○				기질에 배려를 해야 하는 시설은 의료 복지
	◎	◎						시설·미술관시설·생산시설이다.
					◎			
◎	◎				◎			
					○			지구온난화 방지를 위해 매우 중요하다.
					◎		◎	
◎	◎							
◎	◎	○	○		◎			1995년의 한신·아와지 대지진을 교훈삼아
					◎		○	기존건축물과 신축건축물에 대해서 도시직
			○	○				하지진에 대한 대비책을 마련할 것이 강력
	◎			○				하게 요구되고 있다.

범례(실적·영향·정도) : ◎ 많다·강하다, ○ 보통, △ 적다·약하다

3.2.1 • 기본 과제

소자녀 고령화 사회, 환경공생, 거주자를 위한 다양한 라이프 스타일에 대한 대응을 하고, 삶의 질 향상, 자연재해(지진)의 방지, 경제성 등을 실현하기 위해서는 건축설비계획이 필요불가결하다. 따라서 건축가에게 필요하다고 여겨지는 공동주택의 관련건축 개요와 설비계획 개요를 아래에 설명하였다.

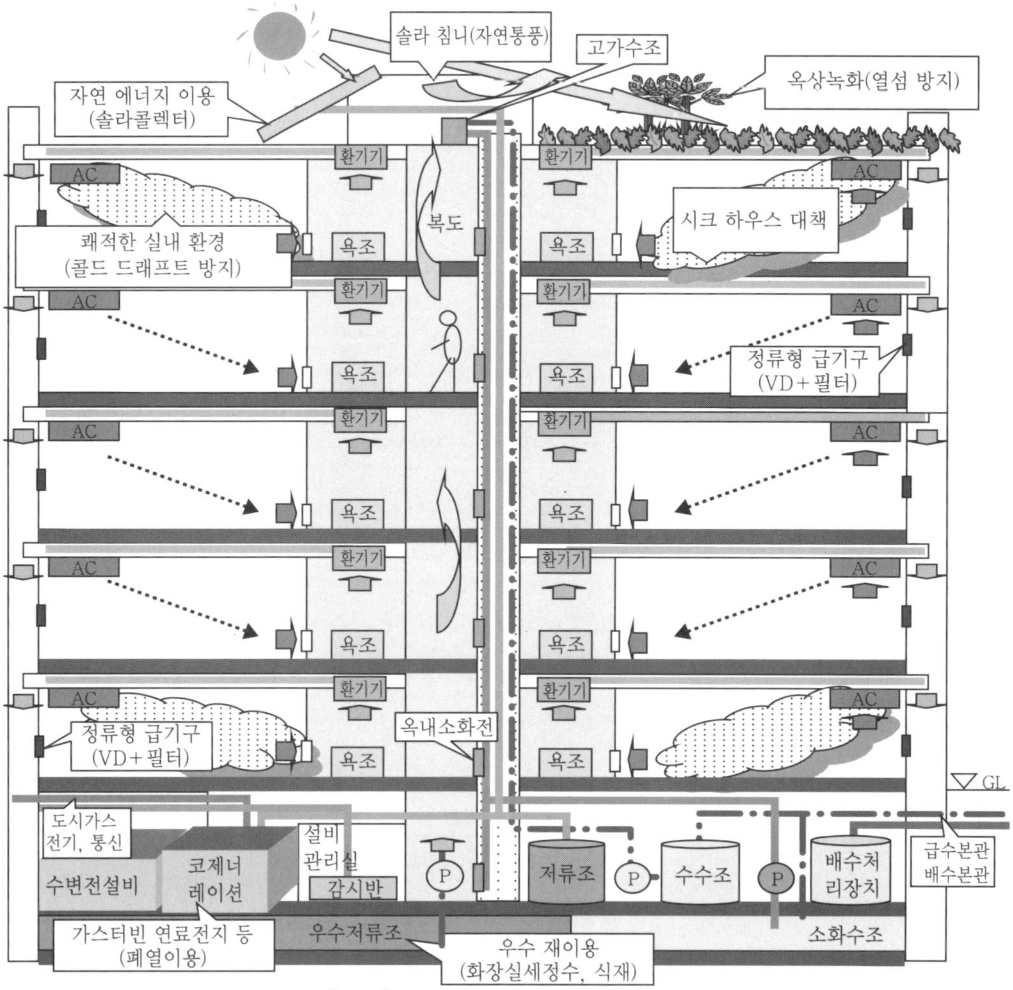

솔라 침니(자연통풍)
고가수조
옥상녹화(열섬 방지)
자연 에너지 이용 (솔라콜렉터)
환기기
환기기
복도
욕조
욕조
시크 하우스 대책
쾌적한 실내 환경 (콜드 드래프트 방지)
AC
AC
환기기
환기기
욕조
욕조
AC
정류형 급기구 (VD+필터)
환기기
환기기
욕조
욕조
AC
AC
AC
환기기
환기기
욕조
욕조
AC
정류형 급기구 (VD+필터)
환기기
환기기
욕내소화전
욕조
욕조
▽GL
도시가스 전기, 통신
설비 관리실 감시반
코제너레이션
수변전설비
P
저류조
P
수수조
P
배수처리장치
급수본관 배수본관
가스터빈 연료전지 등 (폐열이용)
우수저류조
우수 재이용 (화장실세정수, 식재)
소화수조

【그림】공동주택의 건축설비 계획

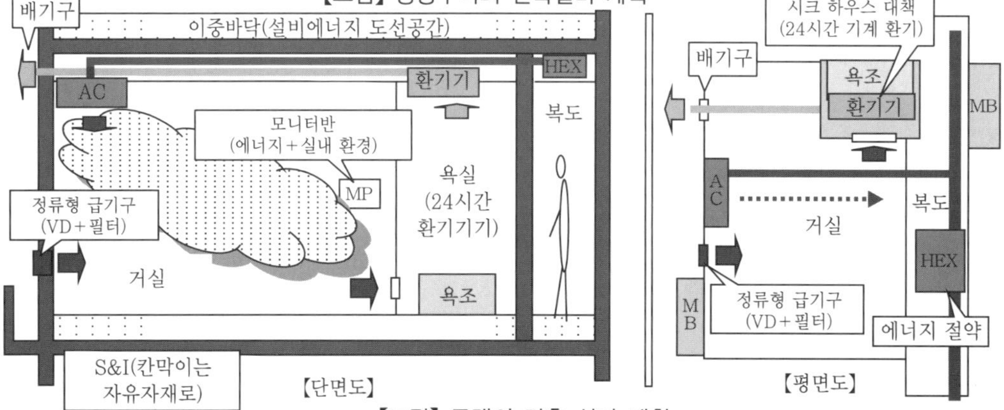

배기구
이중바닥(설비에너지 도선공간)
AC
환기기
HEX
복도
모니터반 (에너지+실내 환경)
MP
욕실 (24시간 환기기기)
정류형 급기구 (VD+필터)
거실
욕조
S&I(칸막이는 자유자재로)
【단면도】

시크 하우스 대책 (24시간 기계 환기)
배기구
욕조
환기기
MB
AC
복도
거실
MB
정류형 급기구 (VD+필터)
HEX
에너지 절약
【평면도】

【그림】주택의 건축·설비 계획

3.2.2 → **● 건축계획**

〔1〕 거주자의 요구

개성화	균등, 균질화된 공동주택이 아니라 가정, 가치관, 라이프 스타일의 변화에 맞춘, 개성이 있는 주택이나 플랜, 디자인 등을 중시하는 경향
질을 중시, 내구성	비용중시, 상품 선택의식의 고양과 품질을 중시하는 경향
영주성 중시	내진성, 방진성 외에 공동주택에서 영주(永住)하고자 하는 지향이 강해져 건축물체의 내구성이나 관리에 대한 가치의식이 높아지는 경향
환경중시	건강과 여유가 생기게 하는 쾌적한 환경에 대한 요구. 자원절약, 에너지 절약 같은 지구환경 공생 지향
정보화	인터넷 같은 각종 정보 미디어 지향

도심형 공동주택에 요구되는 것 ➡ 주거자가 생활의 가치를 어디에 두는가?

① 오랫동안, 안전하게 ···· continuous
② 쾌적하게 ···· comfortable
③ 환경공생 ···· environment-friendly
④ 낮은 비용 ···· low-cost

〔2〕 공동주택의 모습

〈기본조건〉

① 환경·자원문제에 대한 대응과 대처
② 고령사회에 대한 대응과 대처
③ 방재안전성에 대한 대응과 대처

① 100년 이상의 내구성을 가지는 골조
② 고령화 사회에 대응한 고규격의 배리어 프리화
③ 리폼의 자유도가 높은 내장, 교체가 용이한 설비
④ 주생활의 다양성에 대응한 여유가 있는 공간
⑤ 피난시설과 고신뢰성 방재설비 시스템의 구축

〔3〕 공동주택계획의 중요 키워드

• 다양한 기본 플랜
• 이중천장, 이중바닥 〉의 실현
• 자유로운 주택 플랜

주택의 다양성, 가능성	커뮤니티 형성	주거환경창조(마을 조성)
라이프 스타일의 다양성, 영주지향에 발맞추어 다채로운 주택 타입이나 장래의 변화에 대한 대응이 마련되도록 요구받고 있다.	주거자뿐만 아니라 주변 주민, 방문자를 포함하는 커뮤니티 형성과 그것을 서포트하는 시스템을 만들도록 요구받고 있다.	영주지향이 고양되면서 고향이라고 자랑할 수 있는 질 높은 주거환경이 창조되기를 요구받고 있다.

① 오픈 스페이스
② 녹색 네트워크 형성(누구나 이용할 수 있는 공원, 녹색 길, 이전부터 있던 가로수 길의 활용)
③ 옥상녹화, 녹화 파킹
④ 녹화 펜스
⑤ 바이오토프(작은 동물들이 서식할 수 있는 장소)
⑤ 경관을 배려한 주택
⑥ 자연풍광을 살린 중정(中庭)과 아트리움

〔1〕 쾌적 온도

공동주택은 다양한 라이프 스타일을 가진 남녀노소가 생활하는 장소이기도 하다. 사람은 심층체온이 37℃인 발열체로서, 환경과 열의 교환을 통해 생명을 유지하고, 피부의 표면온도에 의해 온·냉감을 판단한다. 쾌적성을 평가하는 것은 인간의 온·냉감인데, 이런 온냉감을 좌우하는 요소는 ① 온도, ② 습도, ③ 방사, ④ 기류, ⑤ 착의량, ⑥ 대사량이다. 쾌적한 실내온도는 하계 26℃ 전후, 동계 22℃ 전후이다.

【표】 지역별 쾌적 온도 조건 (단위 : ℃)

항목	온난지	한냉지(홋카이도)
난방	22 (18~24)	22 (20~26)
냉방	26 (25~28)	26 (24~27)

〔2〕 주택 내 방들의 온도차

건강에 미치는 영향을 고려하여 여름철에는 냉방실과 비냉방 부분의 온도차를 6℃ 정도로 억제해야 한다. 겨울철에는 난방실에서 복도나 화장실 같은 비난방 부분으로 나올 때 또는 욕실에서 비난방실인 탈의실로 나오는 순간에 급격한 온도저하로 인한 히트 쇼크가 일어나 모세혈관이 수축하고 급격한 혈압상승이 일어날 수 있다. 히트 쇼크는 특히 고령자에게 주는 부담이 크고 여러 가지 건강장애의 원인이 되며, 뇌경색을 일으켜서 생명에 위험을 초래하는 경우도 많다. 따라서 비난방 부분인 복도·화장실·탈의실도 적극적으로 난방을 하여서 주택 내 방들의 온도차를 5℃ 정도로 억제하는 히트 배리어 프리(barrier free)에 대한 의식을 같는 것이 필요하다.

〔3〕 실내 상하온도차

거주실의 수직온도분포는 바닥면에서는 낮고, 천장면에서는 높아진다. 특히 난방시에는 상하온도차가 크게 벌어지기 쉽고, 두한족열(頭寒足熱)의 반대 상태가 되어 불쾌감이 생겨난다. 거주공간의 머리와 다리의 온도차는 2℃ 이하로 억제해야 쾌적감을 느낄 수 있다. 단열화 구조의 강화는 주택 내 온도분포의 균일화에 기여하고, 그와 동시에 실내의 상하온도차를 축소하는 데에도 효과가 높다. 그리고 바닥난방은 겨울철 실내 상하온도차를 해소할 수 있는 유효한 방법으로 보급되었다.

아트라스 에도가와 아파트[1]

출전 : 1) 旭化成홈즈(株).

제 ③ 장 각종 건축물의 설비계획

156

〔4〕 습도환경

실내의 상대습도는 약 50% 전후가 적당하다고 생각한다.

그런데, 상대습도는 온도변화나 환기통풍과 동반해서 변화하는 성질이 있고, 주택의 내외부에는 다양한 발열체(창·벽·조명기구·TV수상기·냉장고 등)가 있어 습도를 제어하는 것이 곤란할 뿐만 아니라 적극적으로 습도를 제어하는 설비가 설치된 케이스가 매우 적다.

한편, 상대습도가 높아지면 결로가 생기기 쉬워진다. 특히 겨울에는 결로가 발생하기 쉬운데 그 중 창·목욕탕·세면대나 외부와 접한 벽, 통기가 나쁜 수납공간이나 가구의 안쪽, 방의 구석 부분 등이 그러하다. 결로는 곰팡이를 발생시키고 주택의 수명을 단축시킬 뿐만 아니라 진드기의 온상이 되어 건강을 해친다.

따라서, 결로를 방지하는 건축방법으로서 페어 유리나 단열 섀시를 채용하거나, 외벽 쪽 건축물체에 단열재(공기층)를 사용한다. 건축 설비적인 면에서는 기계 환기설비를 설치하는 방법 등이 있다.

상대습도가 30% 정도인 경우 공기는 먼지투성이가 되기 쉬워 병원균 바이러스의 활동도 활발해진다. 피부는 건조해지기 쉬운데, 특히 코나 목의 점막이 건조해져서 감기에 걸리는 등 건강장애의 원인이 되기도 한다. 이동식 가습기 등을 이용하는 경우, 실내온도를 내리지 않는 스팀 타입으로 되어 있으면서 습도설정기능이 부착된 것이 좋다. 건강한 실내 환경을 유지하려면 상대습도를 40%~60%로 유지하는 것이 중요하다.

〔5〕 기류환경

기류는 인체에 여름에는 청량감을 주지만 겨울에는 추위를 안겨준다. 일반적으로 기류속도가 0.35m/sec이상이 되면 불쾌감을 느끼고 무풍상태가 이어지면 공기의 정체를 느끼게 된다. 냉방시의 취출 기류나 겨울철 문틈 사이로 들어오는 바람처럼 실내 온도보다도 낮고, 온도차가 큰 기류의 경우 미풍일지라도 콜드 드래프트를 가져다준다. 또한 인체가 오랜 시간 기류에 노출되어 있으면 피부표면은 발한에 의한 체온조정기능이 힘을 잃어 건강장애를 불러일으키는 원인이 되기도 한다. 특히 침실은 수면을 취할 때 냉풍이나 온풍이 직접 인체에 닿지 않도록 고려하는 것이 매우 중요하다.

〔6〕 공기질 환경

쾌적하고 건강한 생활을 유지하기 위해서 근래에는 주택 내의 공기질을 매우 중요하게 여기게 되었다. 주택 내에서는 생활에 동반된 여러 가지 오염물질이 발생하기 마련이다. 종래에는 창문을 개방하거나 자연환기에 의존해이를 배출해 왔지만 이 방법은 이제 고단열·고기밀화에 따라 곤란하게 되었다. 따라서 현재는 키친의 레인지 후드나 욕실·화장실의 환기기기를 통해서 유해한 연소 가스, 오일 미스트, 취기, 습기 등을 강제적으로 배제시킴으로써 실내의 공기질 환경을 향상하게 되었다. 아래는 기계식 환기설비에 관한 24시간 환기실험 데이터이다.

【표】 포름알데히드 흡인시 신체에 일어나는 현상

농도(ppm)	증상
0.5	확실하게 냄새를 느낀다.
1~2	눈이나 코에 자극이 일어난다.
5~10	강한 자극을 느낀다.
10~20	눈물, 가래가 생기고 심호흡을 하기 힘들다.
50~100	심부 기도장애나 염증을 불러일으켜 사망하는 경우가 있다.

실험번호	실험명칭	환기방법
케이스 ①	환기 없음	전혀 환기하지 않음.
케이스 ②	간헐적으로 환기	생활행위에 동반되는 환기운전만 함. 아침, 낮, 밤에 키친의 레인지 후드 운전 야간에 욕실과 세면대를 2시간 환기
케이스 ③	24시간 환기	주택전체를 24시간 환기(0.5회/h)

(a) 환기실험

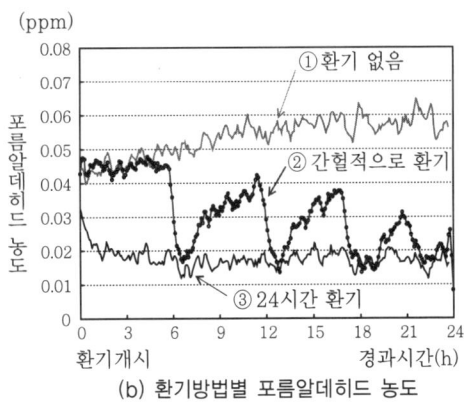

(b) 환기방법별 포름알데히드 농도

【그림】 주택의 환기실험

〔7〕 소음환경

인간의 건강을 보호하고 생활환경을 보전하기 위해서 실내 허용소음치를 NC25~30 이하로 억제할 필요가 있다.

〔8〕 차음성능기준

건물의 차음성능기준으로는 건축기준법의 규정 및 일본건축학회의 기준이 있으며, 공동주택 벽의 투과손실은 다음과 같다.

【표】 건축기준법시행령에 의한 공동주택 벽의 투과손실

진동수(Hz)	투과손실(db)
125	25
500	40
2,000	50

출전 : 1) 旭化成홈즈(株).

──• **일본과 다른 나라의 거주환경 상태**

일본의 수도권 주거환경을 정확하게 파악하고, 향후 소자녀 고령화 사회를 맞이하여 바람직한 주거환경을 구축하는 것은 매우 중요한 일이다.

〔1〕 주요 도시의 비교
도쿄는 인구밀도가 가장 높은 도시로, 뉴욕 도시권에 비해 인구밀도는 약 3.9배, 주야간 인구비는 약 2.7배이다.

도시	면적 (km²)	인구 (만 인)	인구밀도 (인/ha)	소재지/항목	면적 (km²)	인구 (만 인)	인구밀도 (인/ha)	주야간 인구 비
도쿄권	13,494	3,180	23.6	도심 4구	60.3	56.2	93.2	6.19
오사카권	14,878	1,674	11.3	도시 3구	24.4	20.4	83.4	6.22
뉴욕 도시권	32,791	2,231	6	맨해튼*	61.4	148	241	2.29
파리권	14,518	1,117	8.9	파리시*	105	215.2	205	1.36

* 맨해튼은 1998년, 파리시는 1982년 조사

〔2〕 주택의 수명
일본의 주택(목조) 수명연수는 미국·영국에 비해서 상당히 낮다. 앞으로는 장수건축물(목표 100년)이 될 것을 강력하게 요구받고 있다.

〔3〕 주택 1호당 바닥면적 비교
일본의 전체 자가주택 분야의 바닥면적은 외국과 거의 동등하지만 임차주택은 상당히 협소한 상황이다.

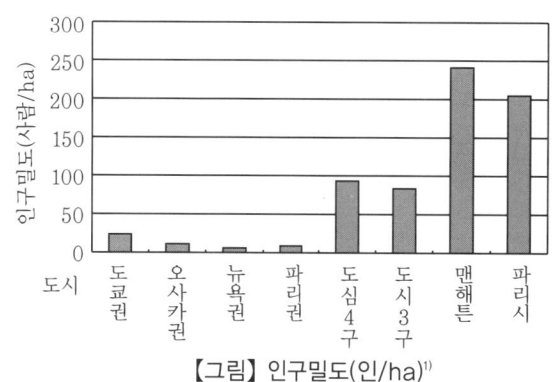

【그림】 인구밀도(인/ha)[1]

국명	수명(년)
일본	31
미국	44
영국	75

일본 : 「주택, 토지통계조사」(1993, 1998년)
미국 : American Housing Survey(1987년, 1993년)
영국 : Housing and Construction Statistics(1981년, 1991년)

분류	일본	미국	영국	독일	프랑스
전체	95	148	87	95	97
자가주택	124	157	95	124	114
임차주택	46	113	75	76	76

(단위 : m²/호)
일본 : 「주택, 토지통계조사」(1993, 1998년)
미국 : American Housing Survey(1987년, 1993년)
영국 : Housing and Construction Statistics(1981년, 1991년)
프랑스 : enquete Logemant(2002년)
독일 : Federal Statistical Office Germany(데이터는 1998년)

〔4〕 에너지 사용의 합리화에 관한 법률의 개정
일정규모(2,000m² 이상)인 주택은 소관 행정청에 에너지 절약 조치를 신고하는 것이 의무화되었다(현재는 노력의무만 부과).

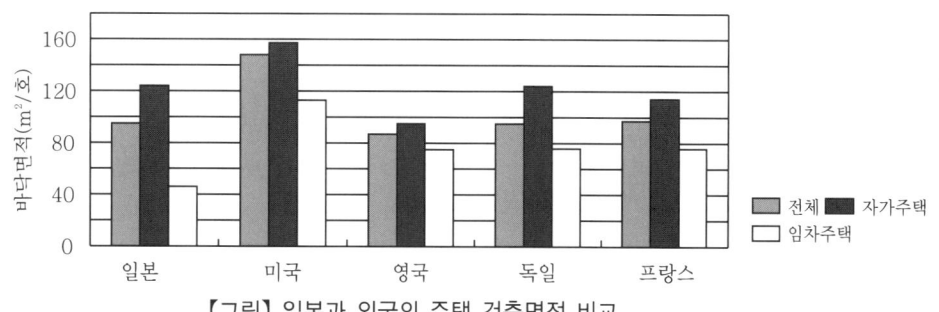

■ 전체　■ 자가주택　□ 임차주택

【그림】 일본과 외국의 주택 건축면적 비교

출전 : 1) 東京都.

〔1〕 전기설비계획

매년 증가하는 주택분야의 에너지 소비량은 전체 에너지 소비량의 약 15%(2004년)[1]이다. 또한 주로 화석 에너지에 의존을 해서 지구환경에 커다란 영향을 끼쳤다. 앞으로 에너지 절약, 자연 에너지, 연료전지 시스템을 이용하여 지속가능한 사회를 구축하기 위해서는 건축가와 설비기술자의 지혜 있는 행동이 강력히 요구된다. 아래는 공동주택의 규모별 수변전설비 계획의 개요이다.

(a) 수변전설비계획의 전원 시스템

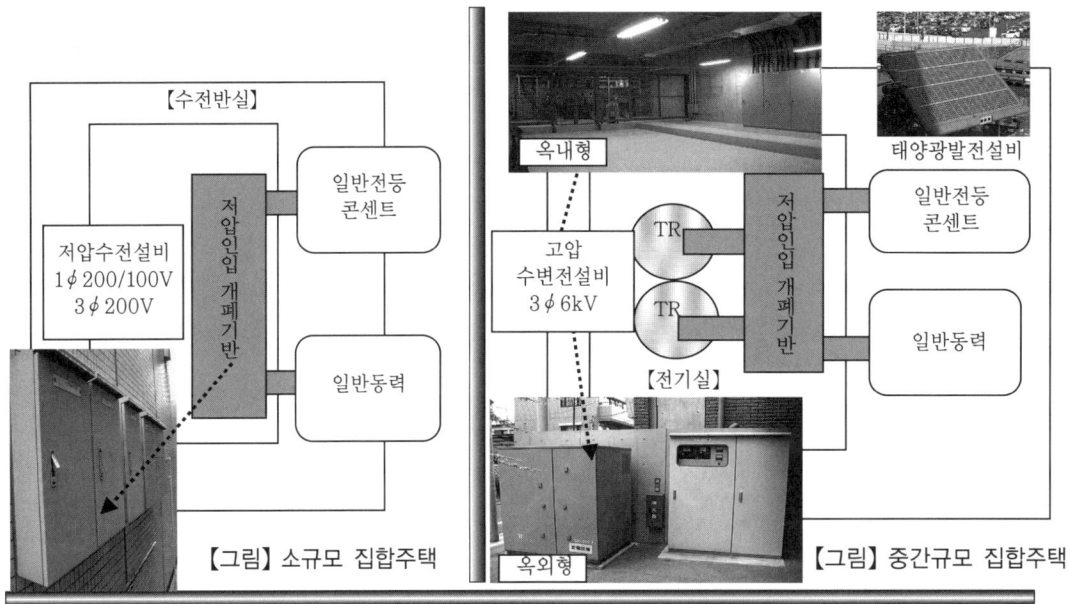

【그림】 소규모 집합주택

【그림】 중간규모 집합주택

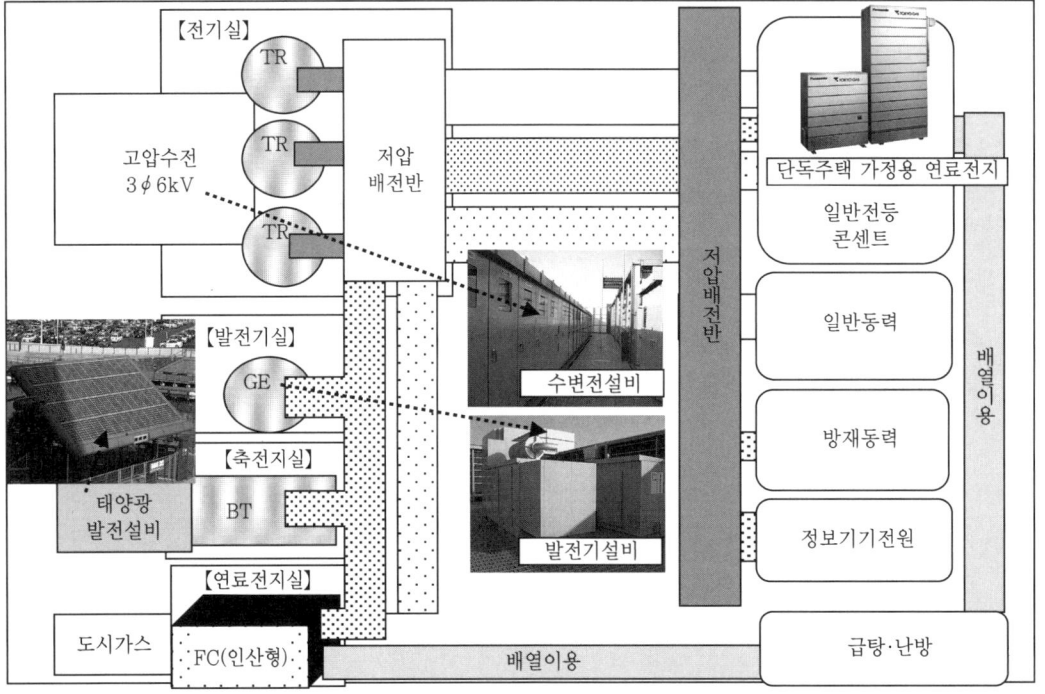

【그림】 대규모 집합주택

출전 : 1) 經濟産業省/EDMC「總合에너지統計」.

(b) 자연 에너지 이용계획

라이프 스타일이 다양해지고 생활의 질이 향상되면서, 에너지 소비량이 매년 증가하고 있어 2006년부터 주택 부문의 에너지 절약 기준이 시행되었다. 따라서 앞으로는 공동주택과 단독주택 모두 자연 에너지를 적극적으로 이용하도록 강력한 요구를 받게 될 것이다. 단독주택의 지붕에 태양광발전설비를 계획하는 경우의 경제성과 환경보전에 관한 검토결과는 다음과 같다.

현재 상황
① 일본의 설치실적은 세계 1위(약 50%/전 세계의 태양광발전설비)이다.
② 일본의 주택용 태양광발전설비 20만호 (60만kW)는 도야마현 구로베강 제4수력 발전소의 2개소에 상당한다.

계획조건
① 5인 가족(부부, 2인 자녀, 1인의 친족)
② 부엌·화장실·세면대 각 2개소
③ 태양광발전설비
 • 용량 : 3kW(발전 패널 24장)
 • 지붕설치 : 1998년 12월 발전 개시

설비비용
① 초기투자비용 : 300만 엔 (발전 패널과 변환기＋배선 등 포함. 실질 구입가격은 250만 엔)
② 보조금 : 100만 엔

아카사카(赤坂) 모델 하우스[1]

유지관리비용(2004년 5월 실적)
① 전력소비량 : 555kWh/15,800엔 (상업용 전원 원단위 28.5엔/kWh)
② 발전량 : 287kWh
③ 발전사용량과 경감액 : 131kWh/2,900엔 (원단위 22.1엔/kWh)
④ 매전량과 금액 : 156kWh/3,600엔 (매전원단위 23엔/kWh)
⑤ 실질부담액(①－③＋④) : 9,300엔

평가(추측)
① 경제성 : 투자회수년수는 약 27년 이상 필요(150만 엔/(6,500엔×12개월 ×0.7)로 한다. 이때 제조회사의 보장기간은 10년, 수선비는 제외, 매전가격은 저감된다.)
② 환경보전성 : 온실효과 가스의 이산화탄소 배출량을 1,224kg/연간 절감(287kWh× 12×0.357kg CO_2/kWh)한다.

출전 : 1) 三菱地所홈즈(株).

〔1〕기본 과제

 환경오염, 열섬, 도심부에 대한 주거 지향으로 인해서 도시 라이프 라인(급수, 배수)의 공급과 처리 능력 부족 등이 주거지역에서 커다란 사회문제로 뚜렷이 드러나고 있다. 따라서 건축가는 자연통풍을 고려한 건물배치계획, 옥상과 지상의 녹화, 바이오토프, 우수 재이용, 각 주택에 디스포저와 일괄배수처리장치의 설치를 통해 환경공생, 편리성과 방류수질을 확보한다. 그리고 각 주택의 물이 있는 장소(욕실·부엌·화장실 등), MB, 배관 샤프트

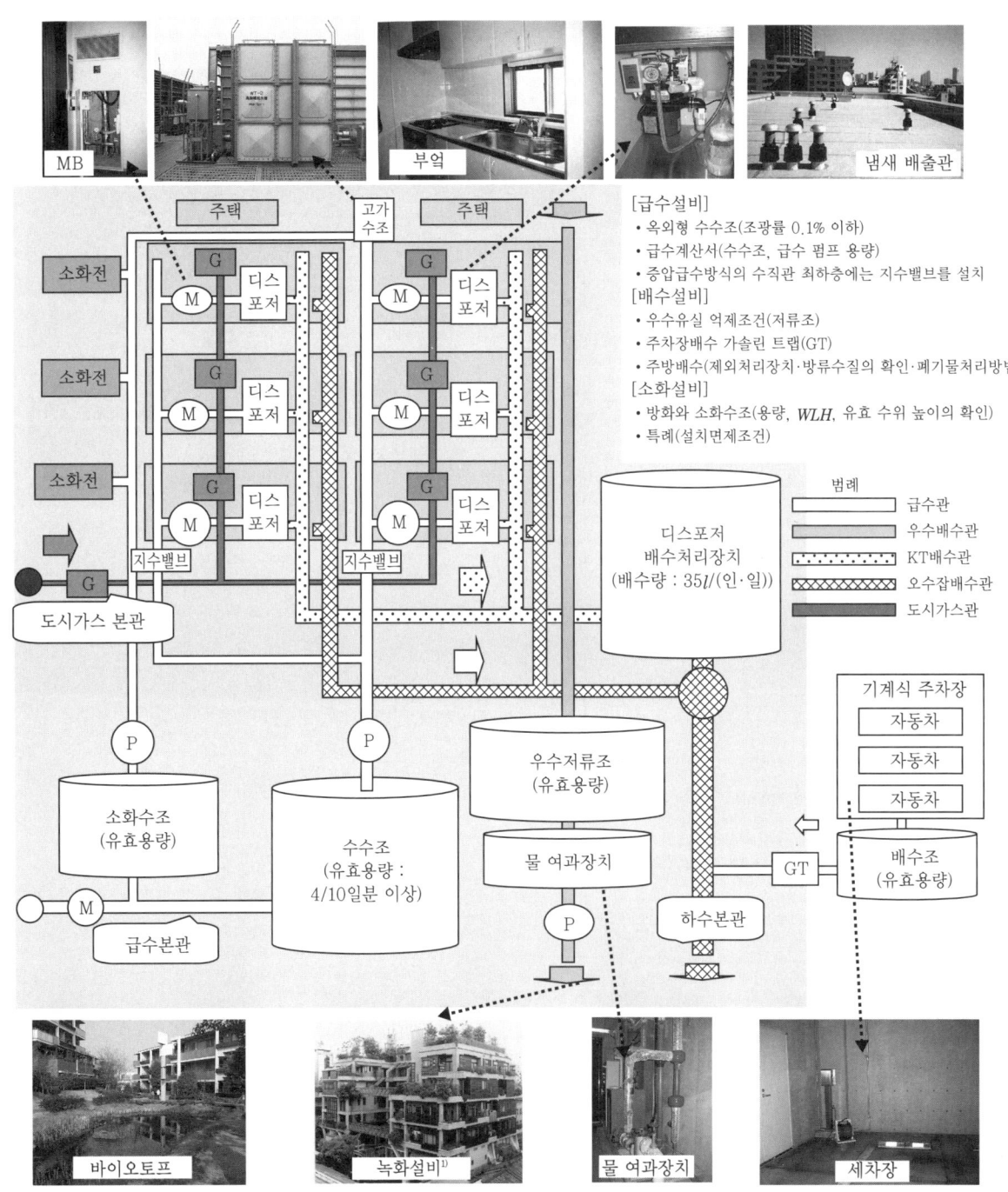

[급수설비]
• 옥외형 수수조(조광률 0.1% 이하)
• 급수계산서(수수조, 급수 펌프 용량)
• 증압급수방식의 수직관 최하층에는 지수밸브를 설치
[배수설비]
• 우수유실 억제조건(저류조)
• 주차장배수 가솔린 트랩(GT)
• 주방배수(제외처리장치·방류수질의 확인·폐기물처리방법)
[소화설비]
• 방화와 소화수조(용량, *WLH*, 유효 수위 높이의 확인)
• 특례(설치면조건)

범례
━━ 급수관
░░ 우수배수관
∴∴ KT배수관
▨▨ 오수잡배수관
▓▓ 도시가스관

의 위치·개소수·스페이스, 특히 욕실의 바닥 높이를 확보함으로써 다양한 라이프 스타일에 대응하고, 장수명이나 보수 관리성 등을 실현할 수 있다. 따라서 앞으로는 건축 디자인과 설비기능을 융합하는 계획이 더욱 요구될 것이다. 위의 그림은 위생설비계획의 개요이다.

〔2〕 배수설비계획

공동주택의 배수설비는 생활배수와 우수배수로 분류된다. 배수량은 매년 증가하고 있으며, 일부 지역에서는 커다란 사회문제로까지 발전했다. 따라서 환경보전이나 에너지 절약 등을 실현할 수 있는 종합배수설비 계획이 강력하게 요구되고 있다. 아래는 종합배수설비 계획의 개요이다.

(a) 배수계통

① 생활배수는 ㉠오수배수, ㉡잡배수, ㉢주방배수의 3종류로 크게 구별된다. 건축 장소에 따라 도시 시설의 정비 상황이 다르기 때문에 담당부서와의 사전협의를 거쳐 배수처리설비의 설치 필요 여부에 대해서 확인하는 과정이 필요하다. 예를 들면 ㉣정화조설비는 산정인원·배수량·방류수질(ppm) 등을, ㉤디스포저 배수처리장치는 각 가정에서 나오는 배수를 포함한 주방 음식물쓰레기 물량과 수질·방류수질·폐기물 회수방법·취기대책 등을 확인한다.

② 우수배수(㉥)는 건축 장소에 따라 도시 시설의 정비 상황이 다르기 때문에 우수유출억제의 유무나 우수 침수방법에 관해서 담당부서와 사전협의를 통해 확인할 필요가 있다. 그리고 ㉦우수저류조를 설치하는 경우는 설치장소·구조·유지관리방법, 특히 우수재이용계획 등을 충분히 검토한다.

(b) 공동주택의 배수설비계획

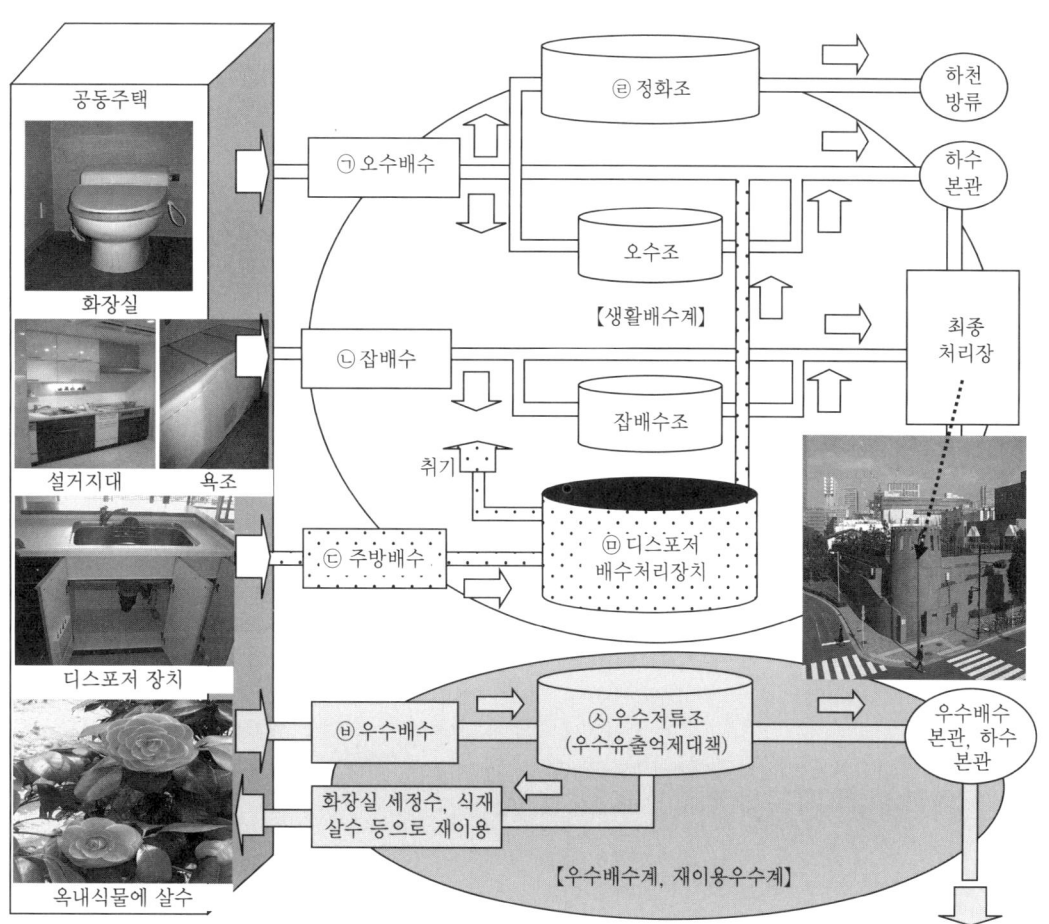

【그림】 종합배수설비 계획

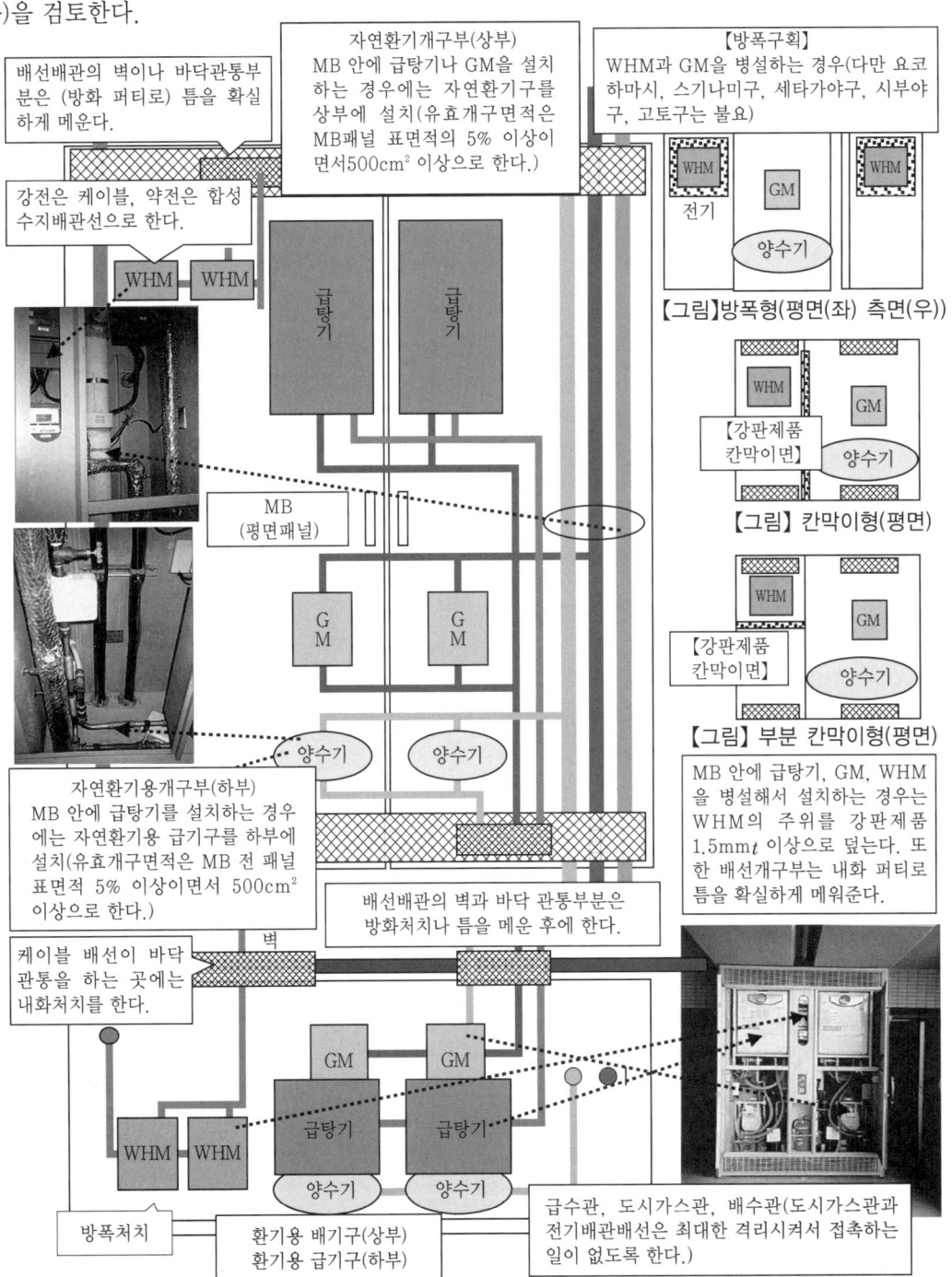

(c) 유의사항

① 보건위생을 담당하는 행정기관과 배수 시스템 및 방류조건에 대해서 사전확인을 한다.

② 앞으로는 자주식·기계식 주차장에서 소화활동 후 소화제(폐기물)를 공공하수도로 직접 방류하는 것을 억제하도록 많은 요구를 받을 것이다(바다·하천 등의 수질오염 방지대책).

③ 근래에 전 세계적으로 수자원 부족이 문제되고 있어 앞으로 우수 재이용은 상당히 중요하다. 따라서 적절한 재이용 계획을 구축하는 것이 바람직하다.

④ 키친에 설치된 디스포저 본체는 가동시에 약간의 진동이나 소음이 발생하기 때문에 기기본체나 배수관의 방진대책을 확실하게 해둘 필요가 있다.

⑤ 물이 있는 장소의 바닥 구배를 두는 것이 곤란한 경우는 강제배수방식(강제배수 펌프 적수(積水)화학제품)을 검토한다.

배선배관의 벽이나 바닥관통부분은 (방화 퍼티로) 틈을 확실하게 메운다.

자연환기개구부(상부)
MB 안에 급탕기나 GM을 설치하는 경우에는 자연환기구를 상부에 설치(유효개구면적은 MB패널 표면적의 5% 이상이면서500cm² 이상으로 한다.)

【방폭구획】
WHM과 GM을 병설하는 경우(다만 요코하마시, 스기나미구, 세타가야구, 시부야구, 고토구는 불요)

강전은 케이블, 약전은 합성수지배관선으로 한다.

WHM WHM

급탕기 급탕기

MB (평면패널)

GM GM

양수기 양수기

WHM 전기 GM WHM 양수기

【그림】방폭형(평면(좌) 측면(우))

WHM GM
【강판제품 칸막이면】 양수기
【그림】 칸막이형(평면)

WHM GM
【강판제품 칸막이면】 양수기
【그림】 부분 칸막이형(평면)

자연환기용개구부(하부)
MB 안에 급탕기를 설치하는 경우에는 자연환기용 급기구를 하부에 설치(유효개구면적은 MB 전 패널 표면적 5% 이상이면서 500cm² 이상으로 한다.)

MB 안에 급탕기, GM, WHM을 병설해서 설치하는 경우는 WHM의 주위를 강판제품 1.5mm$t$ 이상으로 덮는다. 또한 배선개구부는 내화 퍼티로 틈을 확실하게 메워준다.

배선배관의 벽과 바닥 관통부분은 방화처치나 틈을 메운 후에 한다.

케이블 배선이 바닥 관통을 하는 곳에는 내화처치를 한다.

벽

GM GM

급탕기 급탕기

WHM WHM

양수기 양수기

방폭처치

환기용 배기구(상부)
환기용 급기구(하부)

급수관, 도시가스관, 배수관(도시가스관과 전기배관배선은 최대한 격리시켜서 접촉하는 일이 없도록 한다.)

[3] 메타박스(MB) 건축설비계획

각 주택의 전기·통신·정보·방재간선·급수·배수·도시가스 주관 등은 MB 안에 설치된다. 다양한 라이프 스타일에 대한 대응을 할 때 확장성이나 보수 관리성, 안전성(전기계량기(WHM)과 도시가스 배관)을 확보하기 위해서 건축 디자인과 설비기능을 융합하는 것이 필요하다. 앞 페이지 그림은 MB의 건축설비계획의 개요이다.

〈유의사항〉

① 공용복도의 MB 내부에 전기계량기(WHM), 도시가스 계량기(GM), 도시가스식 급탕기를 설치하는 경우에는 건축면적이나 설비면적 등을 토대로 관할 소방서와 안전대책에 관해서 사전협의를 한다. 이때 공용복도가 개방식이냐 비개방식이냐에 따라서 안전대책을 취하는 방법이 크게 달라지므로 주의한다.

② MB 안의 도시가스식 급탕기의 배기구 혹은 배기 덕트는 옥외 피난계단과 2m 이상 격리한다.

③ MB의 배관배선이 주택의 방화구획을 관통하는 경우에는 인정받은 상품으로 내화처치를 한다.

④ MB의 바닥은 공용복도의 바닥보다 약간 높게 하는 것이 바람직하다(누수대책).

⑤ MB 안의 공간은 보수 관리나 갱신공사가 용이하게 이루어질 수 있도록 여유가 있는 배치계획을 세운다.

〈환기방식별 종합비교〉

공동주택(단독주택)의 거주자에 대해서 안심·안전·쾌적한 실내 환경과 에너지 절약을 실현하기 위해서 건축물의 외피는 고단열·고기밀화를 철저하게 한다. 그리고 각 거주실에 냉난방환기설비, 비거주실인 키친·화장실·욕실·세면대 등에 기계 환기설비를 설치한다면 조용하고 쾌적한 온열·공기질 환경을 유지할 수 있다. 그러나 부적절한 환기설비를 설치한 주거는 제기구(급기구·배기구)를 통해 소음이나 오염된 공기가 실내로 침입한다. 또한 거주자가 느끼는 콜드 드래프트, 실내외의 압력차로 인해 창문 섀시에서 바람이 부는 소음, 현관문의 개폐 곤란 같은 커다란 문제가 발생하고 있다. 따라서 환기설비 계획은 대단히 중요하다. 아래는 환기설비별 이해득실을 나타낸 것이다. 자연환기와 기계환기를 결합한 하이브리드 환기가 가장 이상적이라고 생각한다.

【표】 환기방식별 이해득실 표

항목/방식		① 자연환기	② 기계급기 + 기계배기 (제1종)	③ 기계급기 + 자연배기 (제2종)	④ 자연급기 + 기계배기 (제3종)
환기개념도 (평면도/단면도)					
건축	미관(외관)	○	○	○	○
	실내 공간	○	△ (천장고)	○	○
	창문 섀시의 소음	△	◎	○	△
	현관문 개폐정도	○	◎	○	△
실내 환경	온열	△	○	○	○
	기류	△	○	◎	○
	공기질	○	◎	◎	○
	실내외의 압력차	◎	◎	◎	○
	환기량	발전 과정 중	◎ 안정화	상당히 안정	△ 불안정
	소음(차, 철도)	△	○	○	○
	결로(곰팡이)	△	○	○	○
	진드기	△	○	○	○
에너지 철학	자연환기	◎	△	△	△
	전기소비량	–	△	△	△
	보수 관리성	◎	△	○	○
경제성	공사비	◎	△(+50%)	△(+20%)	○(+20%)
	실적	적다	△	△	◎
과제			급기구의 위치, 부착높이, 구조 등을 고려한다(소음, 오염대책).		
			덕트를 설치하기 위해 천장고가 필요하다.		외기온도에 의해 급기구로 유입되는 공기량이 감소한다.
			동계 환기량 제어를 고려한다.		급기구 부근은 콜드 드래프트를 느끼기 쉽다.
			급기 덕트 오염대책		
			정기적으로 필터 청소를 해준다(2회/연 이상).		

[범례] ◎우, ○양, △가

→ ● 공동주택의 시크하우스(sick house) 대책

〔1〕 기본 과제

쾌적한 실내 환경을 구축하기 위해서 3.2.2의 건축계획 〔1〕거주자의 요구, 3.2.5의 건축설비계획, 3.2.7의 환기설비계획을 참고로 삼아 건축가와 설비기술자의 융합을 도모하면서 환기계획을 세운다.

〔2〕 환기설비계획의 진행방법

① 환기방식(제1종·제2종·제3종)을 선정한다.

② 주택 타입별로 환기계산(환기량(m³/h, 압손(Pa))을 한다.(이때 최대 규모인 환기설비를 다른 타입으로 겸용하는 경우는 최대 규모의 환기계산으로 대응할 수 있다.)

③ 주택 타입별 환기설비 평면도는 환기기기(운전 스위치), 덕트와 환기경로(급기구·통기구·흡입구·배기구 등) 및 재질과 치수를 명기한 도면으로 한다.

④ 주택 내 문에 통기용 도어 갤러리(DG) 혹은 언더컷(UK)을 부착하는 경우에는 방 상호간의 소음대책을 충분히 검토한다.

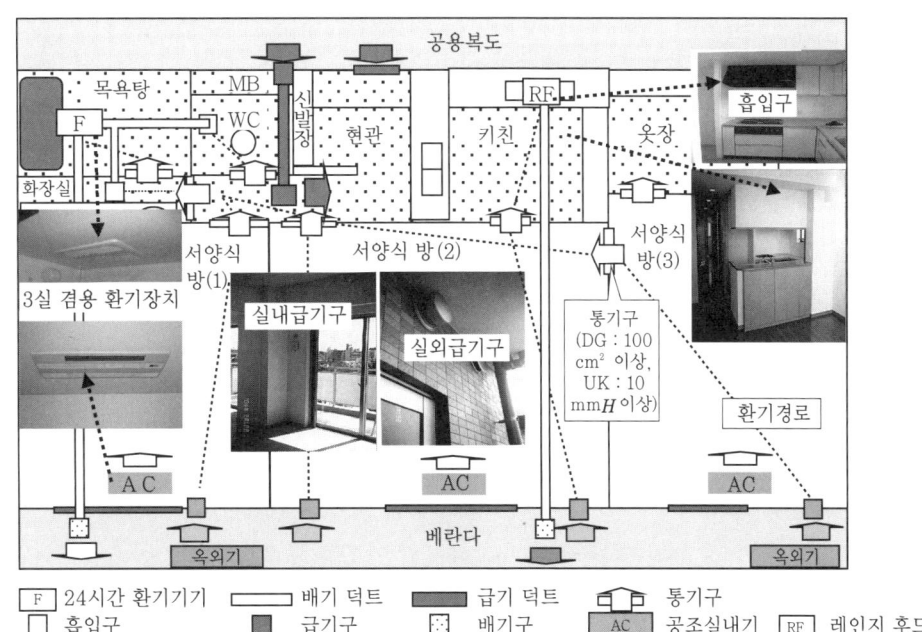

〔3〕 검사방법

환기설비(기기, 덕트, 제기구 등)가 완료 검사시에 확인이 곤란한 경우는 해당 거주실의 환기량 측정서, 제조회사의 카탈로그, 사진(촬영일·방 이름)을 제출할 필요가 있다.

〔4〕 유의사항

① 외기취입 급기구의 구조, 부착위치를 고려한다(소음·오염공기의 침입, 콜드 드래프트 대책).

② 급기구와 배기구와의 이격거리는 최저 900mm 이상으로 한다(쇼트 서킷 방지대책).

③ 거주실과 수납공간을 동일 환기계통으로 하는 경우 수납공간은 거주실로 취급한다.

④ 거주실 이외에 환기계산에 포함되는 방은 현관·복도·계단·수납장·워크인클로셋·화장실·욕실·세면기 등이다.

⑤ 환기계산상 방 용적에 포함되지 않는 것은 천장 안·바닥 아래·골방·옷장·붙박이가구의 내부 등이다.

⑥ 키친의 후드 환기설비는 급배기겸용형과 배기전용형 2가지가 있는데 요리를 할 때 거주실로 소음과 취기가 침입하는 것을 방지하기 위해서는 급배기겸용형이 바람직하다.

⑦ 일본식방의 양손으로 젖히는 문, 양손으로 끌어당기는 문, 장지문의 좌우와 바닥부분은 통기가 확보되기 때문에 다른 방과 환기계획상 일체화해서 같이 취급할 수 있다.

⑧ 냉난방용 공기의 배기계에 전열교환기를 설치(에너지 절약대책)한다.

⑨ 기존건축물로 5년을 경과한 건축물(마감재)은 시크하우스 대책의 대상 외로 취급한다.

〔5〕 공용부분(주택)의 냉난방·환기설비 계획

다음은 시크하우스 대책 24시간 기계 환기설비의 설치 대상이 되는 공간, 거주실의 정의, 건축용도별 거주실의 종류, 거주실이 되지 않는 공간, 일반적 공동주택의 시크하우스 대책 24시간 기계 환기설비 계획의 개요이다.

(a) 시크하우스 대책의 규제를 받는 대상 공간

실내공기오염이 인체에 미치는 영향은 주택·학교 같은 특정용도 건축물에 한정되지 않고 건축물의 이용자가 계속적으로 주거하고 집무나 작업을 하는 모든 건축물의 거주실이 대상이 된다.

(b) 거주실의 정의

법 제2조 제4호에서는 "거주·집무·작업·집회·오락 그 외에도 이런 종류에 속하는 목적을 위해서 지속적으로 사용하는 방"이라고 규정하고 있다.

① 건축용도별 거주실의 종류 : ㉠ 주택의 거실과 침실, ㉡ 업무시설의 집무실·회의실·수위실, ㉢ 의료복지시설의 병실·진찰실·수술실·약제실·접수대합실, ㉣ 교육시설의 교실·강당·직원실, ㉤ 상업시설의 매장·점원휴게실, ㉥ 생산시설의 작업장, ㉦ 집회장, ㉧ 호텔 시설의 로비·객실, ㉨ 오락시설의 객석 홀, ㉩ 음식점의 객석·주방, ㉪ 공중목욕탕의 탈의실과 욕실 등

② 거주실이 될 수 없는 공간 : 창고·물건 보건소 등

(c) 일반적인 시크하우스 대책 24시간 기계 환기설비 계획

① 거주실에는 서양식 방·일본식 방·침실·응접실·서재가 포함된다. 그리고 현관·복도·계단·수납장·워크인 클로셋·화장실·욕실·세면대 등은 항상 개방된 개구부를 통해서 환기설계상 거주실과 일체를 이루어 환기를 하는 방으로 취급된다.

② 공용부분의 거주실 : ㉠ 로비·라운지 등, ㉡ 관리인실·집회실·사무실·식당·점포 등

③ 공용부분의 비거주실 : ㉢ 풍제실·우편물실·엔트런스 홀·통로 등, ㉣ 주차장·주륜장(자전거주차장-옮긴이)·쓰레기장·창고·펌프실·전기실·수수조실·배수처리장 등

(d) 방 용도별 환기량 기준

범례 : | AC | 냉난방기기 | HEX | 전열교환기 ┈┈┈ 환기경로 | RF | 레인지 후드 팬
　　　 ■ 급기구 ⬆ 통기구 □ 흡입구 | F | 24시간 환기기기
　　　 ▭ 거주실 ▨ 비거주실 Ⓕ 일반 환기기기 ⬚ 배기구

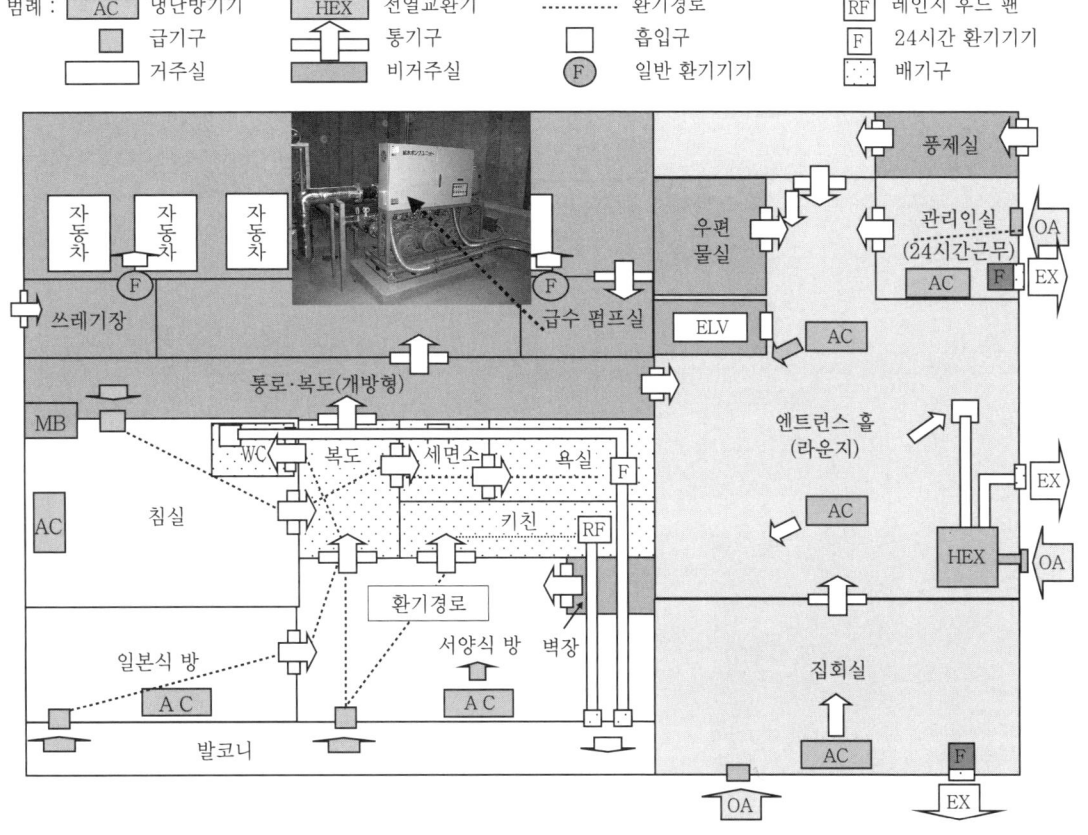

【그림】 일반적 시크하우스 대책 24시간 기계 환기설비 계획

【표】 일반실 용도별 환기량 기준

일반실 용도	환기횟수, 외기량	비고
거주실	0.5회/h 이상	
비거주실(펌프실, 쓰레기장)	0.3회×V(용적)/h 이상	집무·작업 등을 지속적으로 하는 방
	재실인원×필요 외기량[m³/(h·인)]	
	2~3회×V(용적)/h 정도	전기실은 기계발열 고려

〔6〕 키친의 환기설비계획

키친의 조리용 연소기기(가스레인지, IHI 등)에 의해 발생하는 폐가스나 수증기, 휘발된 조리용 기름이 실내 쪽으로 확산되면 거주자의 건강에 장애를 일으키거나 내장재가 오염이 되기 때문에 신속하게 발생원으로부터 옥외로 배출하는 것이 필요하다. 위와 같은 특정 오염물질이 발생하는 방(더티 존)의 환기를 국소환기라고 하는 데, 기본적으로는 상시 기계 환기설비를 운전할 필요는 없고 오염물질이 발생할 때에 운전을 하면 된다.

〈전반환기와 국소환기 설비계획〉

일반적 공동주택은 고기밀·고단열화와 더불어 24시간 기계 환기설비를 구동하고 있기 때문에

　① 현관출입구의 개폐 곤란

　② 창문 섀시의 바람으로 인한 소음 발생

　③ 자연급기구에서 외기침입

　④ 반밀폐형 연소기기의 폐가스 역류현상

등이 커다란 문제가 되었다. 2003년 7월 시크하우스 대책 시행에 따라 신규로 바람직한 환기설비를 구축하게 되었다. 국소환기(키친)와 전반환기(거실·목욕탕·세면대·화장실)를 각각 독립된 기계 환기설비로 하는 경우, 국소환기설비가 작동하지 않을 때 국소환기의 환기경로가 의도치 않게 전반환기의 급기경로가 되버리는 경우도 있으므로 다음과 같은 배려를 해야 한다.

• 국소환기용 급기구나 배기구는 국소환기용 기계 환기설비가 작동하지 않을 때는 폐쇄한다.
• 레인지 후드 팬의 구동과 연동해서 자동으로 개방하는 상폐형 급기구를 채용한다.

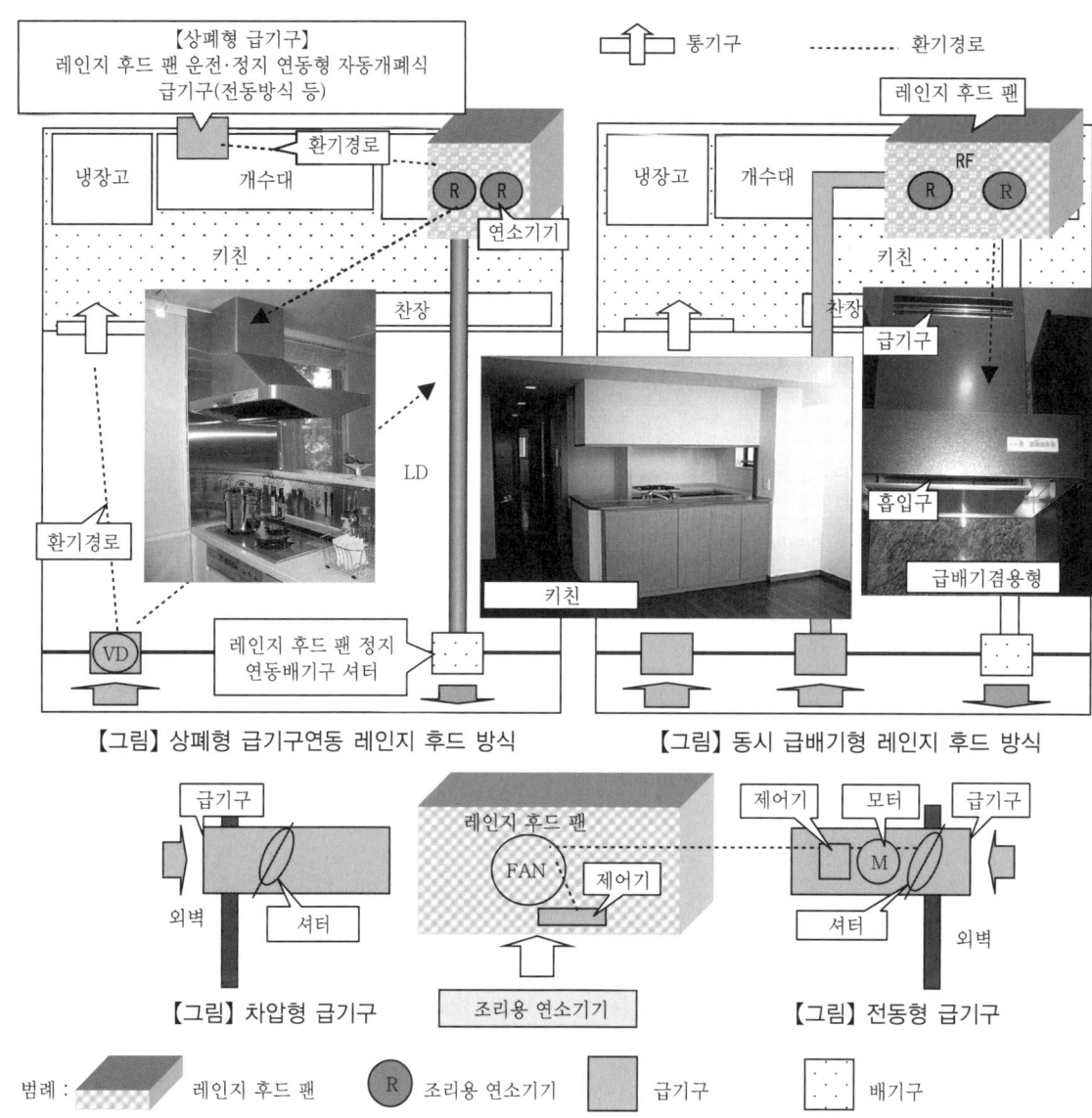

【그림】 상폐형 급기구연동 레인지 후드 방식 　　【그림】 동시 급배기형 레인지 후드 방식

【그림】 차압형 급기구　　조리용 연소기기　　【그림】 전동형 급기구

범례 : ▨ 레인지 후드 팬　Ⓡ 조리용 연소기기　▦ 급기구　▦ 배기구

〔7〕 공동주택의 환기설비의 과제

소자녀 고령화 사회, 도심거주, 다양한 라이프 스타일에 대한 대응성, 생활의 질적 향상, 쾌적한 실내 환경, 경제성이라는 거주자들의 요구를 만족시키기 위해서 건축 디자인과 설비기능을 융합하는 것이 매우 중요하다. 그러나 주택 안의 24시간 기계 환기설비(＊A)나 레인지 후드용 환기설비(＊B)의 구동시에 ① 각 거주실에서 급기구로 인한 콜드 드래프트 발생, ② 각 거주실의 창문 새시에서 바람으로 인한 소음발생, ③ 현관출입문의 오픈 곤란 등, 주택 안의 환경과 일상생활에 커다란 문제가 발생하였다. 아래는 주택 내의 환기설비와 실내 환경상태이다.

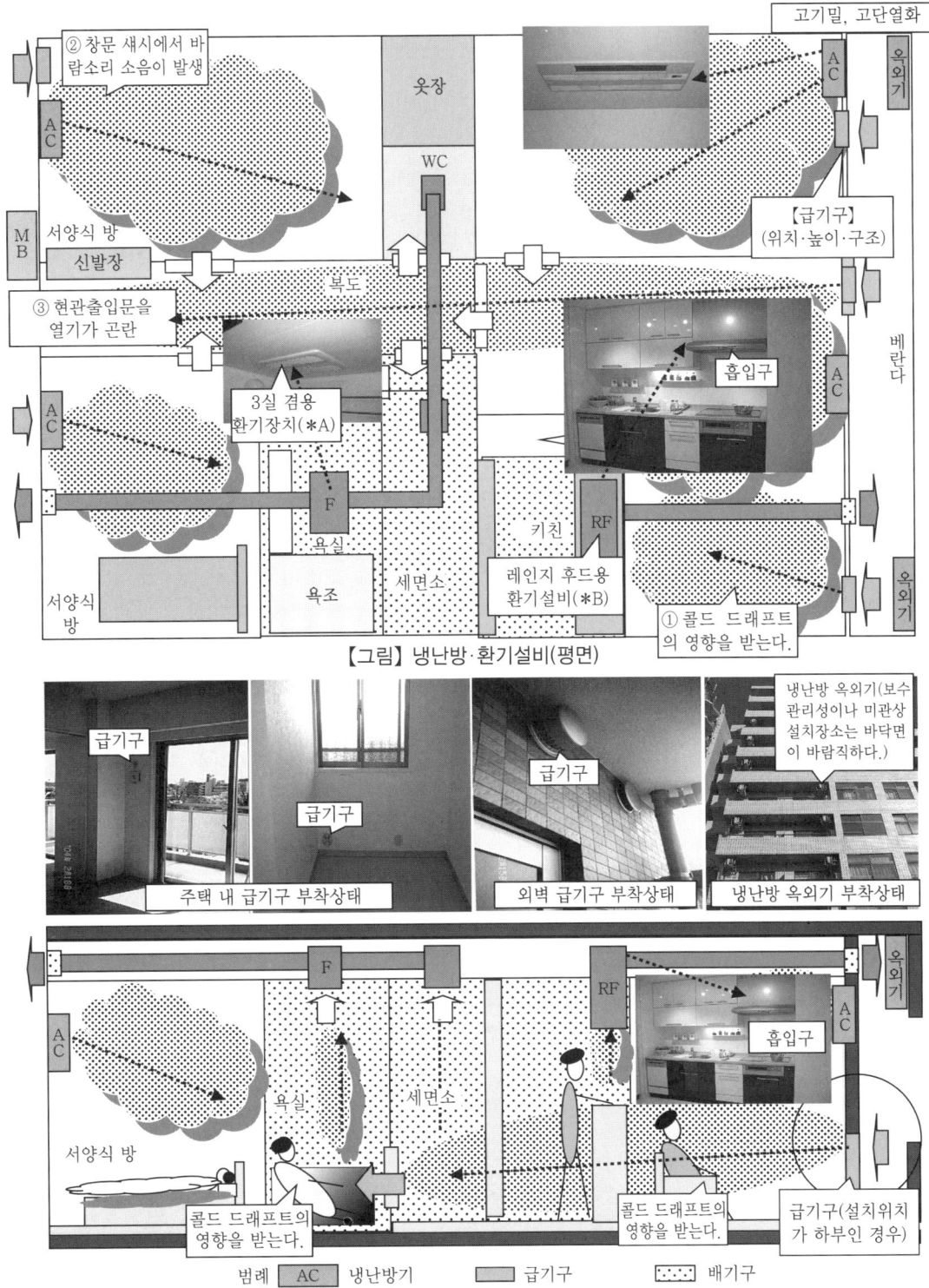

【그림】 냉난방·환기설비(평면)

【그림】 냉난방·환기설비(단면)

〔8〕 공동주택의 환기설비의 과제와 대책

실내 환경(온열·기류·공기질)은 환기설비 시스템으로부터 보다 많은 영향을 받는다. 일반적인 공동주택의 환기설비 시스템은 현재 ① 제3종 환기설비가 주류이다. 급기 취입구는 외벽면의 하부에 설치하고, 그 구조는 ② 자유분류형을 설치하는 경우, 특히 겨울에 콜드 드래프트가 발생하기 쉽다. 또한 거주자가 급기구를 폐쇄함으로써 실내는 부압으로 인해 현관출입문의 개폐가 곤란해지고, 공기질이 저하되므로 근본적인 대책이 필요하다.

따라서 구체적인 대책으로 ③ 급기구의 부착위치를 최대한 천장 쪽에 놓는다. ④ 급기구의 구조는 정류판형(자유분류형)을 이용한다. ⑤ 키친에 단독으로 제1종 환기 시스템을 도입한다. 이로써 실내 압력에 균형이 잡혀서 위의 문제를 확실하게 해소할 수 있다. 아래는 그 과제와 구체적인 대책의 개요이다.

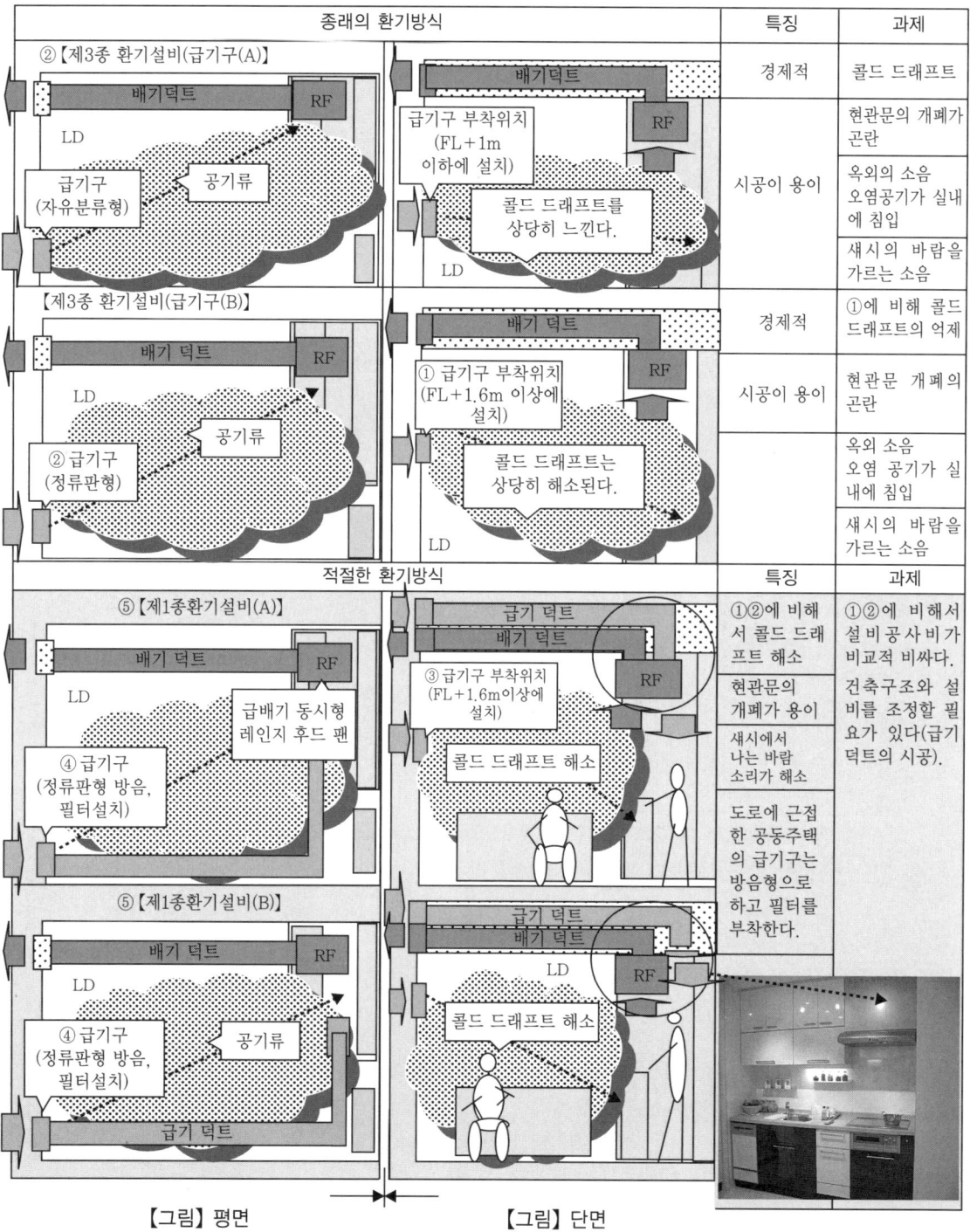

【그림】평면   【그림】단면

〔9〕 공동주택의 냉난방 환기설비계획

공동주택(단독주택)의 문제는 실내 환경(온열·기류·공기질(동계 습도저하 약 30%)·소음·에너지 절약대책)이다. 적정한 실내의 압력유지를 위해 키친은 단독 제1종 환기로 하고, 에너지 절약대책으로 전열교환기기를 설치하며, 저습도 대비책으로 환기 덕트 속에 자동급수식 가습기(다이킨 제품)를 설치해 놓은 중앙식 냉난방 환기설비를 하는 것이 가장 적합하다고 생각된다. 그리고 2005년 일본홈즈(株)에 의해 중앙식 냉난방 환기설비가 개발되어서 실시되고 있다. 아래는 중앙식 냉난방 환기설비의 개요이다.

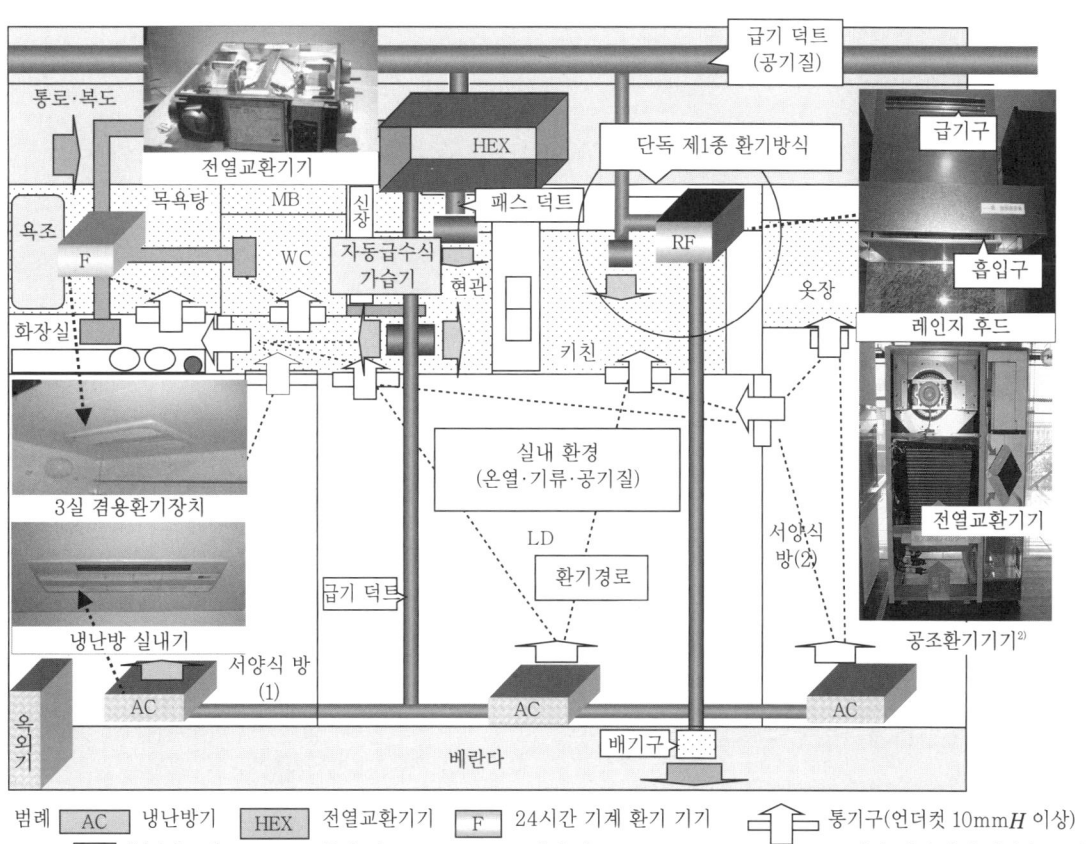

범례 AC 냉난방기 HEX 전열교환기기 F 24시간 기계 환기 기기 통기구(언더컷 10mm$H$ 이상)
RF 레인지 후드 팬 급기 덕트 배기 덕트 24시간 기계 환기 기기용 스위치

리빙룸[1]

키친[1]

IHI+도시가스 겸용의 예[1]

출전 : 1) 日本홈즈(株). 2) 三菱地所홈.

화장실[1]   세면대와 욕실[1]   침실[1]

중앙식 냉난방 환기설비

3.2.9 ● 환기설비의 안전대책

공동주택은 고기밀·고단열화가 일반적이고 연간 실내 환경을 쾌적하게 만들기 위해서 24시간 기계 환기설비를 설치하는 것이 의무화되어 있다. 그래서 각종 환기 덕트의 방화구획(연소 라인) 관통 개소의 안전대책 방법을 제시하고자 한다.

그리고 방화구획에 환기구를 설치한 경우 화재시에 불이나 연기가 복도 쪽으로 들어와서 다른 사람의 피난활동에 지장을 줄 수 있기 때문에 옥외피난계단에서 2m 미만 떨어진 곳에 설치하는 것은 허용되지 않는다(영 제123조 제2항 1호).

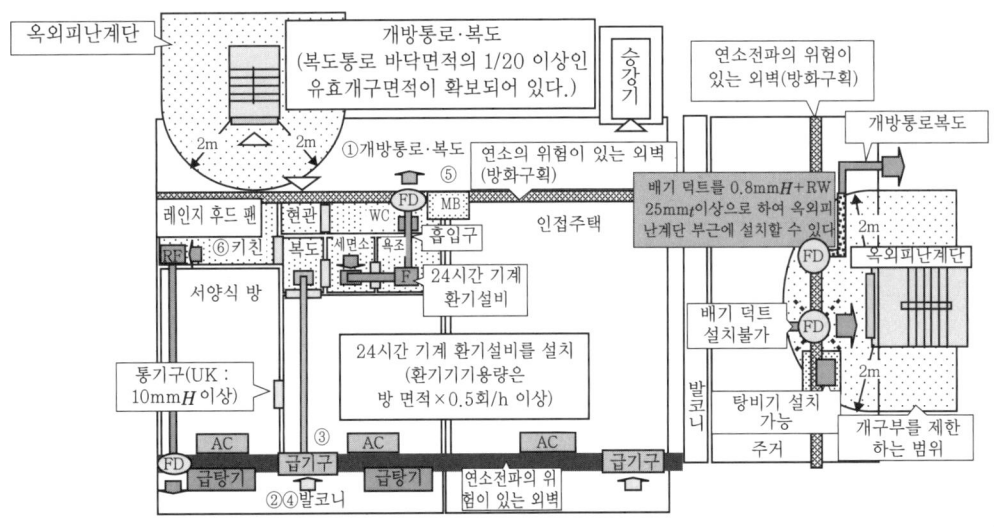

【그림】환기설비의 안전대책

〔1〕해설

① 개방통로와 복도는 통로 바닥면적의 1/20 이상의 외기에 접한 유효개구면적이 확보되어 있다.

② 피난 발코니의 외벽은 방화사양으로 한다.

③ 급기 덕트는 외벽에서 실내 1m 부분에 결로 방지 단열재를 설치하는 것이 바람직하다.

④ 급기구와 배기구의 이격거리는 900mm 이상 확보한다(쇼트 서킷 방지).

⑤ 개방통로와 복도에 설치한 MB 안에 탕비기를 설치하는 경우에는 MB 전체 패널 면적의 5% 이상이면서 500cm² 이상인 자연환기용 급기구를 상하 두 곳에 설치한다. 그리고 MB 안에 WHM 등을 설치하는 경우 WHM은 케이블 배선, 약전은 합성수지관 배선으로 한다. 방화구획의 벽과 바닥을 관통하는 배관 배선의 주위는 내화처리를 확실하게 해준다. 또한 전기배선과 도시가스관은 접촉하지 않도록 한다.

⑥ 전기식 조리기구의 필요 환기량은 200CMH 이상으로 한다.

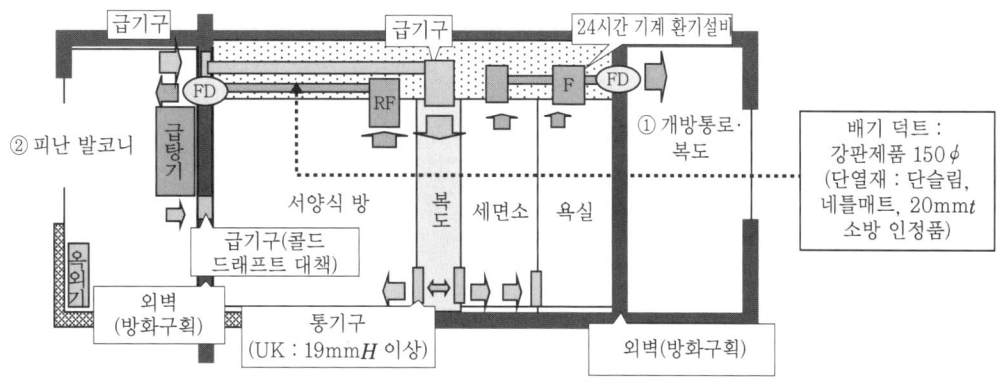

【그림】주택 단면

〔2〕 확인사항

① 환기 덕트(단면적이 100mm²(바깥지름 150 ϕ 이상))가 연소 라인을 넘는 경우는 FD를 설치한다.

② 개구부가 작은 건축물의 환기설비(제20조의 2, 제20조의 3), 2003년 4월 1일 시행

③ 거주실 안의 화학물질 발산에 대한 위생상의 처치 (제20조의 4, 제20조의 7, 포름알데히드 대책과 일관되게 환기설비를 개정 : 2003년 7월 1일 이후의 착공물건에 적용)

④ 시크하우스 대책에 관한 기술적 기준(정령·고시)안, 환기설비의 의무화 : 포름알데히드를 발산하지 않는 거주실 마감재를 사용한다고 해도 가구에서 화학물질이 발산되기도 하므로 기계식 환기설비를 설치하는 것을 의무화하고 있다(각 거주실의 환기내용은 해당 실내의 용적×0.5회/h 이상).

천장 안의 제한 : 천장 안의 바탕재로 포름알데히드를 적게 발산하는 건축자재를 사용하거나, 기계식 환기설비를 하여 천장 안에도 환기가 가능하도록 구조를 만든다.

3.2.10 ● 공동주택의 건축설비 시공 예

주택 안의 거주실과 비거주실과의 바닥높이를 동일하게 만드는 배리어 프리 대책이 일반적으로 이루어지고 있다.

그런데 주택 내의 전기배선, 위생배관, 냉난방용 냉매배관, 환기 덕트 등의 시공방법을 살펴보면, 배수관을 제외한 위생배관·냉난방용 냉매배관·덕트류는 천장 안에 설치하고, 키친·세면대·화장실의 배수관, 바닥난방용 온수배관이나 전기배선은 이중바닥 안(150mm$H$ 전후)에 부설한다. 특히 욕조용 배수관의 구배는 1/50 이상을 확보하는 것이 상당히 중요하다.

따라서 건축가에게 건축설비의 시공방법이나 이중바닥 높이의 치수를 충분히 이해할 수 있도록 설명해서 건축설계도(상세내용 포함)에 반영한다면 안심할 수 있고 안전하며 쾌적한 생활이 확보될 것이다.

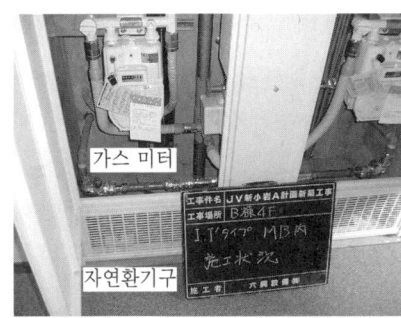
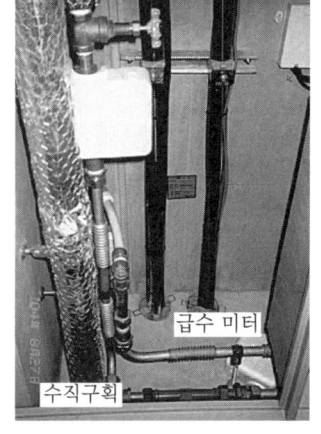

메타박스(MB)의 설치현황

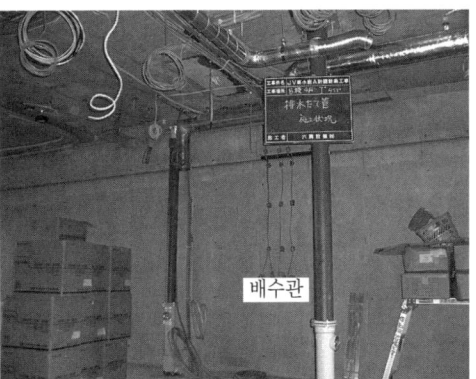

천장 안의 배선·배관·덕트의 시공상황   욕실 안 배수관의 시행상황

천장 안의 배선·환기 덕트의 시행상황

제 3 장 각종 건축물의 설비계획

176

• 공동주택의 연료전지적용 시스템 계획

에너지 절약과 지구온난화 방지를 위해 공동주택의 연료전지 적용 시스템의 개요와 특징을 소개하고자 한다.

〔1〕 **기술개발의 경년추이(예상)**

① 2003년 연료전지를 탑재한 도시 버스가 시장에 도입되었다. 그러나 연료전지의 문제는 내구성·발전효율·저온배열이용·경제성 등이다.

② 2005년 2월, 도쿄 가스는 가정용 코제너레이션 시스템(고체고분자형 연료전지)을 시장에 도입하기 시작하였다. 2005년 6월 도요타와 혼다는 연료 전지차의 형식 인정을 세계 최초로 취득하였다. 고체고분자형 연료전지의 목표가격은 15만 엔/kW이다. 2010년경에는 공동주택과 단독주택 등에 코제너레이션 시스템의 보급이 촉진될 것이다.

연대	1999 이전	2000	2001	2002	2003(변혁기)	2004	2005	2006	2007	2008	2009	2010(보급기)	2020
사회정세	규제완화	"소비자가 에너지를 선택하는 시대", "다양한 가족형태나 라이프 스타일에 대한 대응", "LCC의 절감화"											
에너지 산업계의 동향	지구온난화 방지대책, 에너지절약의 추진	· 환경조화형 사회, 자원순환형 사회, IT혁명, 높은 내구성(S&I)											
		· 장수명(건축 100년 이상, 설비기기 25년 이상)											
		· 에너지 절약의 추진, 신에너지 도입을 촉진, 온실효과 가스 배출량의 삭감화, 주택의 연료전지 시스템의 보급지원											
연료전지 기술개발	높은 신뢰성, 에너지의 다양화, 경제성	석탄, 석유, 메탄올, LPG, LNG, DME, GTL, 원자력										LNG(하이탄), 수소	
		· 고체고분자형 연료전지(PEFC)의 가격저렴화(15만엔/kW 목표값)											
		· PEFC의 내구성(80,000hr/10년간 목표치)											
		· PEFC에 의한 LCC의 저감화(30%감/종래방식에 비해)											
		· 2020년도의 국내 시장 규모는 2001년도의 52배, 약 3,600억 엔(일본경제신문조사)											
품질성능		도쿄·오사카 가스 (개발)	필드테스트 (마츠다)	혼다판매 (미국)	벤츠G차 (CHV)시장투입	도쿄 가스 상품화	오사카·도호 가스 상품화						실용화(예정)
내구성		40,000hr	필드 테스트(혼다)		5,000h	40,000hr							80,000hr(10년간)
메인터넌스 빈도		8,000hr			도요타, 혼다 차 시장 투입(국내)	히다치 제작소	8,000hr						16,000hr
에너지 절약률(종래방식에 비해)					도시 버스 도입	19	도요타, 혼다의 연료전지차가 형식인증을 세계 최초로 취득						25
환경보전성(CO$_2$ 삭감률)						20							25
작동온도(℃)		80				80~120	80						120
가격					5천 엔/kW (전지만 목표치)	50만 엔/kW (목표치)	60만 엔/kW (목표치)			50만 엔/kW (목표치)			15만 엔/kW (목표치)
필드 테스트		NEXT-21(오사카 가스)											
		차세대 구조주택 실험동(도쿄, 도호가스, 다케나카 외)											
		자원순환형 사회(국토교통성, 도쿄가스, 다케나카 외)											
		세이부 가스 종합기술연구연수소에 의해											
		다케나카 사택(예정)											
		경제산업성(기획재정부 및 오사카가스(DMC연료PEFC)											
적용성 연구		환경공생 에너지 시스템(신에너지의 활용, 클린 에너지의 사용, 우수이용, 옥상녹화 등)											
		분산형 에너지 시스템(신에너지의 활용, 클린 에너지의 사용, 계통연계(전력), 축전, 축열)											
프로젝트	NEXT-21 (오사카 가스)						아이치 만국박람회(아이치현 도호가스)					집합주택, 주택	
						오사카의 공동주택에 연료전지 시스템 도입을 발표(도시재생기구)	도쿄가스 연료전지의 시장도입						
이용분야		호텔, 의료, 복지시설, 백화점, 슈퍼마켓, 공동주택, 단독주택 등											
과제		경제성, 내구성, 발전효율, 저온배열회수, 바이오 가스의 활용, LCC의 감소화 등											

〔2〕 공동주택의 연료전지적용 시스템 계획

지구적인 규모로 확대된 지구온난화를 방지하자는 목소리가 높아지고 있다. 따라서 공동주택의 에너지 절약과 CO_2 배출량의 삭감을 가능하게 해주며, 분산형 에너지 시스템의 일종인 연료전지적용 시스템 계획을 살펴보면 다음과 같다. 이 계획은 2010년 무렵 실용화되리라고 기대된다.

(a) 기본적인 개념(목표) : 환경보전과 경제성의 양립

① 중앙식 연료전지 시스템 → 앞으로는 개별방식(목표)

설비비용은 약 2배, 유지비용은 약 15% 증가한다(기존 방식과 비교).

② 시스템의 구성은 하이브리드형(상업용 전원＋연료전지)으로 한다.

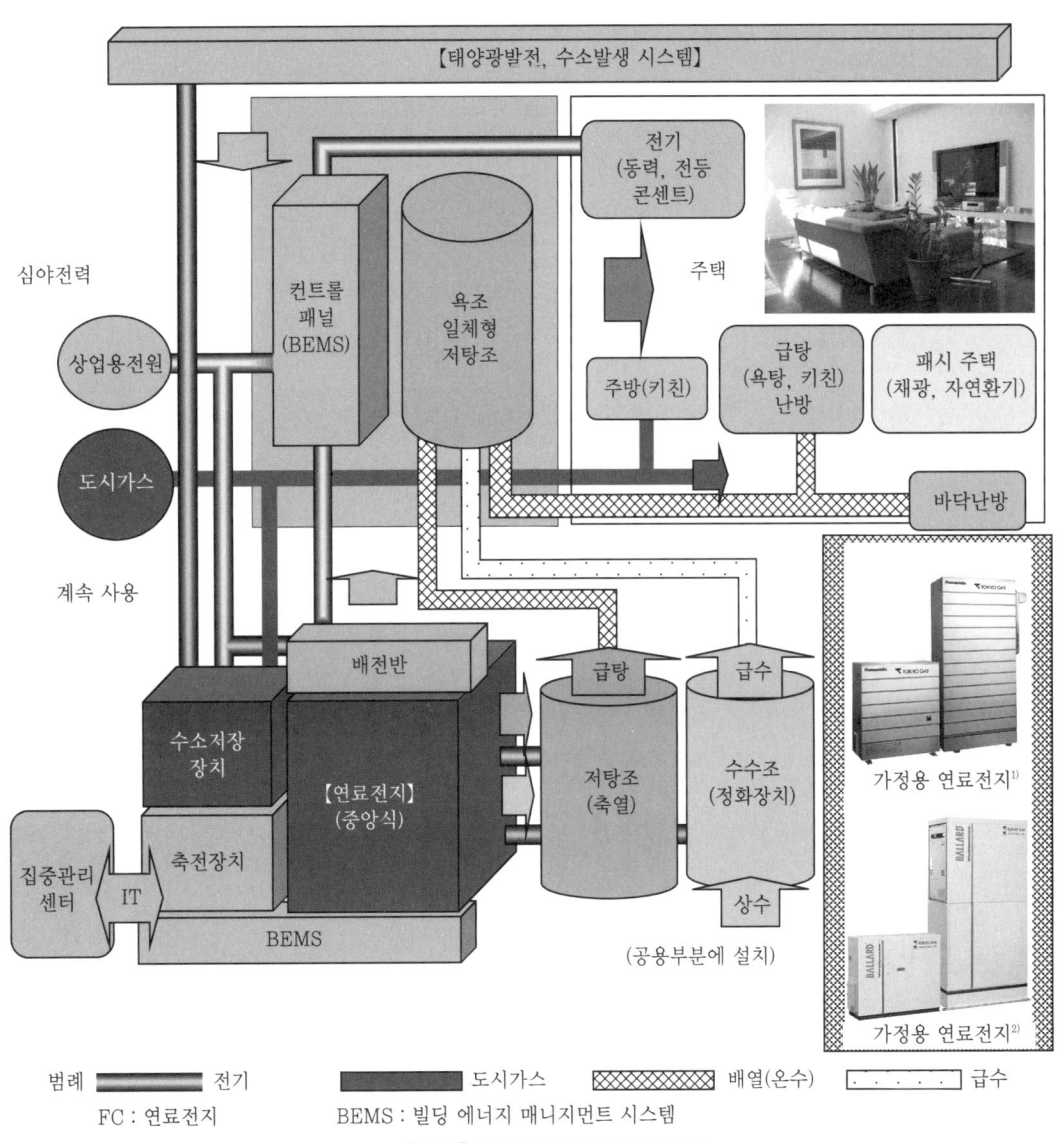

범례 ▬▬▬ 전기　▬▬▬ 도시가스　▨▨▨ 배열(온수)　┈┈┈ 급수

FC : 연료전지　　BEMS : 빌딩 에너지 매니지먼트 시스템

【그림】 중앙식 연료전지 시스템

(b) 과제와 대책 : 경제성, 사용상황에 따른 추종성, 저온배열이용 등

① 전력공급회사의 비교적 저렴한 심야전력을 이용하는 축전장치는 연료전지의 용량 축소, 시스템의 안정화, LCC의 저감화를 가능하게 해준다.

출전 : 1) 東京가스(株)·松下電器産業(株). 2) 東京가스(株)·荏原발라드(株).

② 도시가스와 태양광발전장치를 활용해서 경제성과 환경보전의 양립을 가능하게 해준다.

③ 단독주택의 가정용 연료전지(1kW/기)를 여러 대 설치하는 개별분산방식은 환경보전이나 경제성을 양립시킬 수 있는 시스템의 하나라고 생각된다.

④ 집중관리 센터를 활용함으로 보수 관리나 LCC의 절감화를 가능하게 해준다.

연료전지의 개량기는 기동시간이 약 1시간이나 걸리기 때문에 장치를 발전하고 정지하는 데 제약을 받는다. 따라서 개량품을 항상 가동을 하고 수소저장장치를 활용한다면 연료전지를 필요에 따라서 발전하고 정지할 수 있다.

〔3〕 설비방식별 경제성평가

공동주택에 관한 종래의 시스템(A안, B안)과 연료전지 시스템(C안)에 대해서 경제성평가를 해보았다. 연료전지 시스템은 다른 안에 비해서 설비비용이 약 35~100% 정도가 비싸고, LCC는 약 15~61% 정도 비싸다.

〈계획전제조건〉

① 연면적 : 10,000m², 호수 100호, 1주택당 가족 4명, 바닥면적 80m²/호

② 가정용 에너지의 소비량[1]
   • 전등 콘센트 : 2,100kWh(세대·연)
   • 급탕용 : 3,000Mcal/(세대·연)
   • 난방용 : 2,000Mcal/(세대·연)
   • 냉방용 : 800Mcal/(세대·연)

③ 연료전지는 통상 열주전종(熱主電從)인데, 부족할 때에는 상업용 전원으로 대응한다. FC의 발전효율 36%, 배열 39%, 종합효율 75%

④ 에너지 플랫 요금[2]
   • 도시가스 : 132.7엔/m³(발열량 11,000kcal/m³)
   • 일반전기 : 25.9엔/kW(주간+심야전기 15.3엔/kWh)
   • 상수 : 300엔/m³

⑤ 코제너레이션 성능
   • 전력공급량 : 50kW(FC 용량)×360일×24h×0.4(부하율)=172,800 kWh·연/FC
   • 배열량 : 50kW×360일×24h×0.4(부하율)×(1/0.36)(발전효율)×0.39(배열효율)×0.86=160,992 Mcal연)

⑥ FC의 내구연수 : 10년간

⑦ 연료전지의 도시가스 소비량 : 50kW×360일(연간가동일수)×24h×860kcal·kW×0.4(부하율)×(1/0.36)(발전효율)/11,000kcal/m³=37,527m³연

⑧ 급탕 및 난방용 도시가스 소비량 : (5,000Mcal세대·연×100호 코제너레이션 배열이용량)×(1/11)(Mcal/m³)=30,819m³·연
   • 매전량 : (2,100×100)−172,800=37,200kWh·연

⑨ 종래의 시스템
   • TES 도시가스 소비량 : 5,000 Mcal·세대·연(급탕, 난방)/0.9(기기 효율)/11,000kcal/m³×100호
   • NHP 전기 사용량 : NHP 3,000Mcal·세대·연(급탕)×(0.86×3.4)×100호

출전 : 1) IBEC. 2) 家庭用에너지統計年報 (住環境計劃研究所).

【표】 설비방식별 경제성평가 비교

항목	A[전기+도시가스 겸용]		B[모든 전기]		C[연료전지 시스템(도시가스)]	
【개념도】 범례 FC : 인산형 연료전지 EHA : 공기열원 히트 펌프 식 냉난방기기 TES : 급탕난방장치 NHP : 공기열원 히트 펌프 식 급탕기	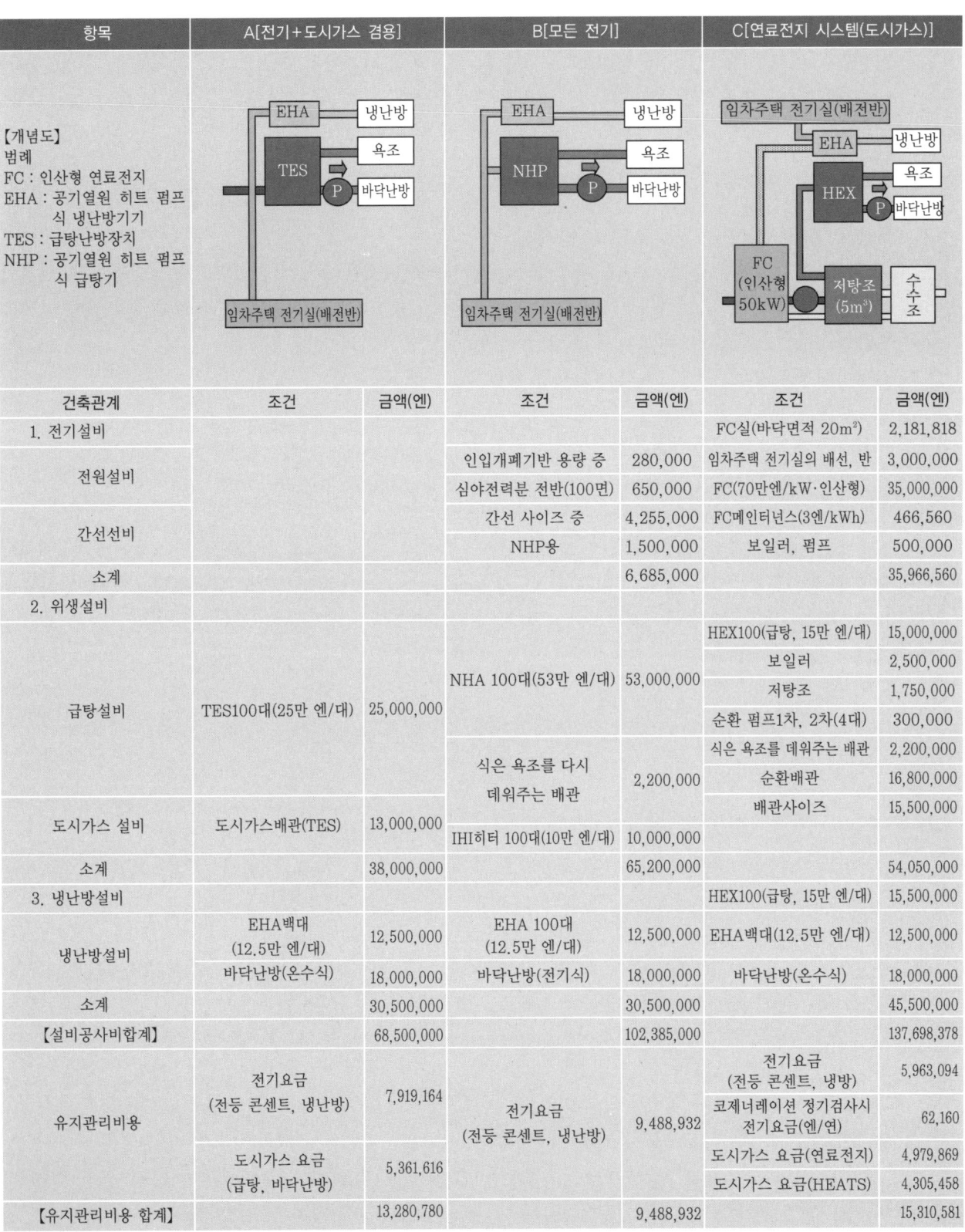					

건축관계	조건	금액(엔)	조건	금액(엔)	조건	금액(엔)
1. 전기설비					FC실(바닥면적 20m²)	2,181,818
전원설비			인입개폐기반 용량 증	280,000	임차주택 전기실의 배선, 반	3,000,000
			심야전력분 전반(100면)	650,000	FC(70만엔/kW·인산형)	35,000,000
간선선비			간선 사이즈 증	4,255,000	FC메인터넌스(3엔/kWh)	466,560
			NHP용	1,500,000	보일러, 펌프	500,000
소계				6,685,000		35,966,560
2. 위생설비						
급탕설비	TES100대(25만 엔/대)	25,000,000	NHA 100대(53만 엔/대)	53,000,000	HEX100(급탕, 15만 엔/대)	15,000,000
					보일러	2,500,000
					저탕조	1,750,000
					순환 펌프1차, 2차(4대)	300,000
			식은 욕조를 다시 데워주는 배관	2,200,000	식은 욕조를 데워주는 배관	2,200,000
					순환배관	16,800,000
도시가스 설비	도시가스배관(TES)	13,000,000	IHI히터 100대(10만 엔/대)	10,000,000	배관사이즈	15,500,000
소계		38,000,000		65,200,000		54,050,000
3. 냉난방설비					HEX100(급탕, 15만 엔/대)	15,500,000
냉난방설비	EHA백대 (12.5만 엔/대)	12,500,000	EHA 100대 (12.5만 엔/대)	12,500,000	EHA백대(12.5만 엔/대)	12,500,000
	바닥난방(온수식)	18,000,000	바닥난방(전기식)	18,000,000	바닥난방(온수식)	18,000,000
소계		30,500,000		30,500,000		45,500,000
【설비공사비합계】		68,500,000		102,385,000		137,698,378
유지관리비용	전기요금 (전등 콘센트, 냉난방)	7,919,164	전기요금 (전등 콘센트, 냉난방)	9,488,932	전기요금 (전등 콘센트, 냉방)	5,963,094
					코제너레이션 정기검사시 전기요금(엔/연)	62,160
	도시가스 요금 (급탕, 바닥난방)	5,361,616			도시가스 요금(연료전지)	4,979,869
					도시가스 요금(HEATS)	4,305,458
【유지관리비용 합계】		13,280,780		9,488,932		15,310,581

범례 ▮ 전기 ▮ 도시가스 ▮ 급수

⑩ HEATS 도시가스 소비량 : HEATS 5,000,000kcal(급탕, 난방)/0.9(기기 효율)/11,000kcal/m³× 100호

⑪ 에너지 절약효과 : 2,100kWh·세대·연(전등 콘센트)/860kcal/kW+5,000,000Mcal·세대·연(급탕, 난방)×100호/0.8(종합효율) /11,000kcal/m³×132.7엔/m³(가스 요금)×0.25(에너지 절약률)

〔4〕 개별식 연료전지 시스템

현재 선진국에서 고체분자형 연료전지의 개발과 적용 시스템이 연구되고 있으며, 2008년 실용화하는 것을 목표로 하고 있다. 특히 도요타, 혼다 같은 자동차의 연료전지가 가정용 거치형 연료전지로 발전할 수 있다면 내구성·발전효율·경제성 등의 중요한 문제가 해결이 될 것이라고 생각된다.

공동주택의 연료전지 시스템은 현재 많은 실적을 보유하는 인산형 연료전지의 중앙식이 좋다고 할 수 있다. 그리고 건설업계는 제조회사와 협력해서 저온배열이용 냉난방 시스템이나 욕조일체형 저탕조 등을 개발하는 것이 바람직하다. 그리고 2005년 도쿄가스(株)는 고체고분자형의 가정용 연료전지 시스템인 '라이펠'을 시장에 도입하기 시작하였다(유상 모니터 계약을 한 시장도입이다. 계약기간은 10년으로 계약료는 100만 엔, 계약기간 중의 메인터넌스 등은 모두 도쿄가스(株)가 담당하므로 따로 비용이 발생할 일은 없다).

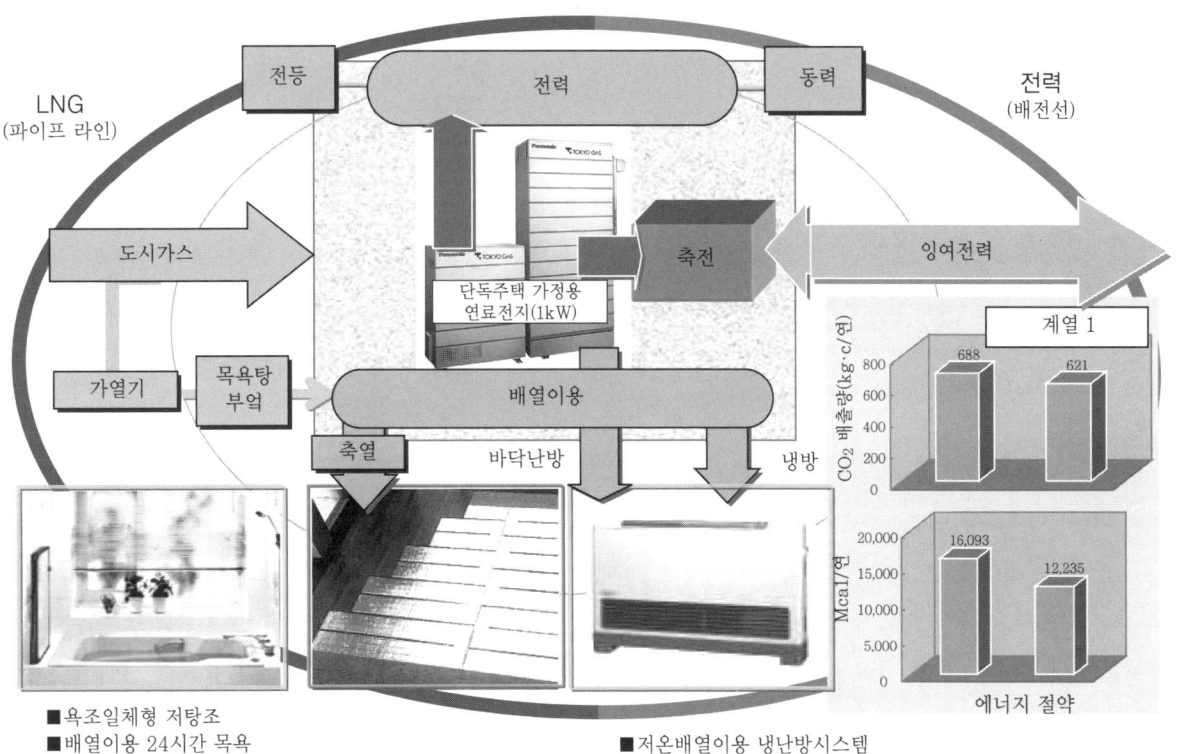

■욕조일체형 저탕조
■배열이용 24시간 목욕

■저온배열이용 냉난방시스템

3.3.1 → • 기본 과제

업무시설은 사회·경제정세·IT 기술혁신 등으로 인해서 상당히 많이 변모했다. 세계적인 규모의 경쟁사회 속에서 기업은 존속하기 위해서 기업 활동의 활성화 뿐만 아니라 개인의 지적 창조능력을 최대한 발휘할 수 있는

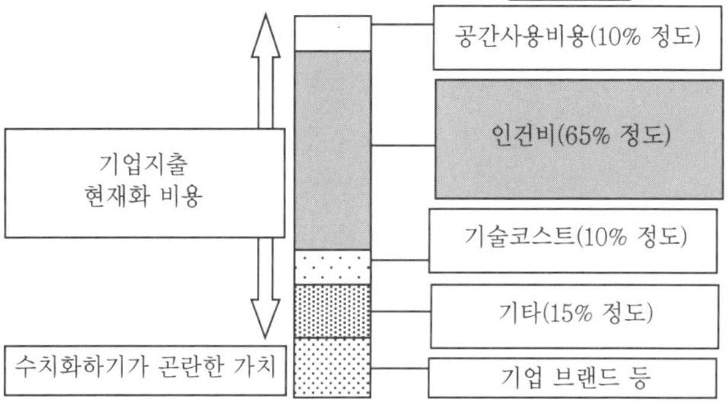

경영요소

```
                    공간사용비용(10% 정도)

기업지출          인건비(65% 정도)
현재화 비용
                  기술코스트(10% 정도)

                  기타(15% 정도)
수치화하기가 곤란한 가치
                  기업 브랜드 등
```

개인의 지적 창조능력을 최대한 발휘할 수 있는 기능적이고 쾌적성이 풍부한 실내 공간[1]

건축가 공간계획

| 활동 프로그램 기업경영 | 정보기술자 정보 시스템 |

IT 기술

SOHO
창조의 장, 비지니스의 장

덴츠 본사 빌딩[4]
쾌적한 실내 환경(조망·채광·온열 등), 에너지 절약(외피의 일사열 대책 : 유리실내면을 세라믹 프린트하여 열부하를 15% 삭감 등)

신주쿠 미츠이 빌딩[3]

반투명 스크린에 의한 세미 오픈부스를 도입한 NEC 브로드밴드 솔루션 센터[2]

통합화[1]
의견교환을 통해 얻은 수정할 점이나 방향성을 모두가 이해하고 습득한다.

표출화[1]
집무실 중앙 테이블에 관계자가 모여서 협의를 한다.

고객용 프레젠테이션 룸
기업의 블라인딩에 이용한다.[1]

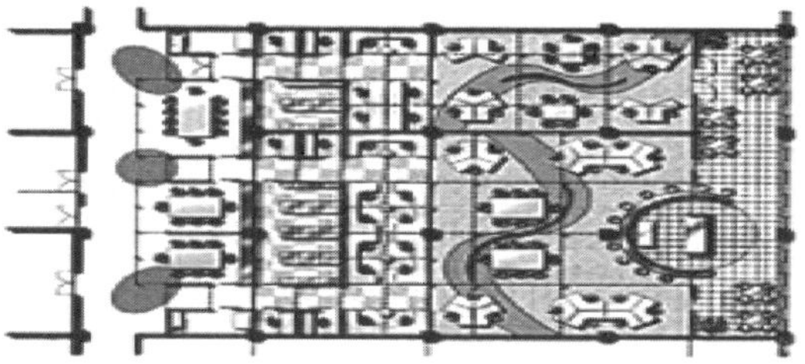

내면화	통합화	표출화	공동화
아이디어를 구체화시켜 주는 상품이나 서비스에 대해서 관계자와 의견을 교환한다.	의견교환을 하여 얻은 결과를 토대로 개인 데스크에서 성과물을 정리한다.	공유하는 정보를 토대로 관계자와 협의하고 문제점을 발견해서 새로운 발상으로 전개한다.	자유로운 대화나 교류로 정보를 공유한다.

【그림】워크플레이스의 배치계획

출전 : 1) 日立하이테크노로지스那珂事業所. 2) 日本電氣(株). 3) 三井不動産(株). 4) (株)電通.

기능적이고 쾌적성이 풍부한 실내 공간을 조성할 것을 요구받고 있다. 따라서 고객용 프레젠테이션 공간, 공동 작업 공간, 개인작업 공간, 어메니티(어떤 장소나 기후 등에서 느끼는 쾌적함을 일컫는 용어-옮긴이) 공간 등을 구축하기 위해서는 건축가, IT 기술자, 경영 컨설턴트, 건축설비기술자 등의 지혜와 행동이 필요하다.

3.3.2 • 건축계획

〔1〕 건축가가 알고 싶어 하는 건축설비

일반적으로 건축가는 건축설비계획을 세우는 일이 곤란하기 때문에 설비기술자의 지원이 필요하다. 여기서는 건설수요가 많은 업무시설의 건축계획에 관련된 건축설비계획의 기본지식을 소개하고자 한다.

(a) 건축계획 조건

다음을 명확하게 해야 한다.

① 자사 빌딩과 임대 빌딩의 구별(품질·환경보전·에너지절약·안전성·비용 중 우선순위)

② 층수(지하·지상층·옥탑방)

③ 연면적(m²)

④ 기본계획도(평면도·단면도)

⑤ 건축물의 높이(m)

⑥ 구조종별(SRC·RC·S)

(b) 건축설비계획 조건

① 건축면적에 대한 설비실(전기실·기계실 등)용 바닥면의 비율은 5% 이상을 확보한다.

② 기준층의 바닥면적에 대한 다른 설비실(공조기계실·설비 샤프트(EPS·PS·DS 등))의 바닥면적은 2.5~3.5% 정도를 확보한다.

③ 기준층의 공조설비실은 집무실 공간을 약 500m²마다 설치하고 또 설비 샤프트는 집무실 문 사이의 치수 약 20m마다 설치하는 것이 바람직하다.

④ 설비실들의 배치 : 소규모 건축물은 지상층에 기계실, 옥상층에 전기실·기계실을 배치한다. 그리고 중간 규모 이상의 건축물은 지하층이나 저층에 전기실·기계실을 배치하거나, 옥상층에 전기실·기계실을 배치하는 예가 많다.

⑤ 설비실들의 들보 밑 유효높이는 특고수변전실·발전기실·수수조 펌프실은 5m 이상, 열원기계실은 6m 이상, 고압수변전실과 공조기계실은 4m 이상으로 하는 것이 바람직하다.

【그림】설비실들의 들보 밑 유효높이

(c) 규모별 여러 설비용 바닥면적 산출기준(참고)

전기실(ER) : (빌딩 관리실 포함)	기계실(MR) : (급배수, 소화설비실 포함)
소규모 건축물로 빌딩관리실이 없는 경우 $ER = 0.052^{0.83}(A : 6,000\text{m}^2\ \text{이상})$ $ER = 0.0087A + 16(A : 6,000\text{m}^2\ \text{이상})$ 중간규모의 건축물로 빌딩 관리실이 있는 경우 $ER = 0.0087A + (40{\sim}60)$ 대규모 건축물로 빌딩 관리실, 특고전기실이 있는 경우 $ER = 0.0087A + (140{\sim}160)$ 배관배선공간은 0.310*2/기준층 바닥면적	$MR = 0.37A^{0.78}(A : 7,000\text{m}^2\ \text{이하})$ $MR = 0.438A + 70(A : 7,000\text{m}^2\ \text{이하})$ • 공조기계실은 약 30m² 전후/개소 • 공조용 DS(배연포함)은 1.6~2.5%*1/기준층 바닥면적 • 공조용 PS는 0.4~1.0%*1/기준층 바닥면적 • 위생용 PS는 0.3~0.8%/기준층 바닥면적 (A : 연면적(m²))

＊1 : 외기도입과 배기를 위한 공용 샤프트를 포함하지 않는다.
＊2 : 분전반 공간, 변압기 공간을 포함한다.

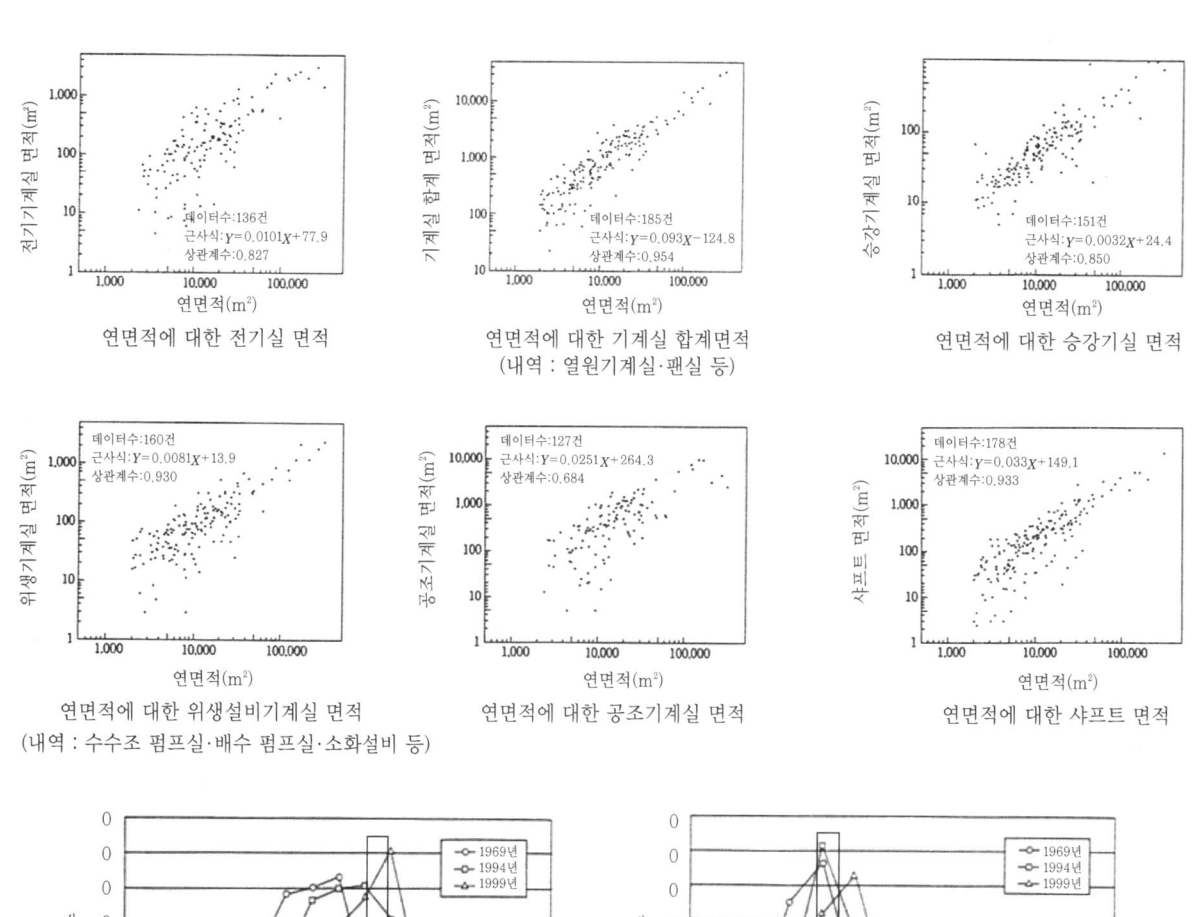

연면적에 대한 전기실 면적

연면적에 대한 기계실 합계면적
(내역 : 열원기계실·팬실 등)

연면적에 대한 승강기실 면적

연면적에 대한 위생설비기계실 면적
(내역 : 수수조 펌프실·배수 펌프실·소화설비 등)

연면적에 대한 공조기계실 면적

연면적에 대한 샤프트 면적

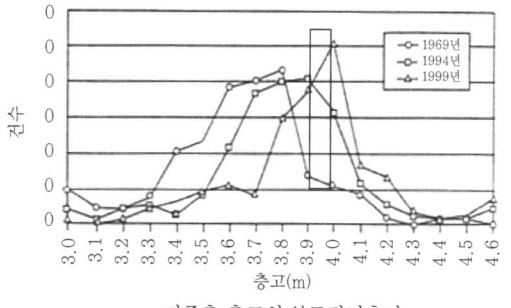
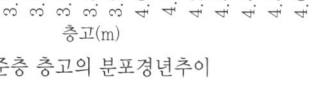

기준층 층고의 분포경년추이

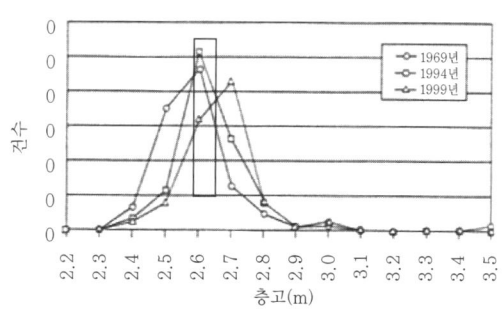

기준층 천장고의 분포경년추이

출전 : 空氣調和·衛生工學便覽, 2001年度(空氣調和·衛生工學會).

제3장
각종 건축물의 설비계획

184

특고수변전실

고압수변전실

옥외 고압수변전실

발전기실

수수조 펌프실

급수 펌프실

소화전 펌프실

옥상 고가수조

열원기계실

옥상 흡수식 냉동기

열원기계실

열원기계실

열원기계실

열원기계실

열원기계실

옥상 공조기기

옥상 공조기기

옥상 공조기기

옥상 공조기기

시스템 천장(스피커)

〔2〕공조설비계획

(a) 소·중규모 건축물(연면적 3,000m²)

자사 빌딩이나 임대 빌딩 모두 공조설비 시스템은 쾌적성을 손상하지 않고 집무실의 바닥면적을 최대한 확보할 수 있는 개별식 공조 시스템(열원 : 전기가 주(主)), 도시가스(補)가 현재 주류를 이루고 있다. 아래는 개별식 공조설비 시스템의 개요이다.

① 옥외기와 실내기 모두 냉매배관(비(非) 오존층 파괴물질)으로 구성되며, 실내기 1대당 담당하는 바닥면적은 24m², 31m², 34m², 39m², 43m², 48m², 54m², 61m², 69m², 71m²로 다양하게 제품화되어 있지만 균일한 기류분포, 그리고 드래프트가 생기지 않도록 하기 위해서 39m² 이하의 기종을 선정해서 천장 면에 균등하게 배치하는 것이 좋다.

② 실내기를 설치한 천장 안익 치수는 약 $600mmH$ 이상을 확보해서 진동과 내진대책을 세운다.

③ 옥외기는 각층의 옥외부분과 옥상에 설치하고, 옥외기와 실내기와의 냉매배관(往)의 거리는 45m 이하로 한다. 특히 보수 관리성을 중시하는 경우, 옥외기는 일괄해서 옥상관리를 하여 진동과 내진대책을 세운다. 그리고 공조설비기기의 기동·정지나 냉난방의 교체는 각 집무실 등에 설치된 조작 패널로 자유롭게 할 수 있다.

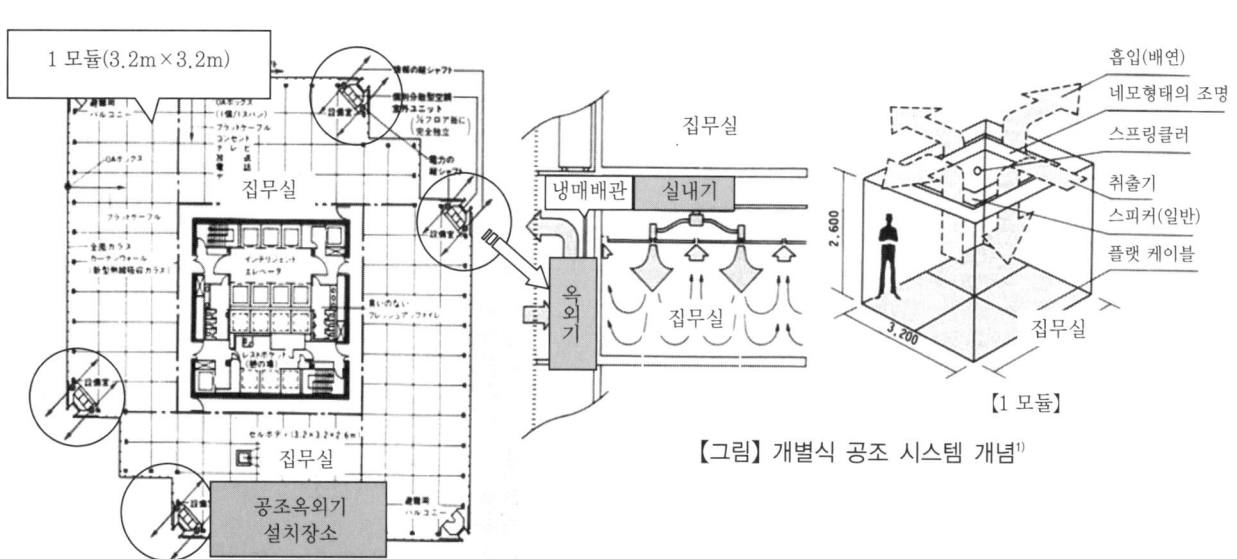

【그림】 개별식 공조 시스템 개념[1]

【그림】 우메다 센터 빌딩의 예(기준층 평면도)

일반집무실의 천장 안

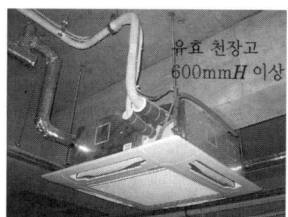

실내기 설치

출전 : 1) (株) 竹中工務店.

우메다 센터 빌딩[1]

공조옥외기

공조옥외기

상업시설의 실내기

(b) 중간규모의 건축물(연면적 3,000m² 이상)

쾌적한 실내 환경(조망·채광·온열 등), 관계자와의 커뮤니케이션, 확장성 등을 중시하며, 집무실은 기둥이 없는 큰 공간으로 만들거나 창개구율을 확대하는 방향으로 진행되고 있다.

특히 유리 파사드 디자인을 계획하는 경우에는 쾌적한 온열환경을 유지할 수 있고 에너지 절약을 실현할 수 있는 공조설비를 구축하는 것이 필요하다.

① 여름의 일사열이나 정보기기의 발열, 겨울의 콜드 드래프트를 방지하고 공기질(빌딩 관리법)을 향상시키기 위해서 공조의 조닝 계획과 공조방식을 고려한다. 그리고 공조기계실(공조기기·급기·환기 수직 덕트·냉온수배관·제어반 포함)이 담당하는 바닥면적은 약 500m² 이내로 하고 최대한 집무실에 근접하게 위치를 잡는다.

② 공조기기의 급기 덕트(D : 지름)와 환기 덕트(D : 지름)를 들보관통하는 경우에는 들보에 여러 개의 슬리브를 세우는데 그들 사이즈는 들보의 키 $H \times 1/3$ 이하, 부착간격은 $3D$ 이상으로 한다. 그리고 천장 안을 환기 체임버로 이용하는 경우에는 들보 밑과 천장과의 유효치수를 약 100mm$H$ 이상 확보한다.

메커니컬 월의 예

공조기계실

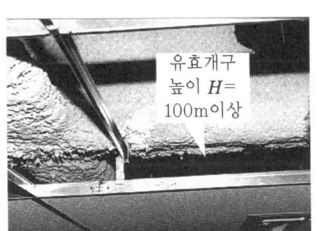
천장 안 들보 밑 클리어런스

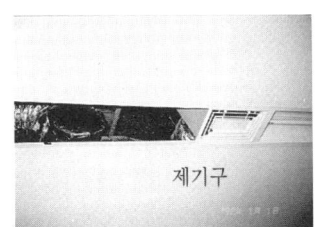
천장제배기구, 덕트 부착상태

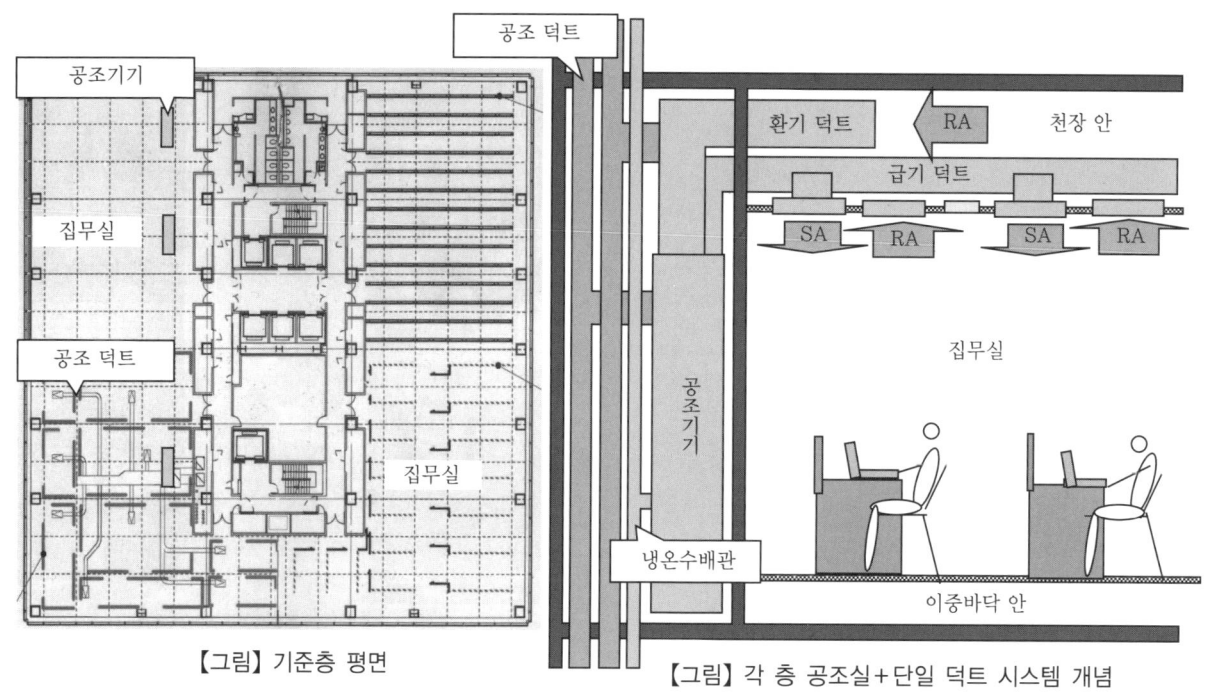

【그림】기준층 평면

【그림】각 층 공조실 + 단일 덕트 시스템 개념

(c) 페리미터 존(perimeter zone)의 공조설비계획

외벽창 유리에서 실내 쪽 3m인 부분은 여름에 일사열이나 겨울에 콜드 드래프트 문제가 발생한다. 일부 집무자가 불쾌함을 호소하는 현상을 개선하기 위해서 적절한 건축이나 공조설비의 대책을 세워야 하는데, 그 예는 다음과 같다.

① 집무공간이나 수해방지 등을 중시하는 경우에는 창가의 천장과 이중바닥면에 제기구(制氣口)를 설치한다.

창가 상태

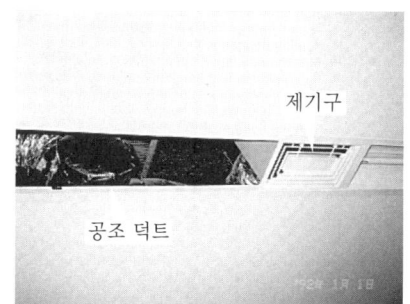
천장 공조설비

창가 팬 코일 유닛 설치

② 쾌적성을 중시하는 경우에는 창가에 팬 코일 유닛을, 외벽 쪽에 공조옥외기 등을 설치한다.

③ 유리 파사드 디자인을 중시하는 경우 창문유리의 성능은 복층 Low-e 유리로 하고 공조설비는 창가에 간이형 에어 플로 장치를 설치한다. 실내공기를 간이형 에어 플로 장치로 흡인한 뒤 창문 유리면에 뿜으면 일사열이나 콜드 드래프트를 방지할 수 있다. 실제 예로는 도쿄산케이 빌딩, 이즈미 빌딩이 있다.

④ 간이형 에어 플로 블라인드 계획 : 페리미터 공조를 요구하지 않고 혼합손실이 없는, 쾌적한 창가환경을 확보한다.

간이형 에어 플로 장치

유리 파사드·간이형 에어 플로 공조장치(도쿄산케이 빌딩)[1]

외벽 더블 스킨[2]

외벽 더블 스킨[3]

긴덴 도쿄 본사 빌딩

《시스템의 구성》

- 고성능의 저방사형 복층 유리(Low-e 페어 글라스)와 바닥면 상부에 설치한 간이형 에어 플로 장치, 블라인드 상부의 흡입 체임버로 구성된다.
- 간이형 에어 플로 장치는 실내의 공조공기[약 $90 \sim 100 m^3/(h \cdot m^2)$]를 창면에 뿜어서 Low-e 페어 유리 실내 쪽의 열을 제거해준다. 그와 동시에 팬의 흡입구나 블라인드 쪽으로 실내공기가 흡입되고 유인 기류로 인해서 창가 부근의 온열환경을 개선한다.
- Low-e 페어 유리는 바깥쪽 창유리의 안쪽에 금속막이 증착되고, 그 안쪽은 공기층과 투명 유리로 구성되어 있다.

  또한 간이 에어 플로 장치를 채택함으로써 창가 쪽에 유인기류로 인한 쾌적성의 향상을 도모하였다.

⑤ 더블 스킨 계획

《파사드 시스템의 특징》

• 최대한 집무공간을 확보한다(더블 스킨 안길이 치수를 200mm 이하로 실시한 예가 있다).

• 창가 쪽 부근은 쾌적한 온열환경으로 만든다. 구체적으로는 1외장마다 외벽 쪽 하부에 급기구, 상부에는 배기구를 부착하여서 일사열의 차단과 방출(여름), 외기취입(봄, 가을 에너지 절약), 흡열(겨울 콜드 드래프트 방지) 등을 자동적으로 확실하게 만들 수 있다.

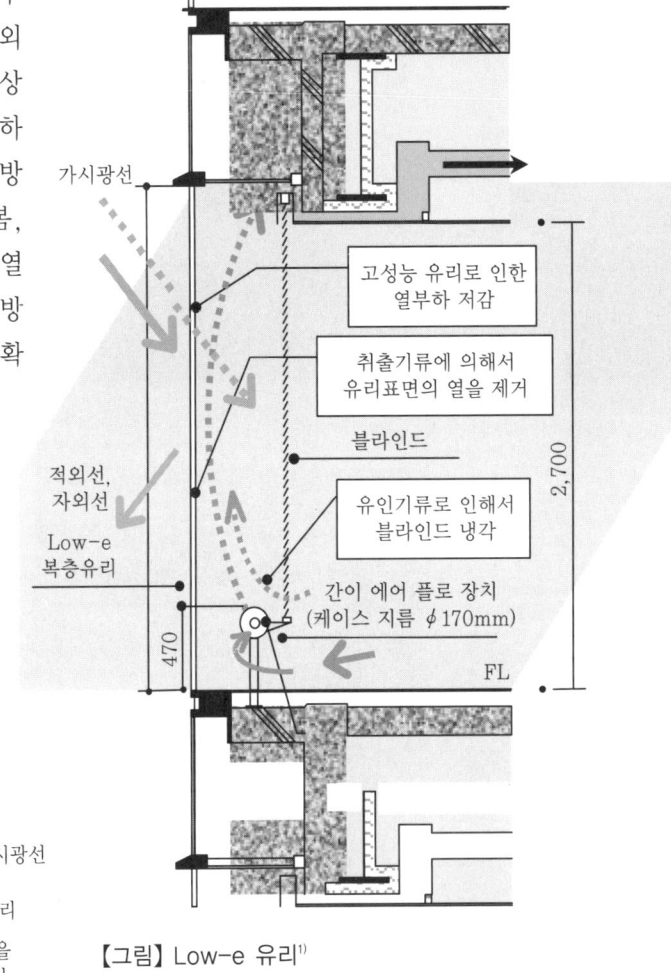

【그림】Low-e 유리[1]

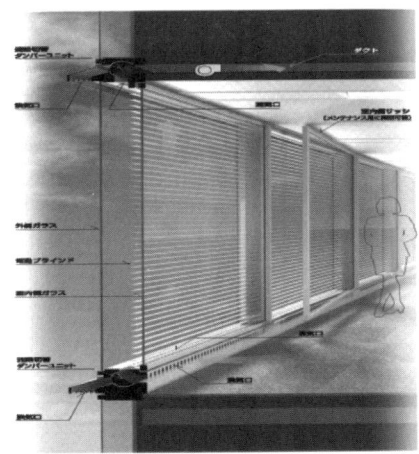

【그림】더블 스킨 외관[2]

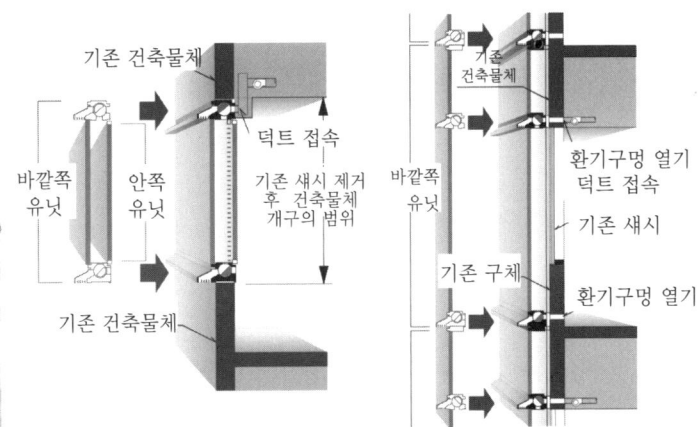

【그림】더블 스킨 구조 상세[2]

출전 : 1) (株)竹中工務店. 2) (株)大林組 : NEXAT 팜플렛에서.

제 3 장 각종 건축물의 설비계획

190

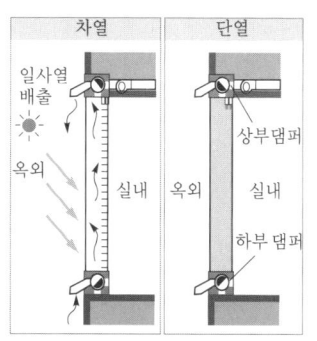

【그림】더블 스킨의 특성[1]

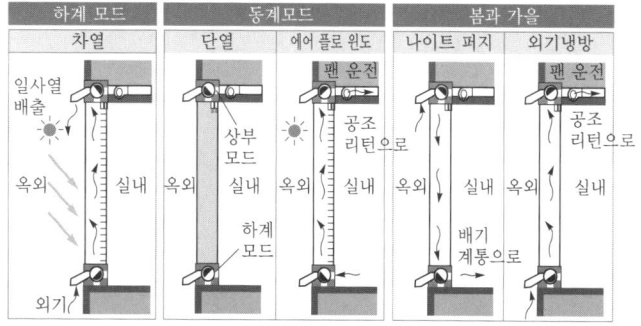

【그림】계절별 가동 모드의 예[2]

⑥ 랜덤 창 파사드의 공조설비 시스템

집무실 공간의 확보, 확장성과 내진성을 고려한 외벽이용 공조 시스템

건물 외관

【그림】기준층 평면도[1]

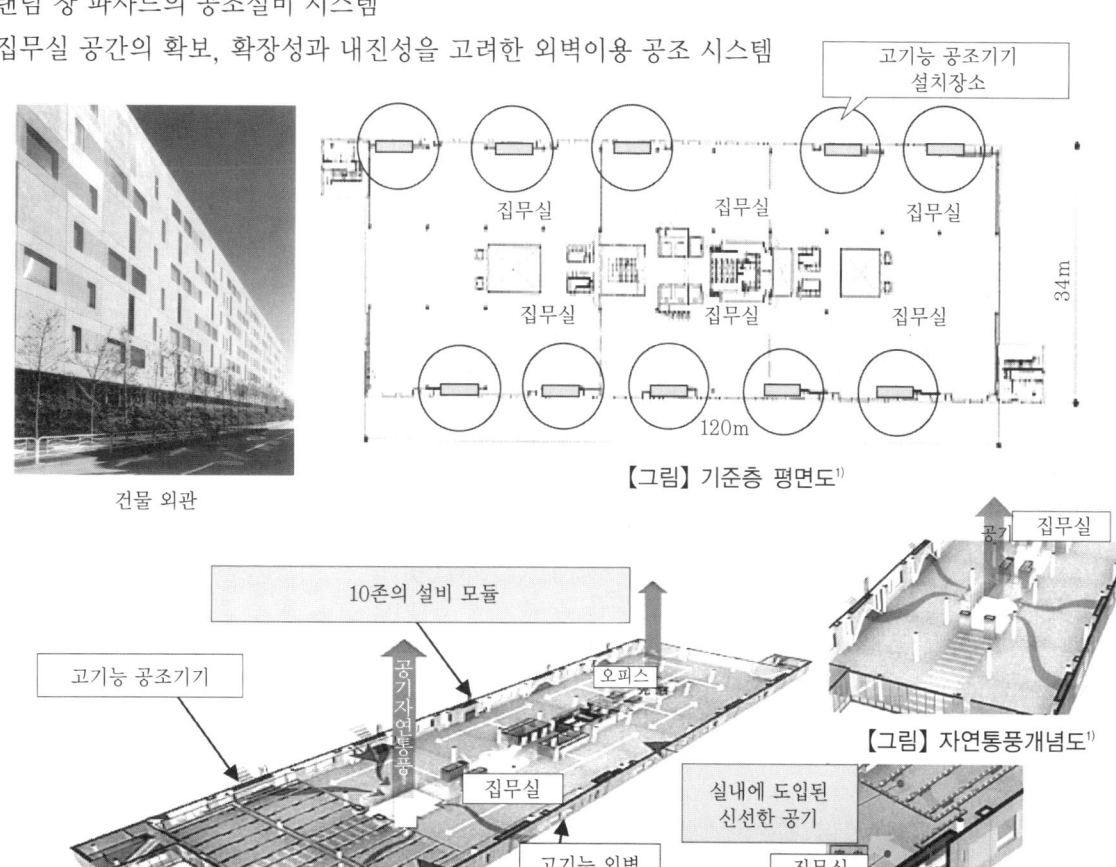

【그림】자연통풍개념도[1]

【그림】공조설비시스템[1]

【그림】고기능외벽[1]

좌굴보강 블레이즈[1]

공조기계실 위치[1]

공조기계실 칸막이[1]

출전 : 1) (株)竹中工務店. 2) (株)大林組.

고기능외벽(공조기기) 시행순서[1]   다운 사이징 공조기계실[3]

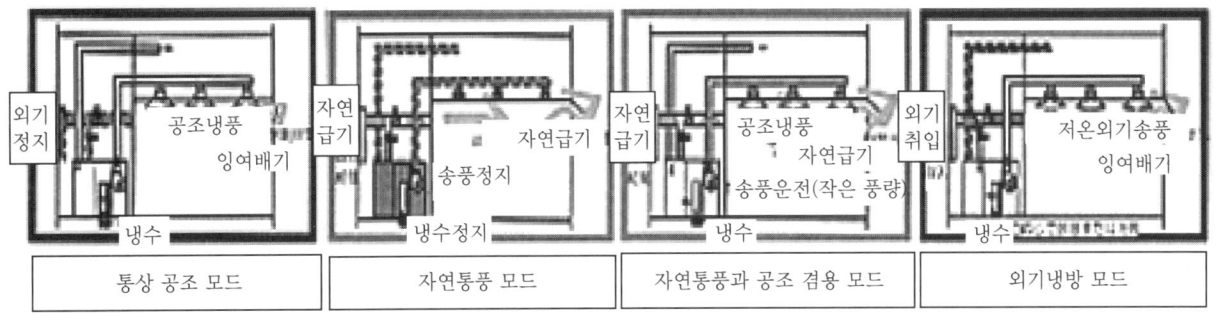

외기정지	공조냉풍 잉여배기	자연급기	자연급기 송풍정지	자연급기	공조냉풍 자연급기 송풍운전(작은 풍량)	외기취입	저온외기송풍 잉여배기
	냉수		냉수정지		냉수		냉수
통상 공조 모드		자연통풍 모드		자연통풍과 공조 겸용 모드		외기냉방 모드	

【그림】공조운전 모드 개념[1]

집무실 안[1]   집무실 안[2]

(d) 퍼스널 공조 시스템

종래의 천장 취출 공조 시스템은 집무자가 "덥다·춥다·기류를 느낀다"등의 문제가 있었다. 그리고 정보화 사회로 발전하여 정보기기가 1인당 1대가 설치되면서 실내 환경의 향상에 대한 요구는 한층 높아졌다. 이런 배경을 가지고 1991년 언더플로어 공조 시스템을 개발하였다. 그 특징은 다음과 같다.

① 이중바닥을 공조급기 체임버와 겸용할 수 있기 때문에 공조설비 공사비용을 큰 폭으로 절감할 수 있다.

② 정보기기의 배선, 발열처리를 용이하게 할 수 있다.

③ 개인의 취향에 따라 바닥 취출구 공조공기의 풍량조정을 실내 안쪽에서 용이하게 할 수 있다.

④ 방의 용도변경시 공사기간을 짧게, 경제적으로 할 수 있다.

⑤ 천장 안은 공조 덕트가 필요 없으므로 층고를 낮게 할 수 있다.

⑥ 집무실 등 실내의 공기질이 대폭적으로 향상된다.

⑦ 이중바닥의 정보기기용 배선의 높이는 통상 약 $40mmH$ 전후이기 때문에 이중바닥의 높이는 $150mmH$ 전후를 확보한다.

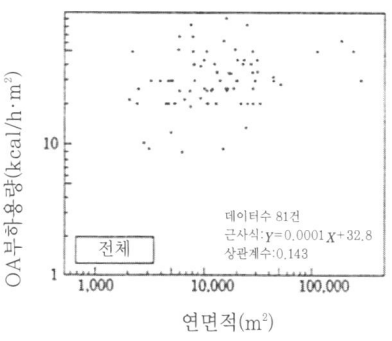

【그림】 연면적당 정보기기부하용량

【그림】 언더플로어 공조 시스템[1]

슬래브 바닥면의 방진도장

이중바닥 안

메커니컬 월

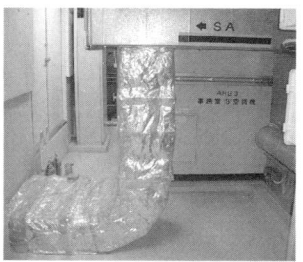

공조기기 실

이중바닥 안 급기구

제기구의 상세부분[1]

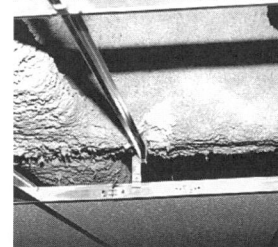

천장 안 들보 밑 클리어런스

조명기구+흡입구 일체형

집무실의 제기구

플로어 패널 일체형 제기구

바닥에서 풍량조정[1]

도입 예(일본)[1]

도입 예(일본)

도입 예(홍콩 상해은행)

도입 예(영국)

투명유리제품 이중바닥(이탈리아)

출전 : 1) (株)竹中工務店.

(e) 정보실의 공조설비계획

경계가 없어진 고도 정보화 사회의 대규모 업무시설은 특정층에 대규모 정보실을 설치하는 사례가 해마다 증가하고 있다. 정보기기의 발열처리용 공조기기(공냉식(주), 수냉식(보))를 공조기기실 안에 설치하고 이중바닥(300~500mm$H$)면에서 실내에 냉풍을 불어넣는 공조 시스템이 보급되었다. 앞으로는 정보 시스템의 변경이나 공조기기 등의 고장에 대해서 안심할 수 있고, 안전하며, 짧은 공사기간의 경제적인 대응을 할 수 있도록 건축가, 구조기술자, 설비기술자의 협력이 더욱더 요구될 것이다.

공조기계실

냉방전용 공조기기(정보실 설치)

공조용 실내기

공조용 옥외기

〔3〕 기계 환기설비 계획

(a) 화장실·세면대·탕비실의 환기설비

암모니아나 수증기 등을 포함한 오염된 공기를 재빨리 실외로 배출하기 위해 천장면에 흡입구를 설치하고 덕트나 배풍기에서 배출하는 제3종 환기방식이 일반적으로 사용되고 있다. 앞으로는 보건위생이나 쾌적한 환경을 계속 유지하기 위해서 오염공기 흡인형 위생기구, 벽을 이용한 배기 체임버 등을 설치하려는 요구가 보다 많아질 것이다.

그리고 벽을 이용한 배기 체임버의 필요단면적 $A(m^2)$는 필요 환기량 $(m^3/h)/360$으로 산출할 수 있다.

남자화장실

여자화장실과 세면소

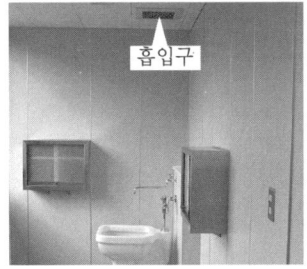
오물기(의료·복지시설)

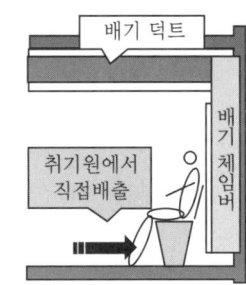
【그림】 화장실의 배기

(b) 주차장의 환기설비

자주식 주차장은 자동차에서 나오는 배기가스에 의해 CO_2의 농도가 높아져 실내 환경이 악화된다.

따라서 배기가스를 안전하고 신속하게 옥외로 배출하기 위해서 환기설비가 필요하다. 특히 분산형 공기반송 장치와 겸용할 수 있는 환기설비는 공사비·유지비·층고를 저감할 수 있다. 그리고 자연환기방식은 외기에 개방된 필요 개구면적을 주차장 바닥면적의 1/50 이상 확보한다.

기계식 입체주차장 안은 엔진 배기가 거의 생기지 않기 때문에 환기량은 (1회/h)×방의 용적 정도로 적게 만들 수 있다(환기방식·환기횟수 참조).

자주식 주차장

주차장 환기 팬실

기계식 입체주차장

자주식 주차장

자주식 주차장

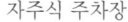
자주식 주차장

기계식 입체주차장

(c) 주방의 실내 환기

① 소규모는 제3종 환기설비, 중간규모 이상은 제1종 환기설비가 바람직하다.

② 외기를 주방실내에 도입하는 경우, 필터를 설치(공기오염대책)하거나, 작업자의 한기(寒氣)대책(취출구를 비거주 지역에 설치+가열)을 세운다.

③ 환기 팬·덕트 등의 청소가 용이하게 이루어질 수 있도록 적재적소에 점검구를 설치한다.

④ 배기 제외 장치를 옥상에 설치하는 것이 바람직하다.

환기설비

환기설비

주방 배기 팬

주방용 그리스 트랩

〔4〕 기계배연설비 계획

(a) 덕트 방식

배연기는 전용실에 설치하고 또 배연용 수직 덕트는 내화구조의 전용 샤프트에 설치한다. 다만 다른 덕트와 샤프트를 겸용하는 경우에는 배연 덕트를 내화피복(RW25mm$t$)으로 한다. 화재 발생시에는 공용 복도나 집무실 천장의 배기구와 덕트에 의해 원활하게 배연이 이루어질 수 있도록 각 방의 천장 안에 공간 확보를 하고 들보에 슬리브를 설치한다. 그리고 배연 덕트재는 철판제로 1.6mm$t$ 이상으로 하고, 덕트 안 풍속은 10~20m/s(최대)로 한다.

(b) 천장 배연 체임버 방식

천장의 공간을 배연 덕트 대신에 사용하는 것으로 화재 발생시에 배연이 원활하게 이루어질 수 있도록, 구조 들보 밑과 천장 마감재와의 공간을 100mm$H$ 이상 확보한다. 공조설비 계획(186 페이지)을 참조할 것.

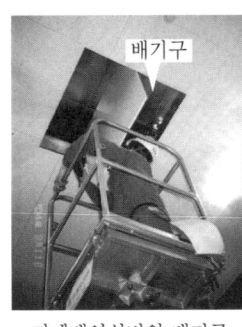

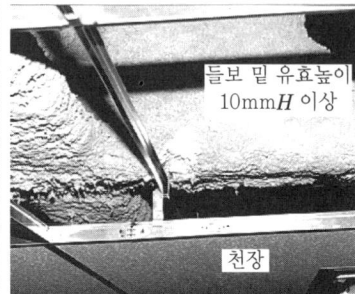

| 기계배연설비의 배기구 | 기계배연설비의 성능검사 | 기계배연용 덕트 | 천장 안의 유효공간 |

〔5〕 **전기설비계획**

(a) 수변전설비계획

① 소규모 건축물은 저압수변전설비(계약용량 50kWh 이하, 흡인개폐기반), 고압수변전설비(계약용량 50kWh 이상), 중간규모 이상 건축물은 고압수변전설비, 특고수변전설비(계약용량 2,000kWh 이상)의 설치가 필요하다.

② 수변전설비의 설치장소는 소규모 건축물의 경우 공간의 유효한 이용, 보수 관리성 등을 고려해서 옥상이 일반적이다. 이때 바닥 적재하중은 1t/m²이상으로 보고, 내진대책을 확실하게 한다. 그리고 중간규모 이상의 건축물은 확장성·경제성·보수 관리성·진동·소음방지대책을 고려할 때 지하가 바람직하다.

③ 전기실의 필요 공간은 3.3.2 건축계획(183 페이지) 참조.

| 특고수변전설비 | 특고수변전설비 | 옥내개방형 수변전설비 | 큐비클형 수변전설비 |

(b) 비상용전원설비 계획

① 비상용발전기는 방재용설비로 화재시의 운전시간은 방재설비에 따라 다르다.

② 자가용발전기는 자위용(自衛用) 설비로 상업용 전력이 끊어진 때에도 365일 24시간 사업이나 업무를 지속적으로 할 수 있도록 의료·복지시설이나 정보시설 등에 설치된다.

③ 발전기실의 설치장소는 스페이스의 확보, 바닥적재하중, 대량의 공기 확보라는 면에서, 또한 다른 층으로 진동 소음방지를 확실하게 할 수 있다는 점에서 지하가 일반적이다.

④ 자가용발전기의 운전시간은 아래 표를 참조

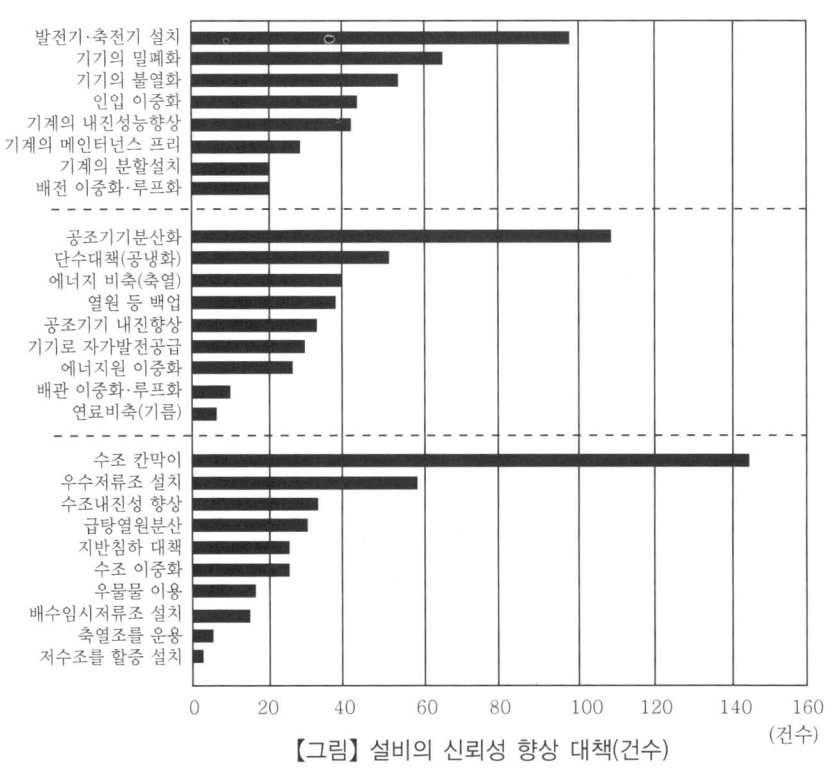

【그림】설비의 신뢰성 향상 대책(건수)

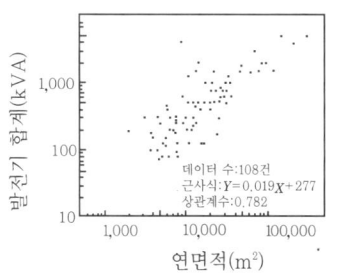

【그림】연면적에 대한 발전기용량

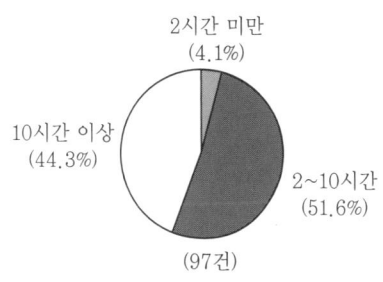

【그림】자가용발전기 운용시간 실적

1995년의 한신·아와지 대지진 발생으로 인한 막대한 피해와 앞으로 수도 직하형 대지진 발생(중앙방재회의) 시의 도시 라이프 라인이 단절될 것을 고려해서 365일·24시간 사업과 업무를 지속(BCP : Business Continuity Plan)할 수 있게 만들고 싶다는 요구가 한층 강해졌다. 따라서 비상용전원설비 계획은 설비기술자의 어드바이스를 따를 것을 권한다.

대형 디젤 발전기(지하)

소형 디젤 발전기(옥상)

대형 가스 터빈 발전기(옥상)

EPS 내부 상태

배선 케이블 랙

(c) EPS 계획

① EPS 계획은 집무실 등의 문사이 방향 약 20m마다 설치한다(2.5.2 [6]을 참조).

② EPS 계획은 전용의 수직공간 구획 내에 설치하고 배관배선이 수직공간 구획을 관통하는 곳에는 방재 인정품으로 확실한 처치를 한다.

(d) 조명계획

집무실 등의 데스크 바닥(FL+700mm$H$) 조도는 500lx 이상이 되도록 Hf32W, FL40W의 주광색 형광등기기를 천장 전체에 균등하게 배치한다. 그리고 에너지 절약을 고려해서 에너지 절약기구나 태스크 앰비언트 조명방식을 검토한다.

소형 조명기구

네모 모양 조명기구(루버 부착)

시스템 천장형 조명기구

글레어가 없는 조명기구

소형 조명기구

네모 모양 조명기구(하면 개방)

정사각형 조명기구

가로등 조명기구

〈특수주광(인공조명) 시스템〉

종래에는 외벽, 옥상의 창문유리를 통해 주광을 부분적으로 실내에 끌어들이는 방법을 사용했지만, 본 시스템은 방 전체에 주광을 이용하는 것으로 외벽면에 주광도입 거울, 실내 천장 부분에는 광 덕트(알루미늄 반사판)를 적재적소에 설치함으로써 실내조도를 균일화하고, 에너지를 절약(약 65%)해준다. 자연 에너지를 최대한 이용해서 이를 실현했다. 다만 주광량이 부족한 때는 인공조명(자동주광 부착)에도 대응할 수 있는 하이브리드 조명 시스템이다.

우주항공 연구개발기구 츠쿠바 우주 센터[1]

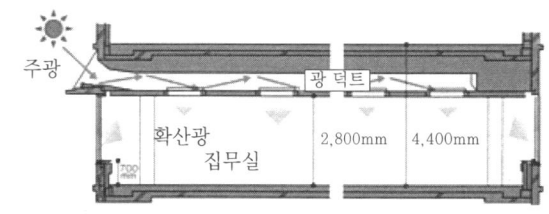

【그림】 하이브리드 조명 시스템[2]

출전 : 1) 宇宙航空硏究開發機構. 2) (株)日建設計.

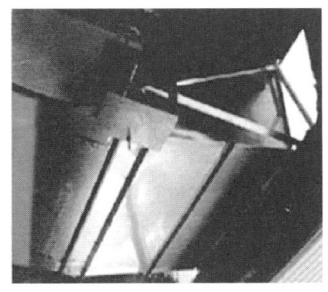

주광도입 거울 각도조정 부착[2]

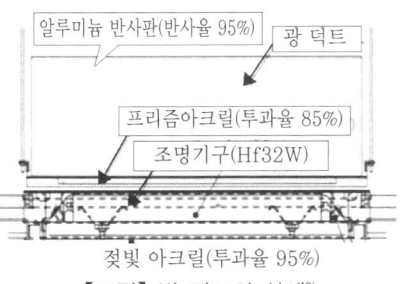

알루미늄 반사판(반사율 95%)
광 덕트
프리즘아크릴(투과율 85%)
조명기구(Hf32W)
젖빛 아크릴(투과율 95%)

【그림】 빛 덕트의 상세[2]

주광량이 적을 때　주광량이 많을 때
주광과 인공광원을 병용할 수 있는 조명기구[2]

주광도입 거울의 설치상태[2]

주광시의 집무실 내[2]

주광시의 집무실 내[1]

(e) 정보기기의 전원설비계획

스탠다드 시스템 : 정보화 사회의 집무실에서 정보기기는 필수품으로서, 그 기기들의 전원을 안정화시키는 것이 매우 중요하다. 따라서 집무실의 바닥면적당 전원용량은 최소 $20W/m^2$~최대 $50W/m^2$를 충분히 확보할 수 있는 수변전·간선·분전반 설비를 설치함으로써 기능성·확장성·경제성 등을 실현할 수 있다.

과밀 에어리어	30VA /㎡ 미만	30이상 40미만	40이상 50미만	50이상 60미만	60VA/㎡ 이상
자사빌딩 50건	10.0%	18.0%	26.0%	16.0%	30.0%
임대빌딩 49건	12.2%	12.2%	26.9%	16.0%	30.0%

일반 에어리어	100VA/㎡ 미만	100 이상 150 미만	150 이상 200 미만	200 이상 250 미만	250VA/㎡ 이상
자사빌딩 12건	33.3%	25.0%	16.7%	8.3%	16.7%
임대빌딩 10건	50.0%	10.0%	10.0%	10.0%	20.0%

【그림】 집무실 바닥면적당 정보기기 부하용량

분전반수납
메커니컬 월

분전반
EPS안의 분전반

집무실[3]

딜링룸

집무실[4]

집무실[5]

집무실[6]

출전 : 1) 宇宙航空研究開發機構. 2) (株)日建設計. 3) NEC(株). 4) OFFICE DESIGN daab gmbh. 5) (株)킨텐. 6) 松下電工(株).

199

(f) 정보장치의 전원(電源), 통신 시스템

근래에는 고성능 다운사이징형 정보장치(서버 등)가 집무실에 설치되고 있다. 이전의 한신·아와지 대지진(1995년 1월 17일), 니가타 쥬에츠지진(2003년 4월)의 경험을 통해서 도시 라이프 라인이 단절될 때 복구기간은 수일에서 수개월을 요한다는 사실을 알게 되었다. 따라서 이 사실을 고려해서 365일·24시간, 사업과 업무를 지속적으로 가능하게 만들고 싶은 시설은 개별적으로 고품질의 안정전원(UPS, 자가용발전기)을 설치할 수 있는 공간을 확보하거나, 기기용량을 집무실의 바닥면적당 $200W/m^2 \sim 500W/m^2$로 확보한다.

그리고 탱크 로리나 도시가스의 공급정지를 고려해서 화석연료(등유, 특A중유 등)를 비축할 필요가 있다. 참고로 업무시설(97건)의 자가용발전기의 운전시간을 조사한 바에 의하면 최저 2시간 34%, 2시간~10시간 54%, 10시간 이상 43%라는 결과가 발표되었다. 그리고 통신설비는 옥상에 위성 안테나의 설치를 고려하는 것도 바람직하다.

UPS 장치 ・ UPS용 축전지 ・ 통신용 MDF ・ 위성 안테나

(g) 정보기기용 배선계획

분전반·통신반에서 정보기기로 전원·통신(정보)배선을 자유롭고 용이하게 부설할 수 있도록 집무실에는 OA 플로어를 설치한다. 전원배선과 통신배선이 교차한 곳에서 최대높이가 약 $40mmH$ 전후가 되기 때문에 여유를 두어서 $150mmH$ 전후로 한다. 그리고 2004년 현재 업무시설의 OA 플로어 설치비율은 약 48%이다.

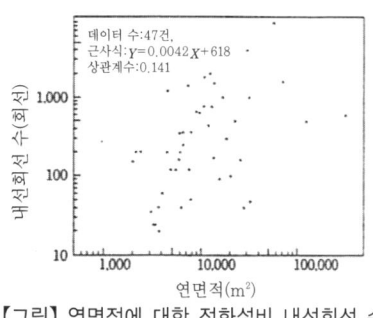 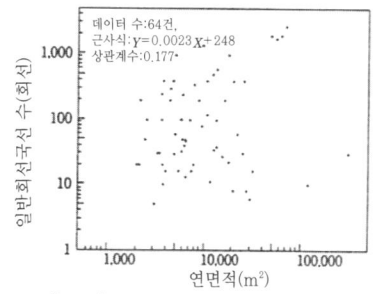 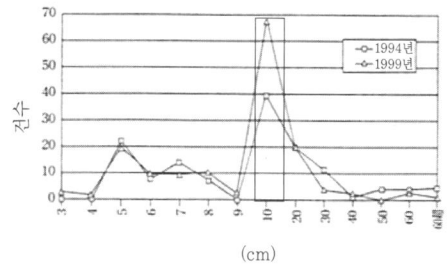

【그림】 연면적에 대한 전화설비 내선회선 수 ・ 【그림】 연면적에 대한 일반회선국선 수 ・ 【그림】 이중바닥고의 경년분포

 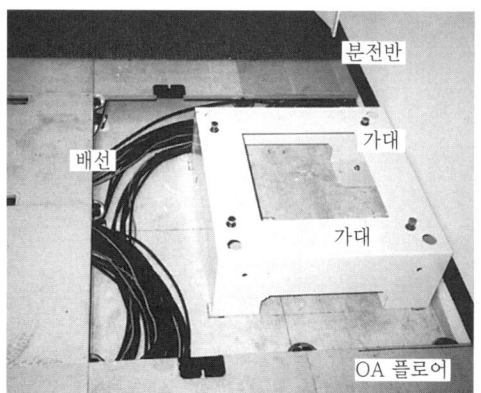 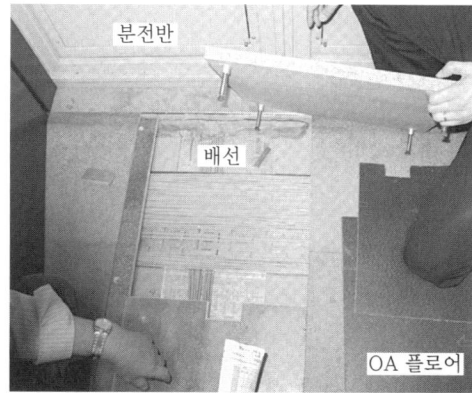

분전반 ・ OA 플로어 내 배선설비 ・ OA 플로어 내 배선설비

〔6〕 위생설비계획

(a) 급수설비

① 수수조의 법적 필요최소용량은 하루 사용수량의 40~50%를 확보하는 것이다.

② 수수조의 재질은 SUS·수지·목제가 일반적이다.

③ 6면 점검 스페이스 '천장 1,000m 이상, 그 외 600m 이상'을 충분히 확보한다.

④ 수수조를 지하 건축물체 내에 설치하는 경우는 용적률의 완화가 가능해진다.

⑤ 옥외형 수수조는 수질보호를 위한 재질(조명률 0.1% 이상의 재질)을 사용한다.

⑥ 급수본관에 의한 직접급수방식은 5층 이하의 건축물에 사용하는 것이 가능하다.

⑦ 화재시의 생활급수(음료, 화장실)를 검토한다.

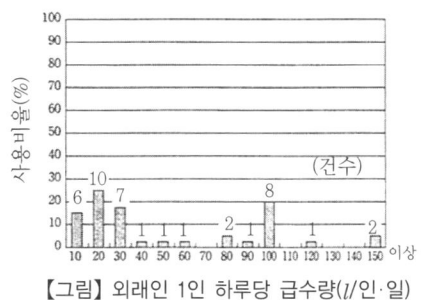

【그림】 외래인 1인 하루당 급수량(l/인·일)

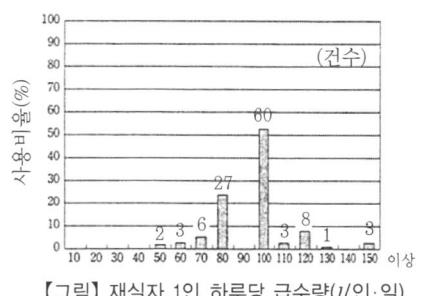

【그림】 재실자 1인 하루당 급수량(l/인·일)

수수조

급수 펌프

가압급수 펌프

고가수조

(b) 배수설비

① 배수조의 위치나 구조는 보건위생상 보수점검이 용이한 장소에 설치하고 바닥 구배는 1/10 이상(오수계), 1/100(우수계)을 확보한다.

② 우수배수를 저류하고 여과장치를 통해서 화장실의 세정수·식재산수 등으로 재이용한다.

여과장치(우수이용)

여과장치(하천이용)

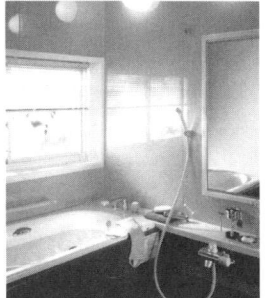

욕조

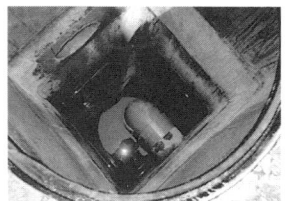

배수 맨홀

(c) 위생기기설비

① 건축용도별 위생기구의 수는 법적 설치기준을 따라야 한다.

② 남녀 화장실을 동일 에어리어 안에 병설하는 경우는 방범상 남자화장실을 전면에 배치한다.

③ 건강을 중시하여 업무시설의 세면대에 세안·입안을 헹구는 양치질 위생기구 등을 설치하는 곳이 증가하고 있다.

④ 절수기구(대변기 : 50% 이상 절감, 소변기 : 인체 센서 설치 등)를 사용한다.

⑤ 남자소변기의 바닥부분은 사용범위를 명확하게 하거나 비산방지용 위생기구를 사용한다.

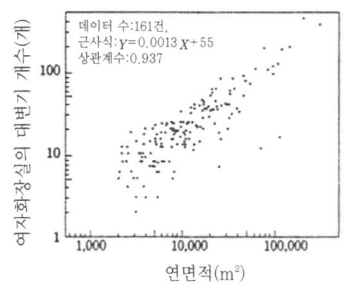
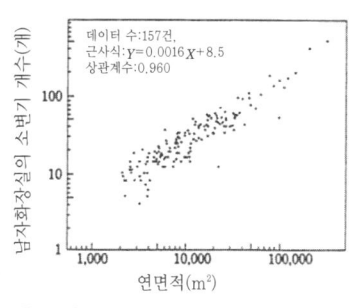
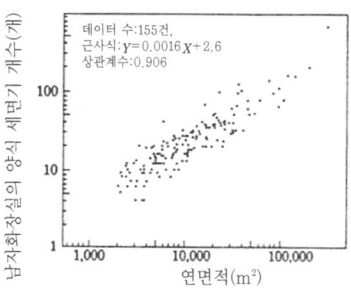

【그림】 연면적에 대한 여자화장실의 양변기 개수 　　【그림】 연면적에 대한 남자화장실의 양변기 개수 　　【그림】 연면적에 대한 남자화장실의 양식 세면기 개수

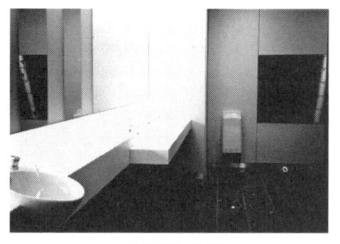

여자화장실　　　　　　남자세면소　　　　　　여자세면소　　　　　　남자화장실

(d) 식당

① 보건위생상 작업자 전용 화장실을 설치한다. 소규모 주방의 경우 공용화장실 사용이 가능하다.

② 식당출입구 부근에 이용자가 손을 씻을 수 있는 기구나 소독용품 등을 설치한다.

③ 주방과 식당을 건축물의 가장 위층에 설치하는 경우는 주방기구·배관으로 인한 누수의 대책(이중바닥·바닥방수·배수관)을 세우고, 가스 후드, 배기 덕트에 화재 방지대책(점검구의 설치)을 세운다. 그리고 지진 발생시 주방기구들이 이동하거나 쓰러지는 것을 방지하기 위해서 주방기구는 되도록 벽에 고정을 시킨다.

④ 주방배수(기름), 음식물 쓰레기를 회수하기 위해서 그리스 트랩(GT)을 주방이나 옥외에 설치한다. 그리고 주방시설의 규모에 따라 제해설비를 고려한다.

⑤ 주방실내의 천장·벽·바닥재는 약품으로 세정을 할 수 있도록 바닥면은 슬립(slip) 방지형 수지 타일, 벽면은 스테인리스강 등을 사용한다.

⑥ 주방실내로 들어오는 먼지·벌레·쥐들에 대한 방지책을 확실하게 세운다(전실(前室)·에어 커튼·멸균등·트랩 등).

⑦ 음식물 쓰레기는 분리해서 쓰레기장에 둔다.

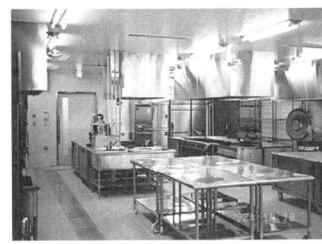

주방기구 설치상황

(e) PS 계획

PS 안에 급수·배수·급탕·도시가스·소화배관 등을 설치하는데, 보수 관리를 용이하게 할 수 있는 공용부분에 설치한다. 또한 정보시설에 대해서는 누수대책(지수제·누수 센터)을 세운다.

배관설비   배관 슬래브 관통처리

〔7〕 방재설비계획

① 법적으로 필요한 방재설비를 설치한다.

② 옥내소화전을 설치할 장소는 공용 복도 부분으로 하고, 소화전 앞에는 물건을 놓지 않는다.

③ 이산화탄소 가스, 할론 가스, N_2 가스 등은 설치장소·신뢰성·환경보전성·경제성을 종합적으로 고려하여 가장 적절한 설비를 선정한다(오존층 파괴에 직접적으로 영향을 주는 소화설비는 최대한 피해야 한다).

④ 정보실의 소화설비는 사람이 있는 경우는 스프링클러 소화, 사람이 없는 경우는 N_2 가스 소화가 바람직하다. 그리고 스프링클러 소화는 아래층의 누수방지를 위해서 바닥배수구와 배수관 설비를 설치한다.

⑤ 천장면의 비상용 조명기구나 화재감지기, 스프링클러 헤드 등의 배치는 천장 모듈 치수와의 정합성을 확인한다.

⑥ 방화구획을 관통하는 배선 케이블·배관·덕트 등은 방재 인정품을 가지고 확실한 처리를 한다.

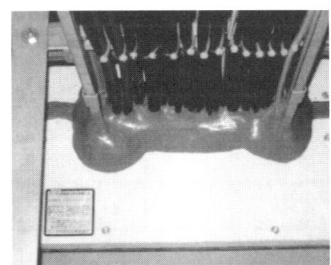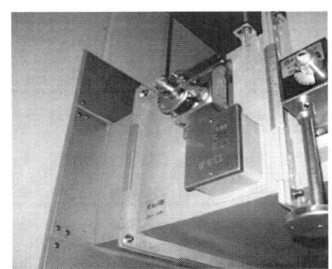

소화전 펌프   N 가스 소화 봄베   방화구획 관통배선 케이블   방화구획 관통 덕트의 FD

방화구획 관통처리	아트리움용 방수총	화재와 소화활동 상태

〔8〕 승강기설비계획

〈계획조건〉

① 5층 이상의 일반적인 건축물은 편리성과 작업효율을 고려해서 승용 엘리베이터를 설치한다.

② 지상 31m 이상인 층에 거주실을 가지는 건축물은 비상용 엘리베이터를 설치하고 승강 로비는 기계배연 설비를 설치한다.

③ 3층 이상에 거주실이 있는 승강로(수직구획)의 개구부분은 차화염·차연 도어(인정품)를 설치한다.

④ 승강기의 아래쪽에는 거주실이 위치할 수 없다(안전대책).

⑤ 하트빌 법에는 다음과 같은 조항이 있다.

- 승강 로비 공간(1.5mW×1.5mD /1.8D* 이상)
- 승강 카의 출입구 치수(0.8mW/0.9mW*)
- 승강기 치수(폭 1.4mW/1.6mW* 이상, 안길이 1.35m)
- 바닥면적(1.83m² /2.09m²* 이상)

  (* : 특별특정건축물, 규제도시는 도쿄도, 요코하마시)

⑥ 기계실이 없는 방식은 승강기 속도가 105m/min 이하인 경우에만 사용할 수 있다.

⑦ 승용 엘리베이터의 경우 속도 160m/min 이상이거나, 비상용 승강기일 경우 기계실이 필요하다.

⑧ 옥외노출형 엘리베이터는 승강 카 안의 냉난방 설치를 고려한다.

⑨ 공동주택에서 5층 이상에 주거지가 있고 연면적이 3,000m² 이상인 경우는 승강 카의 깊이를 2m 이상으로 한다(도쿄도 조례 제78조).

승강 로비와 승강 카의 내부	승강 로비의 차화염·차연문 개방시	승강 카의 차화염·차연문 폐쇄시	승강로

기계실이 없는 형 권상기(승강로 안)

피트 안

기계실형 권상기

기계실형 권상기

비상용 엘리베이터 로비

비상용 엘리베이터 기계실

에스컬레이터

【표】엘리베이터 계획 목표치

건축용도		자사업무시설		임대업무시설	
계획조건		출근시의 상승중심 교통량(5분간 집중률)			
		재가인원(유효면적 8m²/인)			
계획목표치	피크	출근시 (상승)	점심시간 (2 방향)	출근시 (상승)	점심시간 (2 방향)
	평균출발간격 허용치(s)	35 이하 (25)	40 이하 (30)	30 이하 (25)	40 이하 (30)
	5분간 운송능력(%)	20~25	10~15	12~15	10정도
	5분간 집중률(%)	20~25	10~15	12~15	10정도
	대수의 산정(인/대)	재가인원 150~250		재가인원 200~400	

205

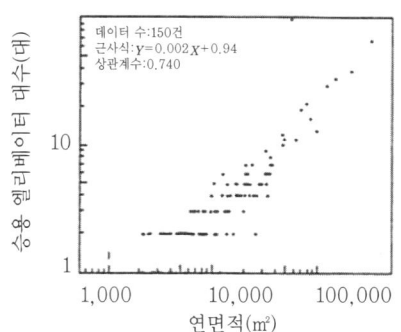

데이터 수:150건
근사식: $y=0.002X+0.94$
상관계수:0.740

【그림】연면적에 대한 승용 엘리베이터 대수

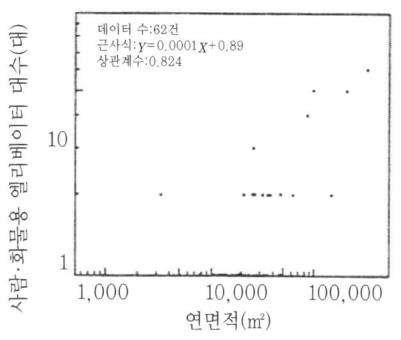

데이터 수:62건
근사식: $y=0.0001X+0.89$
상관계수:0.824

【그림】연면적에 대한 사람·화물용 엘리베이터 대수

3.3 업무시설의 건축설비계획

〔9〕 환경보전계획

온실효과 가스의 약 90%는 에너지에서 비롯된 이산화탄소이다.

건축관련 자원량은 일본 전 자원량의 약 40%를 점하고 있으며, 방대한 에너지를 계속해서 소비하고 있다. 따라서 자원의 유효한 이용(폐기물), 에너지 소비량의 삭감, 장수명 건축물 등을 적극적으로 추진하고 지구온난화·산성비·사막화를 방지하자는 인식이 강력하게 대두되기에 이르렀다.

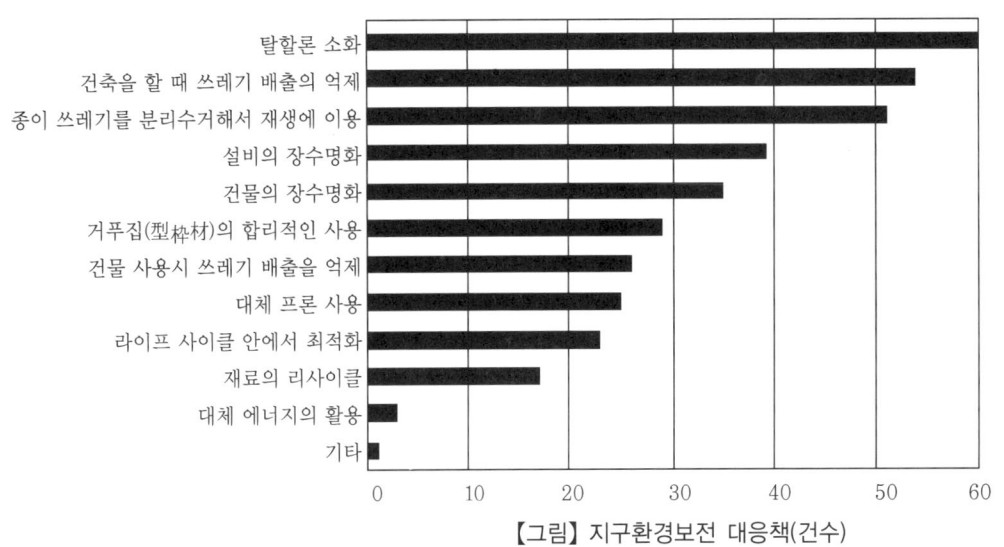

【그림】 지구환경보전 대응책(건수)

쓰레기압축기

옥상정원

〔10〕 에너지 절약 계획

2005년 이후의 연면적이 2,000m²을 넘는 건축물은 PAL(연간 열부하계수), CEC(설비 시스템의 에너지소비계수)가 규제를 받았다. 따라서 건축물은 건축물의 형태와 방위, 외벽의 단열재, 창문 유리의 열 특성, 옥상녹화, 자연환기 시스템의 이용 등을 충분히 검토할 필요가 있다. 아래는 건축물 에너지 소비 시스템 채용실적의 경년추이이다.

우선 용도별 업무설비의 평균 에너지 소비량과 평균 전기사용량이다. 자사 빌딩은 임대 빌딩에 비해서 평균 에너지 소비량이 약 52%가 증가, 평균 전기사용량이 약 9% 증가하고 있음을 알 수 있다.

		건물 수 (건)	평균연면적 (m²/건)	평균 에너지 소비량 [kWh/(m²·연)]	[Mcal/(m²·연)]	평균전기사용량 [kWh/(m²·연)]
건물용도별	1. 자사 빌딩	23	18,954	769	663	178
	2. 자사 겸 임대 빌딩	11	22,102	461	398	142
	3. 임대 빌딩	22	42,236	504	435	163
	4. 관공서	7	15,295	426	368	131
	5. 기타	1	47,931	733	632	248
주열원방식	1. 직분(直焚)흡수 냉온수기 방식	22	17,713	505	435	158
	2. 보일러+냉온수기 방식	4	39,457	744	642	212
	3. 히트 펌프식	27	12,327	661	570	164
	4. 지역냉난방 방식	11	80,265	513	442	149
합계 건물(64건) 평균			27,551	587	506	163

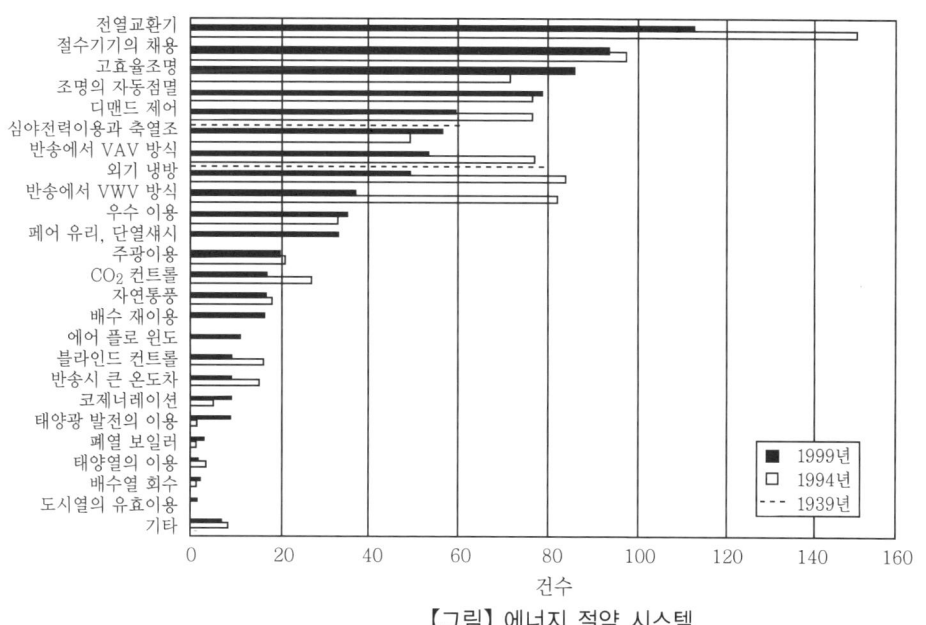

【그림】에너지 절약 시스템

다음으로 공조 에너지 소비계수를 소개한다.

업무시설의 PAL(연간 열부하계수)은 300, CEC(설비 시스템의 에너지 소비계수)는 공조설비 1.5, 환기설비 1.0, 조명설비 1.0, 승강기설비 1.0이다.

〈에너지 절약 추진을 위한 지원제도〉

① 세제대우 : 취득가격의 30%를 특별상각해 주거나 취득가격의 7%를 세금공제

② 저리융자 : 히트 펌프식 열원장치 같은 건축설비의 취득비용

〔11〕 안전계획

지진·쓰나미·태풍의 피해지역, 또 인구밀도가 높고 건축물·공공 교통기관 등이 밀집해 있는 도심부에서는 근래에 중앙방재회의에서 수도직하형 지진의 발생과 그 피해내용을 공표함으로써 '인간의 안전 확보, 365일 24시간 사업, 사업의 지속화' 등에 관한 현상파악과 문제점을 추출한다. 이를 위해서 외부전문가로 구성된 BCP에 대한 요구가 한층 높아졌다. 건축물 중 안전계획의 예는 다음과 같다.

면진 고무

면진장치

헬리포트 기지

중앙감시제어실[1]

방재 센터

내진구조

〔12〕 스톡 상황과 집무자 일인당 바닥면적의 경년추이

업무설비에서 규모별 바닥면적이 가장 많은 것은 소규모 업무시설(150~699m²)인데, 전 업무시설의 바닥면적에 대한 비율은 약 28%, 전체 동 수에 대한 비율은 약 72%를 점하고 있다.

면적구분(m²)	150~699	700~1,999	2,000~2,999	3,000~4,999	5,000~9,999	10,000 이상
바닥면적	99,000,000	79,000,000	27,000,000	34,000,000	39,000,000	76,000,000
동 수	248,302	70,402	11,095	8,860	5,670	3,136
바닥면적 평균값	399	1,122	2,434	3,837	6,878	24,235

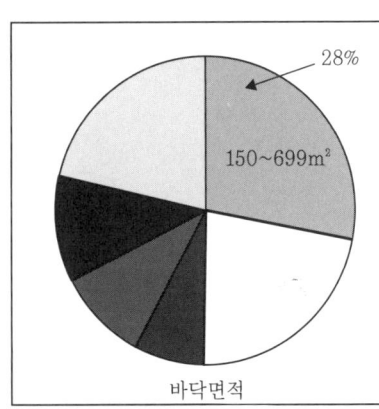
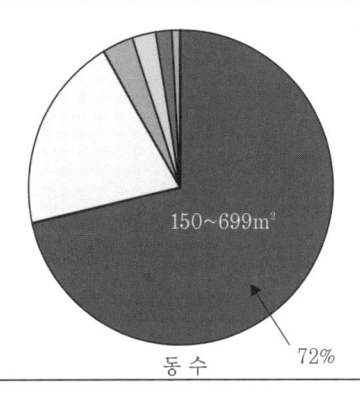
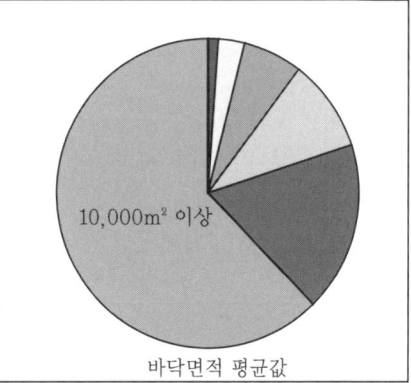

【그림】규모별 바닥면적, 동 수, 바닥면적 평균값

출전 : 1) (株)山武빌딩 시스템 컴퍼니.

연면적에 대한 일인당 바닥면적의 전국 평균은 24m²/인인데, 전국 레벨의 바닥면적은 매년 약 0.2m² 증가하고 도쿄의 바닥면적은 매년 약 0.21m² 증가하여 전국 레벨과 거의 동일하다.

특히 도쿄는 1995년을 경계로 해서 바닥면적이 뚜렷하게 증가하였음에도 전국 평균값을 밑돈 이유는 높은 토지가격에서 찾을 수 있다.

【표】총 바닥면적에 대한 집무자 1인당 바닥면적의 경년추이[1]

연도 소재지	1992	1993	1994	1995	1996	1997	1998	1999	2000	2001	2002	2003	2004
전국평균	20.8	21.2	22.2	24.4	23.5	24.0	24.7	25.7	25.8	24.2	23.5	23.4	24.0
도쿄	18.8	19.0	19.7	23.6	22.7	23.3	22.8	22.8	22.5	23.6	21.7	21.8	22.0
삿포로	21.2	22.2	21.5	22.2	22.3	22.6	23.5	23.4	22.9	24.6	26.5	26.4	26.4
센다이	21.8	23.4	24	23.9	24.6	24.7	25.4	28.2	27.9	34.4	28.3	26.9	27.9
니가타	22.7	24.9	25.8	25.7	25.8	26.2	26.8	27.4	30.4	29.8	30.2	29.8	31.1
지바	23.3	23.1	27.5	27.3	28.9	28.8	26.7	29.4	29.3	31.7	31.6	32.3	32.0
가나가와	25.5	25.3	32.0	34.3	30.2	29.7	35.3	34.9	33.9	26.0	25.5	26.0	26.0
나고야	22.4	22.5	23.5	24.1	23.3	23.5	21.7	24.6	24.9	21.2	23	22.9	24.1
가나자와	36.5	37.4	33.7	34.0	34.4	34.8	33.7	36.5	37.5	34.4	38.8	38.9	38.0
교토	25.3	27.9	29.7	30.0	28.9	29.2	29.1	28.0	30.3	26.4	28.1	30.0	31.7
오사카	21.2	21.8	22.5	23.6	23.1	23.3	23.3	24.0	23.7	25.4	26.6	25.2	26.3
오카야마	28.4	28.5	29.2	32.1	31.6	33.0	31.9	33.1	32.6	24.4	24.1	23.6	26.5
주고쿠	23.6	24.2	25.2	23.6	22.3	23.9	24.1	24.5	25.5	25.0	24.2	25.3	25.3
시코쿠	23.1	23.2	21.9	22.3	21.8	21.6	21.8	21.7	22.4	23.4	21.6	22.5	23.8
규슈	19.9	20.0	20.6	20.6	20.5	21.5	22.9	23.5	23.4	21.9	22.2	22.7	23.9

〔13〕 기준층 설비실들의 바닥면적

① 기준층 바닥면적에 대한 기계실(공조기기·배관·동력반·배선 케이블·자동제어반 등) 바닥면적의 비율은 약 5% 전후가 필요하다.

② 기준층 바닥면적에 대한 설비 샤프트용 바닥면적의 비율은 약 1.5~5% 이상이 필요하다.

대규모 건축물은 메커니컬 월(MW)을 공동복도에 설치하는 것이 일반화되어 왔다. 그리고 정보시설의 여러 설비실 바닥면적은 업무시설의 약 1.5배가 필요하다.

출전 : 1) (社)東京빌딩協會 2005年阪..

건축명칭	기계실		설비샤프트					합계	(A) 기준층 바닥면적
	바닥면적 (㎡)	비율 (%)/(A)	전기실 (㎡)	위생실 (㎡)	공조실 (㎡)	합계	비율 (%)/(A)		
아크모리 빌딩	200	5.3	51.7	7.5	53.2	112.4	3.0	312.4	3,780
오오테마치센터 빌딩	72	3.5	1.8	7.5	18	36.3	1.8	108.3	2,049
미츠이소코하코자키 빌딩	89.5	2.0	54.6	25.4	98.7	178.7	3.9	268.2	4,531
시바우라스퀘어 빌딩	58.8	3.7	25	13.4	44.6	83	5.2	141.8	1,600
도호히비야 빌딩	56.5	3.0	15.9	6.9	42.1	64.9	3.4	121.4	1,890
도쿄도 제일 본청사	111	3.0	74	74	37	185	5.0	296	3,700
시로야마 힐즈	58.4	2.7	24.7	52.8	12.6	90.1	4.2	148.5	2,148
아사히신문사A-Ⅱ빌딩	67	3.1	24.2	10	13.2	47.4	2.2	126.1	2,171
세이코전자 막장	132.8	6.1	48	11.2	25.2	84.4	3.8	217.2	2,193
*우메다센터 빌딩	22.8	1.1	17.4	12	25.2	43.8	2.1	66.6	2,061
*크리스탈 타워	29.9	1.7	4	6	17.7	27.7	1.5	57.6	1,798
*신우메다 시티	26	1.7	21	13.8	0	34.8	2.2	60.8	1,573
센다이 제일생명타워 빌딩	66	3.3	13	3.3	42.1	58.4	2.9	124.4	1,988
도쿄다이아 빌딩 5호관	99	4.3	73.7	6.8	30	110.5	4.8	209.5	2,304

*표시가 없는 것은 각층 공조기기＋단일 덕트방식, *표시는 개별공기열원 공조 시스템

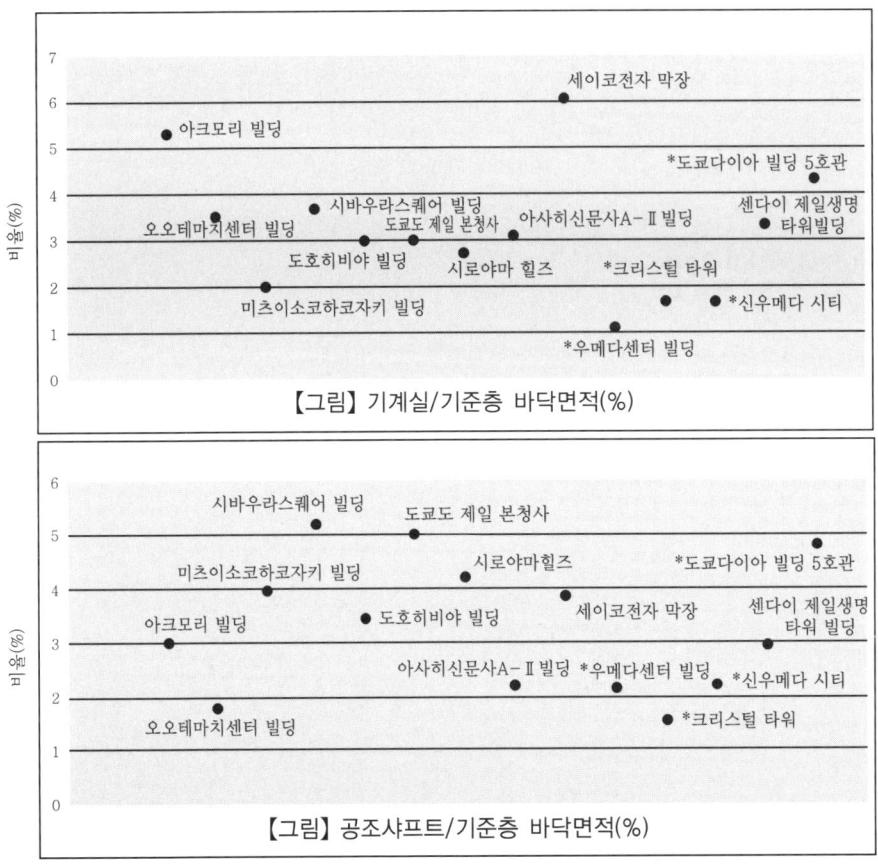

【그림】 기계실/기준층 바닥면적(%)

【그림】 공조샤프트/기준층 바닥면적(%)

3.4.1 • 기본 과제

국제화·정보화 사회인 일본은 근래 IT 기술혁신과 도시 라이프 라인 시설이 충족되었고, 고신뢰성 건축설비 시스템이 구축되었다. 이로 인해 365일 24시간 국내외로 상호 커뮤니케이션(영상·음성·문자)을 안심하고 안전하게 이용하고자 하는 사회적 요구가 생겨났고, 이에 대응하기 위해서 대도시권이나 주변에 정보시설을 건설해 왔다. 아래는 중요 정보시설의 건축설비 계획에 대한 기본적 과제를 나타낸 것이다.

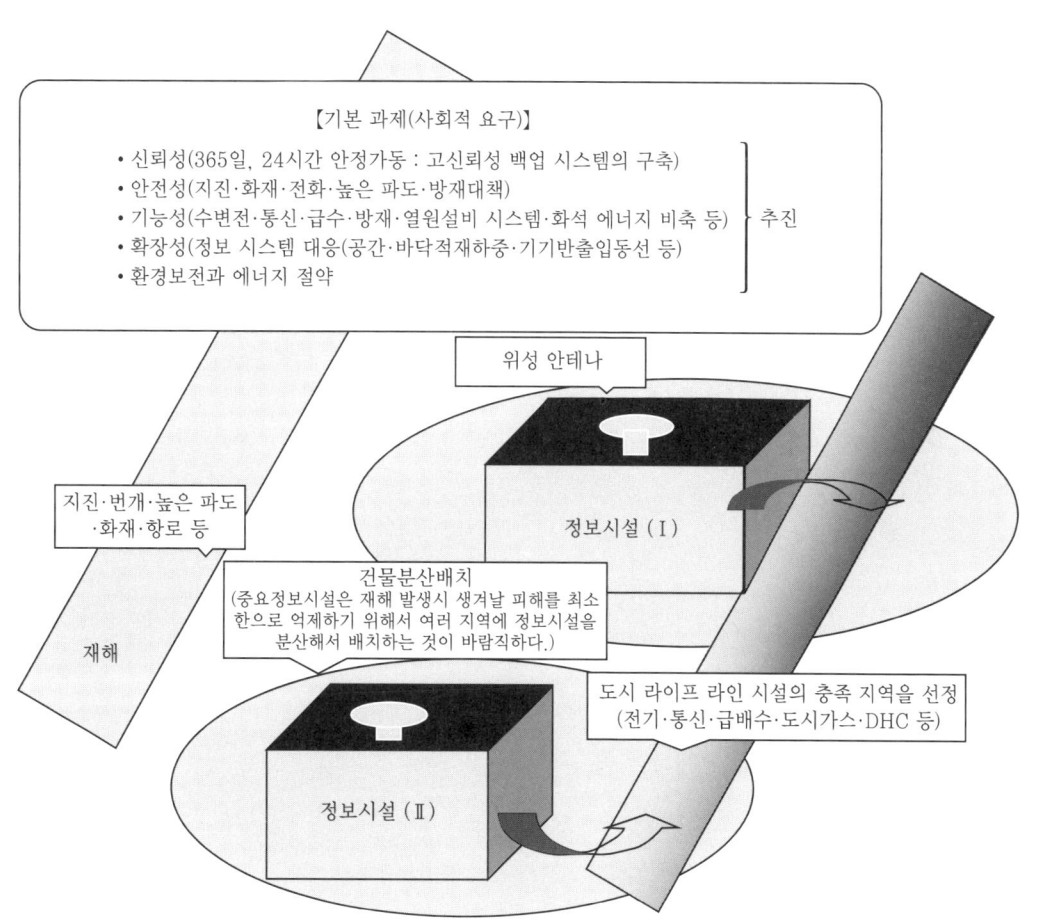

【그림】중요 정보시설의 배치계획

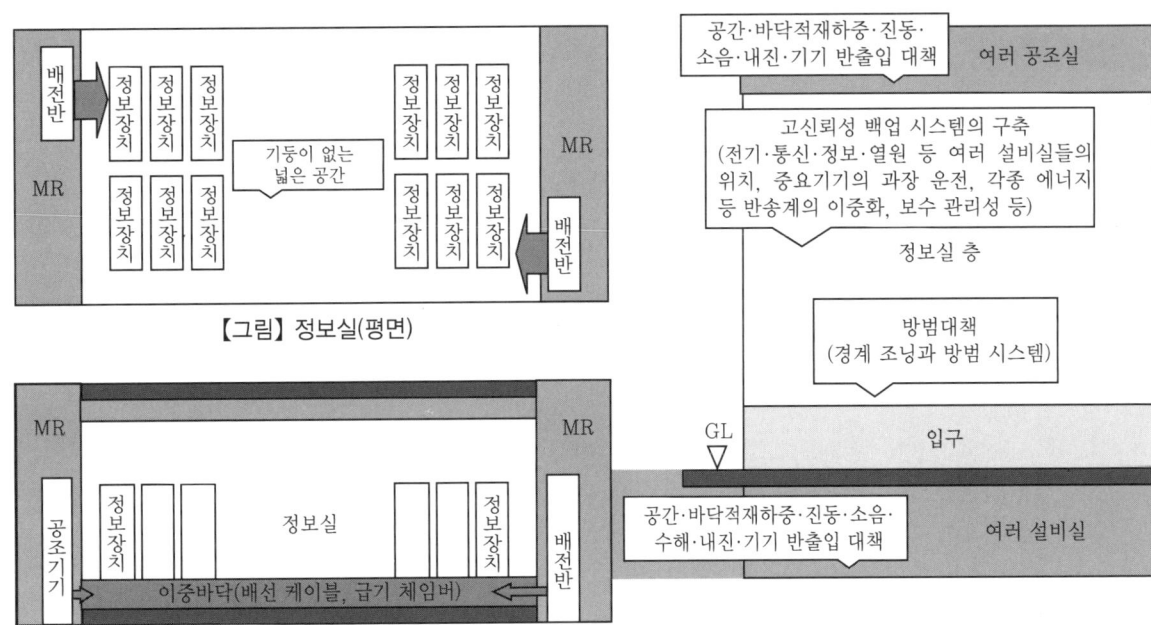

【그림】 정보실(평면)

【그림】 정보실계획(단면)

【그림】 설비실들의 배치계획(단면)

건축용도별 건축계획·구조계획·설비계획의 커다란 차이점은 다음과 같다.

【표】건축물 용도별 계획조건의 비교

항목	정보시설	업무시설	의료·복지시설	연구소시설	청사
【건축계획】					
건축지	도심, 교외(많다)	도심	도심, 교외	교외	도심
건물배치	독립형(약 60%)	독립형 (약 100%)	독립형(약 20%)	독립형(약 20%)	독립형(약 20%)
	복수형(약 40%)		복수형(약 80%)	복수형(약 80%)	복수형(약 80%)
기둥 스팬	10m~16m 전후	6m~16m 전후	6m~16m 전후	6m~16m 전후	6m~12m 전후
기준층의 층고	4m~5m 전후	3.5m~4.2m 전후	3.5m~4m 전후	3.5m~4.2m 전후	3.5m~4m 전후
천장고	2.6m 전후	2.6~3.0m 이하	2.6~3.0m 이하	2.6~3.0m 이하	2.6m 전후
이중바닥 높이	900mm 이하	150mm 전후	100mm 전후	150mm 전후	150mm 전후
외벽재	타일·돌		유리·타일·돌		타일·돌
창 개구면적률	0~30% 전후	30~50% 전후	30% 전후	30% 전후	30~50% 전후
규모	B3F~20F 전후	B3F~70F 이하	B3F~30F 전후	B1F~7F 전후	B3F~50F 이하
특수실	숙박실·휴게실, 카운셀링 룸, 스포츠 체육실, 데이터 보관고 등	휴게실 코너, 스포츠 체육실(일부)	수면실·재활실·욕실·MRI·CT실·전자파 대책실 등	전자파 대책실	방재용 비축창고
기기 반출입	차로·외벽·옥상	차로	차로·옥상	차로·옥상	차로
【구조계획】					
구조			SRC·RC·S		
바닥적재하중 m²당	500kg/정보장치, 1t/설비실, 데이터 보관고	300kg	300kg	300kg	300kg
지진대책	내진, 면진	내진·제진·면진	내진·면진	내진·제진	내진
【설비계획】					
도시설비	2인입(수전·통신)		단일 입인(수신·통신)		
전원 시스템	365일 무정전	일시 정전 있음	무정전(수술실 등)	일시 정전 있음	일시 정전 있음
전원장치	UPS·GE (3~168h 연속운전)	GE·CGS	UPS·GE·CGS (일부)	UPS·GE	GE·CGS (일부)
간선설비	이중화(배전·통신)		단일(배선, 통신)		
급수 시스템 (비축)	24h 연속공급		40%~50%/일 사용량		
에너지의 종류별	도시가스·전기 (단일·복수형)	도시가스·전기 (단일·복수형)	도시가스·전기(단일·복수형)		
열원기기	DB 콘덴서형 냉동기		흡수식·전동형 냉동기		
축열수조	냉수, 얼음(소~대용량)		냉수·얼음(소~대용량)		
배관	이중화(냉수)	단일(냉수, 냉온수)		이중화(냉수)	단일(냉수·냉온수)
안전방재	지진(내진, 면진)			지진(내진)	
	수해(광범위)	수해(방조·누수(일부))		수해(방조)	
	화재(할론가스, N₂가스, 프리액션식 스프링클러), 기계배연	화재(CO₂ 가스, 스프링클러), 기계배연	화재(CO₂ 가스, 스프링클러)		
	방범(ITV 카메라, 카드 리더(접촉·비접촉형), 지문, 안구, 맥박 등)	방범(ITV 카메라, 카드 리더(접촉·비접촉형))			방범 (ITV·카메라 등)
반송설비	화물용승강기(정보장치·서류반송, 2t 전후)	화물용승강기 (1t 전후)	화물용승강기 (1.5t 전후)	화물용승강기 (2t 전후)	화물용승강기 (1t 전후)
데이터 보관	보관고	보관고	보관고	보관고	보관고

〔1〕 **건축지**

기업 활동의 편리성을 고려한다면 공용교통기관의 위치가 도보로 약 10분 권 안에 있는 곳이 바람직하다. 도시 라이프 라인(전기·통신(정보))의 시설정비지역으로 한다. 경제성(토지가격), 리스크(내진·화재) 분산 등을 중시하는 경우에는 도심교외가 바람직하다(실시 예 : 약 25~35km 권내). 하천지에서는 건축물의 2층 개구부에 방조대책을 세운다.

〔2〕 **건축배치**

방범상 건물은 공용도로나 항공로에서 격리된 단독 동이 바람직하다(실시 예 : 약 60%).

〔3〕 **건물의 형상**

정보 시스템의 변경대응이 가능하게 하기 위해서 직사각형이 좋다. 에너지 절약을 중시하는 경우에는 정사각형이 좋다.

〔4〕 **평면계획**

부지의 규모, 건물의 형태에 따라 공용부분의 코어 형식은 사이드 코어(소규모), 더블 코어(중간규모 이상), 스리존 센터 코어(대규모)를 적용한다. 정보 시스템의 변경 대응을 용이하게 하기 위해서 깊이는 16m 이상이 바람직하다.

〔5〕 **바닥면적**

정보작업실은 2정보 시스템당 약 $500m^2$ 이상을 확보한다(실시 예 : 약 $560m^2$/층(MIN)~$3,344m^2$/층(MAX)).

〔6〕 **안전대책**

정보시설의 중요성·경제성을 가지고 대상범위(건물전체·정보작업실 등)와 내진기준·내진공법(면진·제진)을 적용한다. 창문 섀시(유리), 시스템 천장, 칸막이벽, 이중바닥 같은 이차부재는 내진대책을 세운다.

〔7〕 **바닥적재하중**

정보작업실 등은 정보 시스템을 리플레이스할 때 과장운전을 고려하여 $500~600kg/m^2$ 이상으로 한다. 데이터 보관실은 $1,000kg/m^2$ 이상으로 한다.

〔8〕 **층고**

정보장치의 레이아웃이나 전기·정보·통신배선·공기급기량 등의 자유도를 높이기 위해서 천장고는 $2.7mH$ 이상, 이중바닥 높이는 $300~900mmH$로 한다. 천장 안은 구조계산에 따르지만 필요 층고는 약 $4~5mH$ 전후로 한다.

〔9〕 **기둥 스팬**

안전성·경제성·확장성 등을 고려해서 6~16m 이하가 바람직하다.

〔10〕 **구조형식**

안전성·경제성·실적을 고려해서 SRC가 바람직하다.

365일·24시간, 정보시설의 사업과 업무의 지속적인 구동을 실현시키기 위해서는 도시 라이프 라인, 건축설비 시스템, 쾌적한 실내 환경, 안전방재 시스템 등을 구축하는 것이 상당히 중요하다. 아래는 설비 계획의 유의점이다.

〔1〕 도시시설

도시 라이프 라인(전기·통신(정보)·급수·도시가스)의 시설 정비 상황을 정확하게 파악한다. 전기는 본선과 예비선으로 구성된 2회 수전방식이 바람직하다. 통신(정보)은 이국(異局)전용으로 구성된 2국 인입이 바람직하다.

〔2〕 설비기계실의 규모와 위치

정보시설의 중요성·경제성·확장성 등을 고려해서 전기실·기계실·설비 샤프트 등의 바닥면적은 증설 스페이스를 충분히 확보한다. 자연재해(바다·하천·비 등의 침입)를 방지하기 위해서 여러 설비실은 지상층(2층 이상)에 두는 것이 바람직하다. 자가용 발전기는 공간의 유효한 이용, 환기설비·확장성 등을 고려해서 옥상에 설치한다. 그리고 환경 보전을 위해서 클린 에너지(등유·도시가스)를 사용하는 것이 바람직하다(단, 진동이나 소음대책은 세워야 한다).

〔3〕 전기설비

수변전설비는 신뢰성·확장성을 고려해서 병렬 과장 시스템(변압기는 100% 예비기)을 설치하는 것이 좋다. 자가용 발전기 연료의 비축내용은 정보시설의 중요도·경제성·에너지 공급 소재지 등을 고려한다면 장시간 운전을 가능하게 해줄 용량을 확보해야 한다(실시 예 : 3~68시간). 무정전 장치(UPS, CVCF)는 병렬 과장 운전방식이 좋다(이때 1대당 기계용량은 현재 700kVA/MAX이다). UPS용 축전지의 용량은 신뢰성·경제성을 고려해서 몇 분 간 연속적으로 공급을 해줄 수 있는 용량을 확보하는 것이 바람직하다(실시 예 : 5~10분간). 정보 시스템의 전기·통신(정보) 간선은 복수의 샤프트, 이중화 배선방식이 바람직하다. 지상통신(정보)회선이 불통이 될 때는 위성통신(파라볼라 안테나)을 이용하는 편이 좋다.

〔4〕 공조설비

열원용량은 신뢰성·확장성을 중시하는 경우에는 병렬 과장 시스템(냉동기·펌프는 100% 예비기)을 설치하는 것이 좋다. 에너지 절약을 고려해서 열원기기는 배열 회수형이 바람직하다. 도시 라이프 라인의 전원공급정지, 냉동기 고장시를 고려해서 축열 수조(냉수용)를 설치하는 것이 좋다. 정보작업실용 공조기기의 냉수배관은 여러 개의 샤프트, 이중화 배선이 좋다. 공조기기 냉수배관의 누수대책은 공조기기의 주위를 지수제(止水堤)로 둘러싸고 또한 누수검지기를 설치하는 것이 좋다.

〔5〕 정보처리 서비스업 정보 시스템 안전

대책실시사업소 인정제도(경제산업성(우리나라의 기획재정부–옮긴이))를 참조하면 된다.

3.4.4 • 방 용도별 바닥면적 및 여러 가지 설비실 (원단위)

국내 유수의 금융업·생명보험업에서 정보시설의 방 용도별 바닥면적을 조사한 내용은 다음과 같다.

〔1〕 조사결과

　① 정보작업실용 바닥면적 비율은 20~51%로 광범위하게 분포되어 있다.

　② 집무실용 바닥면적 비율은 2~19%의 범위로 분포되어 있다.

　③ 설비실용 바닥면적 비율은 26~32%의 범위로 분포되어 있다.

　④ 공용부분 바닥면적 비율은 18~36%의 범위로 분포되어 있다.

그리고 정보작업실 및 설비실은 장래에 업무가 확장되거나 정보 시스템이 변경될 때 대응할 수 있도록 계획 단계에서 확장 스페이스를 확보하는 것이 매우 중요하다.

〔2〕 방 용도별 바닥면적

【표】 방 용도별 바닥면적(금융업·생명보험업 1992년)

용도	방 용도별 바닥면적(m²)				
	정보작업실	집무실	공용부분	여러 설비실	합계
T 금융업	3,877	3,670	7,178	5,088	19,823
M 금융업	15,800	500	5,634	9,200	31,134
N 생명보험업	13,287	1,814	9,620	11,874	36,595

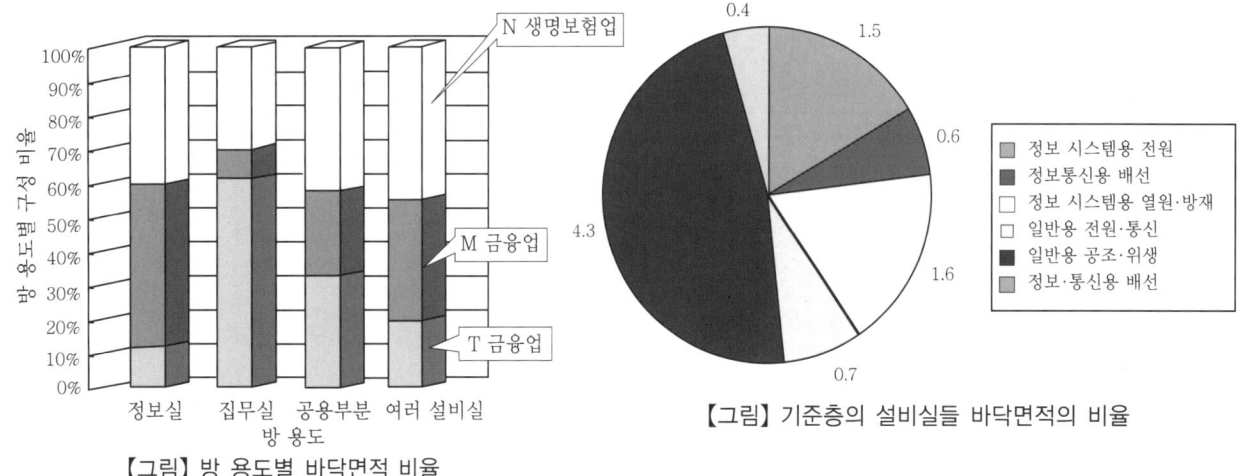

【그림】 방 용도별 바닥면적 비율

【그림】 기준층의 설비실들 바닥면적의 비율

〔3〕 정보시설의 설비실들(원단위)

국내 유수 정보시설의 설비실들을 조사한 결과 기준층 설비실들의 바닥면적 비율은 약 9.1%로 업무시설에 비해 약 57배가 넘는다. 그리고 설비실들의 설치 개소 수는 20곳에 분산되어서 배치되어 있다는 것을 알았다.

【표】 기준층의 여러 가지 설비실

용도	설비실 바닥면적 비율/기준층	설비실 설치 개소 수/기준층	비고
정보 시스템용 전원	1.5	2	공용부분
정보·통신용 배선	0.6	2	
정보 시스템용 열원·방재	1.6	2	
일반용 전원·통신	0.7	2	
일반용 공조·위생	4.3	4	
정보·통신용 배선	0.4	8	정보관련실

〔1〕 도시 라이프 라인과 건축설비 시스템

도시 라이프 라인의 단절시 백업 시스템을 구축할 필요가 있다.

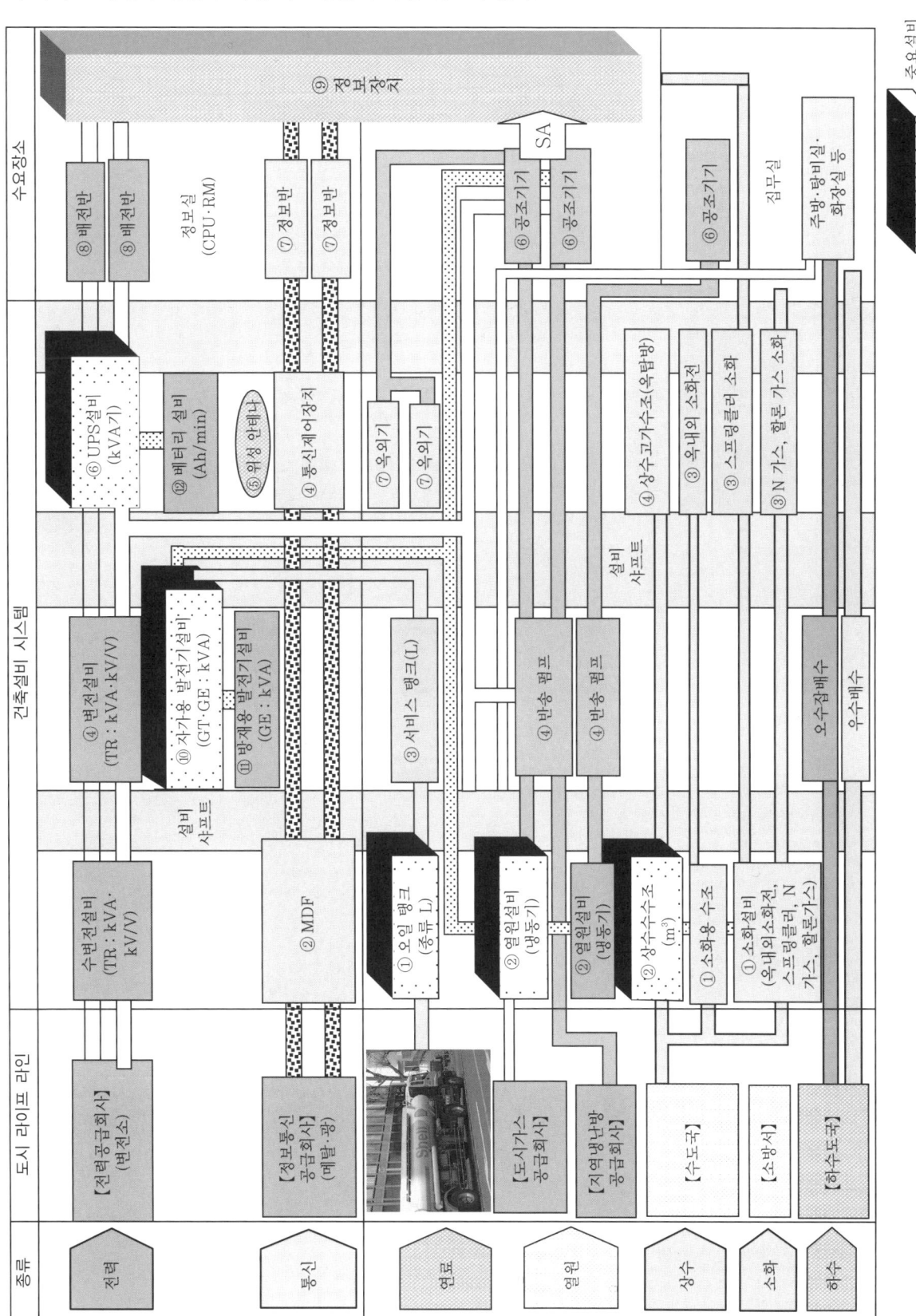

3.4.6 • 백업 시스템 계획

365일, 24시간 내내 정보시설의 사업·업무를 지속하도록 해줄 수 있는 건축과 설비계획을 구축하는 일은 상당히 중요하다. 아래는 백업 시스템 계획의 개요이다.

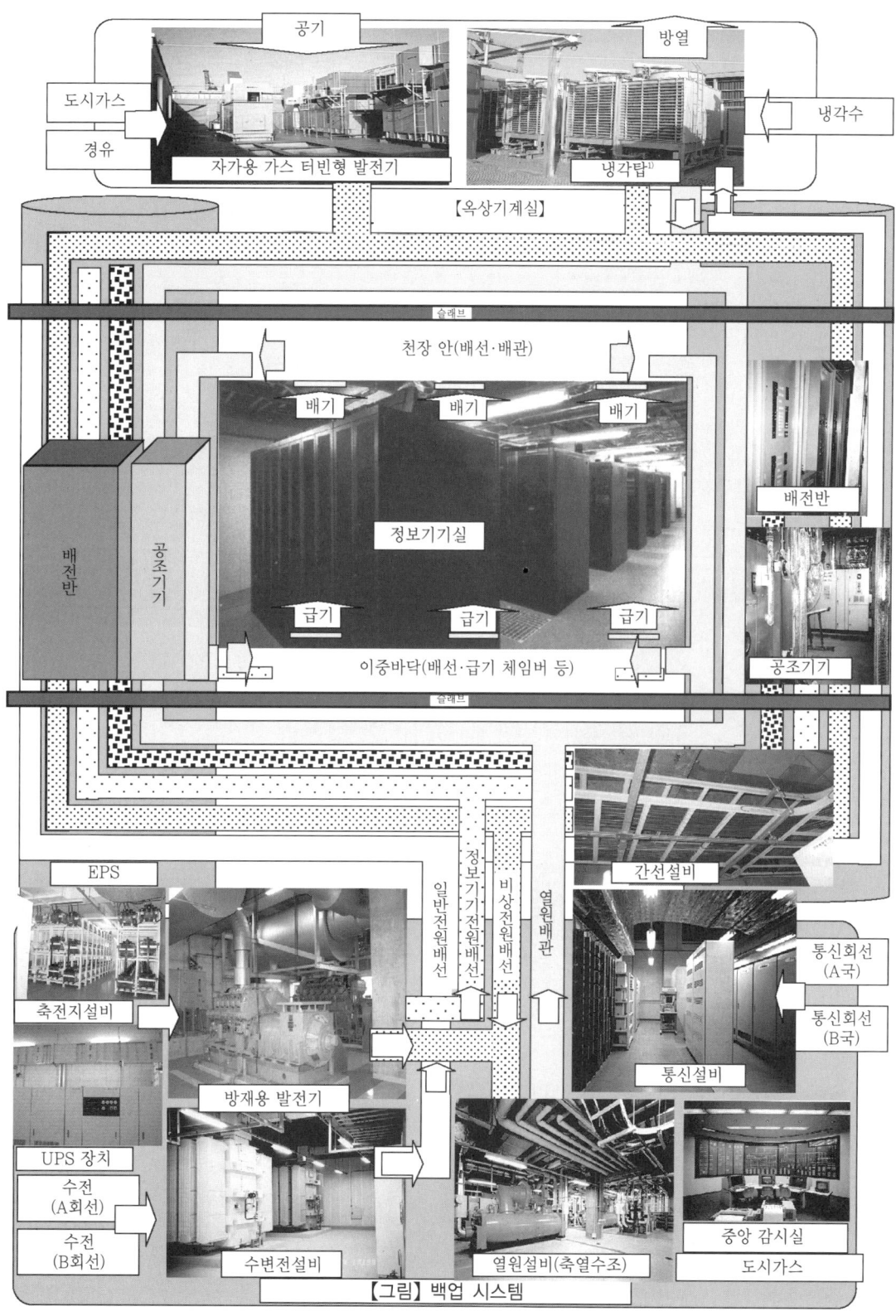

【그림】백업 시스템

출전 : 1) (株)竹中工務店

• **안전방재계획**

정보작업실·데이터 보관실·감시실·여러 가지 설비실(수변전설비·발전기설비·통신설비·열원기계설비)은 중요한 곳이므로 지진·화재·홍수가 발생하거나, 도시 라이프 라인이 단절될 때(정전)에도 작업이나 업무를 지속할 수 있도록 하기 위해서 ① 정보시설의 분산계획, ② 중요한 방의 배치계획, ③ 정보 시스템의 이중화, ④ 전기·통신·열원·공조 시스템의 이중화, ⑤ 건축이차부재(천장·벽·바닥)의 내진대책, ⑥ 조명기구·제구기·배관 등의 내진대책, ⑦ 방재설비(소화수·할론 가스 소화, N₂ 가스 소화)의 설치, ⑧ 긴급용 바닥배수설비 등 종합적인 건설과 설비계획을 구축하는 것이 상당히 중요하다. 아래는 정보실·집무실 등 안전방재 계획에 관한 개요이다.

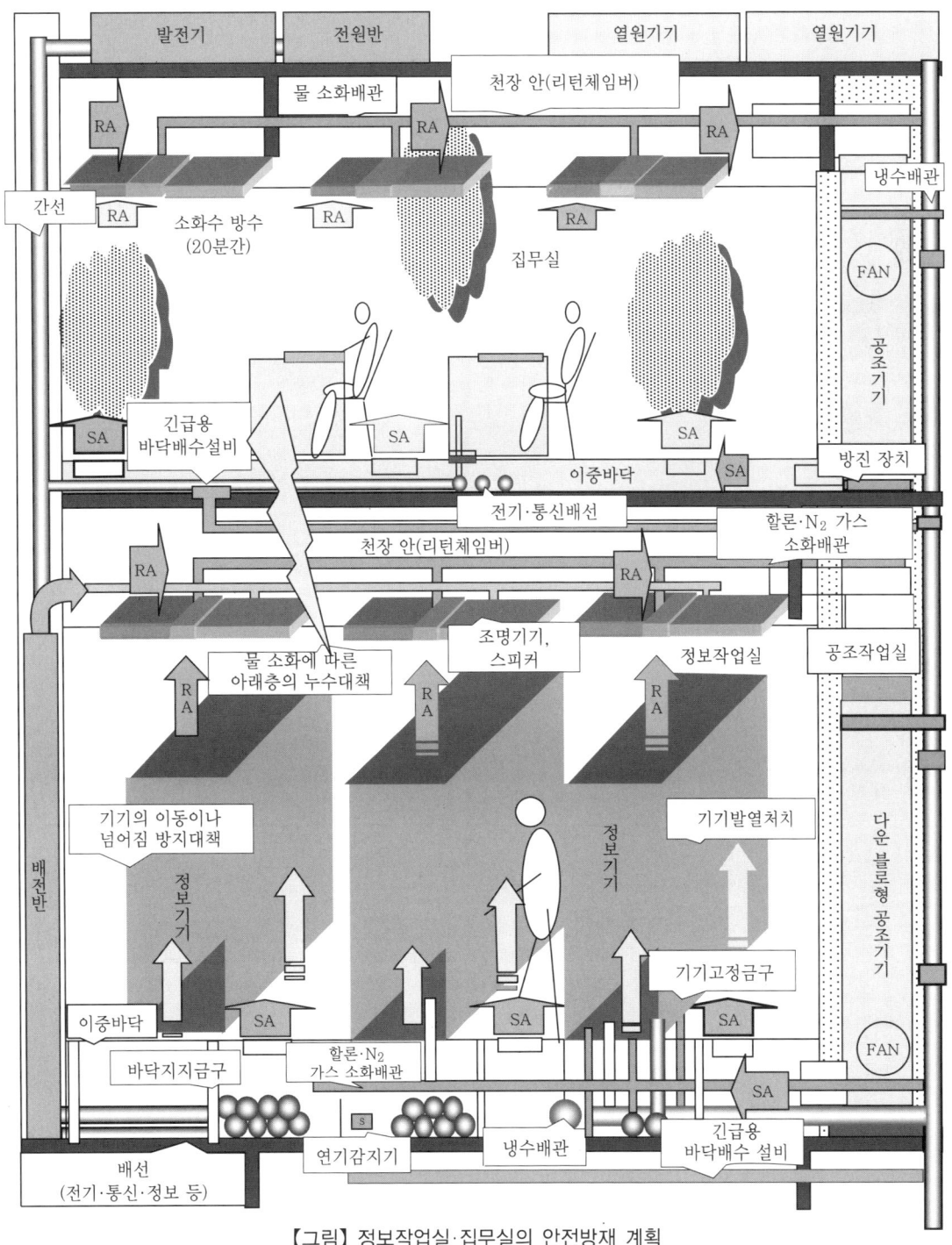

【그림】정보작업실·집무실의 안전방재 계획

3.5 의료·복지시설의 건축설비 계획

3.5.1 • 기본 과제

소자녀 고령화·과식·스트레스 사회라고 불리고 있는 현재, 소아과·산부인과·긴급의료시설·의사·간호사의 부족, 의료비부담 증가, 의료사고, 의료제도 등은 심각한 사회문제가 되었다. 따라서 바람직한 의료·복지시설을 실현하기 위해서는 외부전문가(선진의료기술·재무)·시민·의사·간호사·의료기기 제조회사·건축가·설비기술자 등이 커뮤니케이션을 통해 이를 구축해야 한다는 요구가 커졌다. 아래는 건축·설비계획을 진행할 때 가져야 할 기본 과제이다.

〔1〕 배치계획

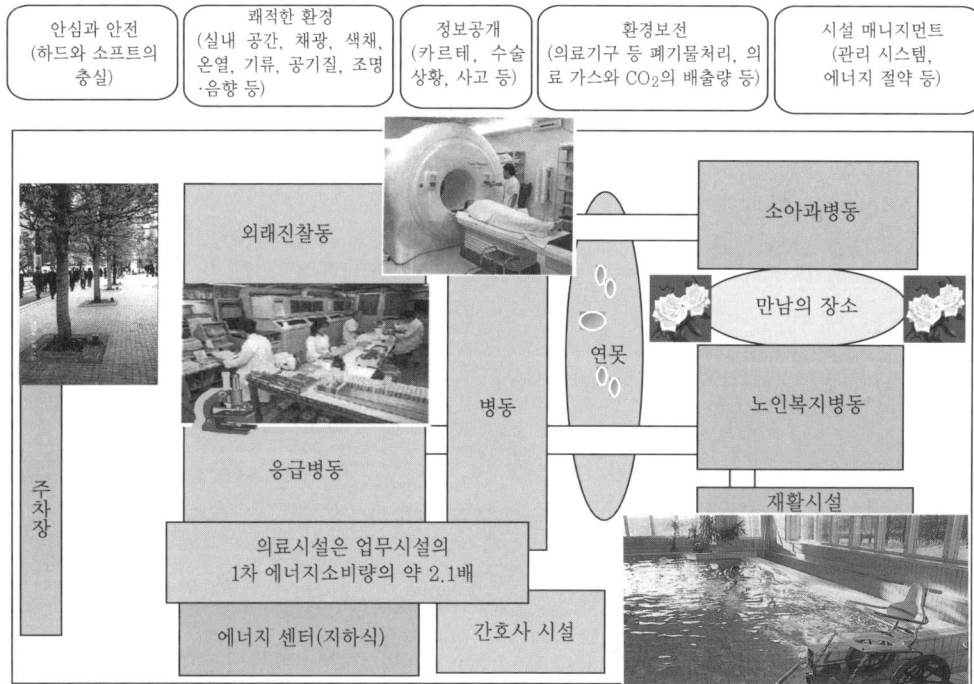

〔2〕 수술실의 건축·설비 계획

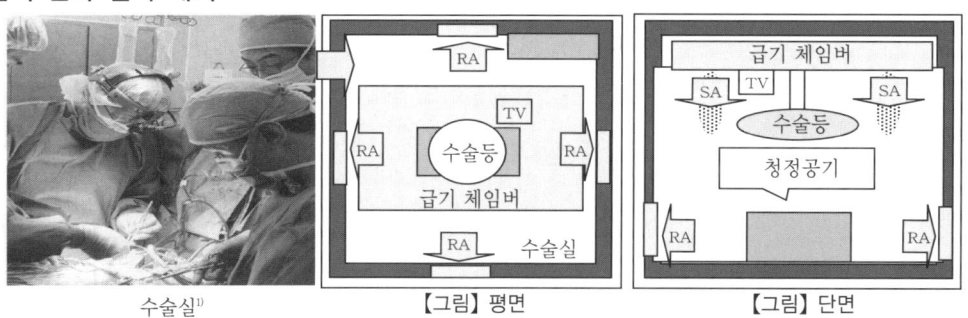

수술실[1]   【그림】평면   【그림】단면

〔3〕 환경·에너지(경제성과 환경보전의 양립)

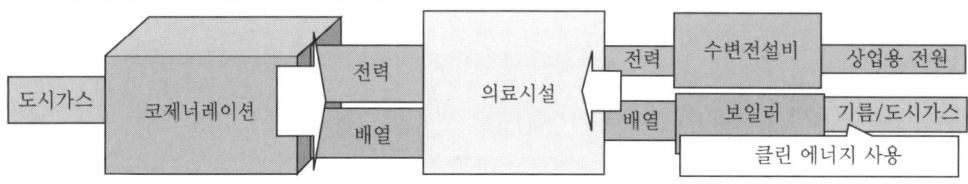

출전 : 1) 「편리한 手術室핸드북」(眞興交易(株)醫書出版部).

→ **• 동선계획**

현재의 의료시설은 ① 외래진료부문, ② 구급구명 센터, ③ 중앙진료부문, ④ 병동부문, ⑤ 유틸리티 부문, ⑥ 관리부문이라는 6개의 부문으로 구성되어 있다.

앞으로 소자녀 고령화 사회 의료시설의 사업경영을 가능하게 하기 위해서는 환자에 대한 서비스의 향상(IT를 구사한 원격건강진료지도 시스템, 고도선진의료기기와 기술의 적용(MRI·내시경수술·유전자교환·인폼드 컨센트·세컨드 오피니언 등)), 철저한 비용관리(에너지 절약의 추진, 의료용 리넨, 청소, 급식 등의 아웃소싱화), 진료와 경영을 분리해서 경영을 감시하는 시스템을 구축하는 것이 바람직하다. 21세기의 의료시설은 환자가 병원을 고르는 시대라고 부를 수 있을 것이다.

《21세기는 환자가 의료시설을 고르는 시대》

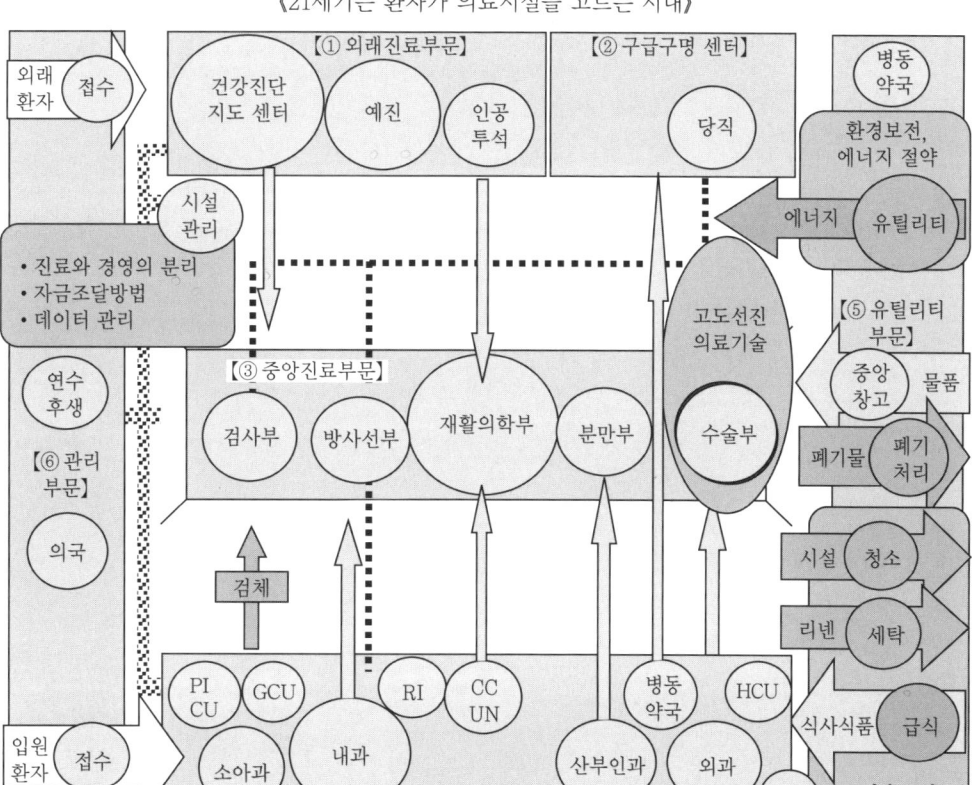

HCU : High Care Unit
PICU : Pediatrict Incensive Care Unit
NICU : Neonutal Intensive Care Unit
GCU : Growing Care Unit

【표】 의료·복지시설의 유형(기능별 분류)

항목	병원			진료소		노인보호시설	특별양로 노인 홈 등 (요양· 경비·유료)
	특정기능병원	지역의료 지원병원	일반병원	병실이 있는 진료소	병실이 없는 진료소		
기능	고도 선진형 의료와 기술개발(대학 등)	고도구급의 의료와 소개환자, 지역연수거점	일반외래, 입원	일반외래, 프라이머리 케어		간호, 간병, 재활 중심	상시 간병, 생활지원
병상 수	500상 이상	원칙 200상 이상	20상 이상	19상 이하	없음	–	–
병상(질병)종류에 따른 분류	정신, 결핵, 전염 각각의 전문 환자를 수용	만성질환을 가진 노인을 수용(진료보수 제도상의 규정)	장기진료환자수용 (병원·진료소 공동설치 가능)	치과 이외의 일반 환자대상	치과환자대상		
법적 근거	의료법 제4조의 2	의료법 제4조	의료법 제1조의5 제1항	의료법 제1조의5 제2항		노인보건법	노인복지법

〔1〕 **정보관리계획**

입원환자와 외래진찰자의 편리성 향상, 의료부서의 진단처치에 대한 안전성과 효율성의 확보, 그리고 사무관리 부서의 업무효율의 향상 등을 달성하기 위해서는 정보관리 시스템이 중요하다. 아래는 의료·복지지설의 정보관리 계획에 대한 개요이다.

① 외래 진찰자가 외래접수부서 안에 설치한 진찰 접수기에 필요사항을 입력하면 진찰예약이 자동으로 이루어지고 진찰 카드가 발행된다.

② 진료처치부서 안에 있는 대합 로비에서 대기하고 간호사의 안내에 따라서 진찰실에 들어가 의사의 진료 처치를 받고 나면 처방전이 발행된다.

③ 사무관리부서 안에 설치된 진료비 정산기에 진료 카드를 삽입하면 의료비액이 계산된다. 사무관리부서에 비용을 지불한다.

그러나,

④ 입원이 필요한 경우는 간호사와 동행하여 사무관리부서인 접수처에 가서 수속을 밟는다.

⑤ 긴급환자는 긴급 출입문에서 들것을 타고 진료처치부서인 수술실로 옮겨 적절한 치료를 한 후 ICU 혹은 병동부서의 병실에서 치료를 한다.

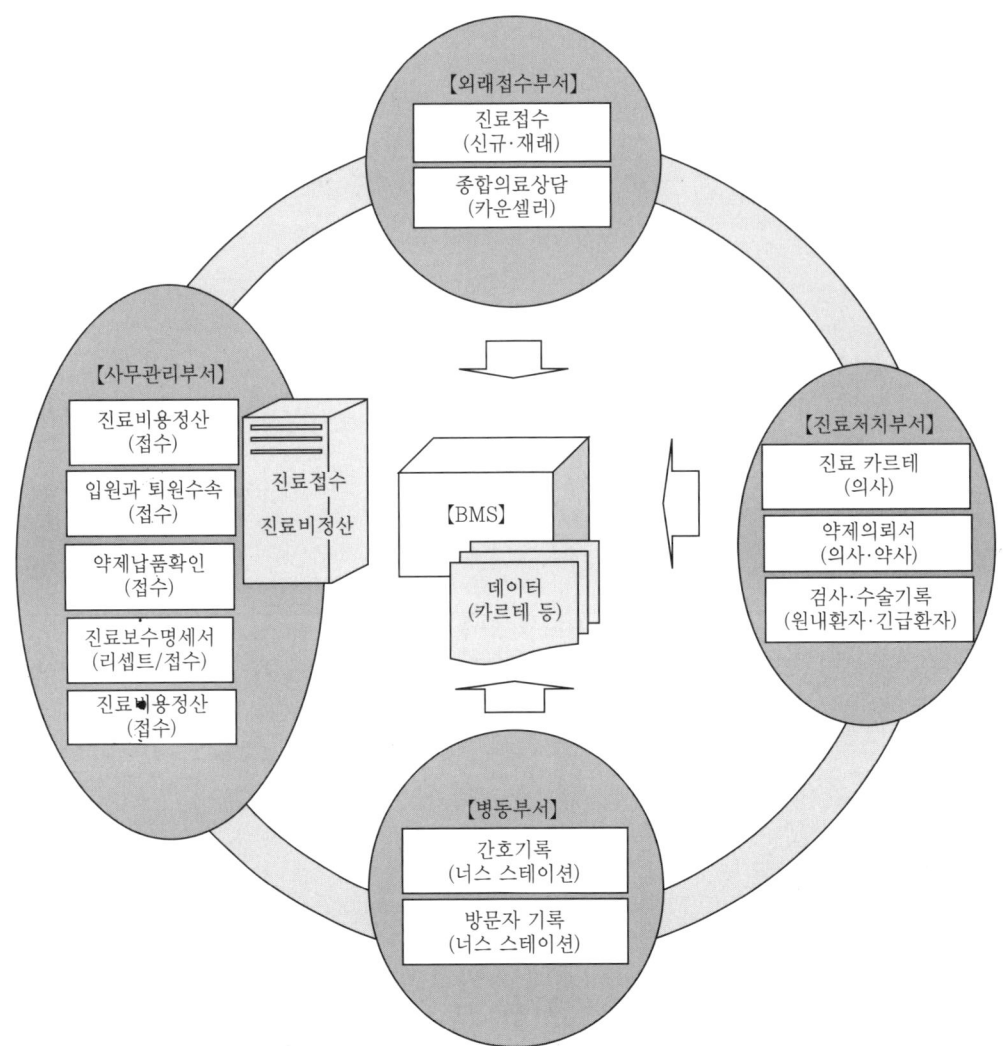

【그림】 의료·복지시설의 종합정보관리 시스템

3.5.4 • 수변전설비계획

의료·복지시설은 다른 시설에 비해서 에너지를 대량으로 소비한다. 또한 재해시에도 업무나 의료 활동을 지속적으로 가능하게 해주기 위해서 코제너레이션 시스템을 자체적으로 설치하려는 계획이 근래에 들어서 증가하고 있다. 이 시스템은 경유·등유라는 발전설비를 가지고 ① 안정적인 전원의 공급, ② 배열을 냉난방과 급탕으로 유효하게 이용, ③ 유지관리비용의 절감 등을 실현시킬 수 있다.

〔1〕 전원공급 시스템
(a) 평상시
　　① 각 전력공급회사의 전기요금은 선진국에 비해서 상당히 높은 편이다.
　　② 코제너레이션 시스템은 전기와 발열병합이용도가 높을수록 경제적이다.
(b) 재해시
상업용 전원공급이 단절될 때는 자가용 수변전설비인 '보호계전기'에 의해 비상용발전기가 자동으로 기동하여 약 40초 이내에 확립되고, CS(절환기)를 매개로 해서 의료기기, 방재부하 등에 연결공급이 이루어진다. 화석연료의 저장용량은 최저 2일간의 분량을 확보하는 것이 바람직하다.

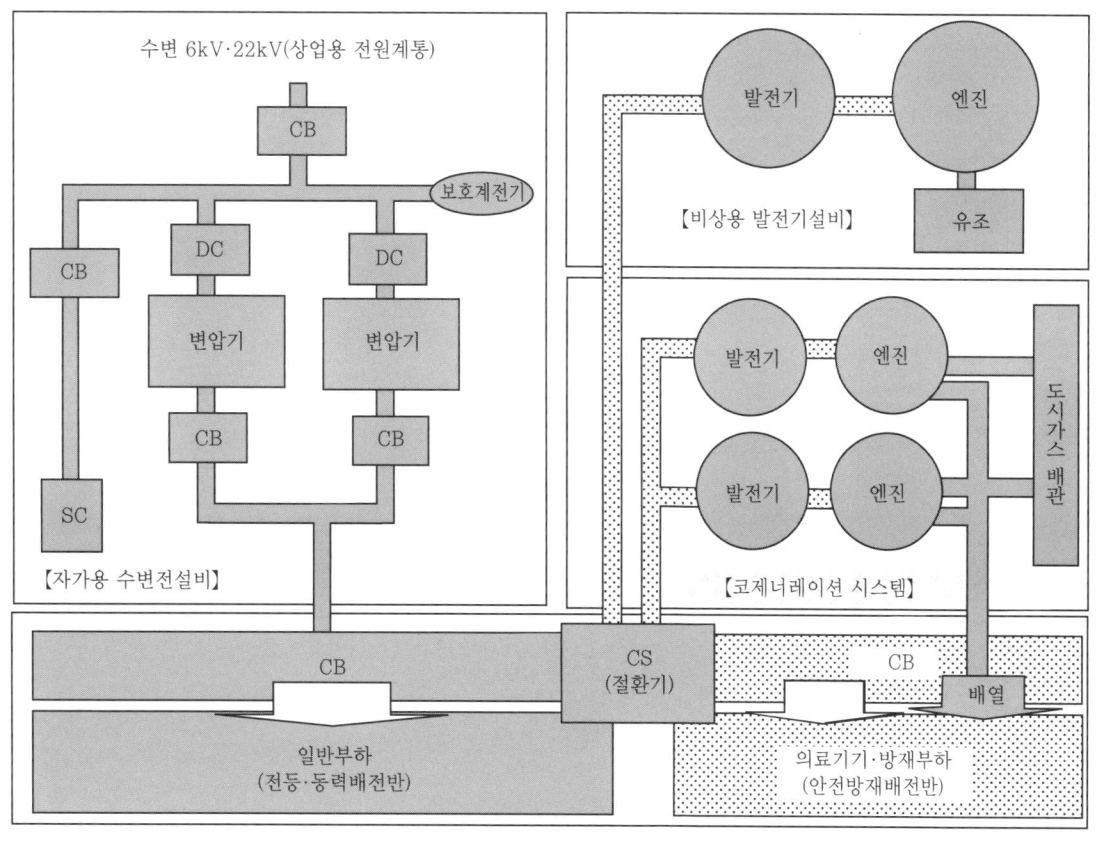

〔2〕 유지관리비용

아래에 소개한 것처럼 ① 상업용 전력의 전기요금이 약 25엔/kWh인 것에 비해서, ②③은 코제너레이션 설비의 발전효율을 높여서 전기요금을 약 10엔/kWh로 큰 폭의 저감을 할 수가 있다. 현재까지는 재개발계획, 상업시설 등에 코제너레이션 설비를 적극적으로 도입해 왔다.

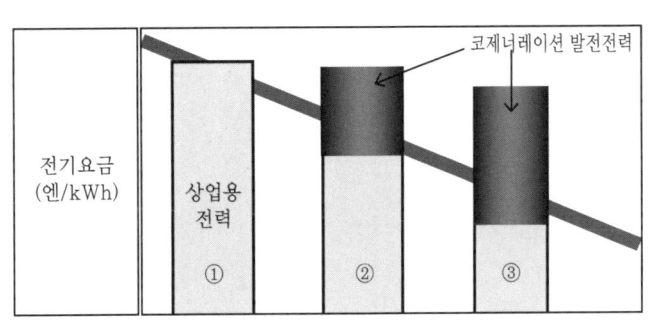

【그림】 전원 시스템의 조합

옥외 수변전설비

3.5.5 ─● 위생설비계획

〔1〕 급배수설비계획

의료·복지시설의 배수설비는 생활배수·우수배수 외에 의료배수가 포함된다.

근래에는 의료배수의 양이나 종류가 증가하고 있는데 이는 일부지역에서 심각한 사회문제가 되었다. 따라서 배수계통을 명확하게 하고 환경보전이나 자원재순환 등을 고려한 종합적인 배수설비 계획을 구축해야 한다는 강한 요구가 생기게 되었다. 아래는 종합배수설비 계획의 개요이다.

〔2〕 배수계통

① 생활배수는 크게 오수배수·잡배수·주방배수의 3종류로 나눌 수 있다. 건축 장소에 따라서 도시 시설의 정비 상황이 달라지기 때문에 담당부서와의 사전확인을 하는 것이 필요하다. 예를 들어 정화조설비는 산정인원·배수량·방류 수질 등을 확인한다.

② 우수배수는 건축 장소에 따라 도시기반시설의 정비 상황이 달라지기 때문에 우수유출 억제의 유무나 우수침투방법에 관해서 담당부서와의 사전확인을 할 필요가 있다. 그리고 우수저류조를 설치하는 경우에는 설치 장소·구조·보수 관리 방법·우수 재이용 등에 대해서 충분히 검토한다.

③ 의료배수는 수술실의 약제를 포함한 세정배수·투석배수·검사배수 등이 있고, 원칙적으로는 부지 내에서 처리하는 것이 기본이지만 산업폐기물 처리업자에 의해서 이들 폐기물을 회수하는 방법도 현재 일반적으로 이루어지고 있다.

〔3〕 종합적인 배수설비 계획

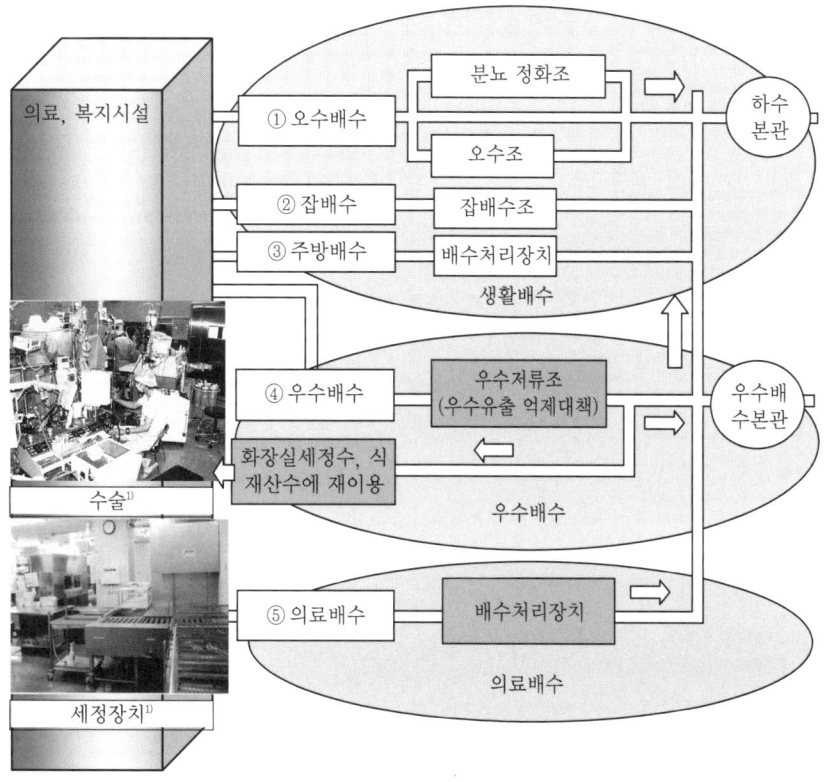

【그림】 바람직한 배수설비 계획

〔4〕 유의사항

① 근래에 세계적으로 수자원 부족이 심각한 문제가 되면서 우수 재이용이 매우 중요해졌다. 따라서 자원 재이용을 충분히 검토할 필요가 있다.

② 지구환경보전의 일환으로 화재시 소화제를 직접 하수본관에 방류하지 않도록 적절한 배수처리장치나 회수방법을 검토하는 것이 바람직하다.

③ 건축확인신청을 하기 이전에 담당부서와의 사전확인을 거쳐 건축설비 계획에 반영한다.

3.5.6 ● 공조설비계획

〔1〕 설계조건

병실·작업실 등을 안심할 수 있고 안전하며 쾌적한 실내 공간으로 만들기 위해서, 그리고 온열·기류·공기질·소음이나 병원 내의 감염, 취기 확산을 방지하기 위해서 공기오염원 발생실이나 취기발생실과 다른 방과 복도의 실내압력을 컨트롤하는 것이 매우 중요하다. 이때 극단적인 설계조건하에서 공조운전을 하는 것은 유지비를 증가시키는 원인이 되기 때문에 충분히 유의한다. 아래는 설계조건이다.

출전 : 1)「편리한 手術室핸드북」(眞興交易(株)醫書出版部).

【표】각 방의 설계조건

방 이름	하계		동계		필요 최소 외기량	풍속 (m/s)
	온도(℃)	습도(%)	온도(℃)	습도(%)		
수술실	23~25	55~60	24~26	55~60	전 외기, N=8~12	0.4 이하
외과	24~26	55~60	23~24	50~55	5m³/(h·m²)	
회복실	24~26	55~60	23~24	50~55	전 외기	
분만실	24~26	55~60	23~24	55~60	전 외기, N=8	
중앙소독실	26~28	실행중	20~22	실행중	배기량에 맞는 외기량 도입	
동물실	24~27	45~55	24~27	30~40	전 외기, N=10~14	
시체실	26~27	50~60	20~22	30~40	전 외기	
신생아실	24~28	55~60	24~28	50~55	5m³/(h·m²)	
일반치료실	26~27	50~55	20~22	40~45		
병실	26~27	50~55	20~22	40~45	20m³/(h·평)	0.35 이하
연구실	26~27	50~55	20~22	40~45	배기량에 맞는 외기량 도입	
방사선실	26~27	50~55	22~24	40~45	5m³/(h·m²)	

【표】각 방의 압력 밸런스와 필요 환기량

방 이름	옆방과의 압력차	최소 외기량 (회/h)	최소 전송 풍량 (회/h)	전 배기의 필요성	실내에 재순환
수술실	+	5	12	–	NO
긴급수술실					
분만실					
신생아실					
회복실	0	2	6	YES	
ICU(응급실)	+		6		NO
병실	0	2	2	–	–
병실복도			4		
격리실			6	YES	NO
격리전실			6		
처치실	0			–	NO
X선실(투시실)	–		6	YES	
X선실(처치실)	0	2			–
물리치료실	–			–	
오염작업실			4		NO
청정작업실	+	2	4		–
해부실			12		
화장실	–	–	10	YES	NO
변기 세정실					
욕실					
수납실	–	–	10	YES	NO
멸균기구실					
리넨					
일반검사실		2	6	–	–
검사실	+		4		NO
조리실	0	2	10	YES	NO
조리실(세정실)	–	–			
식품창고	0		2		
세탁실		2	10	YES	
세탁실, 선별실, 창고	–	–			
청정 리넨 창고	+	2	2	–	–
마취약 창고	0	–	8	YES	NO
중앙재료멸균실(미소독부분)	–		4		
중앙재료멸균실(청정작업실)	+	2		–	–
중앙재료멸균실(기소독창고)	0		2		

실내오염의 경로는 ① 내부발생 : 환자 자신으로부터 감염, ② 접촉 : 손·기기 등의 집적적인 접촉으로 인해 감염, ③ 공기부유 세균의 낙하·침착 등을 생각해 볼 수 있다. 1966년 미국에서 처음으로 무균수술실이 실용화되었다.

【표】 실내의 공중부유 세균 수

장소	세균 수(CFU/m³)	
	범위	평균값
병동복도	6~80	24
병동병실	10~51	25
유틸리티(참고)	10~50	26
혈액연구소	9~24	16
세탁실선별	25~78	50
세탁실	12~74	28
외과복도	4~130	26
외과수술실	1~80	10
외과세정실	2~61	16
분만실	2~7	–
소아병동	1~2	–
소아격리실	20~100	–

(주) CFU(Colony Forming Unit) : 콜로니 형성단위

【표】 수술실 안 공기 중 세균 수의 허용치[1]

장소	허용 세균 수(CFU/m³)
간이수술, 긴급처치실의 처치	20
감염에 대해 저항을 가지는 조직의 대수술	10
화상처치, 뇌 외과, 감염에 대해서 위험도가 높은 수술	0.1~10
수술실(수술중)	5~10
회복실	10~20

(주) CFU(Colony Forming Unit) : 콜로니 형성단위

【표】 부문별 무균, 무진이 필요한 방[2]

부문		무균, 무진이 필요한 방
외래진료부	진료과	외과 처치실, 피부과 처치실 등
중앙진료시설	구급부	처치실·수술실 등
	중앙수술부	수술실을 중심으로 한 대부분의 부분
	응급실(ICU·CCU)	병실을 중심으로 한 대부분의 부분
	분만육아실	분만관계실, 신생아관계실
	중앙재료부	멸균실·멸균기재실을 중심으로 한 부분
	중앙방사선부	X선 검사실의 일부(혈관·뇌·순환동태·심장 카테테르·심장혈관 등), RI 검사실
	중앙검사부	생리검사실의 일부(복강경등)·세포검사실 혈액조사의 일부
	수혈실	채혈실·검사실·분리실·보존실 등
	약제부	조제실의 일부(주사약·점안점비제 관계실)
	연구관계	동물 사육실(SPF 동물·감염동물, RI 동물)·무균실험실·계측실

출전 : 1) BOND&MICHAELSON. 2) 醫療機械學會滅菌研究會(病院BCR), 「醫器學誌」, Vol.41(1971年).

3.5.7 • 병실의 건축설비계획

병실은 환자들이 이용하기 때문에 안심할 수 있고 안전하며, 쾌적한 실내 환경(채광·개방감), 충분한 간병시설이 갖추어져 있어야 한다. 또한 병원 감염방지 대책 등은 특히 중요하다. 아래는 병실의 건축설비 계획의 개요이다.

〔1〕 병실의 공조설비계획

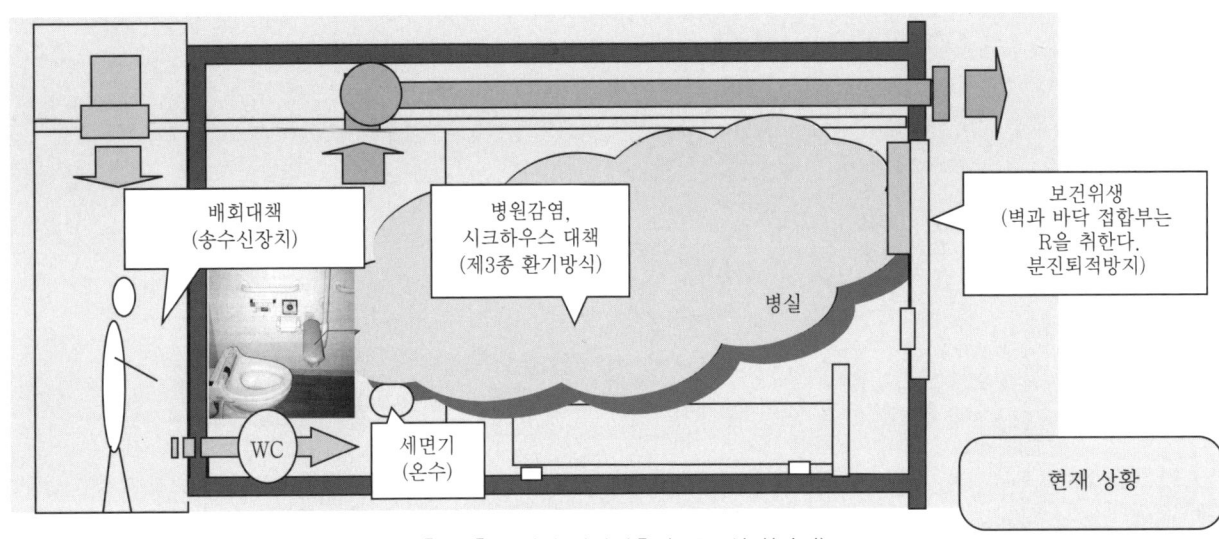

【그림】 현재의 병상건축과 공조설비(단면)

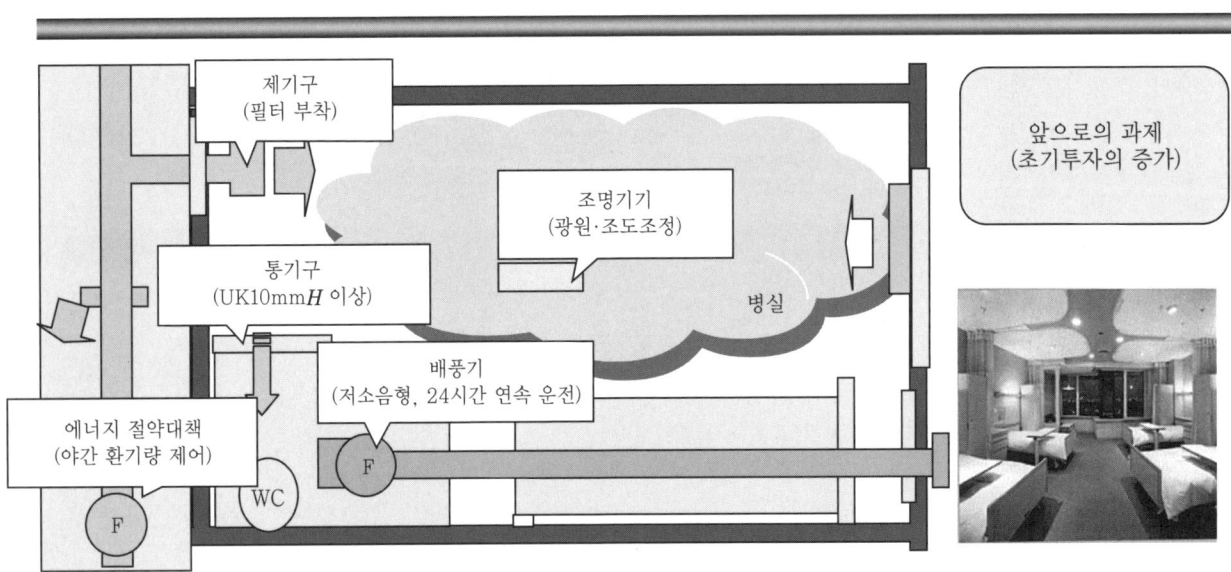

【그림】 미래의 병실건축과 공조설비(평면)

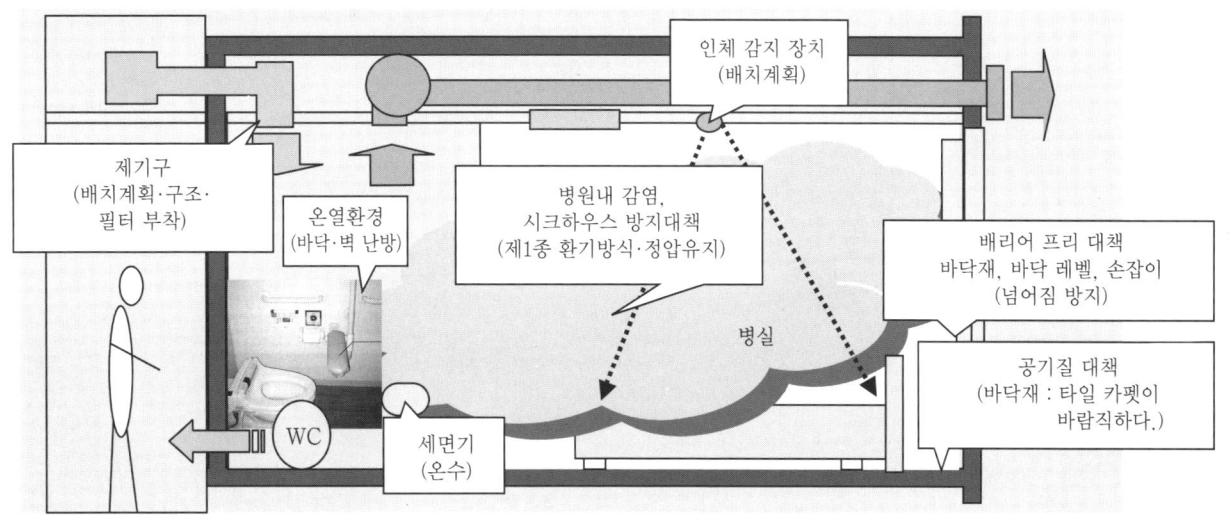

【그림】 미래의 병실건축과 공조설비(단면)

3.5.8 • BCR 계획

무균·무진일 것을 필요조건으로 하는 BCR 등의 공조설비는 크게 수직층류방식과 수평층류방식의 두 가지로 나눌 수 있다. 그리고 의료기기의 기술진보는 매일매일 눈부시게 발전하므로 고성능·다기능의 의료기기(MRT 등)를 BCR, 감시실 등에 원활하게 설치할 수 있도록 공간에 여유를 두는 것이 매우 중요하다. 또한 BCR 안에서 환자가 감염이 되는 것을 방지하기 위해서 건축마감재(약품세정), 접착제(포름알데히드 대책), 공조설비 시스템을 구축해야 된다는 요구가 강해졌다.

【표】 용도별 필요무균도

필요무균도	세정도	송풍량	무균도
완전무균	100	층류 50회/h 이상	낙하균의 검출이 전혀 없음.
일반무균실	10,000	순환횟수 20~30회/h	때때로 1개 정도의 낙하균이 검출된다.
일반병실	100,000 이상	순환횟수 10회/h	약간의 낙하균을 가진다.

〔1〕 균의 성질

공기 중의 균을 포함하는 입자의 지름은 $0.3 \sim 0.5 \mu$의 분포빈도가 가장 많기 때문에 HEPA 필터로 포획을 하는 것이 가능하다.

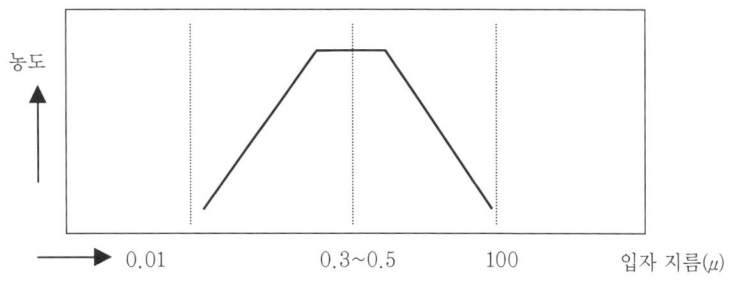

【그림】 공기 중의 균을 가지는 입자 지름의 농도분포

〔2〕 BCR 계획

　① BCR 안으로 들어오는 송풍기류로 인해 확실하게 분진이 생긴다.

　② BCR 안의 분진은 빠르고 효과적으로 회수해서 실외로 보낸다.

　③ BCR 안에는 분진이 쌓이지 않도록 한다.

　④ BCR 안에서는 먼지가 발생하지 않도록 노력하고, 어쩔 수 없이 발생한 분진은 확산되지 않도록 한다.

〔3〕 공조 시스템별 종합평가

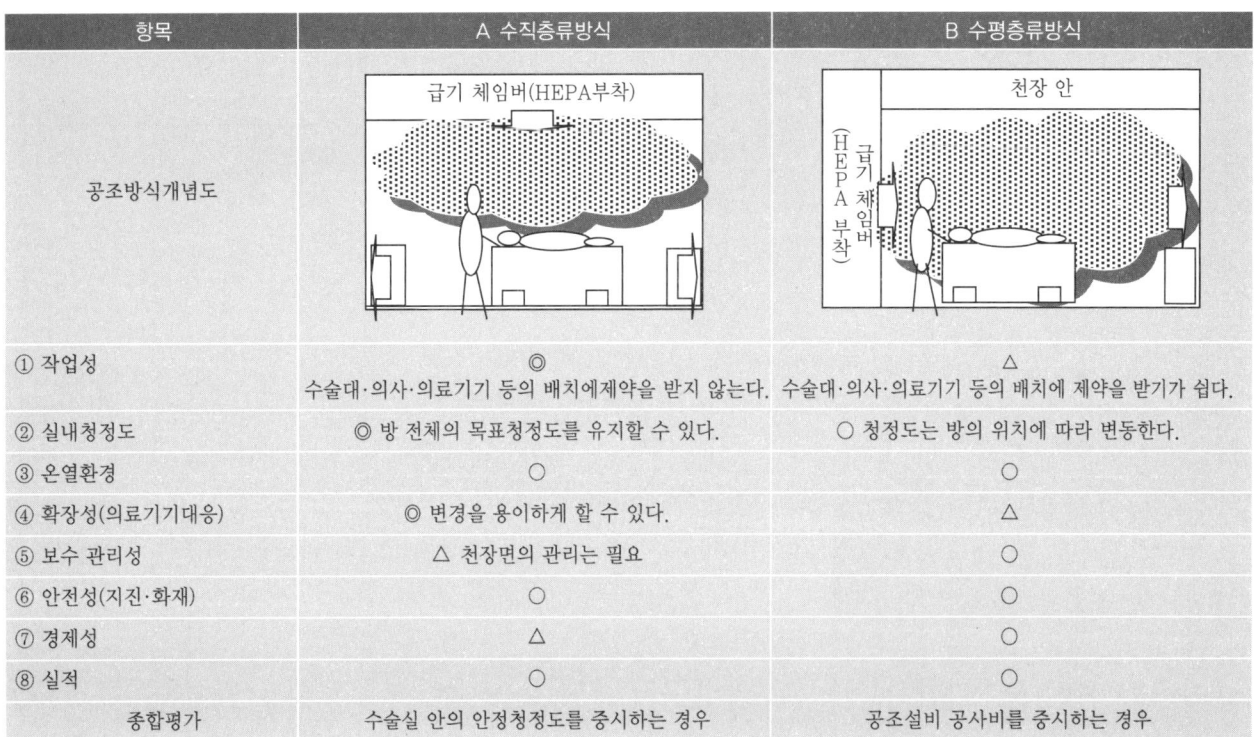

항목	A 수직층류방식	B 수평층류방식
공조방식개념도	급기 체임버(HEPA부착)	천장 안 / 급기 체임버(HEPA 부착)
① 작업성	◎ 수술대·의사·의료기기 등의 배치에 제약을 받지 않는다.	△ 수술대·의사·의료기기 등의 배치에 제약을 받기가 쉽다.
② 실내청정도	◎ 방 전체의 목표청정도를 유지할 수 있다.	○ 청정도는 방의 위치에 따라 변동한다.
③ 온열환경	○	○
④ 확장성(의료기기대응)	◎ 변경을 용이하게 할 수 있다.	△
⑤ 보수 관리성	△ 천장면의 관리는 필요	○
⑥ 안전성(지진·화재)	○	○
⑦ 경제성	△	○
⑧ 실적	○	○
종합평가	수술실 안의 안정청정도를 중시하는 경우	공조설비 공사비를 중시하는 경우

〔4〕 BCR의 건축설비계획

　수술실은, 수술할 때 의사가 의료 활동에 집중하도록 하고, 또한 환자가 세균에 감염되는 것을 방지하기 위해서 평활(平滑)하고 약품세정이 가능한 재료를 건축마감재로 사용한다. 그리고 공조설비 시스템은 수직층류식 BCR·예비기기에 의해서 온열·기류·공기질·실압을 유지한다. 무엇보다 의료용 유틸리티는 의료 활동에 지장을 주지 않도록 고려한다. 따라서 의사·간호사·건축가·설비기술자·의료기기 제조회사·시설관리자의 경험·기술·지식을 기초로 해서 이상적인 수술실을 구축할 필요가 있다. 아래는 수술실(BCR)의 건축과 설비계획의 개요이다.

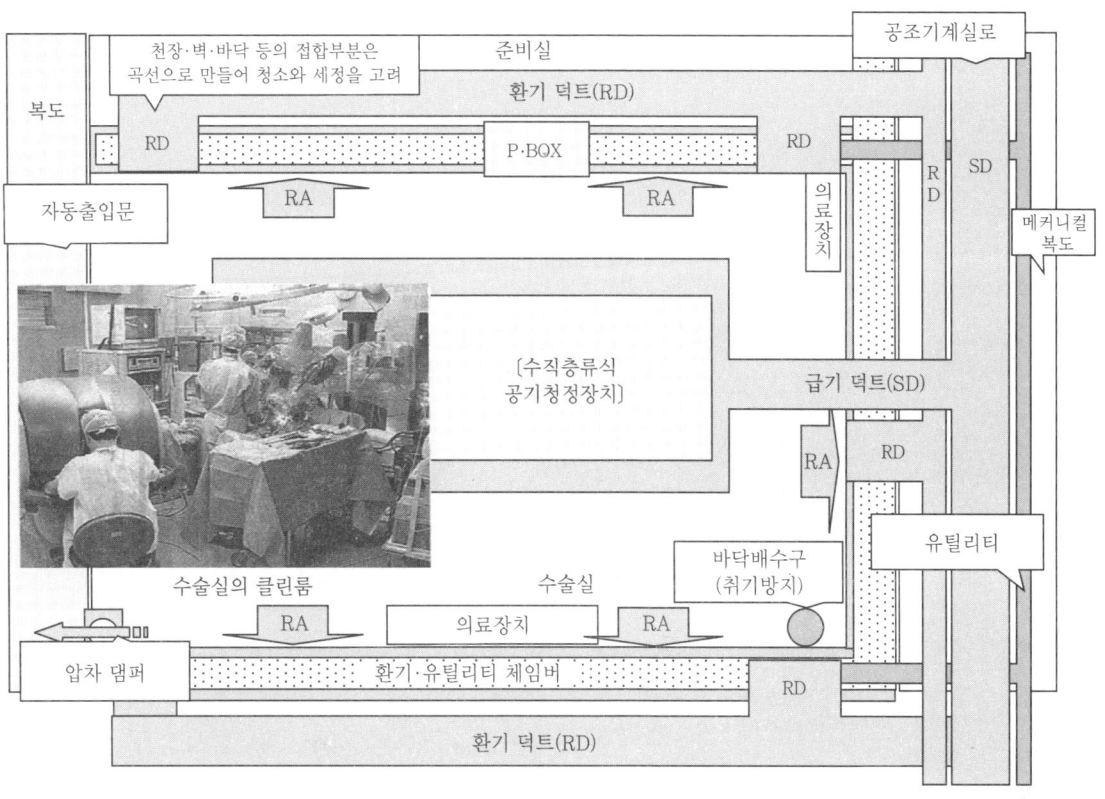

【그림】 BCR의 건축·설비 계획(평면)

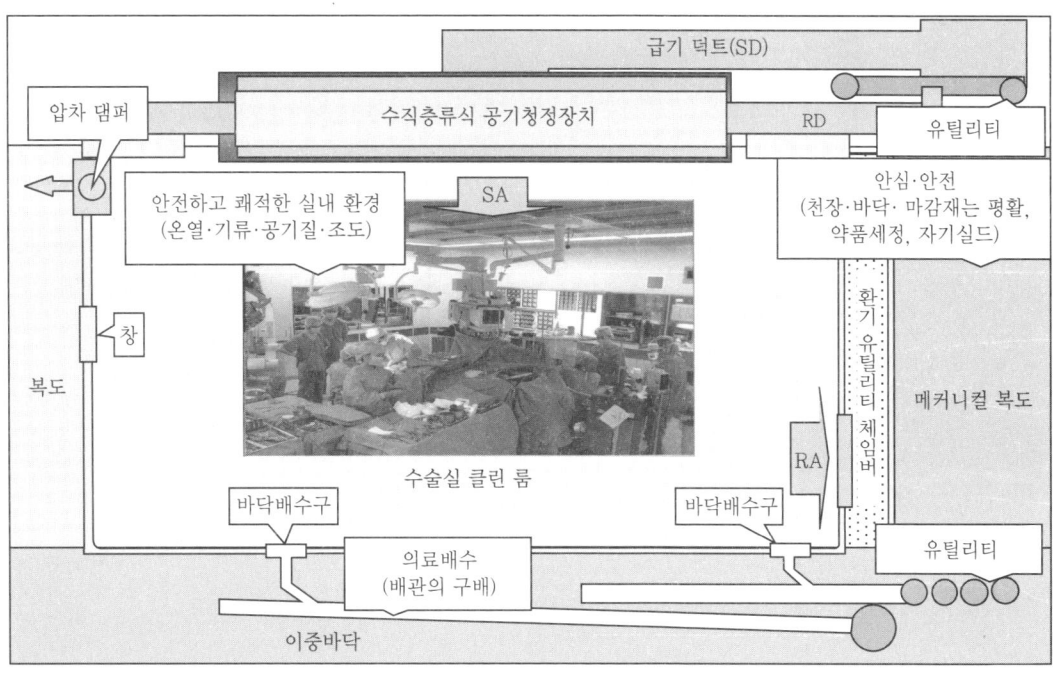

【그림】 BCR의 건축·설비 계획(단면)[1]

출전 : 1) 「편리한 手術室핸드북」(眞興交易(株)醫書出版部).

3.6 스포츠 시설의 건축설비계획

3.6.1 • 기본 과제

스트레스·고령화 사회에서 국민의 의료비부담은 사회문제로 발전되었다.

건강하고 풍요로운 라이프 스타일을 원하는 사람들을 위해서 스포츠 시설이 가지는 의의가 클로즈업되고 있다. 그렇기 때문에 스포츠 시설은 안심할 수 있고 안전하면서 쾌적해야 하며, 설비관리자·스포츠 지도자·의사·운동기구 제조회사의 경험·지식·기술을 바탕으로 재해시의 피난시설로 사용될 수 있도록 만들어져야 한다. 건축가의 창조적인 노력은 앞으로도 더욱 강한 요구를 받게 될 것이다. 아래는 종합 스포츠 시설의 건축·설비 계획의 개요이다.

3.6.2 • 건축계획

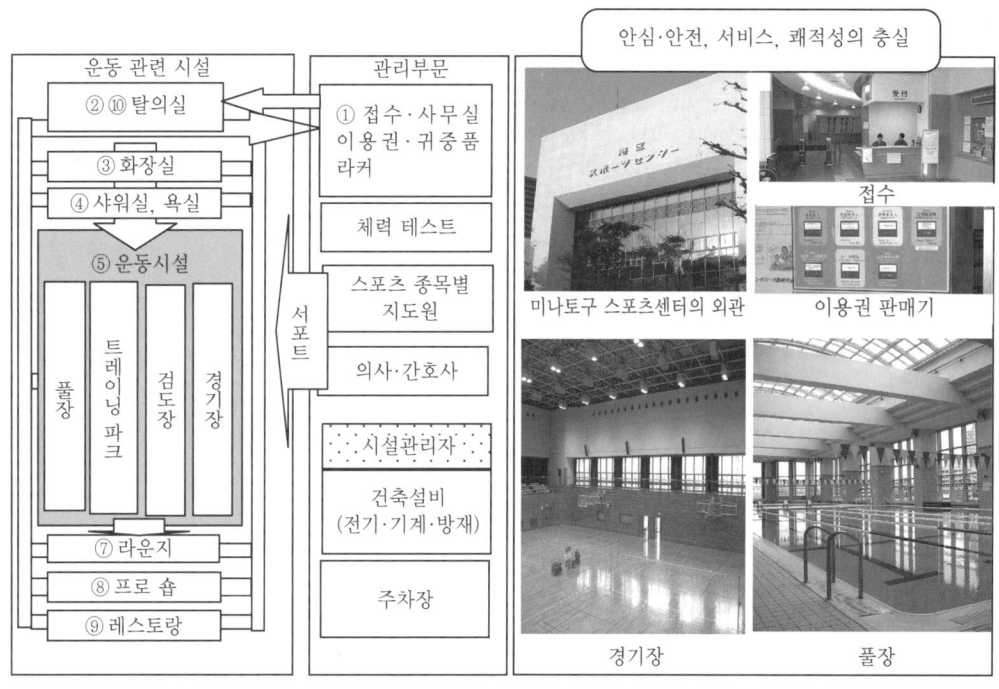

① 등은 순서를 나타낸다.

〈유의점〉
- 경기장의 바닥재는 높은 내구성을 확보(안전대책)
- 휘어지지 않는 목재를 사용
- 바닥재의 왁스 필요 여부와 슬립 방지대책
- 피트니스 바닥의 진동과 소음대책
- 피트니스의 천장고는 3m 이상을 확보
- 탁구, 배드민턴
  같은 경기장에는
  검은색 막을
  설치

피트니스

에어로빅장

쾌적한 실내 환경
(창·블라인드 설치 등)

운동장[1]

러닝 머신

덤벨 코너

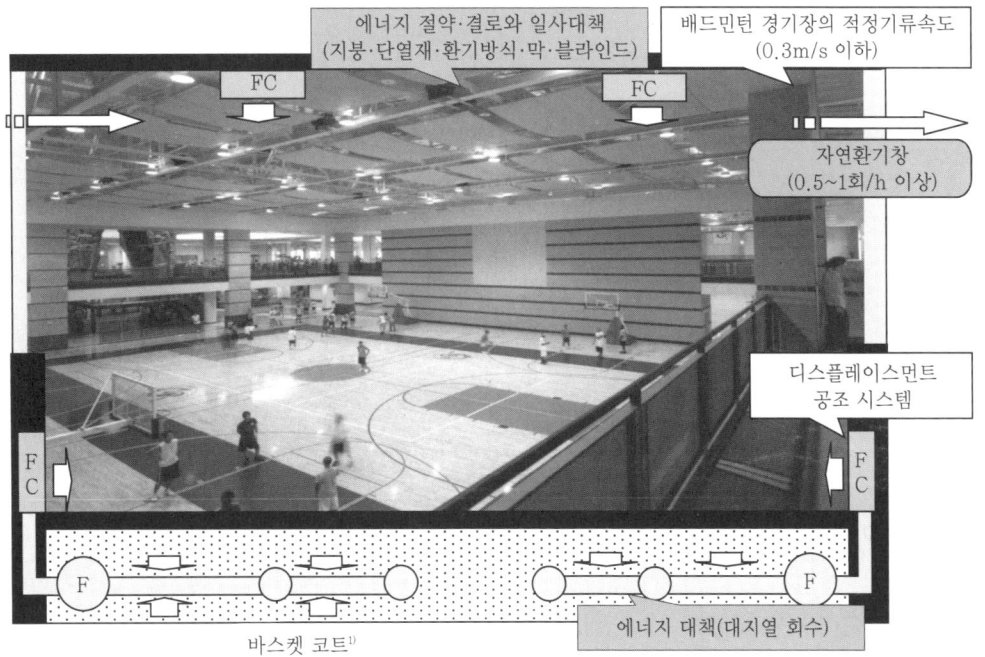

에너지 절약·결로와 일사대책
(지붕·단열재·환기방식·막·블라인드)

배드민턴 경기장의 적정기류속도
(0.3m/s 이하)

자연환기창
(0.5~1회/h 이상)

디스플레이스먼트
공조 시스템

에너지 대책(대지열 회수)

바스켓 코트[1]

출전 : 1) SPORTS&Recreational Facilities Roger Yee Visual Reference Publication inc.

협력 : 港區教育委員會, 財團法人港區 스포츠 親交文化健康財團.

스텝 머신

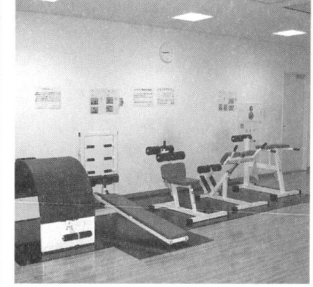
시트 업

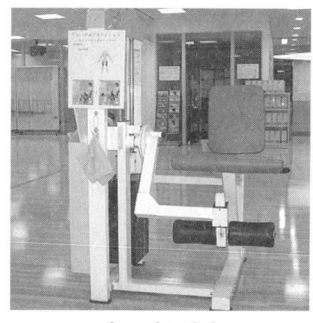
레그 엑스텐더

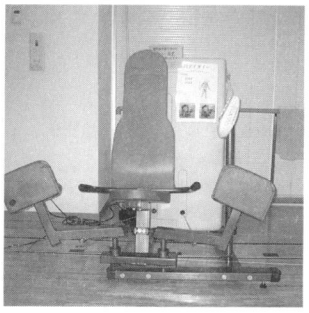
어덕터

스미스 머신

체스트 머신

탁구장

유도·합기도장

검도장

검도용 칼 놓는 곳

암벽타기[1]

러닝 머신[1]

3.6.4 풀장 계획

① 풀장의 물에서 생기는 증발염소의 제거 및 마감재의 부식방지

② 위생관리상 물 교환을 연 2회 정도 하는 것이 좋다.

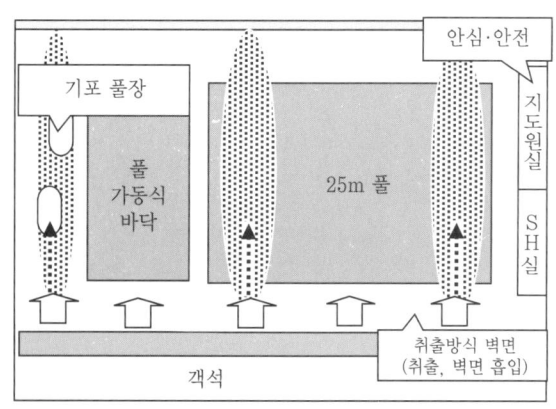

【그림】 풀장의 건축설비 계획(평면)

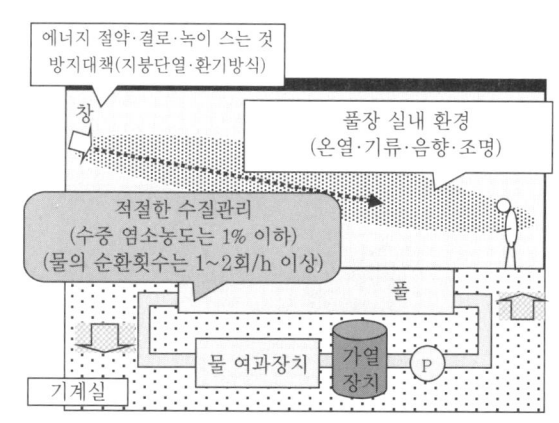

【그림】 풀장의 건축설비 계획(단면)

출전 : 1) SPORTS&Recreational Facilities Roger Yee Visual Reference Publication inc.

협력 : 港區教育委員會, 財團法人港區 스포츠 親交文化健康財團

③ 수온은 일반적으로 약 31℃, 경기용은 24℃가 좋다.
④ 눈 보호대책용 염소농도감시
⑤ 개방감이 있는 실내 공간

지도원실

샤워실

세안기구

공조설비

콜드 드래프트 방지용 공조설비

풀내 급수구

물 여과장치

코제너레이션 장치

물 오버플로 출구

풀내 흡입구

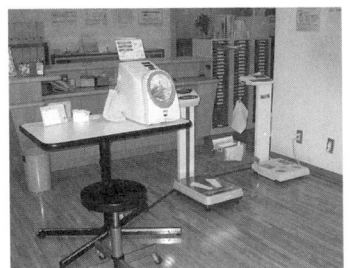

건강 테스트 기구

구명기구(AED)

가동식 바닥풀

기포 풀·감시의자

3.6.5 재해시 피난시설 적용 계획

스포스 시설을 신축하거나 갱신하는 계획을 가지고 있을 경우, 평상시에는 스포츠 시설로 사용하면서 화재발생시에는 지역주민들의 피난시설로 충분히 사용할 수 있도록 건축가·구조기술자·건축 설비기술자들이 지혜와 행동을 모을 것이 요구된다. 아래는 피난시설 적용형 스포스 시설의 건축·설비 계획의 개요이다.

물
(음료·방수·
용수)
식료
(가공품·
생식품 등)
약품
(붕대 등)
전기
(라디오·램프·사이렌·
발전기기)
연료
(요리용 고형연료·LPG·
발전기용 화석연료)
통신
(휴대전화·
위성통신)
방재
(화재·홍수·태풍·
쓰나미·폭설)
실내 환경
(공간·난방·환기)
의료
(치료·수술· 재활 등)

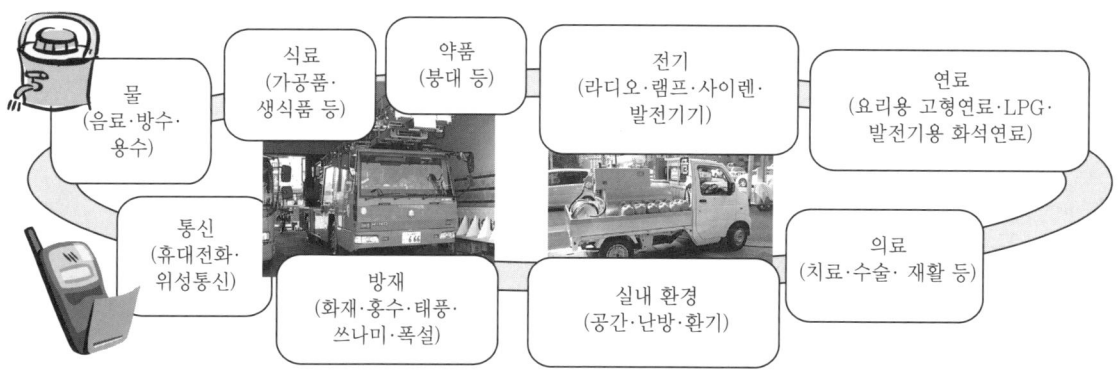

【그림】 피난시설에 바라는 요구사항

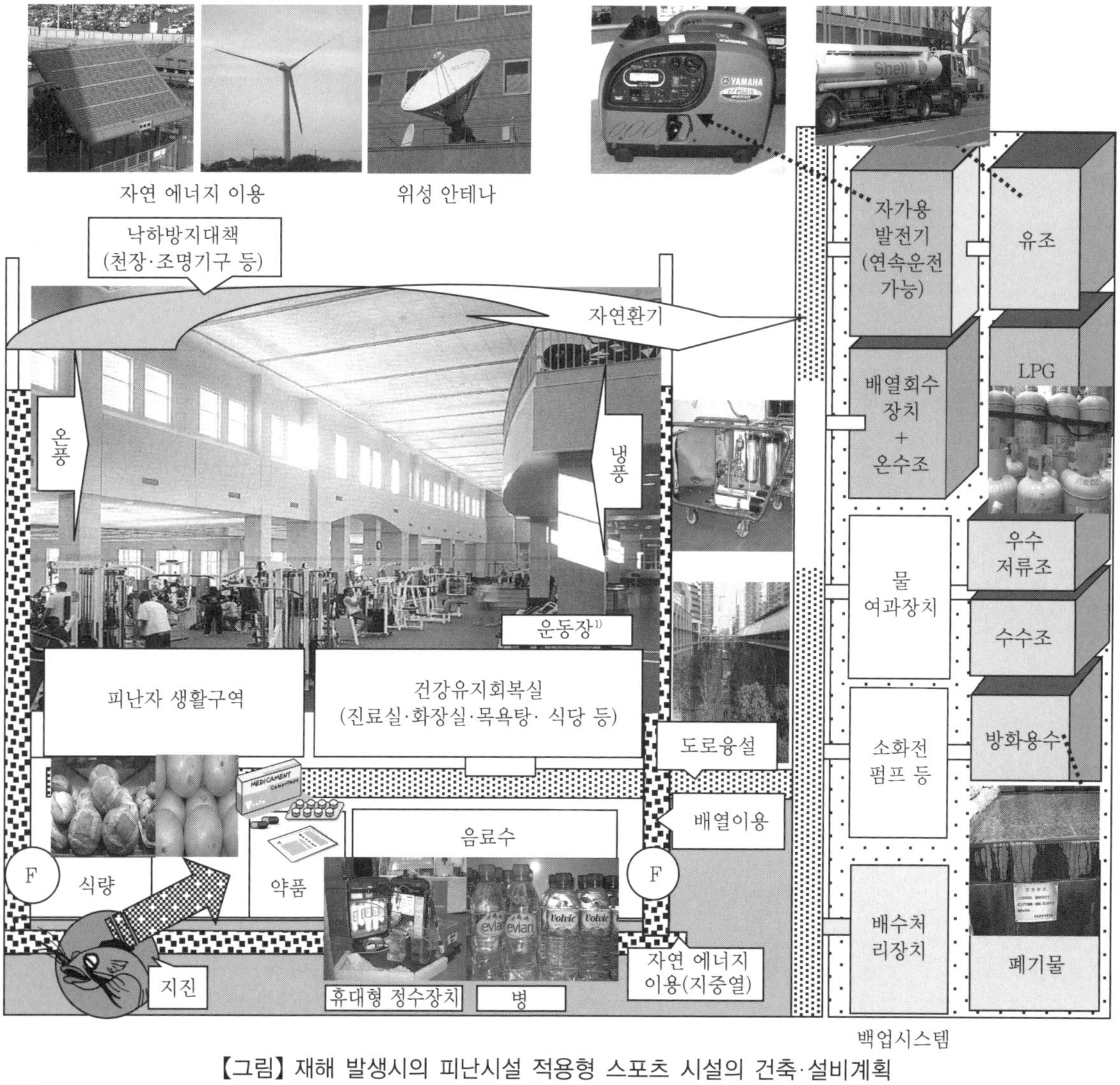

자연 에너지 이용
위성 안테나
낙하방지대책
(천장·조명기구 등)
자연환기
온풍
냉풍
운동장1)
피난자 생활구역
건강유지회복실
(진료실·화장실·목욕탕· 식당 등)
도로융설
배열이용
음료수
F
식량
약품
F
지진
휴대형 정수장치
병
자연 에너지
이용(지중열)
자가용
발전기
(연속운전
가능)
유조
LPG
배열회수
장치
+
온수조
물
여과장치
우수
저류조
수수조
소화전
펌프 등
방화용수
배수처
리장치
폐기물
백업시스템

【그림】 재해 발생시의 피난시설 적용형 스포츠 시설의 건축·설비계획

출전 : 1) SPORTS&RECREATION FACILITIES (Roger Yee Visual Reference Publication inc.).

백업 시스템의 설치 위치는 ① 지하식, ② 지상식(옥외노출)의 두 가지가 있다. 경제성을 우선하는 경우에는 지상식을, 부지유효이용·경관·보수 관리성 등을 중시하는 경우에는 지하식을 선택한다.

3.6.6 ● 환경·에너지 계획

에너지 다소비형 복합시설의 경우 지구온난화의 방지나 유지비의 대폭적인 저감, 전력부하의 평준화가 가능하도록 하기 위해서 근래에 도시가스에 기인한 코제너레이션 시스템과 공조시설이 보급되고 있다. 아래는 스포츠 시설과 상업시설로 구성된 복합시설의 환경과 에너지 계획의 개요이다.

〔1〕 건축계획

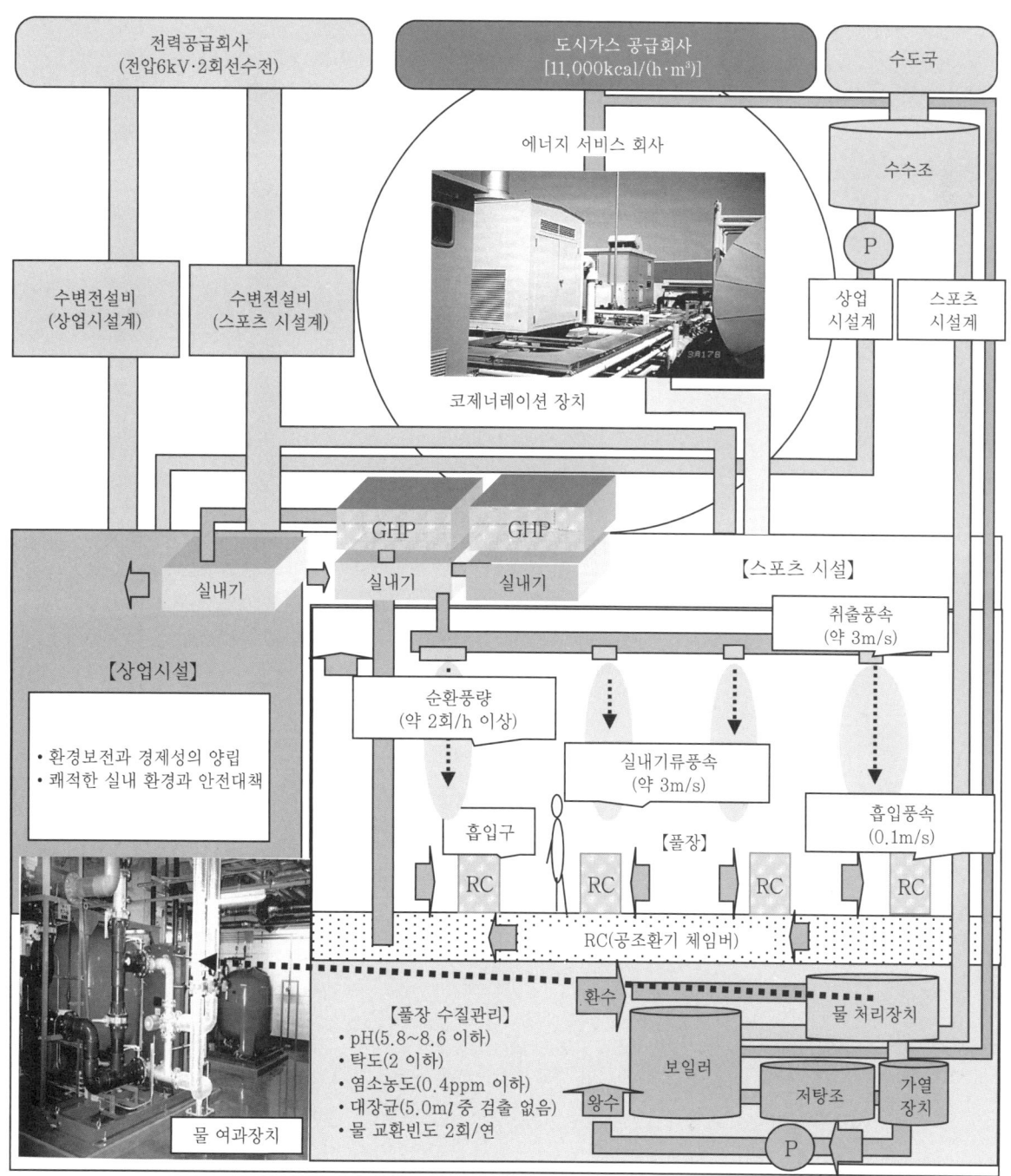

〔2〕 **과제**

① 안심할 수 있으며 안전한 개인정보관리 시스템의 구축과 확실한 운영방법의 명확화(장기보전 계획서의 작성)

② 이용자의 쾌적성(고령자 대응) 및 도구보존을 위해 공조환기설비를 설치할 필요가 있다.

③ 운동용구류의 수납공간이 충분하지 않다(이용자의 리피터 대책).

④ 애프터 차일드버스(after childbirth) 요구 대응(출산 전의 체형으로 복귀)

⑤ 이용요금의 개선(고교생, 고령자(65세 이상))

〔3〕 **미나토구 스포츠 센터의 이용상황 예**(2005년도)

① 성별이용률은 남성이 약 60%, 여성이 약 40%이다. 연간이용자는 약 45만 명이다.

② 이용 최다 순위에서 1위는 일반 60세 이하, 2위는 고령자(60세 이상), 3위는 초등학생과 중학생이다.

③ 직원 수는 약 43명(그중 접수처 직원 등 외주는 22명), 설비관리기술자 8명, 청소부 약 15명(외주)이다.

3.7.1 • 기본 과제

국내외의 일류 미술품을 감상할 수 있는 시설이 각 지역에 존재하고 있다. 미술관 시설은 감상자가 미술품에 대해서 안심할 수 있고 안전하면서 쾌적한 실내 환경(온열·기류·공기질·조도) 속에서 감상하고 보존할 수 있도록 건축 디자인과 기능을 융합하는 것이 중요하다. 그리고 전시실·보관창고 등 미술품을 최적상태로 유지하기 위해서 공조설비의 에너지 절약 대책을 세울 것이 요구된다.

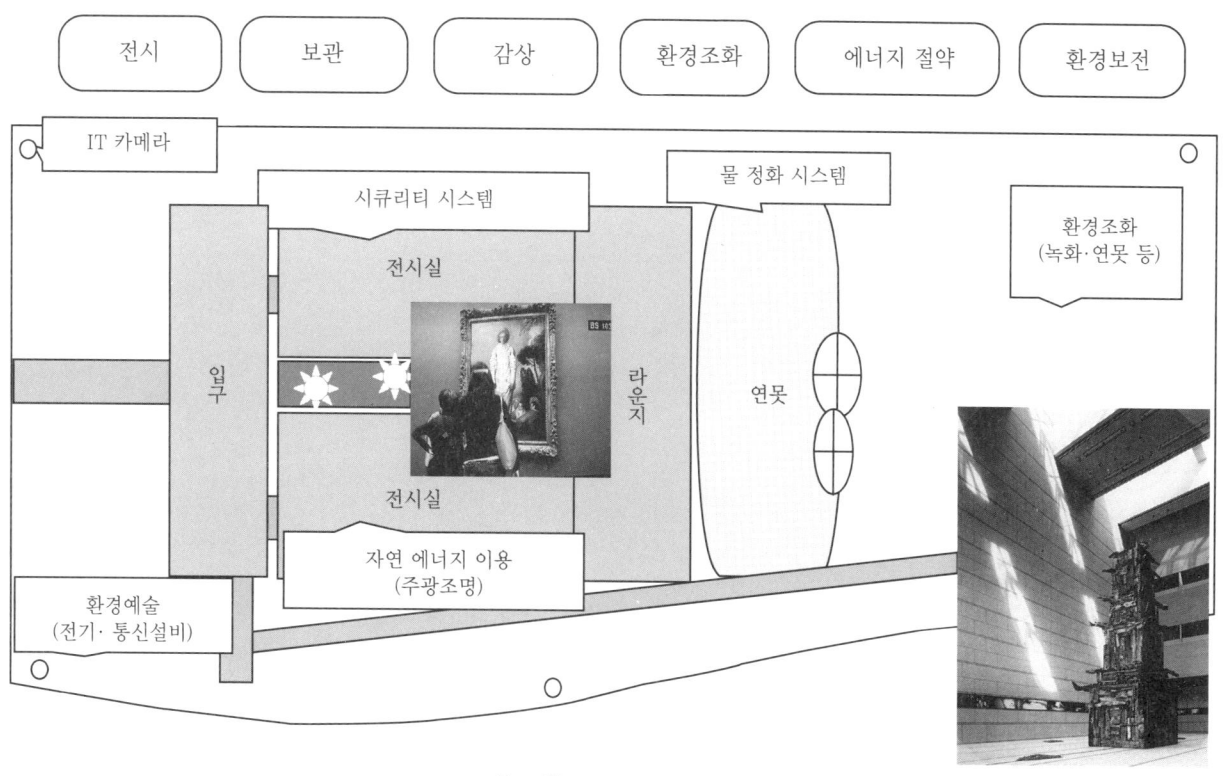

【그림】미술관 설비계획도

전시 케이스의 유리면을 평면 배치하는 경우 천장의 조명기구가 유리면에 비치는 문제가 생기는데, 그에 대한 대책은 전시 케이스의 배치방법을 고려하는 것이다. 그리고 전시 케이스 안을 공조하는 경우, 전시실의 공조공기를 전시 케이스에 부착된 흡입구로 도입하는 방법이 일반적이지만 미술품의 열화(劣化), 흔들림 등이 발생하지 않도록 충분히 검토해야 한다.

참고문헌 : 「特輯 MUSEUM」, A&iReport建築·設備計劃, Vol.43, 松下電工 (1995년).
中失淸司 : 「美術館의 晝光採光法」, 電氣工事의 벗, 10월호, 關東電氣協會 (1995년).
美術館·博物館 : 「SPACE LIGHTING」, 東芝라이테크 (1992년).

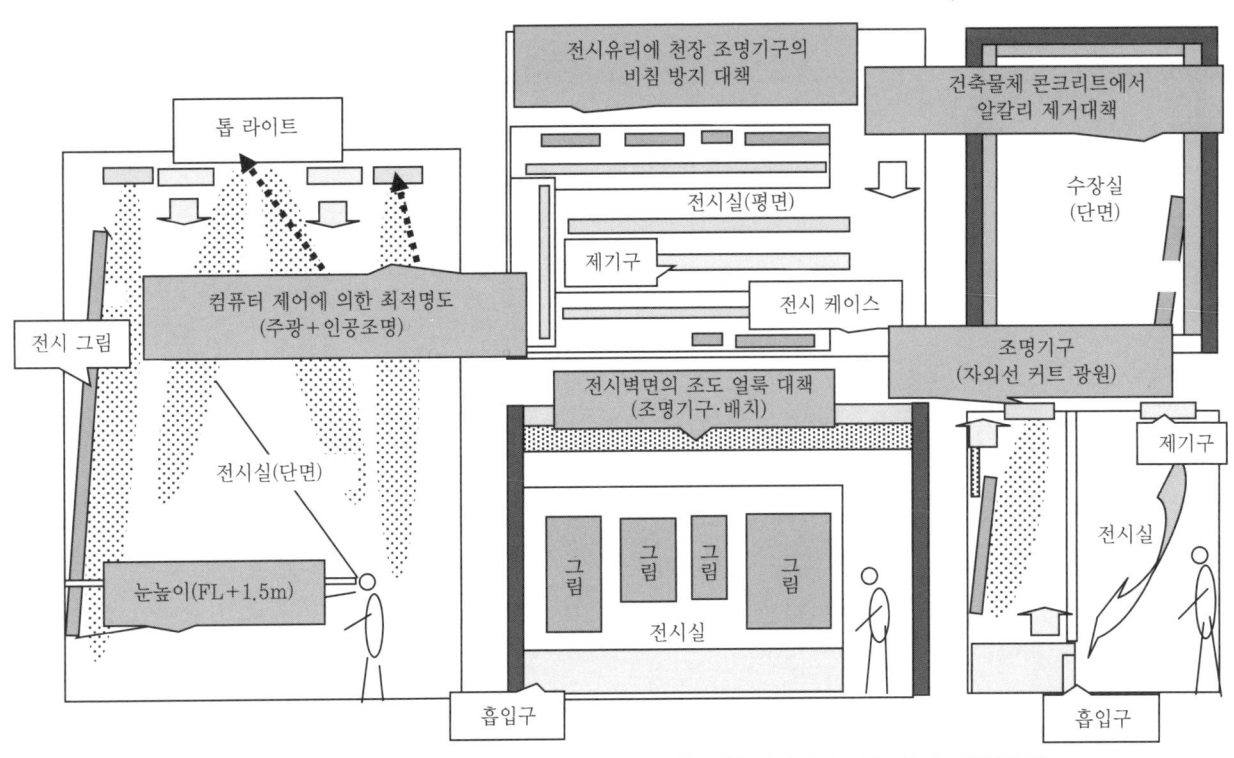

【그림】 전시실의 조명설비 계획　　　　　【그림】 전시실의 건축·설비 계획(단면)

3.7.2 ─• 전시실의 조명계획

〔1〕 기본 과제

　미술관(박물관)에서는 회화·서화·도자기·유리제품·의상·사진·가구·조각 같은 실물(표본), 레플리카(replica : 복제) 등을 전시하거나, 정보장치를 통해 작품을 소개한다. 그뿐 아니라 저장품을 보관하는 장소이기도 하다. 조명 계획의 기본 과제는 전시물의 색채·소재·형상 등을 바르게 본래의 모습으로 감상할 수 있도록 하는 것이다.

　인공광원·태양광으로 인해 전시품이 상하지 않도록 다음과 같은 배려를 한다.

　　① 미술관(박물관)용 인공광원을 사용한다.

　　② 조도를 낮게 설정한다.

　　③ 불필요할 때는 불을 끈다.

　　④ 수장고 안의 조명·콘센트의 전원을 켜고 끄는 곳은 실외에 설치해서 연소로 인한 손실을 방지한다.

도쿄도 현대미술관의 외관

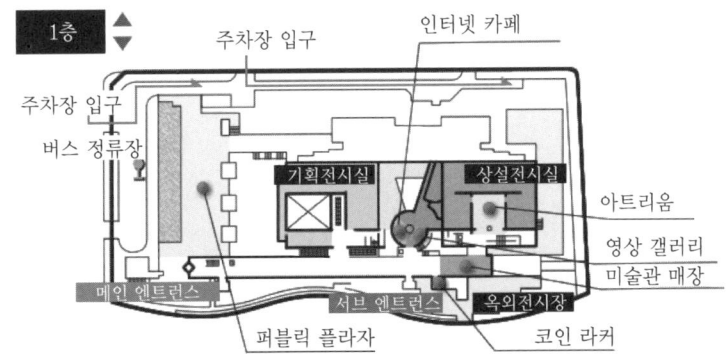

【그림】 도쿄 현대미술관의 평면계획

입구부분은 외부조명과 가까이 해서 입구부분에서 전시실까지의 통로부분을 조금씩 전시실의 조도에 가깝게 만드는 방법, 또는 전시실까지의 거리를 확보하는 방법이 있다.

아래는 (a) 전시실의 조명계획의 기본 과제, (b) 전시실의 전반조명, (c) 전시 케이스의 조명계획 (d)광원의 선정, (e) 조도기준, (f) 주광조명이다.

〔2〕**조명계획**

(a) 계획조건

① 밝고 균일하게 한다.

전반적인 조명은 부드러운 빛으로 차분한 분위기를 만들고, 전시벽면은 밝고 균일한 조도를 얻을 수 있는 조명기구를 선택한다.

② 돋보이게 만든다.

주위와의 밸런스를 생각하면서 전시물에 빛을 집중시켜 주위에서 한층 돋보이도록 한다.

③ 입체감을 준다.

입체감을 만들기 위해서 스포트라이트를 사용하는데, 너무 강해서 불필요한 그림자가 발생하지 않도록 빛의 방향과 확산성 등을 적정하게 만든다.

④ 글레어를 제어한다.

광원이 직접 눈에 들어오지 않도록 하고, 또 전시물에 빛이나 광원이 비치지 않도록 광원·전시물과 감상자와의 위치관계를 검토한다.

⑤ 연색성이 좋은 광원을 사용한다.

평균 연색 평가수(R_a)가 90 이상인 램프를 선정해서 미술관(박물관)용 형광 램프를 사용한다.

⑥ 퇴색을 방지한다.

500nm이상의 빛에너지를 적게 할 것. 특히 300~400nm의 자외선을 차단한 퇴색방지 형광색 램프를 선택한다.

⑦ 온도상승을 방지한다.

광원으로 인한 방사열이나 건조에 따른 전시물의 손상, 열화를 방지하기 위해서 저열선형(쿨 빔) 램프나 열선 차단형(할로겐) 램프를 사용한다.

⑧ 주광 이용시 유의점

창문 유리는 자외선 차단용 필터를 설치하고 실내에서의 조도 얼룩을 감소시키기 위해서 빛이 확산실을 거친 후 전시실에 도달하게 하거나 차광 커튼 장치를 설치하는 것도 검토한다.

(b) 전시실의 전반 조명

천장전면광 방식은 자연광과 인공광의 병용형과 인공광 단독형이 있는데, 천장재는 불연·내진성의 아크릴 제품인 천장 전체가 광원이 되기 때문에 전시실 안은 부드러운 빛을 얻을 수 있지만 아크릴의 투과율이 낮기 때문에 동일한 조도일 경우 다른 조명방식에 비해서 광원수가 증가하고 전기소비량이 증가하는 문제점이 있다. 분산형광 천장 방식은 비스듬하게 루버가 붙은 조명기구를 천장에 연속해서 배치한다. 그리고 라이팅 덕트가 부착된 스포트라이트와의 병용형이 있는데 그림 사이즈나 조각 등에 관계없이 자유롭게 대응할 수 있다는 점이 특징이다.

일본의 전시실은 분산형광천장 방식(LD방식)으로 설치한 예가 많다. 전면광천장 방식은 루부르 박물관(프랑스), 빈 국립미술관(오스트리아), 도쿄 현대미술관, 국립 신현대미술관 등에 도입되었다. 앞으로는 LD 방식이 많이 보급될 것이라고 생각된다. 아래는 이에 대한 기본 과제이다.

① 부드러운 빛의 전반조명으로 침착한 분위기를 만든다.

② 벽면 전체를 얼룩 없이 균일하게 조명한다.

③ 전시 내용에 따라 필요한 조명을 확보한다.

④ 광원의 정반사광이 감상자의 눈에 들어가 감상을 해치지 않도록 한다.

⑤ 시야의 가까이에 고휘도 광원이 있어 눈부심·불쾌감을 느끼게 하지 않는다.

⑥ 유화의 경우 올록볼록함을 두드러지게 만들거나 액자 틀이 그림자를 만들지 않는다.

조명기구(광원)의 부착위치와 시야의 관계는 아래 그림과 같다. 전시물(유화 등), 광원과 눈의 관계는,

① 그림의 높이가 1.4m 이하인 경우에는 그림의 중심을 지상 1.6m로 한다.

② 규모가 큰 그림의 경우 그림의 아랫단을 바닥 위 0.9m로 한다.

③ 일본인의 평균적인 눈높이를 1.5m로 설정한다.

④ 그림을 보는 거리는 그림 대각선의 1~1.5배로 설정한다.

⑤ 빛의 정반사는 그림의 윗단에서 검토하고, 확산을 고려해서 10도의 여유를 준다.

⑥ 그림면에 평행한 빛은 액자 테두리 아래에 그림자를 지게 하므로 피하는 것이 좋다. 그림의 바로 위에는 되도록 광원을 배치하지 않는다.

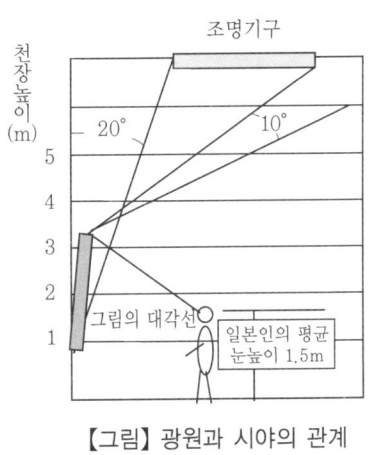

【그림】 광원과 시야의 관계

주광조명의 예

감상 중

인공광조명의 예

(c) 전시 케이스의 조명계획

벽 고정식 전시 케이스 속의 회화나 글씨를 조명하는 경우에는 벽면으로 확산성이 뛰어난 조명기구를 케이스의 바로 앞에 설치하여 조명한다. 그리고 높은 케이스의 경우는 조명기구(40W 형광 램프 2개 혹은 3개)를 위에 설치하고 아래에는 40W 형광등 1개를 사용하여 그림의 중심에서 200~300lx를 확보한다. 전시 케이스의 바닥면에 전시물을 두는 경우에는 케이스의 윗면에 형광 램프를 설치하여 플라스틱 커버나 루버에 의해서 광 확보에

집중시킨다. 유리 식기 같은 작은 전시품을 단 위에 전시하는 경우에는 모든 벽면(뒷면)이 균일하게 전체적으로 확산될 수 있도록 한다. 이동식 케이스에는 단면 케이스와 양면 케이스 등이 있는데 케이스의 윗면에 광원을 설치하여 균일하고 전체적으로 확산할 수 있도록 광원을 배치한다. 케이스가 작은 경우에는 20W의 형광 램프를 사용한다. 유의할 점은 다음과 같다.

① 케이스 안의 램프가 직접 감상자에게 보이지 않도록 한다.
② 형광 램프와 전시품과의 거리가 가깝기 때문에 열과 자외선에 주의한다.
③ 케이스 안의 유리에 실내 조명광원이 비치지 않도록 배려한다.
④ 스포트라이트(보조조명) 라이팅 덕트를 준비한다.
⑤ 케이스가 마주보는 경우에는 반대쪽 케이스의 영향을 고려한다(반대쪽 상이 비치기 때문에).

(d) 광원의 선정

상관색 온도 3,000K인 미술관(박물관)용 형광 램프는 평균연색 평가수(R_a) 95로, 500nm 이하의 빛을 줄이고, 특히 300~400nm의 자외선을 총 출력의 1% 이하로 감소시키고 있다. 이런 타입의 조광형 램프는 5~100%의 연속조광이 가능하다. 그리고 주백색(5,000K)과 전구색(3,000K)의 중간 램프의 평균연색 평가수(R_a)는 97(연출색 AAA)이다.

스포트라이트용 광원은 열원 차단형 할로겐 램프(유리구 바깥면에 적외선을 반사하는 다층막 필터를 코팅)이므로, 같은 밝기의 다른 램프에 비해서 전력을 약 15% 절약하고 열선을 약 40% 차단한다.

고압방전등(HID 램프)은 태양광 램프가 태양광선과 거의 비슷한 분광 에너지 분포를 가지고 있기 때문에 높은 전시실에 가장 적합하다.

(e) 조도기준

일본과 해외의 조도기준은 다음과 같다.

【표】일본(JIS 추천조도기준)

조도 lx	내용
750~1,500	조각(돌·금속) 조형물·모형
300~750	조각(플라스틱·나무·종이)·서양화·연구실·조사실·매점·엔트런스 홀
150~300	회화(유리 커버 부착)·일본화·공예품·일반진열품·교실
30~75	수납고
5~30	영상·빛을 이용한 전시실

【표】미국의 추천조도기준

조도 lx	내용
200~500	빛에 민감하지 않은 것
–	민감한 것 (매우 민감 : 비단·아트지·고문서·레이스·염색품(불안정) 등, 보통 : 목면·견직물·염색품(안정), 목제품·피혁제품 등)
100~200	로비·갤러리·주변부·복도
500~1,000	수리실·연구실

【표】유럽의 추천조도기준

조도 lx (프랑스)	조도 lx (영국)	내용
제한 없음		금속·돌·유리·도자기·스테인드 글라스·보석·법랑
150~180	150	유화·템페라화·피혁제품·뿔·뼈·상아·목제품·나전
50		포목·의상·수채화·색실로 무늬를 넣어 짜낸 직물·인쇄물·스케치·우표·레프리카·모형·찰흙으로 만든 그림·벽지·염색피혁

〔3〕 주광조명(晝光照明)

주광조명의 경우 자외선을 많이 포함하고 있어 미술품을 변색·퇴색시키는 작용을 하므로 미술품을 보존한다는 관점에서 볼 때 바람직하지 않다. 그리고 빛의 방향성과 강도는 시시각각으로 변화하기 때문에 균일한 빛을 얻는 것이 곤란하다. 변색·퇴색 정도의 척도로 손상계수가 사용되는데, 그 숫자가 클수록 자외선이 많아서 변색·퇴색의 위험이 크다고 할 수 있다.

따라서 주광조명을 계획하는 경우에는 적절한 레벨까지 빛을 줄일 수 있는 ① 고성능 자외선 차단 유리, ② 루버, ③ 건축물 간접채광, ④ 전동 승강식 차광 스크린의 설치를 검토할 필요가 있다.

그리고 루부르 미술관, 빈 국립미술관 같은 구미의 주요 미술관의 전시실에서 주광을 채용한 경위는 당시에 연색성이 강한 인공관원이 존재하지 않았을 뿐만 아니라 유화가 중심을 이루었기 때문에 비교적 빛에 강했다는 점을 들 수 있다.

도쿄 현대미술관은 "작품 감상을 위한 광환경을 얼마나 쾌적하게 만들 것인가"를 목표로 삼아 현지 공사사무소의 옥상에 전시실의 모형(1/10 스케일)을 실제 건축의 방위와 엄밀하게 일치시켜서 설치하고 벽면의 실측치를 바탕으로 조명계획을 세웠다. 약 3,000m²인 상설전시실은 천장고 8m인 대규모의 공간으로, 바닥 위 1.5m의 벽면 조도 200 lx를 확보하였다. 또한 주광을 균질화하여 쾌적한 시야경을 확보하기 위해서 창문유리는 투과율 약 30%인 젖빛 유리(프랑스 제품)를 수입하였다. 정확하게 동서쪽을 향해 있는 국내 최초의 거대한 톱 사이드 라이트(높이 3m, 연길이 150m)를 설치하고, 천장구조는 V형태를 만들어서 톱 사이드 라이트에서 내리쬐는 빛을 전시실에 끌어들이기 쉽게 하였고, 또한 벽면에 음영을 만들지 않도록 노력했다.

그리고 야간이나 우천시처럼 주광을 기대할 수 없는 경우를 고려해서 인공광원으로 보완을 할 수 있도록 조명 기구는 ① 소형화, ② 적당한 확산광, ③ 조명방향의 자유도, ④ 할로겐 전구(250W, 300W)를 선정했다.

조도측정기

전시실모형(벽면조도)

【그림】 주광천장의 구조

전시실의 조도 컨트롤은 전시실 안의 건목(巾木) 부분에 내장된 조도 센서에 의해서 일정간격으로 벽면조도를 검출한 데이터를 바탕으로 해서 컴퓨터로 작동된다. 전동 롤 스크린(폭 : 약 2m)의 승강(5단계) 및 인공조명의 레벨 컨트롤(10계단)을 매우 가늘게 만들어서 항상 벽면조도를 200 lx로 유지할 수 있도록 하였다. 한편 주광조명은 여름철의 일사열로 인해 전시실 안의 냉방부하를 증대시키고 유지관리비용에 커다란 영향을 끼친다. 또한 겨울철에는 유리면의 결로방지대책을 검토할 필요가 있다.

한편, 도쿄 현대미술관은 일본조명상을 수상하였다.

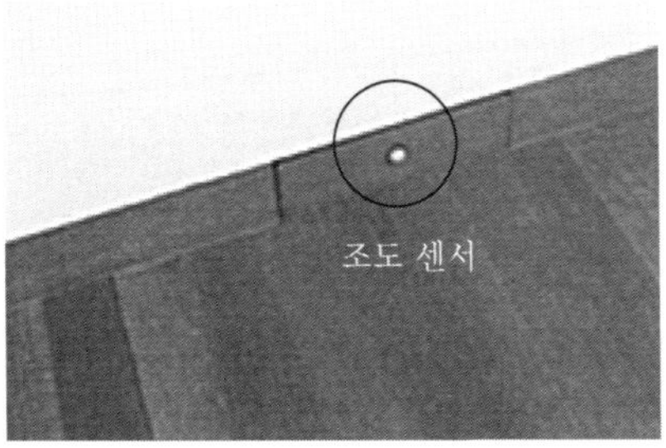
조도 센서

전시실 벽면(조도센서)

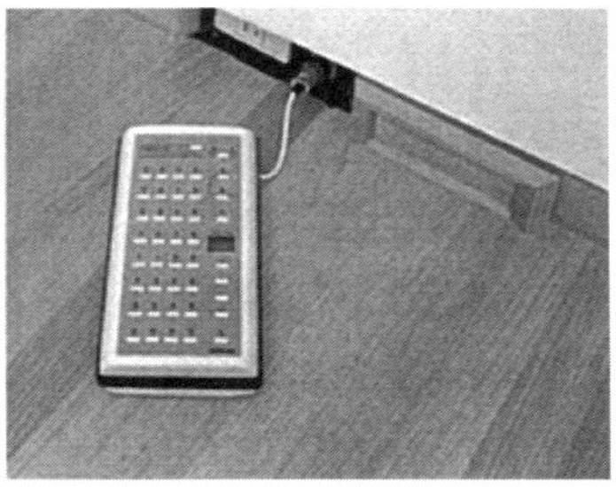

기억조명조작기

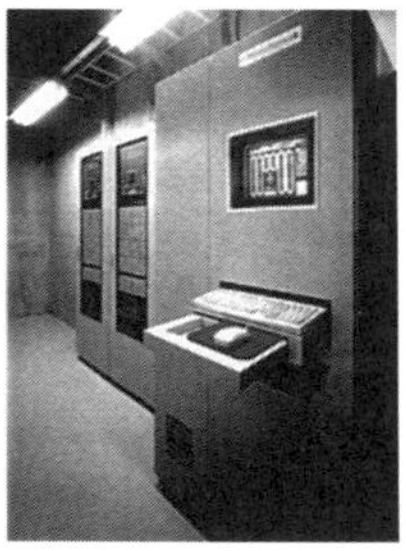

조도감시제어장치

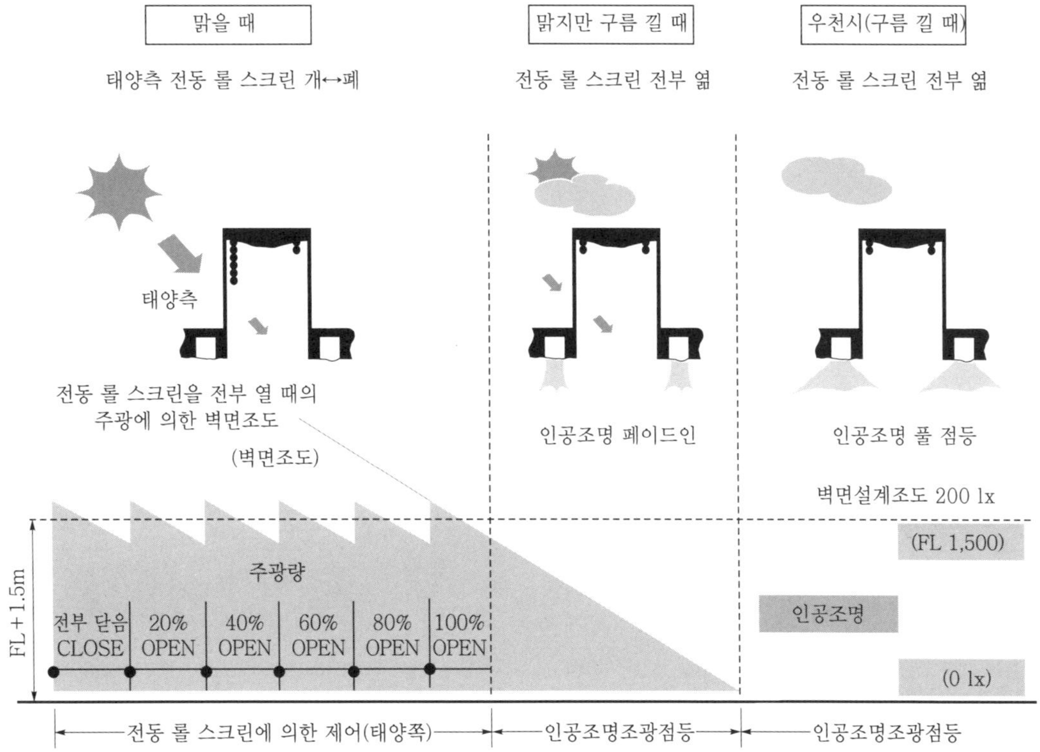
맑을 때
태양측 전동 롤 스크린 개↔폐
맑지만 구름 낄 때
전동 롤 스크린 전부 엶
우천시(구름 낄 때)
전동 롤 스크린 전부 엶
태양측
전동 롤 스크린을 전부 열 때의
주광에 의한 벽면조도
(벽면조도)
인공조명 페이드인
인공조명 풀 점등
벽면설계조도 200 lx
(FL 1,500)
주광량
인공조명
FL + 1.5m
전부 닫음 CLOSE
20% OPEN
40% OPEN
60% OPEN
80% OPEN
100% OPEN
(0 lx)
전동 롤 스크린에 의한 제어(태양쪽)
인공조명조광점등
인공조명조광점등

【그림】 조도 컨트롤

東京都現代美術館
MUSEUM OF CONTEMPORARY ART TOKYO

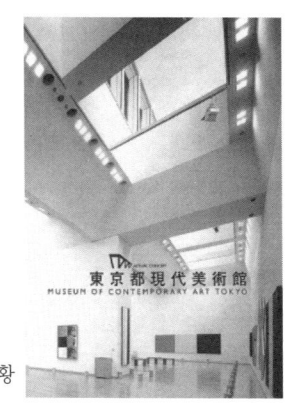

상설전시실의 상황

• 전시실, 수장고의 공간설비계획

전시실이나 수장고는 쾌적하고 적당한 실내 환경(온도와 습도·기류·공기질)을 계속 유지하는 것이 중요하다. 특히 수장고는 기상조건의 영향을 직접 받지 않는 위치에 배치하고 건축물체의 알칼리 발산으로 인해 회화 등이 손상을 입지 않도록 건축물 완료부터 준공까지 강제로 환기를 할 필요가 있다. 또한 수변전설비·열원·공조설비의 백업 시스템과 유지관리에는 세심한 주의가 필요하다. 아래는 전시실과 수장고의 건축, 설비계획의 개요이다.

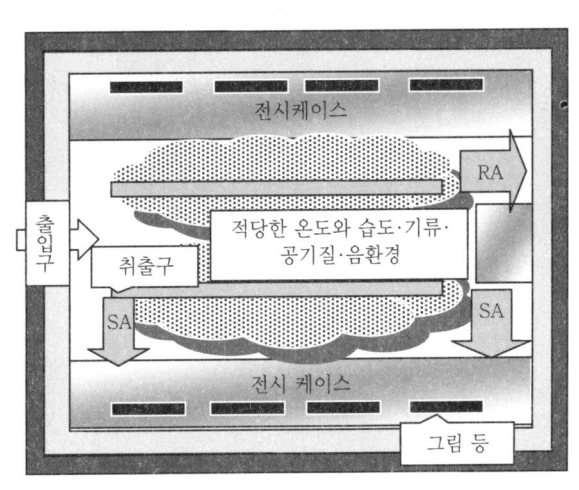

【그림】 수장고의 건축설비 계획

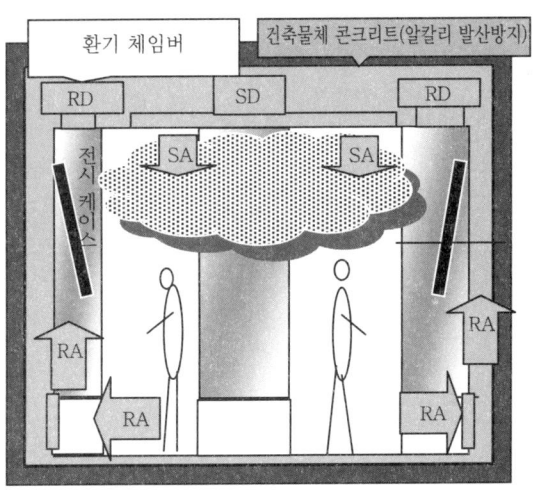

【그림】 전시실(단면)

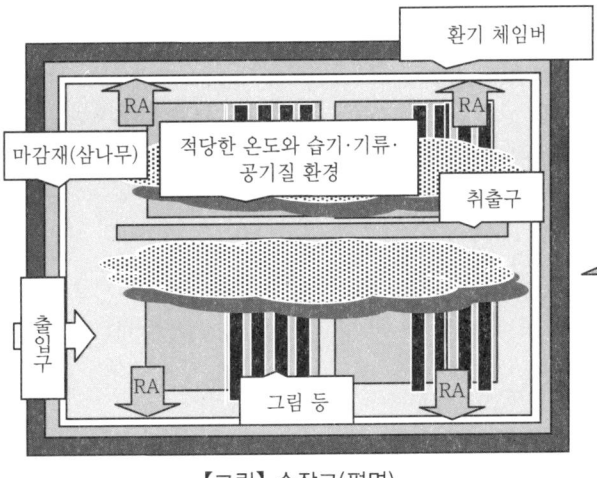

【그림】 수장고(평면)

【그림】 수장고(단면)

수장고의 건축물체 콘크리트에서 알칼리가 발산을 하기 때문에 건축물체 공사 후에는 기계 환기설비를 연속적으로 운전해서 알칼리를 완전히 제거한다. 그리고 개관 후에는 미술품을 보호하기 위해서 공조설비를 연속적으로 운전하는 것이 매우 중요하다. 또한 열원·공조기기의 예비 및 비상용전원의 확보가 필요하다.

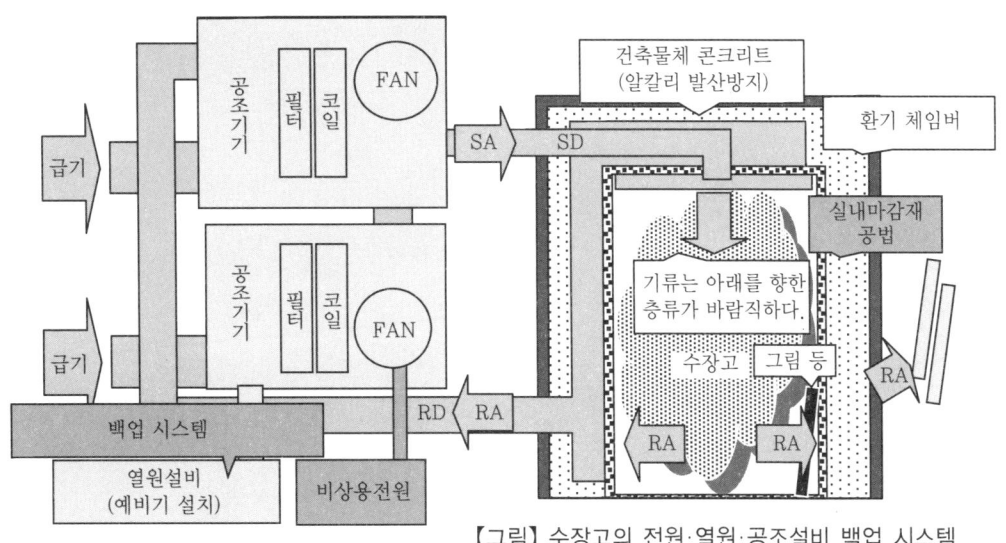

【그림】 수장고의 전원·열원·공조설비 백업 시스템

3.7.4 ─● 실시 예

일반적 전시실은 높은 천장, 커다란 전시벽면(고정·이동), 바닥으로 구성되어 있다. 감상을 위해서 자연채광, 인공조명이 마련되어 있고, 전시품과 감상자를 위해 온열환경설비가 갖추어져 있다. 아래는 국내외의 저명한 미술관의 외관과 전시실이다.

제**4**장

건축업계

4.1 현재 상황과 앞으로의 동향
4.2 건설업계의 구조
4.3 건축물을 신축하는 경우의 순서

구분	쇼와시대(昭和時代 : 1926~1988)			헤이세이시대(平成時代 : 1989~　　)			
연도	1965~1974년	1975~1984년	1985~1990년	1991년~2003년	2004년	2010년	2011년 이후
사회정세	경제성장시대			버블 붕괴	저성장시대		
	석유위기	해외진출					

건설시장과 업계규모
- 건설시장 : 약 70조 엔(건축 51%, 토목 49%, 약 60%는 대기업 50개사), GDP 13%, 향후 631조 엔(2010년), 628조 엔(2020년/출전 건설경제연구소)
- 업계규모 : 약 60만 개 회사, 종업자 수 653만 명, 자본금 1억 엔 이상, 전체의 0.8%, 건설회사 29%, 설비회사 71%(2000년도), 건축시장은 수도권에 집중

사업내용
- 재개발(신주쿠 부도심), S&B(신축공사), 업무시설·공동주택의 건설수요 증가, 부동산 대량구입(은행차입), 신입사원 채용·재고용의 증가

과제와 변혁
- 건설시장의 축소, 건설가격의 저감(사업소 △33%/1990년도 비), 도산건수(5,215건/2000년도), 리뉴얼시장, 중점성장산업에 투자, 개발국의 시장획득(중국·대만·한국·인도·베트남 등), 의료복지(소자녀 고령화), 식량생산(농업·어업), 인재육성(기술의 전승)

중요건물과 향후의 동향예측
- 초고층건축(오오이제일생명관, 가스미가세키 빌딩), 에너지 절약건축(시노오기 시부야 빌딩 외), 돔 건축(도쿄돔 등), 해양건축(간사이 국제공항 등), 유리 파사드 건축(도쿄 산케이 빌딩 등), 환경공생빌딩(아크로스 후쿠오카 등)
- 앞으로의 과제 : 지구환경보전, 자원유효이용, 정보화, 우주·지하도시 등

재개발계획

오오이 제일생명관¹⁾ 　시오노기 시부야 빌딩²⁾ 　삿포로돔³⁾ 　신주쿠 부도심 　신바시 시오도메 　시나가와 인터시티⁴⁾

가스미가세키 빌딩⁵⁾ 　도쿄 다이아 빌딩 　도쿄 산케이 빌딩³⁾ 　롯폰기 힐즈⁶⁾ 　도쿄역 마루노우치 　도쿄 미드 타운⁵⁾

대표적인 작품	해외 저명 디자이너의 작품

신주쿠 스미토모 빌딩[7]   요코하마 랜드마크 타워[8]   마루노우치 빌딩[8]   시오도메 시티 센터[5]   덴츠본사 빌딩[9]   니혼바시잇쵸메 빌딩[10]

신주쿠 미츠이 빌딩[5]   신국립극장   메이지 야스다 생명빌딩[8]   아오야마 프라다 빌딩   롯폰기 힐즈 모리 타워[6]   NTT 히가시 니혼 본사 빌딩[11]

출전 : 1) 第一生命保險相互會社. 2) 시오노기製藥(株). 3) (株)竹中工務店. 4) 品川인터시티매니지먼트. 5) 三井不動産(株). 6) 森빌딩(株).
7) 住友不動産(株). 8) 三菱地所(株). 9) 電通. 10) 三井不動産(株)·東急不動産(株). 11) 東日本電信電話(株). 12) (株)帝國데이터뱅크.

4.2 건설업계의 구조

1964년의 도쿄 올림픽 대회 이후 건설공사는 끊임없이 진행되어 왔다. 그러나 1990년도 초의 버블 붕괴로 인해서 건설업계는 구조개혁·생산성향상·품질보증 등을 적극적으로 추진하였고, 이로 인해 고품질·짧은 공사기간·저렴한 비용을 실현할 수 있는 기반이 구축되었다. 2006년 현재 도쿄 도심부의 고토구(도요스)·미나토구(시오도메·시바우라·롯폰기)·치요다구(마루노우치·야에스) 등에서 재개발사업이 진행중이다.

앞으로의 건설업계의 과제는 기술자 부족·기술자의 고령화·환경공생·자원의 유효이용·방대한 스톡 시장(약 80억㎡)에 대한 대책을 마련하는 것이고, 이와 관련된 지혜와 실행력이 기업의 존속을 위한 중요 열쇠가 될 것이다. 근래에는 공동주택의 내진강도 위장문제가 심각한 사회문제가 되어 행정이나 건설업계·건축사제도에 대해 강력한 변혁을 요구하는 목소리가 생겨났다.

【취직처】

【국가와 지방단체】 | **【건축주(민간)】** | **【컨설턴트】**

【건축과 토목분야(도시계획, 도시 라이프 라인, 환경설비, 교통설비, 공공시설 등)】

【연구기관】
건축분야·토목분야·방재분야 등

【대학】
(대학원)
공학부·이공학부·경제학부·법학부

취직처

【고등전문】
건축학과·토목학과·전기학과·화학학과·기계학과·전자정보학과

【전문교육】
건축학과·토목학과·전기학과·화학학과·기계학과·전자정보학과

【설계사무소(건축)】
① 종합(건축·구조·설비), ② 분리(구조·설비 외주) 닛켄(日建)설계, NTT패실리티즈, 미츠비시에스테이트, 니혼설계, 히사고메설계, JR히가시(東)일본건축설계사무소, 야마시타설계, 야스이건축설계사무소, 마츠다히라타설계, 아즈사(梓)설계, 루이(類)설계, 사토종합계획, 이시모토건축사무소(야나기사와다카히코+TAK건축사무소, 히츠지종합설계, 사카구라건축연구소, 히가시바타케건축사무소, 안도다다오)

【설계사무소설비(설비)】
건축설비설계연구소, 종합설비계획, 히나가설계, 모리무라설계, 아오설비설계, 치쿠설비계획연구소, 다이이치설계사무소, 아스노설계연구소, 니혼설계기획, 아이스미설계, EF종합계획, 교설비설계

【종합건설회사】
• 설계부문(건축·구조·환경설비 등)
• 시공부문(건축·설비 등)
• 연구부문(건축토목환경설비방제)

【지방자치체】 | **【총무청의 소방서】** | **【건축확인검사기관】**

【수퍼 건설회사】
가고시마·시미즈·오오나리·오오바야시·다케나카

【중견건설회사】
마에다, 도타, 후지타, 고노이케구미, 하자마구미, 센다카구미, 안도, 마츠이, 도큐, 미츠이스미토모구미, 후지무라, 피에스미츠비시, 다이와하우스, 다이부, 아사마누구미, 다이도건설, 텟켄, 세이부, 우오기구미, 오오스에, 코난 등(약 2만 개 사)

【부동산회사】
미츠이부동산, 미츠비시에스테이트, 스미토모부동산, 도큐부동산, 도쿄건물, 모리빌딩, 노무라부동산, 다이쿄, 이토츄도시개발, 신닛폰제철도시개발, 쇼와에스테이트, 오릭스리얼에스테이트, 닛세이부동산, 어반코퍼레이션 등

【주택제조판매회사】
미사와홈, 다이와하우스, 세키스이하우스, 스미토모임홈서비스, 오오나리유렉스, 오오바야시, 하세코코퍼레이션, 미츠비시에스테이트 주택판매, 아사히카세이홈즈, 니혼홈즈등

【건축자재 제조회사】
철강(신닛폰제철 JFE 등), 시멘트(태평양시멘트 등), 유리(일본판, 아사히유리, 센트랄, 다이요공업), 섀시(신닛케이, YKK AP, 도요, 산쿄), 외장(미츠비시머터리얼 등), 자동문(가바야, 나부코 등)

【승강기설비공사회사】
미츠비시, 히타치, 도시바, 일본오치스, 후지테크, 신도라, 요코하마 엘리베이터, 모리야송기, 닛폰엘리베이터, 도요하이드로 엘리베이터 등

【건축물체 조성공사회사】
(철골, 지반과 기초공사, 시멘트 등)

【마감공사회사】
(미장, 내장 가구 등)

【설비종합공사회사】
세키덴쿠, 산키공업, 긴덴, 히비야종합 외

【기기제조회사】
가전 : 마츠시타, 미츠비시, 히타치, 도시바, 산요, 샤프, 소니/위생기구 : TOTO, INAX/방재 : 노미 오키전기, 일본드라이케미컬/면진·기계식주차장 : IHI, 신메이와 등/공조기기 : 신코공업, 미츠비시중공업, 마츠시타전기, 도쿄전기 외/BMS : 야마부사빌딩시스템 등

【전기설비공사회사】
세키덴쿠, 산키공업, 도코전기, 긴덴, 오키원테크, 우다가와전기공사 외

【위생설비공사회사】
사에구사공업, 니시하라공업, 스가공업, 산켄설비공업

【환경설비】
태양광발전장치(샤프, 교세라, 타이요공업 등), 풍력발전장치(미츠비시중공업 등), 연료전지(마츠시타전기, 산요전기, 에바라, 도요타 등), 녹화설비(모스캐치시스템서비스, 도호레오 등), 배수처리설비(구보타, 에바라, 오르가노, 구리타공업, 유니콘, 엔지니어링 등), 소각시설(미츠비시중공업, 히다치조선, 가와사키중공업 등)

【공조설비공사회사】
다카사고열학공업, 산키공업, 다이키샤, 신닛폰공조, 산켄설비공업, 산코공조, 신료냉열공업 등

출전 : 「日經아키텍처」, 2005년 10월호.

도시계획과 건축물 계획을 진행할 때 설계도서(의장·구조·설비)는 필요불가결하다. 이들 작업은 설계사무소나 건설회사(지명·공개입찰)가 하고 있으며, 종합건설회사가 시공을 하는 것이 일반적이다. 그리고 건축설비 시공회사는 건축주·설계사무소·건설회사가 선정한다.

최근에는 해외의 유명 건축가나 구조기술자들이 만든 설계건물들(도쿄 국제 포럼, 롯폰기 힐즈 모리 타워, 시오도메 시티 센터, 도쿄 미드타운 등)이 증가하였다. 아래는 건축물을 신축, 개축하는 경우 필요한 설계나 시공·감리에 관한 조직체계와 작업순서에 관한 예이다.

제4장 건축업계

254

① 건축주

② 컨설턴트
(법률·기술·자산 등)

【건축비】
• 그레이드
• 건축지

【품질】
• 안전성(법과 기준에 적합)
• 기능성
• 편리성
• 내구성(수명 200년)
 (CASBEE : 환경부하품질)

【공사기간】
• 용도
• 건축지

롯폰기 힐즈[1]

③ 설계사무소
(국내·해외)

④ 종합건설회사

⑤ 구조설계사무소
⑥ 설비설계사무소
⑦ 견적사무소

⑧ 종합설비공사회사
⑨ 전기설비공사회사
⑩ 기계설비공사회사
⑪ 승강기설비공사회사

⑫ 빌딩 관리회사(설비·청소·경비)

출전 : 1) 森빌딩(株), (株)建築畵報社 特集, 「森빌딩의 挑戰」, MARCH, Vol.40. 305, 2004년.

참고문헌

1) 佐伯平二, 長崎訓子：「環境을 배우는 그림책」, 山と溪谷社(2003년).

2)「事務所建築의 竣工데이터 1999年建築設備情報年鑑」, 建築設備士, 建築設備協會(199年).

3)「用途別溫度濕度設計條件·空調設備計劃(熱負荷)·室用途別換氣回數·建築用途別에너지 消費量(原單位)·피크負荷·年間需要量·實態調査)·醫療福祉施設의 室內環境計劃」, 空氣調和·衛生工學便覽, 空氣調和·衛生工學會(2001년).

4)「制氣口·벤드캡技術解說書」, 日本吹出口工業會 (2004년).

5)「大氣塵과 細菌濃度, 院內의 空中浮遊細菌數, 手術室內空中浮遊細菌數의 許容値, 部門別의 無菌·無塵이 必要한 室」, 設計노트 4基準書·資料集成 4 (空氣調和編), 三建設備 (1992년).

6) 伊藤眞人, 長澤桂明, 半澤 久：森山敏彦, 樋 口祥目, 目黑弘辛, 諏訪武男, 增澤 忠, 土田昌典：「언더플로어 空調시스템의 計劃과 實施」, 技術書院 (1993년).

7) 伊藤眞人, 中田憲夫, 半澤 久：「徹底한 에너지절약計劃(시오노기 澁谷빌딩」, 建築의 技術·施工, 11月) (1980년).

8) 高井啓明·杉 鐵也·郡 公子·林 誠·佐藤 隆·中村 愼：第40回空氣調和·衛生工學會賞技術賞 (建築設備部門)「東京산케이빌딩의 環境·設備計劃과 實施」, 空氣調和·衛生工學, Vol.73, No.11 (2001년).

9)「特輯 MUSEUM」, A&iReport建築·設備設計, Vol.43, 松下電工 (1995년).

10) 中矢淸司：美術館의 晝光探光方法」, 電氣工事の 友, 10月號, 關東電氣協會 (1995년).

11) 美術館·博物館：「SPACEL IGHTING」, 東芝라이테크 (1992년).

12)「빌딩實態調査총정리」, 2004年度全國版, 日本빌딩協會聯合會 (2004년).

13 荒井良延, 寒河江昭夫, 箱崎英男, 和田義明, 權藤 尙, 武廣繪里子, 涌井 健：「健康配慮住宅을 위한 建築設備仕樣에 관한 實証的研究」, 空氣調和·衛生工學會學術講演會講演論文集 (2000년).

14)「東京의 水道」, 東京都水道局서비스推進部廣報서비스課 (2005년).

찾아보기

【영문】

BCP   11
BCR 계획   229
COP3   6, 50
FD(방화 댐퍼)   113
Low-e 유리   188
PMV(Predicted Mean Vote)   88
PPD(Predicted Percentage Dissatisfied)   88

【ㄱ】

개방통로·복도(開放通路·複道)   174
건설업계(建設業界)   253
건축 환경 디자인   36
건축물의 라이프 사이클 코스트(life cycle cost)   144
건축물체 축열공조(蓄熱空調) 시스템   37
건축비(建築費)   254
건축설비기기 배치계획(建築設備機器配置計劃)   44
건축주(建築主)   254
계단피난안전검증법(階段避難安全檢證法)   110
공기열원(空氣熱源) 히트 펌프(heat pump)   93
공기질 환경(空氣質環境)   157
공동주택(共同住宅)   171
공사기간(工事期間)   254
공조기기(空調機器)   92
공조설비계획(空調設備計劃)   86, 89, 96, 100, 225
교토의정서(京都議定書)   6
급기(給氣) 덕트(duct)   174
급수설비계획(給水設備計劃)   78
급탕설비계획(給湯設備計劃)   81

기계배연(機械排煙)   106, 109
기계환기설비계획(機械換氣設備計劃)   194
기류환경(氣流環境)   157

【ㄴ】

난방(煖房) 사이클(cycle)   93, 94
내진대책(耐震對策)   15
내진시공(耐震施工)   13
냉방(冷房) 사이클(cycle)   93
냉방사(冷放射)   88
녹화계획(綠化計劃)   59

【ㄷ】

다이옥신(dioxine)   7
더블 스킨(double skin)   189
덕트(duct)   102
덕트(duct) 방식(方式)   120
동선계획(動線計劃)   221
드렌처(drancher) 소화설비계획(消火設備計劃)   83

【ㅁ】

매그니튜드(magnitude)   12
메커니컬 월(mechanical wall) 공법(工法)   118
메커니컬 월 배치계획(配置計劃)   43
메타박스(MB) 건축설비계획   165
물   7, 21
미술관 시설의 건축설비계획   239

【ㅂ】

바닥 취출구   122
바이오토프(biotope)   58
박층형녹화계획(薄層型綠化計劃)   60
방재설비계획(防災設備計劃)   203
방화 댐퍼(damper)   113
방화설비계획(放火設備計劃)   112
배기(排氣) 덕트(duct)   167, 172, 175
배선계획(配線計劃)   124
배수설비계획(排水設備計劃)   80, 163
배연설비계획(排煙設備計劃)   38, 100, 107
배전설비계획(配電設備計劃)   71
백업 시스템(backup system) 계획(計劃)   218
병실의 건축설비계획   228
비상용 엘리베이터   135
비상용 전원설비계획(非常用電源設備計劃)   68
비상용 조명설비계획(非常用照明設備計劃)   69
빌딩 관리설비계획   143
빌딩 관리회사   254

【ㅅ】

산성비[酸性雨]   7
삼림(森林)   7
생물(生物)   7
서스테이너블(sustainable) 건축   4
석면(石綿)   26
설계사무소(設計事務所)   254
설비 샤프트 배치계획   42
소화설비계획(消火設備計劃)   82
솔라 침니(solar chimney)   105
수변전설비계획(受變電設備計劃)   66, 223
수술실(手術室)   220
스포츠 시설의 건축설비계획   232
습도환경(濕度環境)   157
승강기설비계획(昇降機設備計劃)   131, 204
승용 엘리베이터(乘用 elevator)   131
시크하우스(sick house)   167, 168, 170, 175
식당(食堂)   202

식량(食糧)   7, 23
실내 환경(室內環境)   156
실내상하온도차(室內上下溫度差)   156
쓰레기

【ㅇ】   7

안전계획(安全計劃)   207
안전방재계획(安全防災計劃)   219
언더플로어 공조(空調)시스템   114
업무시설의 건축설비계획   182
에너지 절약계획   52, 206
에어 플로 장치   188
연료전지적용(燃料電池適用) 시스템(system)   177
열섬   7
오존층 파괴   6
오토로드 계획(autoroad 計劃)   140
온방사(溫放射)   88
온열환경(溫熱環境)   88
우수저수조계획(雨水貯水計劃)   39
위생설비계획(衛生設備計劃)   75, 162, 201, 224
유리 파사드(facade)   188
의료·복지시설의 건축설비계획   220
이종배연설비계획(異種排煙設備計劃)   109
이중바닥공간   119, 122
인공조명(人工照明)   198
인구(人口)   19
인테리어 존(interior zone)   121, 122

【ㅈ】

자연배연(自然排煙)   109
재해시 피난시설   236
전기설비계획(電氣設備計劃)   64
점검구(点檢口)   113
제기구(制氣口)   101, 122
조도(照度) 컨트롤(control)   245
조도기준(照度基準)   72, 243
조명계획(照明計劃)   240, 241
조명설비계획(照明設備計劃)   73

찾아보기

257

주광조명(晝光照明) 244
주방(廚房) 84
주차장(駐車場) 106, 112
주택 내 방들의 온도차 156
지구온난화(地球溫暖化) 5, 50
지진(地震) 11
지하(地下) 17
진도(震度) 12

【ㅊ】
천장 취출공조방식(天障吹出空調方式) 126
체임버(chamber) 방식(方式) 120
축열수조(蓄熱水槽) 39
축열식공조(蓄熱式空調) 시스템 90
층별진도(層別震度) 14

【ㅋ】
컨설턴트(consultant) 253, 254
코제너레이션(cogeneration) 계획 67
콜드 드래프트(cold draft) 121

쾌적온도(快適溫度) 156
키친(kitchen) 169

【ㅌ】
태양광발전설비(太陽光發電設備) 55

【ㅍ】
페리미터 존(perimeter zone)
96, 121, 122, 127, 188
풀장 계획 234
피뢰설비계획(避雷設備計劃) 74

【ㅎ】
하트빌 조례(條例) 132
화장실(化粧室) 201
환경공생(環境共生) 시스템 58
환경보전계획(環境保全計劃) 206
환기설비계획(換氣設備計劃) 104, 107, 166
환기횟수(換氣回數) 103

건축환경설비계획

2011. 2. 23 초판 1쇄 인쇄
2011. 3. 2 초판 1쇄 발행

지은이 | Masatou Itou
옮긴이 | 정광섭
펴낸이 | 이종춘
기획 | 황철규
진행 | 이용화
교정·교열 | 이태원, 노예주
편집 | 김인환
표지 | 한송이
제작 | 구본철
펴낸곳 | BM 성안당
주소 | 경기도 파주시 교하읍 문발리 출판문화정보산업단지 536-3
전화 | 031) 955-0511
팩스 | 031) 955-0510
등록 | 1973.2.1 제13-12호
독자 상담 서비스 | 080-544-0511
출판사 홈페이지 | www.cyber.co.kr

ISBN | 978-89-315-6230-9 (13540)
정가 | 15,000원

검
인